增補版

韓國 中世 土地制度史－朝鮮前期

增補版
韓國 中世 土地制度史 – 朝鮮前期

펴낸곳 서울대학교출판문화원
펴낸이 오연천
지은이 李景植

초판 1쇄 인쇄 2012년 6월 25일
초판 1쇄 발행 2012년 6월 30일
출판등록 제15-3호

주소 서울 관악구 관악로 1 우편번호 151-742
대표전화 02-880-5252 팩스 02-888-4148
마케팅팀(주문 상담) 02-889-4424, 02-880-7995
이메일 snubook@snu.ac.kr
한글홈페이지 www.snupress.com
영문홈페이지 eng.snupress.com

ISBN 978-89-521-1317-7 93910

增補版

韓國 中世 土地制度史

朝鮮前期

李 景 植

서울대학교출판문화원

AGRARIAN RELATIONSHIPS IN THE MEDIEVAL KOREA

- The Eariy Chosŏn Period -

(Revised and Enlarged, 2012)

Lee, Kyŏng-Sik

Seoul National University Press

增補版 序

이 책은 몇 해 전 발간한 『韓國 中世 土地制度史－朝鮮前期』(서울대학교 한국학 연구총서 19, 서울대학교출판부, 2006.4)가 초판 때부터 지닌 부족한 점과 아쉬운 점을 대폭 修整增補하여 편제를 다시 세우고 내용을 새로 더하여 간행하는 것이다.

조선은 우리다운 문명과 전통을 수립하고 이를 통해 국제질서에도 안정을 기함으로써 세계역사상 고려의 뒤를 이어 우리의 본체를 새롭게 정립한 왕조이다. 이러한 역사적 처지는 혁명 후 文物·制度의 개혁과 정비를 中國式 세계화에 추수·함몰하지 않고 전통과 연계 속에서 조화와 균형을 갖추고 진행함으로써 이룰 수 있었다. 이 가운데 중대한 것은 경제제도의 마련 곧 고려 말의 토지 문제, 농업문제를 수습하면서 신국가의 토지조세제도의 기초를 다져 간 것이다. 조선의 역사적 특징과 위치를 우리나라 전체 역사의 발전에서 이해하고 아울러 세계사의 체계 속에서 인식하자면 조선전기의 토지제도가 담고 있는 이러한 사정을 구체적 계통적으로 그 像을 추구할 필요가 있다.

작업은 크게 두 방향에 중점을 두어 진행하였다. 하나는 初版本에서 아예 언급을 못하거나 시사하는 데 그쳐 버린 과전제도의 시행절차와 범주, 토지 소유의 법적 관습적 형태, 농지경영과 농업기술, 농촌시장과 관련, 토지·농업론의 실제 등의 부분을 새로 정리하여 보충하는 것, 또 하나는 이 초판본 출간 후에 간행한 『韓國 中世 土地制度史－高麗』(서울대학교출판문화원, 2011)와 연속성을 갖추도록 체계와 내용을 修整·刪削·補充하는 것이었다. 그리고 증보에 병행하여 초판의 章·節을 수정·보충하고 전체 단락과 문맥을 정돈하고 의미전달이 미숙한 표현이나 잘못된 문구도 바로잡는 데 노력을 들였다. 이런 작업과정에서도, 새삼스럽지만, 필자가 초점을 두어 유의한 것은 조선전기의 토지제도를, 이와 상관된 그간의 연구성과를 종합하면서 아울러 관련된 각 방면의 구체사항에 대한 資料를 수집·분석·정리하여, 그 전체가 要綱을 드러낼 수 있도록 하자는 것이었다. 이 시기의 토지제도를 내적 계기에서 역사발전의 원리를 배려하면서 검토하고 이와 함께 국가권력, 신분제, 군현제, 촌락 등과 연계하여 토지와 민인을 基軸으로 하여 이루어지는 소유관계, 경영형태, 농업생산을 시간과 공간에서 총괄하여 설정하며, 나아가서 우리 역사에서 조선시대가 갖는 역사적 보편성과 개별성의 추구에 유의하여 中國·日本 등 이웃 나라를 비롯하여 세계 각국의 토지제도, 농업생산의 사정과 비교함에 기초적 원리적 기준을 세우는 데 참고가 되게끔 하겠다는 생각이었다.

부족한 연구이지만, 항상 그렇듯이, 이러한 내용과 기틀을 單行本으로 엮기까지는 주위 여러분의 도움이 컸다. 梁澤寬, 河明竣 박사생은 초판 때부터 원고마련을 위해 打字와 修正을 정성껏 수행하여 주었고, 鄭在善 조교를 위시하여 대학원생 및 학부 고학년생은 자료 수집, 원고 교정 그리고 출간에 따르는 갖가지 수고를 맡아 꼼꼼히 처리하여 주었다. 金昌成, 梁豪煥 두 교수는 거듭하는 수고도 마다하지 않고 이번에도 좋은 英文槪要를 작성하여 주었으며 서울대학교대학출판문화원은 증보판 발간을 흔쾌히 맡아 前書와 같이 깔끔한 책자로 다듬어 주었다. 모든 분들께 고마움을 전한다.

2012년 5월 9일

著 者

序

이 책은 우리나라 역사 전체를 토지의 소유관계, 경영형태 및 그 변동 속에서 通觀하는 작업의 일환으로서 기왕의 『韓國 古代·中世初期 土地制度史－古朝鮮～新羅·渤海』(서울대학교출판부, 2005)에 후속하는 中世 土地制度史 가운데 한 자락으로 우선 朝鮮前期(15～16세기)의 부문을 정리한 것이다.

조선왕조는 고려 말의 토지문제, 농업문제를 수습하는 과정에서 수립되고 이를 제도상 일단락지음으로써 확립된 국가였다. 필자는 그간 조선전기의 토지분급제와 농민지배, 농업경영과 지주제 등을 구명하면서, 항상 조선왕조의 이러한 사정을 일관된 계기에서 정립할 필요가 있다고 여겼다. 조선의 특징과 위치를 역사의 발전과정 전체 속에서 이해하려면 그것이 진행되는 과정을 계통적으로 총체적으로 인식해야 그 본체에 가까이 다가갈 수 있는 까닭이다.

이는 바로 조선전기의 토지제도를 토지·농업·농민 속에서 정리하는 문제이며 이 시기 토지제도 전체의 골격을 정리하는 일이다. 이 작업은 이 시기의 토지제도가 토지분급제상으로는 멀리 封地制, 食邑·祿邑, 가까이는 田柴科·祿科田을 계승하고 소유경영상에서는 조선후기의 소유·경영의 변동을 배태하고 더 진전해서는 그 틀이 일제강점기 日本

式 토지제도의 강제, 해방 후 토지·농업문제에 연속되고 있어, 토지제도발달사에서 중요한 단계를 정리하는 것이며, 아울러 중국·일본을 위시한 세계 각국의 토지·농업전통과 대비하여 공통성과 개별성을 발견하고 나아가 세계의 역사·문화로서 우리 문화의 일반성과 독자성을 체득하는 기틀을 잡는 것이 된다.

이러한 숙제는 기왕의 관련 연구를 새롭게 검토하고 종합하는 것과 함께 여러 방면에 걸쳐 관련 자료를 다시 수집하고 분석·정리하되, 그것을 概括하는 선상에서 종합하여 적절히 要諦가 드러나도록 하는 수고가 뒤따라야 완수될 수 있는 것이다. 그러므로 소요되는 시간과 작업량이 적지 않아 생각만 하고 미루어 두고 있던 차, 마침 대학 당국에서 본 주제와 구상에 먼저처럼 1년간 연구비를 지원하는 기회를 얻어(2004년도 한국학 장기기초 연구비) 이에 착수하고 이제 일단 작은 규모로나마 마무리할 수 있게 되었다. 이 시기의 토지제도사가 분류사로서 풍성한 체계로 정리되려면, 본서에서 다루고 있는 내용에 더하여, 토지소유의 법제적 형태, 농지경영과 농업기술, 농촌시장과의 관련, 토지·농업론의 실제 등등이 함께 주요사항으로 취급되어야 하지만, 본 한국학 총서가 기획하는 지면의 양을 참작하고 특히 前書와 그 분량 및 요강을 비슷하게 할 필요도 있겠다는 생각이 들어 토지의 제도에 중점을 두면서 서술상 필요한 대목에서 간략히 언급하는 데 그쳤다. 이 모두를 포괄하는 작업은 다른 기회를 기다려야겠다.

막상 마치고 나니 부실하고 엉성한 곳이 한둘이 아니다. 그러나 이마저도, 그간 필자의 다른 작업에서와 마찬가지로, 주위의 여러분의 도움으로 이룰 수 있었다. 특히 梁澤寬 박사생과 河明埈 석사생은 수차례씩 거듭되는 原稿의 作成·再作成에 따른 打字와 修正을 바쁜 중에도 시간을 내어 힘껏 도와주었고, 鄭尙雨 조교를 위시하여 대학원생 및 학부 고학년생은 자료수집, 원고교정, 그 밖에 보고서 제출 및 출간에 따르는 번잡하고 성가신 잡무를 분담하여 성심껏 처리하여 주었다. 그리고 대학출판부는 前書에 이어 출판을 맡아 아담한 책자로 꾸며 주었다. 새삼 감사한 마음을 전한다.

2005년 6월

著 者

차례

표 차례

I. 序言

조선왕조는 고려 말 국내외의 제반 문제가 體制矛盾으로 난립하고 이를 개선·개혁하는 과정에서 革命運動으로 수립된 나라였다. 건국 이후 역대 조정은 前朝에서 이어받은 여러 문제와 과제를 수습·개편하면서 국가체제의 정비에 전력하였다. 그 가운데서 柱礎가 되던 것의 하나는 토지제도의 정비이고 농업정책의 확립이었다.

조선왕조에서 과전제도는 토지제도의 중추였지만 이로써 조선의 토지제도 전체가 확립되고 토지문제의 기본이 수습된 것은 아니었다. 과전제도는 고려 말 토지문제 개편의 시발이었고 조선 토지제도 성립의 시작이었다. 과전제도는 수조지·수조권 차원의 개혁이었고 그것도 兩班科田[私田]의 재분배가 중심이었고 이 범위 안에서 收租弊害를 정리함이 골격이었다. 토지제도에는 여전히 많은 문제가 있었고 따라서 토지문제 전반은 새 왕조 조선에서 개선하고 정비하여야 할 과제였다. 우선 수조지 차원에서 전국 농지의 용도별 경리와 배분, 각종 地目에 대한 처리와 정돈, 수조지의 분급·수수 및 田主와 佃客 간의 수취·납부 등의 원칙 수립, 소유지 소유의 불균등 조정, 量田·結負制 등 토지파악 부세징수의 기초지표에 관한 정리, 그리고 농지개간과 연관한 陳荒地의 개간과 北方開拓, 農政理念과 그 政策의 정립 등은 두드러지는 것이었다. 그리고 이러한 문제 및 국가의 개편·개정에는 私的 소유권의 안정·강화, 지주제의 확대, 농촌시장의 성립 및 이에 따른 각종 國有·準國有地의 소유·경영관계의 변동, 소농민의 몰락으로 인한 토지·농업문제의 새로운 만연과 국가의 제반 대책, 양반의 토지소유와 집권관료국가의 위치확립 등이 基底에서 因果로서 작용하면서 조선토지제도의 현실을 조성하고 있었다. 조선전기의 사회는 토지제도상 이러한 문제와 개편, 이러한 기저와 변동에서 성립하고 진전하고 있었다. 그러므로 이상의 여러 부면에 대한 전면적 계통적 검토는 조선전기 토지제도의 골격을 정리하는 작업이며 동시에 조선왕조의 국가체제 및 그 진전과정을 통괄하는 길이 된다.

조선전기의 토지제도에 관해선 이 주제가 갖는 역사적 의의와 당대적 중요성에서 매우 일찍부터 관심을 갖고 또 천착하여 왔다. 검토는 특히 조선후기 이래 지금까지 兩亂後의 國家再造, 조선 말 봉건적 사회체제의 해체, 근대 개혁기의 농업문제, 일제강점하의 식민수탈과 민족모순, 해방 후 신국가건설의 전망 등등 다양한 관점과 목적에서 이루어져 왔으며, 현재 크고 작은 연구가 수다하게 축적되어 있다. 연구는 주로 科田制度를 중심으로 한 토지·조세제도가 일반적 혹은 구체적으로 考究되었다. 이 가운데는 사실의 究明에 始終한 작업도 있었지만 대부분은 조선 토지제도의 본질 나아가선 그에 입각한 조선왕조의 성격 해명도 함께 수반하며 진행되었다. 특히 國有制論 혹은 私有制論, 中世社會論 혹은 近世社會論, 收租權과 所有權의 調和·對立論 등은 우리나라 역사의 발전과정 속에서 조선왕조의 위치를 과학적 체계적으로 숙고하는 소중한 논의였다. 이러한 작업과 논의로 조선시기 특히 전기의 토지제도는 골자에서 세부사항에 이르기까지 상당한 부문이 자세히 해명되었다. 그러나 새롭고 커다란 과제도 제기되었다. 다름 아니라 각 연구가 다루고 있는 주제나 그 성과가 분산·고립되어 있는 점, 토지소유의 신분계급적 관계와 농업생산 등 농업경영 전반과의 연계가 미약하고 유기적이지 못한 점, 그리하여 각기 그 본래의 구조적 위치가 불분명한 점, 그리고 몇몇 크고 작은 주제가 해명되지 못하고 있는 점 등이다. 이러한 여러 문제는 조선전기의 토지제도를 토지를 축으로 하되 농업·농민·국가의 동태와 처지를 함께 배려하는 위에서 전체로서 조망하여 검토하는 절차를 통해 정리를 기대할 수 있다.

이러한 목적과 이유에서 본 작업은 고려 말 토지제도 개혁의 실상, 조선 건국 초 토지제도의 여러 문제와 改修, 토지파악과 結負租稅制의 확정, 농지의 개간·개발 및 이와 상관한 농법, 지주제의 확장과 농촌시장, 각종 田地의 경영변동, 토지·농업론, 조선왕조의 토지관계와 그 처지 등을 주요대상으로 삼고 이를 시간상으로 단락 짓고 계통상으로 구분하여 조선전기 토지제도의 골격과 그 史的 推移를 추구하는 것이다. 우리나라 中世 土地制度史의 다른 한 자락도 이로써 마련될 수 있을 것이다.

Ⅱ. 高麗末의 田制改革과 그 範圍

1. 私田沒收와 科田制度의 施行

1) 私田捄弊論戰과 科田制度로 歸着

고려 말 토지문제는 수조지와 소유지 두 계통에서 모두 제기되고 있었다. 그 가운데서도 수조지 계통의 분급전토의 중심을 이루는 田柴科상의 私田을 주축으로 야기되는 '私田'問題는 핵심이었다. 사전의 世傳과 爭占으로 인한 지배계급 간의 수조지 占有上의 극심한 불균형과 이로 인한 정치적 대립과 알력, 그리고 전주의 田租濫奪과 이에 대한 전객농민의 항쟁으로 나타나는 田主佃客 간의 모순의 심화는 가장 기본문제였다. 위기는 여기에 그치지 않았다. 재정의 기반인 국가 수조지 公田은 감축되고 부세 부담자인 良人은 감소되어 그만큼 통치영역은 축소되고 통치력 또한 쇠퇴하여 갔다. 이에 비례하여 잔여 공전 및 그 전객농민에 대한 수취는 강화되었다.[1] 이 모두는 分給私田의 家産化로서 수

1. 拙稿, 「高麗末期의 私田問題」, 『朝鮮前期土地制度硏究－土地分給制와 農民支配』, 一潮閣, 1986.
______, 「高麗 土地租稅體系의 基幹」, 『韓國 中世 土地制度史－高麗』, 서울대학교출판

조지의 분급제를 한 기둥으로 하여 수립되어 있는 고려 통치질서의 붕괴이고 凋落이었다. 고려후기 이후 사전의 겸병은 수조권적 토지점유의 원리 속에서 전개되면서 동시에 이 원리의 파괴라는 모순을 배태하고 성숙시켰다.

禑王 14년(1388) 6월, 사전문제의 타개는 기정사실이 되었다. 昌王이 즉위하고 구폐방략을 下問하는 형식의 敎旨에 천명된 고려 조정의 토지문제처리의 방향과 자세는 要目이 세 가지로 집약된다. ① 豪强의 겸병으로 토지제도의 원칙이 크게 무너졌으므로 구폐방책을 都評議使司·司憲府·版度司가 강구하여 보고하도록 한다는 것, ② 先代에 사찰에 시납된 庄·處의 전토는 다시 회수하여 料物庫에 소속시킨다는 것, ③ 兩界地方의 토지 가운데 私田으로 된 것은 그 문권을 관에서 몰수한다는 것이다. 토지문제는 수조지 차원에서 개혁대상은 개인이 점유하고 있는 6도의 私田에 한하고 왕실·사원·각급 행정기관 및 이에 종사하는 役人들의 분급전토는 원래의 상태로 정비한다는 것이 골자였다.[2] 토지문제의 수습은 수조권의 선상에서 '私田' 문제에 국한하여 정리하는 방향을 걸었다. 그러면서도 종래 전민변정식의 방침과는 다른 방식으로 해결할 수 있다는 자세의 표명은 큰 전환이고 그만큼 파란이 심하였다.

관료 사이에서는 大論爭 大論戰이 발발하였고 이는 크게 두 계열로 갈라져 집약되었다. 하나는 현존하는 사전 그것은 그대로 두고 단지 여기서 야기되는 폐단만 제거하자는 의논으로서 私田改善論이고, 다른 하나는 현재의 사전을 일거에 혁파하여 재분배하자는 주장으로서 私田改革論인 셈이었다.[3] 사전개선론은 현재 사전의 世傳이나 田主의 전객지

문화원, 2011.

2. 『高麗史』 78, 食貨 1, 田制, 祿科田, 辛禑 14년 6월, 中冊, p.714.
3. 고려 말, 田制捄弊를 둘러싼 大論戰의 경위·내용·근거·특징에 관해선 아래의 논고를 참고할 것.

배 그 자체는 불균등이나 결함이 아니며 그러므로 사전점유의 문란과 그로 인하여 발생하는 농민층의 폐해만 제거하면 祖宗의 '成法'·'舊法'의 개정·변경 없이도 사태는 해결될 수 있다는 태도였다. 반면 개혁론은 사전의 폐해는 현재 사전이 조업전화하여 祖宗의 授田受田하는 법이 무너진 데서 말미암는 것이니 이를 혁파하여 재분배하되, 그 원칙은 직역담당자를 대상으로 授田하며 그 기한은 조종의 법제대로 본인 당대에 한하고 사사로이 주고받는 행위는 엄금하자는 자세였다.[4] 양측 모두 자기편의 방안이 祖宗田法에 입각하고 있다고 주장하고 있었지만, 실제는 각기 스스로의 구상에 적합한 근거가 되는 측면을 취하여 이것을 전체로서 강조하고 있는 셈이었다.[5]

개선론대로 사전문제가 처리되면, 수조지의 점유나 집적에 기초한 겸병자 가운데 불법적인 점유자 그 가운데서도 발각되는 이만 손해를 입게 된다. 농장도 그대로 존속된다. 그러므로 사전점유자는 혁파론에 대해 반발하면서 더욱 공고히 결속하는 것이었다.[6] 반대로 개혁론대로 실행되면 사전의 겸병자는 물론 정상으로 소지하고 있는 이에게도 큰 타격을 주고 반면에 수조지의 未점유자 및 신진권력층이 수조지 점유에 새로 참여할 수 있으며 농장도 소유권·지주전호제에 입각한 것만이 존속한다. 이들은 개선론대로 처리하여도 占有에 제한이 없고 무자격자가 國田을 좌식하는 상태에서는 국방과 나라에 털끝 하나 보탬이

拙稿, 「高麗末의 私田捄弊策과 私田法」, 주 1의 논저.
______, 주 1의 『韓國 中世 土地制度史－高麗』 Ⅶ장 4절.
朴京安, 「高麗後期의 土地問題와 '祖宗田制'」, 『韓國古代·中世의 支配體制와 農民』, 지식산업사, 1997.
洪榮義, 「高麗末 田制改革論의 기본방향과 그 性格」 『國史館論叢』 95, 2001.

4. 『高麗史』 78, 食貨 1, 田制, 辛禑 14년 7월, 李行上疏, 中册, p.719.
5. 『高麗史』 78, 食貨 1, 田制, 祿科田, 辛禑 14년 7월, 趙浚上書, 中册, p.715. 同上, 李行, 黃順常, 趙仁沃 上疏 참조, 中册, pp.719~721.
6. 『高麗史』 118, 列傳 31, 趙浚, 下册, p.589.

되지 않는다고 비난하였다.[7]

그러나 또 하나의 사전문제 곧 佃客農民의 처지에 대해서는 양측 모두 什一稅率의 준수와 濫奪禁止 등 祖宗의 수취법을 존중하였다. 田主佃客制의 원리 곧 상급신분이 무상으로 하급신분과 그 소유지에서 그 수확물을 租로써 징수하고 지배하는 체제 자체는 어느 쪽도 마찬가지였다. 다만 토지분급의 경리에서 개혁론 측은 사전을 축소하고 경기 내에 집중시키며 공전을 확대한다는 점이 달랐다. 그러면서도 장차 토지소유관계, 농민의 처지나 농업 생산의 전개에 각각 다른 조건과 전망을 지녔다. 개혁론이 실천될 경우 수조권의 양적 질적 제약이 강화되는 추세에서 소유권은 상대적으로 더욱 안정되고 농업생산력의 발달이 촉진됨에 병행하여, 이에 입각한 토지·농민지배의 소유관계를 추진해 나가게 된다. 그리고 이러한 단계에 본격 접어들면 국가의 전주전객제에 의한 토지·농민에 대한 지배수취관계는 불원간 이완되고 약화될 수밖에 없다. 그러나 소유권 즉 佃客權의 성장·안정은 지주전호제의 확대를 한층 촉발하고 농민분화를 더욱 동반하여 전객농민은 이와 관련하여 未久에 전호농민·무전농민으로 變轉되어 갈 가능성이 확대된다. 이와는 달리 개선론대로 처리된다면, 사전전주에 의한 전객지배의 광범한 존속으로 소유권의 성장은 그만큼 저지되고 이로 인하여 전객지위의 향상 특히 지주층의 활동에는 한계가 있게 된다.

양측의 방안이 각각 가져올 전망은 이만큼 차이가 있었다. 사전혁파의 可否가 조정에서 토의되었을 때 이에 반대하는 李穡의 의견을 따르는 세력이 컸었고, 다시 百官에게 논의시켰을 때 찬성하는 측이 18·9명에 지나지 않았으며 반대자는 모두 巨室子弟였다고 전한다. 토지 곧 富의 몰수와 재분배는 권력의 재배분 즉 집권 양반층의 교체를 가져오는 것이었다.[8] 사전개선론 측과 개혁론 측 사이의 논전과 대립은 정치

---

7. 『高麗史』 78, 食貨 1, 田制, 祿科田, 辛禑 14년 7월, 李行上疏, 中册, p.719.

적 권력적으로 종결지어질 수밖에 없었다. 사전개혁논전이 표면화된 다음 달 우왕 14년(1388) 8월, 도평의사사에서 혁파안에 대한 議定이 있었고,[9] 6道에 量田이 착수되었다.[10] 양전사업 추진·담당의 주축은 이성계 계열의 관료였다.[11] 양전은 전국 토지에 대한 정확한 조사와 파악이라는 본래의 목적 외에 수조지의 재배분을 당면 목표로 하고 있었다. 그러므로 결부로 파악한 토지를 수조단위로 묶는 作丁을, 지금까지 田丁에 그 수득자의 이름을 달아 놓아 분급수조지를 그의 조업전으로 억지로 우기는[冒稱] 데 빌미가 되게 하던 방식을 폐기하고, 20·15·10결 등을 단위로 千字文의 순서에 따라 字號를 매기는 字丁制로 바꾸면서 수행하였다.[12] 조업전화한 사전의 혁파를 기성사실로 하는 작업이었다. 양전과 동시에 軍需와 祿俸의 비용을 마련한다는 명분으로 사전의 전조 전액을 3년간 公收하는 시책을 집행하였다. 반대론 측은 당초 半收만 하자고 절충안을 내었으나 묵살되었다.[13] 이는 사전 전주의 수조권 행사의 중단이고 사실상 사전의 몰수였다.

사전혁파가 기정사실로 되자 빈대론 측은 사전 분급지역을 京畿에 한한다는 지역제한을 폐기할 것을 요구하였다. 6도 전 지역에서나마 수조지를 받자는 것이다. 혁파론 측은 이 또한 강력히 배격하였다.[14] 가산

---

8. 『高麗史』 118, 列傳 31, 趙浚, 下册, p.589.
   拙稿, 「高麗末의 私田捄弊策과 科田法」, 주 1의 상단 논저.
9. 『高麗史』 137, 列傳 50, 辛禑 14년 8월, 下册, p.960.
10. 『高麗史』 78, 食貨 1, 田制, 經理, 辛禑 14년 8월, 中册, p.707.
11. 『高麗史節要』 33, 辛禑 14년 8월, p.833.
12. 拙稿, 「高麗時期의 作丁制와 祖業田」, 『李元淳敎授停年紀念 歷史學論叢』, 敎學社, 1991, pp.200~207.
13. 『高麗史』 78, 食貨 1, 田制, 祿科田, 辛禑 14년 7월, 趙浚上書, 中册, p.717.
    同上, 辛禑 14년 8월, 趙仁沃上疏, 14년 9월, 許應上疏, 中册, p.721.
14. 『高麗史』 78, 食貨 1, 田制, 祿科田, 辛昌 원년 8월, 中册, p.722.
    『高麗史』 78, 食貨 1, 田制, 祿科田, 辛昌 원년 12월, 中册, p.722.
    『高麗史』 118, 列傳 31, 趙浚, 下册, p.603.

화한 사전은 대부분 外方에 있는데 요구대로 하면 재차 이들의 기득권을 소생시킬 우려가 있었다. 이러한 논란이 있는 가운데서 昌王 원년(1388) 9월 給田都監 주재 하에 새로운 科田 분급대상자의 선정・파악에 착수하고,[15] 11월에는 전제개혁에 미온적이던 창왕과 반대세력을 정계에서 축출하고 恭讓王을 즉위시켰다.[16]

恭讓王 2년(1390) 정월, 과전수급대상자에게 과전문권을 지급하고,[17] 9월에 기왕의 田籍을 市街에서 소각하여 고려의 私田을 영구히 소멸시켰다.[18] 11월에는 지방의 官員・鄕吏・驛吏・津尺・院主에 절급할 衙祿田・外役田 등의 액수와 豊儲倉(右倉)・廣興倉(左倉)에 수납할 조세의 수를 정하였다.[19] 그리고 이듬해(1391) 5월, 사전전조의 公收가 개시된 지 만 3년이 되는 해, 과전지급에 관한 기본법규를 반포하였다.[20] 이른바 科田法의 시행이다.

2) 科田制度의 骨格과 範疇

科田折給法의 내역은 田地의 경리와 배분, 私田의 수수 및 관리, 租稅의 수납, 田主・佃客의 관계 등에 관한 규정으로 구성되어 있다. 이는 공양왕 3년(1391)에 그간 양전을 통해 파악한 토지결수 경기 實田 13만 1,758결 荒遠田 8,387결, 6도 實田 49만 1,342결 荒遠田 16만 6,643결, 도합 79만 8,129결을 計數作丁하되,[21] 대략 50만 결에 불과한 墾田數에

15. 『高麗史』 137, 列傳 50, 辛禑 14년 9월, 下册, p.966.
16. 『高麗史』 117, 列傳 50, 辛昌 원년 11월, 下册, p.968.
『高麗史』 45, 世家 45, 恭讓王 원년 11월, 上册, p.869.
17. 『高麗史』 45, 世家 45, 恭讓王 2년 정월, 上册, p.874.
18. 『高麗史』 78, 食貨 1, 田制, 祿科田, 恭讓王 2년 9월, 中册, p.723.
19. 『高麗史』 45, 世家 45, 恭讓王 2년 11월, 上册, p.885.
『世宗實錄』 109, 世宗 27년 7월 乙酉, 4册, p.625.
20. 『高麗史』 78, 食貨 1, 田制, 祿科田, 恭讓王 3년 5월, 給科田法, 中册, p.723.

서 供上으로 10만 결은 우창(풍저창)에 3만 결은 四庫에 소속시키고 녹봉으로 10만 결을 좌창(광흥창)에 귀속하고 과전으로 경기 내 10만 결을 삼아야 한다는 것, 그러면 나머지는 17만 결인데 이로써는 6도의 軍士·津·院·驛·寺의 전토, 鄕吏·使客·廩給·衙祿의 용도조차 부족하고 軍須田은 나올 곳이 없다는 고충을 안고 제정한 것이다.[22]

관련 조항을 분류하여 살피면 다음과 같다.[23]

(1) 田地의 경리와 배분 - ① 科田은 士大夫를 대우하는 것이니 四方의 근본인 경기의 토지에 설정한다. ② 外方은 王室의 蕃으로서 軍田을 설치하여 6도의 閑良官吏에게 본시 가지고 있던 수조지[本田]의 정도에 따라 10결 혹은 5결씩 절급한다. ③ 종래 公私의 文籍을 조사 참작하여 陵寢·倉庫·宮司·軍資寺 및 寺院·外官職田·廩給田, 鄕·津·驛吏·軍·匠雜色田을 배정한다. ④ 功臣田은 庚午의 것(공양왕 2년(1390), 공양왕 옹립의 공으로 이성계 등 소위 중흥 9공신에게 절급)만 남긴다. ⑤ 寺院·神祠에 전시를 시납하지 못한다.

(2) 과전의 授受 - ① 전지를 받되 科에 부족한 자, 새로 벼슬하여 전지를 못 받은 자에게는 죄를 범하거나 후사가 없거나 과외의 전지를 가진 자의 과전을 몰수하여 급여하고 소임 없는 閑良官은 지급하지 않는다. 경기의 荒遠田·개간전은 職事가 있는 벼슬아치가 관에 신고하여 作丁하고 과에 따라 받는다. ② 수전자 사망 후 처가 守信하면 자식이 있으면 과전 전액을, 없으면 반액을 전수하고 非수신자는 절급하지 않는다[守信田]. 부모가 모두 사망하고 자손이 幼弱하면 전액 전수하되 20세가 되면 과에 따라 받는다[恤養田]. 여자는 남편의 과에 따라 받고 나머지 전지가 있으면 타인이 遞受하도록 한다. ③ 군전을 받은 자가 서울에 와서 벼슬

21. 同上.

22. 『高麗史』 78, 食貨 1, 田制, 祿科田, 昌王 원년 12월 恭讓王 즉위, 趙浚上書, 中冊, pp.722~723.

23. 이하의 서술은, 특별한 註記가 없는 한, 주 20의 기록에 의거하여 작성한 것임.

하면 과에 따라 경기의 전지를 지급하고 해당 군전은 그 후계자에 주며, 군인·향리 및 각종 有役人이 노쇠 혹은 사망하고 후계자가 없거나 그 역을 도피하거나 서울에 와서 벼슬을 하거나 하면 역을 대신하는 자가 그 전토를 체수한다.

(3) 과전의 관리 - ① 무릇 私田은 그 전주가 비록 죄를 범하여 몰수하더라도 公田으로 삼지 않고 마땅히 받아야 할 자가 과에 따라 받는다. 과전 몰수에 해당하는 범죄는 (i) 杖 이상의 죄를 범하여 告身을 회수당하고 (ii) 期功 이상 친척집안과 혼인하고 (iii) 군전을 받은 閑良官으로 부모의 喪葬·질병 이외에 이유 없이 100일 이상 三軍摠制府에 출두하여 숙위하는 의무를 태만히 하고 (iv) 同姓 사이에 혼인하며 (v) 수신전을 받고 再嫁하고 (vi) 전지는 있되 公文을 작성하지 않거나 사망 후 처자식이 없는 경우로서 모두 타인이 陳告하여 과에 따라 받는다. ② 科 이상의 전토를 冒受하거나 公私田을 침탈한 자는 처벌하고 科田은 타인이 체수한다. ③ 남에게 무고한 죄명을 덮어씌우고 토지를 탈취하려는 자는 엄히 단속한다. ④ 公私賤人·工商·賣卜盲人·巫覡·娼妓·僧尼 등은 본인은 물론 자손도 전지를 받을 수 없다. ⑤ 私田授受의 公文作成은 각종 협잡을 방지하기 위하여 새로 전토를 더 받아 새로 만든 공문은 원권에 이어 달아 1통으로 하며[繳連原卷], 부모의 토지를 나누어 받는 경우는 원래의 문서를 관청에 내면 관청에선 붉은 글씨로 그 위에 무슨 丁은 어느 아들, 어느 손자가 받았다고 표시하고[朱筆表注], 비록 토지는 적고 자식이 많더라도 丁을 쪼개는 것은 허용하지 않는 것[不許破丁] 등의 제반 규정에 따른다.

(4) 전조의 수납 - ① 公私田의 收租는 1결당 수전 糙米 30斗, 한전은 잡곡 30두로 하며 이 이상 수취하는 자는 엄벌한다. ② 무릇 전지를 받은 자는 陵寢·倉庫·宮司·公廨·功臣田 이외에는 '稅'로서 1결당 수전은 白米 2두, 한전은 黃豆 2두씩 舊경기는 料物庫에 新경기 및 외방은 풍저·광흥창에 납부한다. ③ 損實은 10分하여 손 1푼이면 1푼조를, 손

2푼이면 2푼조를 감하여 차차 손에 따라 전조를 감하고 損이 8푼에 이르면 全除하되, 수령과 감사가 주동하여 審檢하며 각품의 과전은 田主가 自審收租하도록 한다.[24]

(5) 전주·전객의 관계 - ① 전주가 전객의 소유경작지[所耕田]를 탈취하면 1負에서 5부까지는 笞 20으로 하고 매 5부에 1등씩 처벌을 더하고 죄가 杖 80에 이르면 職牒을 몰수하지 않으나 1결 이상은 이 소경전을 파악하고 있는 田丁을 타인이 체수하도록 한다. ② 경기의 전객은 자기 소유지를 임의로 타인에게 매매·양도할 수 없고, 사망·이사하여 戶가 없어졌을 경우 또 농지를 많이 소유하여 고의로 荒蕪시킨 경우 그 토지는 田主가 임의로 처결하도록 맡긴다. ③ 경기의 公私田 구역 안에 있는 荒閑地는 일반 민인이 薪炭채취·방목·어로·수렵 등을 할 수 있고 이를 금하는 자는 죄로 다스린다. ④ 만일 大軍을 동원하여 군량이 부족하게 되는 경우에 公私田을 논하지 않고 비용에 따라 일정기한 일정수량을 작정하여 公收한다.

이상의 내용을 골자로 하는 과전제도는, 조선 개국직후 태조 원년(1392) 7월에 국왕이 금후 田法은 前朝의 것을 따르되 만일 損益할 것이 있으면 主掌官이 裁量하고 요청하여 시행한다고 천명했듯이, 그대로 조선에 계승된다. 다만 태조 3년(1394) 관제의 개편과 官階의 정비에 즉하여 官品 기준으로 科와 그에 따른 給田額이 명료하게 정비된다.[25]

과전제도는 조업화한 사전을 혁파하여 科田으로 재분급한 것이었다.[26] 그러므로 수조권에 근거한 農莊 가운데 외방의 것이 폐지됨은 물

24. 『高麗史』 78, 食貨 1, 田制, 踏驗損實, 恭讓王 3년 5월, 中册, p.726.

25. 『太祖實錄』 1, 太祖 원년 7월 丁未, 1책, p.22.
『龍飛御天歌』 8, 第72章.

26. 『太宗實錄』 25, 太宗 13년 4월 壬申, 1册, p.669.
『太祖實錄』 1, 總論, 恭讓王 2년 4월, 1册, p.14.
金泰永, 「科田法의 성립과 그 성격」, 『朝鮮前期土地制度史硏究』, 知識産業社, 1983.
拙稿, 「高麗末의 私田捄弊策과 科田法」, 주 1의 상단 논저.

[表 1] 科田折給의 對象과 結數

	恭讓王 3년(1391)		太祖 3년(1394)	
科	對象	結數	對象	結數
1	在內大君~門下侍中	150	正一品	150
2	在內府院君~檢校侍中	130	從一品	125
3	贊成事	125	正二品	115
4	在內諸君~知門下	115	從二品	105
5	判密直~同知密直	105	正三品(大司成)	85
6	密直府使~提學	97	正三品	80
7	在內元尹~左右常侍	89	從三品	75
8	判通禮門~諸寺判事	81	正四品	65
9	左右司議~典醫正	73	從四品	60
10	六曹捴郎~諸府小尹	65	正五品	50
11	門下舍人~諸寺副正	57	從五品	45
12	六曹正郎~和寧判官	50	正六品	35
13	典醫丞~中郎將	43	從六品	30
14	六曹佐郎~郎將	35	正・從七品	25
15	東・西七品	25	正・從八品	20
16	東・西八品	20	正・從九品	15
17	東・西九品	15	正・雜權務	10
18	權務散職	10	令同正・學生	5

론이고, 소유권에 수조권까지 겹쳐 있던 농장이나 권력을 배경으로 田租를 내지 않던 농장도 납조하게 되었다. 몰수된 외방의 사전은 국가 수조지 公田으로 귀속되었으며 여기에 더하여 私賤身分으로 억압되어 있던 佃客農民을 직역 부담자로 전환함으로써 양인의 확보도 수반되었다. 고려 舊家勢族의 경제기반은 재조정되거나 파괴되었다.[27] 이런 점에서 과전제도는 사적 소유권의 성장 곧 전객권의 성숙을 반영하고 이를

朴京安, 「田制改革運動과 그 意義」, 『高麗後期 土地制度研究』, 혜안, 1968.

27. 『太祖實錄』 2, 太祖 원년 12월, 壬戌, 1冊, p.37.

촉진시키는 전망을 부여하고 있었다. 전주의 전객 소유지 탈취행위를 금지함으로써[28] 소유권의 보호, 전객권의 안정을 분명히 하여 소토지소유 농민이나 지주층의 성장을 약속하여 지주전호제의 발달을 가일층 보장하는 제도였다. 특히 外方에서 재지세력의 지주층으로 성장에는 확실한 여건을 조성한 것이었다. 과전제도는 소유권에 의한 토지소유 및 그 관계의 조정과는 無關하였다.

과전의 특징이 이러하다 하여 이것이 고려의 전시과나 말기의 私田과 질적으로 구별되는 것은 아니었다. 과전제도 역시 기본은 양반 사대부에 대한 수조지의 분급과 수조권에 의한 토지점유 및 농민지배를 원리하는 토지분급제였다. 이 제도 하에서는 경기에는 居京官의 科田을, 외방에는 閑良官의 軍田을 설정하고 있었고 중앙 및 지방의 각급 행정기관에도 수조지를 할급하고 있었다. 전시과와 달리 柴地의 분급은 없었으나, 이는 科田이 경기 안으로 옮겨져서 절급됨에 따라 종전처럼 경기에 서울 거주 양반층의 양식 및 생활물자 조달처로서 口分田과 함께 柴地를 따로 지급할 필요가 없어졌기 때문이었다. 전주는 전객농민의 요역을 이용하거나 개인적으로 주변의 柴地에서 섶·숯 등을 조달할 수 있었다.[29] 寺院田은 정리대상에서 제외되었고 功臣田 자체도 여전히 존속하였다. 분급 수조지의 존속 이 자체는 마찬가지였다.

뿐만 아니라 수조권의 질적인 성격도 그대로였다. 과전제도 하에서 분급사전은 자손에 傳授할 수 있었으며 그 절차상 관청에 신고하여 수수하는 과정을 밟게 하여 직역과 점유를 일치시키는 확인작업이 강조되고 있었는데 이는 고려 전시과에서도 마찬가지 원칙이었다. 수조권자 전주의 전객에 대한 지배와 수취의 기본도 마찬가지였다. 수조율은 1/10을 표방하며 結當 전조액이 糙米[현미] 30斗인 것,[30] 田主의 직접 답

28. 『高麗史』 78, 食貨 1, 田制, 祿科田, 恭讓王 3년 5월, 給科田法, 中册, p.725.

29. 拙稿, 「高麗時期의 兩班口分田과 柴地」, 『歷史教育』 44, 1988.

험과 직접 수조의 원칙[31] 모두 그대로였다. 田主權의 본질에는 어떠한 변화도 없었다. 다만 고려에서 踏驗損分을 1결당 10分損率로 하여, 損 4푼 이상은 租를, 6푼 이상은 租·布를, 7푼 이상이면 租·布·役 모두 면제하여 租·布·役이 田畓의 農形에 모두 상관하고 있었던 것과 차이가 있었다.[32] 이는 고려 말 丁田의 소멸, 足·半丁의 폐기와 字丁의 채택 등에서 연유하는 것이었다. 전객은 布·役의 제약에서 다소 느슨해지고 그만큼 자기 노동의 소유가 안정되고 그 처분이 임의로울 수 있었다. 私田京畿의 원칙 하에서 경기 안에서는 수조권에만 의한 농장경영은 여전히 존재하고, 소유지로서 농장을 가지고 있는 관료가 科田을 위시하여 여타의 수조지를 분급받는 경우 이 토지 위에 얹혀 받을 수 있었다.[33]

고려 말, 가산화한 전시과의 사전은 私田革罷運動 곧 개혁론 측의 전제개혁을 통해서 과정상 부정되었으나 과전제도를 통해서 다시 분급전지로 긍정되고 공인되는 선으로 낙착되었다. 이는 개혁론자들이 사전혁파를 추진하는 과정에서 반대론 측의 반발과 항거를 다소 흡수하고 무마하면서 더 나아가선 革命勢力의 안전과 그 지지세력의 확보를 꾀한 데서 취해진 정책상의 소치로 사료된다. 훗날 科田은 태조가 사전을 혁파한 뒤 부득이하여 제정한 것으로 점차 폐기하려는 의도였다는 지적이나,[34] 과전제도 시행 후 정도전이 당초 전국의 토지를 모두 公家에 귀속시키려다 舊家勢族의 반대책동으로 포기하고 科田을 분급하게 되었다는 술회가 나오고 있음[35]이 이런 사정을 전한다. 사전혁파의 추진자나

---

30. 주 28과 同.
31. 拙稿, 「科田의 占有와 그 原則」, 주 1의 상단 논저.
32. 『高麗史』 78, 食貨 1, 田制, 踏驗損實, 文宗 4년 11월, 中册, p.726.
33. 『太宗實錄』 28, 太宗 14년 8월 戊午, 2册, p.32.
34. 『成宗實錄』 4, 成宗 원년 4월 申未, 8册, p.490.
35. 拙稿, 「朝鮮前期의 土地改革論議」, 『朝鮮前期土地制度硏究』[II], 지식산업사, 1998,

동조자의 절대 다수가 국가에 의한 토지분급제와 이에 입각한 田主의 전객지배를 포기하지는 않은 것이었다. 단순히 구가세족의 반대를 무마하기 위해서가 아니었다.

과전제도는 수조지의 수득이나 전수에서 告官授受의 준수, 收租行政의 정상화 등 국가권력에 의한 토지분급제 운영의 원칙회복에 있었다. 이 제도는 분급전지의 傳受와 田主의 직접 답험·직접 수조는 고려 전시과의 내용을 답습하고 있으며, 경기 사전의 원칙이나 급전대상의 現職者 위주의 강화[36]는 祿科田의 정신을 계승한 것이었다. 녹과전은 경기 사전의 존속과 외방사전의 부정을 통해 과전 속에 계승되고 있는 것이다. 곧 과전제도는 계통상 현직 문무양반의 職田으로서의 녹과전의 성질에 이와 함께 병존하던 전시과 계열의 私田이 지니고 있는 토지지배·농민수취의 世祿으로서의 성격이 첨가되고 승인됨으로써 등장하는 것이다.

과전제도가 갖는 또 하나의 측면 즉 公田·良人의 확보·확대도 이러한 범위와 성질 안에서 이루어지는 것이었다. 외방 사전의 혁파를 통해 국가 수조지는 증대하고 그만큼 국가는 전주전객제에 의한 토지·농민에 대한 지배 및 수취의 폭을 확장하였다. 아울러 농민은 전주 측의 과도한 田租濫徵에서 벗어날 수 있었다. 濫收는 주로 外方私田에서 심하였다. 趙浚 같은 이는 전주의 전객수탈이 혹독하다고 개탄하면서 외방이 이로 인해 凋弊한다고 특별히 지목할 지경이었다.[37] 경기사전의 원칙이 농민층에게 가져다준 의미는 이것이었다. 과전법이 전객농민의 부담을 경감하였다면 이 정도의 것이다.

과전제도는 고려 말의 제반 토지문제를 고려 이래 있어 온 수조권에

---

pp.462~465.
鄭道傳, 『三峯集』 7, 朝鮮經國典 上, 賦典, 經理.

36. 李成茂, 「兩班과 土地所有」, 『朝鮮初期 兩班研究』, 一潮閣, 1980.

37. 『高麗史』 78, 食貨 1, 田制, 祿科田, 辛禑 14년 7월, 趙浚上書, 中册, p.715.

의한 토지점유 및 그 관계에 대한 否定 그리고 이를 재경리 재배분한 점에서 양반층으로서는 왕조의 교체, 권력의 변혁을 가져온 큰 사건이었다. 그러나 토지문제 전반에서 보면 일부였다. 토지와 관련된 각종 부세제도, 농업생산 등에서 보면 정리하고 개편해야 할 과제는 산적해 있었다. 과전제도는 토지문제 정리의 출발이었다. 이러한 과제는 새 왕조 조선으로 넘겨졌다.

2. 山林川澤의 私占問題와 柴科의 廢止

고려말기의 토지문제를 농업생산의 측면에서 검토할 때, 토지 자체는 아니지만, 중요한 부문이 하나 더 있었다. 농민의 농업활동에 관련되고 국가의 貢賦 징수에 직결되던 山林川澤 특히 山地·柴場의 私占問題였다. 산림천택은 '與民共利'라 하여 토지와는 달리 민인이 공동이용하는 共有處였다. 그러나 이 역시 고려후기에는 왕실·권세가가 임의로 점유하고 사사로이 민인의 樵牧행위를 금지하고 重稅하여 커다란 문제가 되고 있었다. 토지겸병의 추세가 산림천택에도 미쳐 국가권력을 배격하고 멋대로 점거하는 형세가 매우 성하였다.[1]

산림천택은 예부터 우리나라의 정치·생산·문화·군사·사상 등등과 지대한 관계를 맺어 왔다. 산지 가운데 高山峻嶺은 關防處로 국방·군사에 항시 절대 중요 지역이었고, 名山巨藪는 풍수의 조절과 지세의 보존, 마을의 유지, 농사의 보조에 직결되는 곳이었다. 뿐만 아니라 산지는 深山嶠嶽으로서 長養樹木處여서 건축·선박·산업용 각종 목재를 조달하고 아울러 온갖 藥材와 날짐승 산짐승의 채집·포획, 여러 鑛物

1. 『高麗史』 15, 世家, 仁宗 5년 3월 戊午, 上册, p.310.
『高麗史』 85, 刑法 2, 禁令, 忠烈王 12년 2월, 中册, p.815.
『高麗史』 15, 食貨 1, 田制, 恭愍王 5년 6월, 中册, p.731.

의 채련이 이루어졌다. 그리고 이러한 大山과 함께 丘原·郊野·林藪 등 柴場에서는 섶·숯 등 땔감이나 꼴 그리고 종이·꿀 등의 잡물 및 雜木을 취득하고 흉년에는 橡實·松皮를 위시하여 갖가지 救荒物을 취집하였다. 그러므로 국가의 부세·공부의 조달처였고 농업의 보완처였다. 또한 무전농민·빈농 등 몰락파산한 농민들이 山田·火田을 일구어 생계를 영위하는 곳도 山地였다. 산지 일반은 하천·소택과 더불어 국가활동, 농업생산, 민인생활에 두루 요긴한 것이었다.

산지는 이러한 용도와 기능으로 川澤과 함께 一家의 생활공간에서 시작하여 村落의 形勝공간으로 이어지고 다시 고을의 범위, 道의 경계를 설정하는 기준이 되었다. 국가는 이러한 바탕에서 행정·군사·부세·생산 등을 운영하고 지원하였다. 그러므로 산지의 이용과 그 소유형태도 이와 같은 기능과 원칙을 田制의 대강으로 하여 수립되는 가운데 발전하였다. 나라에서는 산지가 갖는 이러한 여러 기능과 용도를 계속 유지 확대하고자 이의 보존에 萬全을 기하는 선에서 여러 정책을 실시하였다. 우선 地脈·形勝 등 자연형세와 都城·郡邑·關防·資材·神聖 등 사회목적을 결부시켜 名山峻嶺은 大川海澤과 함께 '禁山'으로 지목하여 양반·세가를 위시하여 모든 민인의 出入·採取·祭享을 일체 금지하였다.[2]

禁山은 시대가 지남에 따라 국가의 통치력이 강화되고 운영 규모가 확대되면서 한층 확장되어 왔다. 그러면서도 국가 내지 그 기관이 독점하여 이용하는 즉 私的 소유에 입각한 국유지가 아니었다. 이는 우리나라 왕조국가가 갖는 집권 봉건체제의 公有性에서 유래하는 것이었다. 그러므로 금산·명산을 제외한 山地 일반은 禁場으로서 당연히 민인이 공공으로 이용하였다. 따라서 항상 특정 기관이나 개인이 사사로이 점거하여 사용을 오로지 하거나 이용자에게 收稅하는 행위는 엄격히 금지

2. 拙稿, 「山地共有의 傳統과 그 倒壞」, 『사회과학교육』 3, 1999, pp.3~4.

한 것이었다. 이런 까닭에 山地·柴場은 당연히 禁耕地였다. 개인이나 국가기관도 함부로 개간하여 농지로 할 수 없었다. 개간지는 개간한 자의 소유로 하는 것이 우리의 오랜 관습이고 법제였기 때문이다. 개간으로 인해 공동이용지인 山地·柴草場이 축소되거나 훼손되는 사태를 방임할 수는 없는 일이었다.

산림천택의 공동이용과 독점금지는 그 기원이 심히 오래되며 법식으로 준수해 온 원칙이었다. 이는 고조선·진국 등 고대 국가가 발달하기 시작하면서 종래 邑落社會가 지녀 온 농지의 세습 점유나 그 사유화 및 집약경작이 비약적으로 진전하고 이와 병행하여 그리고 집권국가의 발전과 직결하여 산지·丘原·林野는 원시공동체 이래 共有·共用하던 성질이 더욱 분명하게 되고 이런 점에서 無主空處, 民人共利處로 간주되며, 커다란 관습과 전통으로 이어졌다. 산지이용의 公共性=邑落性은 그 첫 형태였다.[3] 그러므로 단순한 無主地가 아니었다.

산림천택은 共利의 원칙에서 私有가 원리상 금지되었다. 그러나 현실상 완전한 共用·共有를 유지할 수는 없었다. 우선 신분계급제 사회에서 국가권력과 그 체제의 유지는 왕실 귀족, 양반층에 의해 부지되고 있어 이들 지배층 그리고 국가통치기관에 일정 범위와 규정 내에서 섶·숯·꼴을 위시한 林産物을 취득할 수 있는 몫을 제도로 허용해야 했다. 즉 이들에게는, 자신들이 토지분급제에 의해 수조권을 통해 토지·농민에 대한 수취를 조세취득으로서 보장받고 있던 것과 마찬가지 형식에서, 그리고 일반 농민이 공동이용의 원칙 아래 농업생산의 보완으로 산지를 사용하는 것과 같은 기회로서, 땔감·꼴의 수취처 樵採地가 분급되어야 했다. 고려는 田柴科로서 이 제도를 분명히 확립하여 운영하였다. 樵採地의 설정과 분급은 수조지 분급제가 마련되는 시기, 예

---

3. 同上, pp.6~7.
拙稿, 『韓國 古代·中世初期 土地制度史－古朝鮮~新羅·渤海』 I 장 3절, 서울대학교출판부, 2005.

컨대 신라의 경우 늦어도 祿邑制가 설치되는 삼국시기 어느 시점과 같지 않았을까 추측되기도 한다.[4]

고려에서는 山坂을 柴地란 이름으로 모든 관료에게 신분과 직급에 따라 科田과 함께 절급하였다. 시지분급 지역은 왕경인 開京 주변의 여러 고을 가운데 1日程·2日程의 범위 내에서 나누어 책정하였다. 지금 함경도 남쪽 지역 德源 부근에 있는 馬首領은 이 日程의 한계선의 하나였다. 고려의 양반은 科田 대부분을 외방에 지급받고 있어 서울에는 양식 조달에 필요한 약간의 구분전과 섶·숯·꼴을 제대로 보급받을 시지가 주변에 있지 않으면 안 되었다. 한편 중앙이나 지방의 관서, 사찰, 왕실 등등의 기구에도 公廨柴地가 배당되었다. 양반의 분급시지는 규모가 컸다. 고려전기에 최고 110~100결에서 최하 5결이었다. 이는 수득자가 사망하면 田地와 함께 국가에 반납해야 했다. 결당 수취하는 물량은 '몇 동 몇 짐 몇 뭇'으로 산정하였고 柴主인 양반은 이것을 자신의 시지가 설정되어 있는 山坂을 이용하는 민인에게 대가로 징수하고 운반시킴으로써 수취를 달성한 듯하다.[5]

이러한 원칙과 제도는 對蒙戰爭을 겪고 13세기에 와서 전시과의 회수·재분급이 마비되면서 함께 훼손되었다. 柴地는, 과전이 그러하였듯이, 양반층 상호간에 爭奪되어 가고 子孫 사이에 사사로이 傳授되거나 타인에게 이동되면서 田土처럼 家産化하였다. 이러한 추세와 함께 왕실·권세가 가운데는 여타의 山地·川澤도 사사로이 점거하고 민인의 자유로운 이용도 금지하며 重稅를 징수하는 사태가 극성하였다.[6] 고려

---

4. 『三國遺事』 2, 紀異 2, 文虎王 法敏條에 신라 文武王 때 慶州 星浮山下를 특별히 '武珍州上守繞(燒)木田'으로 삼았다는 古事가 전한다. 星浮山 아래 이 燒木田은 上守하는 武珍州吏의 職役에 대해 설정하여 준 柴地로 사료된다. 柴地의 절급은 일찍부터 있었을 것이다.

5. 拙稿, 「高麗時期의 兩班口分田과 柴地」, 『歷史教育』 44, 1988.

6. 拙稿, 주 2의 논고.

말기에 대규모의 토지겸병 농장집적의 형세를 일러 으레 山川으로 경계를 짓고 있다거나 州郡을 휩쓴다고 하고 있는데,[7] 다름 아니라 바로 산판이 田地와 동반하여 私占되고 있음을 묘사하는 것이었다.

고려후기의 역대 조정에서는 수차에 걸쳐 山地私占의 폐해가 심각하게 논란되고 타개책도 여러 방면에서 강구되고 시도되면서 토지겸병과 버금하여 최말기까지 문제로 되어 왔다. 이 문제가 타개되는 것 역시 과전제도를 통해서였다. 恭讓王 3년(1391) 과전제도를 시행하면서 사전은 몰수하여 과전으로 재분급하되 柴地는 몰수만 한 채 분급 자체를 폐기하였다. 당초 禑王 14년(1388) 7월 전제개혁 논의 때(소위 조준 제1차 상소)에는 柴地도 재분급하는 것으로 구상했었다.[8] 시지분급의 폐지는 科田이 전시과와 달리 경기 내에서 절급되면서 경기의 영역이 대폭 증대하고 명분상 樵採地의 절급이 불필요해진 데 있었다. 이는 그간 산지이용을 독점하고 私占으로까지 나가던 폐단을 '柴科'를 폐지함으로써[9] 토지제도상에서 근절시키고 아울러 양반 관료에 대한 柴地分給을 제도상 폐기시켜 산림천택의 공유원칙과 그 공공성을 더욱 확고히 한 조처였다. 이후 조선은 이 선상에서 산림천택 문제를 다루고 정비해 갔다.

---

7. 『高麗史』 78, 食貨 1, 經理, 忠烈王 24년 정월, 忠宣王 卽位下敎, 中册, p.707.
   『高麗史』 78, 食貨 1, 田制, 祿科田, 忠穆王 원년 8월, 中册, p.714.
   『高麗史』 78, 食貨 1, 田制, 祿科田, 辛禑 14년 7월, 趙浚上書, 中册, pp.714~717.
8. 『高麗史』 78, 食貨 1, 田制, 祿科田, 辛禑 14년 7월, 趙浚上書, 中册, p.717.
9. 『經國大典註解』(淸州本), 後集, 下, 刑典, 私占柴草場(亞細亞文化社 影印本, 1983, p.315).

Ⅲ. 朝鮮前期 土地政策의 基調

건국 초 조선왕조는 신 국가의 정치·경제의 주축을 과전제도에 두고 있었지만 이와는 별개로 혹은 이와 관련해서도 전체로서의 토지정책을 수립해 나가야 했다. 조선의 토지정책은 우선, 고려와 같이, 私有·公有·國有를 막론하고 私的 소유의 모든 토지를 원칙상 田租를 징수하는 收租地로 파악하되, 다만 국가활동 및 이와 상관한다고 인정한 각급 機關 및 國役擔當者에게 대해 免稅하는 토지를 경작형식과 관련하여 그 범주를 작정한 데 기본을 두었다.

조선은 이것을 크게 세 가지 형태로 구획하여 경리하였다. 첫 번째는 '自耕無稅'地로서 有役人이 자신 내지 自家의 노동력을 공동 혹은 개별로 구사하며 '自耕'하고 그 公役부담의 대가로 소출의 전부를 차지하되, 나라에 조세를 납부하지 않는 토지다. 官屯田·馬田·院田·津夫田·氷夫田·守陵軍田 등이다. 두 번째는 '無稅'地인데, 국가의 水陸齋거행, 祭需用의 供上 조달, 王室事務, 藥材栽培 등에 관련을 갖거나 담당하는 기관이 소유지로 소유하게 한 토지로서 경작은 소유기관이 自耕하든 他耕하든 해당 기구의 형편에 따르며, 국가는 간여하지 않고 단지 조세 면제만 허여한 것이다. 國行水陸田·祭享供上諸司菜田·內需司田·惠民署種藥田 등이 이에 속한다. 세 번째는 '各自收稅'地로서 寺院·地方

官衙 및 驛站·渡의 諸役人에게 개인 사유지 곧 民田을 배속시켜 국가의 收租權을 대신하여 행사하도록 하며 그 수입을 소요의 경비나 力役의 대가로 사용하게 한 토지다. 寺院田·衙祿田·公須田·渡田·崇義殿田·水夫田·長田·副長田·急走田 등이다. 수조권을 개인에게 할급한 科田(職田)과 유사하다. 이 각종 명목의 토지로 절급된 民田의 경작은 원래 民田主의 의사대로여서 自耕이나 他耕 어느 형태나 있을 수 있다.

조선의 토지정책은 수조권과 소유권의 범위·원칙·법적 특징에 놓여 있었다. 이와 관련해서 정부는 네 계통에서 基調를 정립하였다. 첫째, 수조권의 수득·소지에 수반한 田主의 위치, 의무, 권한 등 제반 권한에 관해서 이고, 둘째, 토지겸병 및 농민몰락과 관련한 토지의 私的 소유에 관해서이고, 셋째, 소유지의 취득과 그 법적 권한에 관해서이며, 넷째, 田土 그것은 아니지만 농업경영 농촌사회의 公共 생산활동에 불가결한 연관을 갖고 발달하여 온 山林川澤의 共用·共利에 관해서이다.

1. 收租權의 範圍와 占有原則

과전으로 대표되는 수조지의 절급은 국왕을 정점으로 하여 통일권력을 실현하는 조선의 集權官僚制 및 그 성립근거인 君臣關係를 매개해주는 물적 조처였다. 이의 핵심은 통치층인 士가 피지배층이고 생산자인 農에 대해 행하는 지배와 수취를 정치적 경제적으로 보장하는 것이었다.[1] 특히 과전은 양반사대부 및 그 家系의 存養을 위해 지급하고 있어 흔히 '仕者의 世祿'이라고 불렀으며 世業田 祖業田으로 간주되었다.[2]

---

1. 『世祖實錄』 40, 世祖 12년 11월 庚午, 8冊, p.46.
拙稿, 「科田의 占有와 그 原則」, 『朝鮮前期土地制度研究－土地分給制와 農民支配』, 一潮閣, 1986.

사대부 모두가 수전자는 아니었지만 수전자는 모두 사대부였다. 국왕·국가가 과전의 분급을 통해 사대부 양반에게 요구하던 것은 신료로서의 '忠信'스러운 職役奉供이었다.[3] 신료의 충신은 통일권력의 존속에 불가결한 것이었다. 통일권력의 실현체는 四方의 근본인 왕실 곧 京邑의 輔로서의 畿甸과 王室의 藩屛으로서의 州郡으로 편성되는 군현제였다.[4] 조선의 과전은 이와 일치시켜 지급하였다. 경기에는 과전을 설정하여 사대부를 居京하게 하였고, 외방 주군에는 軍田을 설치하여 閑良官을 왕실의 藩으로 삼았다. 현직관료는 科에 따라 科田을 절급받고 관직에 부여된 직무를 사대부의 자세에서 이행하는 것이 의무였고, 閑良官은 居京者의 경우 과에 의해 과전을 절급받고 在外者이면 10결 혹은 5결의 토지를 軍田의 명목으로 분급받고 騎兵으로서 軍役을 부담하였다.[5] 이른바 '封建' 원리의 구현이었다.[6] 과전은, 삼국기·신라시기·고려시기의 녹읍·과전이 그러하였듯이, 상고기 봉건제·공전제하의 圭田·采田과 계통과 정신을 같이하는 것으로 간주하였다. 규전은 卿에서 士에 이르기까지 祭祀의 봉공을 위해 50畝씩 지급하였다는 전토이고, 采田은 卿大夫의 封邑으로서 관직에 따라 절급하는 토지로서 租稅收取만 허여한 것이었다.[7]

---

2. 『太宗實錄』 26, 太宗 13년 11월 庚寅, 1冊, p.695.
『成宗實錄』 32, 成宗, 4년 7월 己未, 9冊, p.44.
『太宗實錄』 25, 太宗 13년 4월 壬申, 1冊, p.669.
『世宗實錄』 93, 世宗, 23년 8월 甲申, 4冊, p.356.
3. 『太宗實錄』 11, 太宗, 6년 6월 丁卯, 1冊, p.360.
『世宗實錄』 45, 世宗, 11년 9월 辛酉, 3冊, p.198.
4. 『三峰集』 7, 朝鮮經國典 上, 賦典, 州郡.
5. 『高麗史』 78, 食貨 1, 田制, 祿科田, 恭讓王 3년 5월, 給科田法, 中冊, p.723.
6. 拙稿, 주 1의 논저, p.103.
7. 『高麗史』 78, 食貨1, 田制, 祿科田, 辛昌 원년 12월 趙浚上疏, 中冊, p.722.
『太祖實錄』 1, 總論, 恭讓王 2년 4월, 1冊, p.14.
拙稿, 同上論考, pp.103~104.
_____, 『韓國 古代·中世初 土地制度史－古朝鮮~渤海·新羅』, 서울대학교출판부,

과전은 경작농민이 있는 '所耕田'으로 절급되는 '所受田'이었다.[8] 未墾地가 지급되는 경우도 있었으나 중심은 늘 소경전이었으며 혹 타인의 소경전만이 아니라 자기소유의 소경전도 자신의 과전으로 절급받을 수 있었다.[9] 그리되면 완전한 토지소유가 이루어졌다. 과전의 수득자는 '田主'로, 해당 소경전의 소유주는 '佃戶', '佃客'으로 지칭되었다. 과전 1결은 소출의 1/10로 산정된 米·豆 30斗를 전조로서 수취할 수 있게 책정된 면적이었다. 이의 분급은 소위 作丁制를 통해 운영되었다. 작정은 결부제에 의한 양전·부세를 통해 토지를 파악하되, 收租의 편의상 그리고 수조지 분급의 편의상 20·15·10결, 혹은 10·5결씩(후에는 5결로 단일화)을 1丁으로 묶고 정마다 천자문의 순으로 字號를 매기는 것[10]으로, 이를 단위로 給田하고 收租하였다. 이 점이 足丁·半丁을 단위하여 이루어지던 고려의 作丁制와 차이가 있었다. 절급받은 字丁 바로 그것이 과전이었다. 그러므로 일단 수득한 자정은 혹 양전 등으로 인하여 지금까지 수조하던 소경전이 변경되어도 그대로 소지함이 원칙이었다. 그러나 受田者 사이에서 혹은 국가 수조지로서의 公田과 換易은 가능하였다. 과전도 구역표식로서의 四標가 있었다.[11]

자정은 수조의 단위였다. 절급과전은 적게는 1개 많게는 수십 개의 丁으로 이루어지는데, 각 정마다 이 丁 안에서 납부되어야 할 전조를 총괄하여 그 전주에게 輸納하는 책임자로서 養戶가 전객 가운데서 설정

2005.

______, 주 1의 『韓國 中世 土地制度史－高麗』.

8. 『太宗實錄』 31, 太宗 16년 5월 乙巳, 2冊, p.115.

9. 拙稿, 「高麗末期의 私田問題」, 주 6의 논저.
『太祖實錄』 5, 太祖 3년 5월 壬子, 1冊, p.62.

10. 金容燮, 「結負制의 展開過程」, 『韓國中世農業史硏究』, 지식산업사, 2000.
주 6과 同.

11. 『高麗史』 78, 食貨 1, 田制, 祿科田, 恭讓王 3년 5월, 給科田法, p.725.
『太宗實錄』 9, 太宗 5년 4일 甲戌, 1冊, p.324.
『太宗實錄』 17, 太宗 9년 3월 壬申, 1冊, p.479.

되어 있었다. 양호의 역은 徭役의 하나였다.[12] 본래 전조의 수납까지도 佃客의 의무였다. 이 역시 요역의 하나였다. 공전도 마찬가지였다. 수납거리는 경기 안에서는 전주의 집까지였고, 지방은 이에 준한 범위(5息=150里, 1里≒5.4km) 안에서 전주가 지정한 곳까지였다.[13] 수조시, 전주는 수조인을 파견하여 실제 수조할 액수를 査定하고 수조과정 일체를 감독하였다.[14] 전조수납에 있어서 전객의 直接納付의 원칙과 전주의 直接收租의 원칙은 상관되고 있었다. 전객농민은 無償으로 수취당하는 전조를 제대로 납부하고 제때에 수납할 리가 없었다. 납조의 태만이나 거부가 항상 일어났다. 양호제는 이러한 전객농민의 반발에 대처하는 국가와 전주 측의 대응조치의 하나였다. 농민은 輸納勞役을 직접 감당하지 않는 대신 船馬·脚力·雇賃 등 이른바 5價의 명목으로 대가를 지불하였다.[15]

과전의 취득은 단순히 수조권한의 획득이 아니었다. 타인의 토지에 대한 사실상의 지배가 이루어지는 '所占' 곧 일종의 占有였다. 전주는 1결당 田租 米 30斗, 穀草 10束 혹은 그 대가인 草價米 10斗, 그리고 輸納代價 米 8斗 내외 등 총 50斗에 육박하는 현물을 전객에게서 합법적으로 수취하였다. 이 외에 쑥·숯·섶·꼴 등 雜物도 횡렴하였다.[16] 이러한 수

12. 『高麗史』 79, 食貨 2, 農桑, 睿宗 3년 2월, 中冊, p.735.
『太宗實錄』 20, 太宗 10년 11월 甲子, 1冊, p.569.

13. 『太宗實錄』 34, 太宗 17년 10월 乙巳, 2冊, p.190.
『中宗實錄』 22, 中宗 10년 6월 庚辰, 15冊, p.90.
『高麗圖經』 16, 官府, 倉廩.

14. 『高麗史』 78, 食貨 12, 田制, 踏驗損實, 恭讓王 3년 5월, 中冊, p.726.
『太祖實錄』 4, 太祖 2년 12월 己巳, 1冊, p.52.

15. 『世宗實錄』 31, 世宗 8년 정월 丙午, 3冊, p.2.
『世宗實錄』 49, 世宗 12년 8월 戊寅, 3冊, p.250.

16. 『世宗實錄』 58, 世宗 14년 12월, 戊子, 3冊, p.429.
『肅宗實錄』 6, 肅宗 원년 6월 辛巳, 8冊, p.394.
『世宗實錄』 31, 世宗 8년 정월 丙午, 3冊, p.2.
『太宗實錄』 30, 太宗 15년 8월 甲戌, 2冊, p.81.

취는 전주가 전객을 정치적 신분적으로 지배함으로써 가능한 것으로 전주 측의 强制가 동반되고 있었다. 전객의 경작부실이나 경작포기에 대해서는 물론 納租怠慢이나 拒否에 대해서도 전주는 심하면 전객의 소경전까지도 奪占할 정도로 임의 처리할 수 있었다.[17]

전주의 수취량은 結當 기준소출 米 300斗를 준거로 하면 생산의 1/6에 해당하고 雜物의 횡렴까지 첨가하면 이를 넘어서는 액수였다. 10分取1은 田租 하나만에 국한된 수조율이었다. 토지분급제하에서 양반전주는 所受科田의 1/6 정도를 實소유지로 가지는 셈이었다. 그러므로 전주는 1결당 2斗씩을 나라에 稅로 납부하였다. 소유지도 단순한 토지가 아니라, 스스로를 재생산하면서 논밭갈이에서 씨뿌리기·김매기·거두기·타작·방아찧기 등의 전 생산과정과 그리고 날라다 들이는 일[輸納]까지의 전 노역을 無償으로 담당하고 그 수확물 전액을 고스란히 납부하는 경작 노동력까지 결부된 토지였다. 전객은 자기 소경전의 5/6 내지 4/5만이 자신의 실제 소유지인 셈이었다. 전객의 소경전 소유는 본질상 불완전한 소유였다. 田主佃客制의 실제와 의의는 여기서 성립하고 있다.

전주전객제는 단순히 王土思想의 擬制나 觀念의 표현이 아니었다. 전주의 전객지배는 君臣과 民의 정치적 지배복속관계로 이어지고 君子와 小人의 天理的 分別로 설명되는 사유체계로 발현되고 있었다.[18] 전주가 士=君臣=君子로서 신분적·정치적·윤리적으로 전객을 農=民=小人으로서 지배하고 수취하는 사회구성의 발현이었다. 당시 양반층의 경제기반은 수조지의 소지 하나만으로도 튼튼하였다.

『太宗實錄』 31, 太宗 16년 5월 乙巳, 2冊, p.115.

17. 『高麗史』 78, 食貨 1, 田制, 祿科田, 恭讓王 3년 5월, 給科田法, 中冊, p.725.
『世宗實錄』 48, 世宗 12년 4월 辛卯, 3冊, p.232.

18. 『太宗實錄』 34, 太宗 17년 10월 乙巳, 2冊, p.190.
『成宗實錄』 140, 成宗 13년 4월 癸丑, 10冊, p.321.

과전은 所受田인 까닭에 전주는 이를 자의로 분할하거나 양여할 권리가 없었다.[19] 만일 그렇게 된다면 국가·국왕은 士의 職役奉供을 기대하기가 곤란해지거나 아예 불가능하게 되며, 종국에는 토지분급제 원래의 정신과 목적조차 부정되는 것이다. 전주는 자기 과전에 대해 제한된 收租權만 가지고 있을 뿐 원칙적으로 處分權이 없었다. 과전 일반은 당시 분할·양도·상속 등 처분이 자유로웠던 사적 소유지와는 성질이 달랐다. 다만 과전은 사대부가의 世祿으로 지급되고 있어 일반적으로 관례적으로 妻·子孫에의 傳受가 허용되어 世傳되었다. 이는 직역의 세전적인 봉공과 결부되는 것이었다. 再嫁는 나간 경우나 들어온 경우나 전수할 수 없었다.[20] 亡夫家의 구성원에서의 이탈, 즉 節操의 상실인 까닭이다.

과전의 世傳 역시 임의로울 수 없었다. 처·자손은 관청에 신고하고 移給받는, 즉 '遞受'하는 절차를 公式으로 거쳐야 했다.[21] 수전자가 사망하거나 직역부담의 기한이 넘게 되면 국왕과 이들과의 군신관계는 해소되므로, 처·자손의 전수가 사실상 이루어지면서도, 절차상 전지를 일단 회수하고 다시 이들과 새로운 군신관계를 설정한다는 의미에서 재분급하는 형식을 밟아야 하는 것이다. 전수는 相續이 아니었다. 과전 일반은 納公·遞受의 측면에서는 國田이고 傳受의 측면에서는 永業田·世業田이었다. 傳受받는 토지는 夫田·夫의 父母田·親父母田·妻父母田·外祖父母田·養父母田이 대상이었다. 즉 妻·子孫·壻·外孫·養子가 傳受하였다. 단, 妻가 婢나 妓 등 천인 신분일 경우 본인은 물론 그 자손은 전수대상에서 배제되었다.[22]

---

19. 『高麗史』 78, 食貨 1, 田制, 祿科田, 給科田法.
20. 同上 『太宗實錄』 12, 太宗 6년 11월 丁巳, 1冊, p.378.
21. 『高麗史』 78, 食貨 1, 田制, 祿科田, 給科田法.
『太宗實錄』 14, 太宗 7년 12월 辛卯, 1冊, p.426.
22. 拙稿, 주 6의 논고, pp.141~155.

분급전지의 처·자손에 의한 전수가 지닌 의미가 이러하므로 이들 서로간의 자유로운 分割占有 역시 허용되지 않았다. 관료의 과전만은 出仕한 자손에 한하여 과에 따라 分占할 수 있었으나, 字丁까지 부셔가며 분할할 수는 없었다. 분점시에도 元文券은 長子가 소지하였다.[23] 이외의 분급전은 父職役의 繼承者나 承重者에게 單獨傳受되었다. 그러므로 전수는 대개 長子·長孫 우선의 단독전수였고 이는 관례였고 원칙이기도 하였다. 국가·국왕은 관료이건 군인이건 향리이건 모든 신료의 정치적 군사적 奉供에 대한 대가로 給田하고 있는 까닭에, 職役을 1인에게 집중시켜 부과하는 것이 유리한 데서 비롯한 것이다. 이 점은 직역제공자인 受田者 측도 마찬가지였다. 각종 분급전지는 분할되고 축소되어서는 가치가 상실되는 것이다. 이 원칙은 토지분급제와 이에 입각한 군신관계를 지속적으로 유지시켜 나가는 데 있어서 매우 현실적인 규정이고 관례였다. 그러면서도 이러한 전수 원칙은 토지분급제가 존속하는 한은 폐기될 수 없는 바였으나 그 철저한 지속이나 관철 또한 늘 일방적으로 강요하기는 힘들었다.

과전은 所受者의 직역제공이 포기·중단되거나 기대될 수 없는 사태 즉 군신관계가 파괴·손상되었을 때, 그 점유나 전수는 부정되어 회수·몰수되었다. 科田沒收의 경우는 여러 가지였다. 이 가운데 수전자에게 가장 절실한 利害를 던져 주고 있던 것은 杖以上의 죄를 범하여 職牒을 몰수당하는 사태였다. 직첩이 회수되지 않으면 杖罪라도 과전은 몰수되지 않았다. 단순한 파직 시 과전은 그대로 保持되었다. 범죄가 국왕의 蒙宥로 사면되면 과전은 다시 환급되었으며 혹 당사자가 사망한 경우에는 처·자손에게 移給되었다.[24]

---

23. 『高麗史』 78, 食貨 1, 田制, 祿科田, 給科田法, 中册, p.724.
24. 同上, 中册, p.725.
『太宗實錄』 6, 太宗 6년 윤11월 甲午, 1册, p.284.
『世宗實錄』 64, 世宗 6년 5월 甲申, 3册, p.564.

2. 土地의 私的 所有와 그 把握

고려 말, 토지문제의 개혁이 수조권 차원에서 과전제도의 시행으로 귀착되면서 양반 사대부층, 국가의 각급 군사·행정기국의 토지제도는 일단 가닥을 잡았다. 그러나 토지의 소유관계 곧 소유지의 겸병과 소유 불균, 이에 따른 사회경제상의 문제는 그대로 조선으로 이어져 지속되었다. 물론 과전제도의 시행 과정에 수반하여 소유지의 소유관계에 변경이 일어날 소지는 있었다. 사전혁파의 조처에 부수하여 勞役佃戶나 並作佃戶를 통해 경영되던 농지 가운데 더러는 해체된 것도 없지는 않았을 것이다.

가령 田主의 토지 중에는 자기 수조지의 소유권까지 점탈하여 병작하고 있던 것도 있었겠는데, 이런 토지 가운데는 사전몰수와 양전사업이 진행되는 과정에서 원 소유주에게 다시 소유권이 환급된 경우도 있기는 하였을 것이고, 또한 政敵의 숙청에는 그 소유지의 몰수도 동반하는 사태가 있으므로 이때 이런 토지들이 집권세력 사이에 배분되는 가운데 간혹 경작농민에게 분배될 수 있었다. 반면에 사전혁파 과정에서 田主가 국가에 租를 납부하는 民田主 즉 소유권자로 변모하여 종래 分半打作하거나 賭租를 징수하는 並作農地 혹은 勞役하던 관계가 그대로 유지되던 토지 역시 있었을 것이다. 더구나 과전제도는 과전을 경기에 집중시켜 분급하고 전주의 수조권 행사에 제약을 가하고 있어 소유권은 종전보다 한층 안정되고 있는 형편이어서 지주전호제가 중요한 경제제도로서 작용하고 있는 현실에서 오히려 토지겸병과 병작제의 보급을 가일층 촉발시키는 여건이기도 하였다.

토지소유의 다양한 분화는 우리나라의 토지소유가 古來로 내려오는 水平的 所有의 원리상 平等性과 自由性을 지닌 사적 소유에 근거하여 야기되고 있음에서 연유하는 것이었다. 우리의 사적 토지소유는 토지의 취득·경영·처분에 신분·성별·장유의 제한이 없이 그리고 규모·지역·시간 등에 구애 없이 水平的·横的 원리에서 자유롭고 평등하였다. 농업생산에 참여하는 개인이나 정부의 각급 기구는 토지에 대해 主體로서 자기의 것으로 관계하고 있었다. 이는 권리로서 토지에 대한 物的 사실지배 및 그 관계에서 분리될 수 있었고, 사회적으로 타인과 독립하여 排他·永久로 향유되었으며, 법제와 관습으로 공인되었다. 법적 형태에선 평등성과 완전성을 갖춘 사적 토지소유였다. 신라 골품제에서도 골품·두품에 따른 官階·住宅·衣服 등에 세세한 제한을 가면서도 토지·노비의 소유규모에 관해선 제약을 둘 수 없었던 오랜 관례였다.[1]

토지겸병과 병작제는 조선에 들어와서 더욱 확산되는 추세였다. 並作(並耕)은 토지를 貸借하는 관계에서 주로 수익을 分半打作하되 혹 일정액을 賭租로 납부·징수하기도 하는 제도로서 민간의 관례였다. 그 수취의 폐단은 고려 말의 '私田'보다 심각하다고 운위되었다. 그리고 賦役不均의 사태까지 겹쳐서 유발하였다.[2] 한때 限田의 실시까지 구상한 적이 있었던 건국세력은 새 왕조 개창 후 이런 사태는 그대로 지나칠 수 없었다. 관료 가운데서는 대토지의 소유나 겸병 문제에 있어 소유규모에 제한을 가하기 어렵다면 경영관계에라도 제약을 가하여 이를 제동해 보자는 안이 제기되었다. 병작제의 금지안이었다.

竝作禁止를 방침으로 확정한 때는 太宗 6년(1406) 11월이었다. 요지는 田地의 병작경영은 일체 금지한다는 것, 다만 鰥寡孤獨하고 자식이나 노비가 없는 자로서 3·4결 이하의 소유지를 가진 경우는 금지대상에서 제외한다는 것 두 가지였다.[3] 이 점은 태종 15년(1415)에 재차 강조된다. 이때는 특히 富强人의 並耕田畓은 그것을 빌려서 경작하는 빈궁민 佃戶

1. 朴秉濠, 「韓國近世의 土地所有에 관한 研究」, 『韓國法制史攷』, 法文社, 1974.
拙稿, 「朝鮮前期 土地의 私的 所有問題」, 『朝鮮前期土地制度研究』[II], 지식산업사, 1998.

2. 『太宗實錄』 12, 太宗 6년 11월 己卯, 1冊, p.379.

3. 同上.

[作人]에게 분급하도록 함을 분명히 하였다.[4] 병작제의 금지령은 병작은 노동력이 없고 소규모의 토지만 소유한 이의 전토에서나 허여해야 한다는 데 주안점이 있었다. 그러나 금령은 방침에 그쳤다. 우선 고을 관아에서부터 이를 준수하지 않았다. 오히려 무주전이 생기면 官並作이라 이름하여 평민에 종자를 주고 경작하게 한 뒤 소출을 관에서 分用하는 예가 일반적이었다.[5] 더구나 병작제는 오랜 농촌관습이었다. 고려에서나 조선에서나 정부도 이 습속을 승인하고 이 위에서 권농책을 마련하고 있었다. 정부에서는 질병 등으로 인하여 농사를 지을 수 없는 경우 이웃이나 친족이 相助하여 경작하도록 독려하였는데, 바로 이러한 分半打作을 조건으로 하는 것이었다.[6] 병작금령 자체에도 허점이 있었다. 토지겸병의 저지를 목표로 하면서도 奴婢使役에 의한 농지경영은 부정하지 않았다. 대토지의 소유주가 良人을 冒占하거나 혹은 投託을 통해서 노비나 雇工 등으로 위장하면서 作介·處干·半收 등을 조건으로 佃戶로서 사역할 때 이를 방지할 길이 없었다. 실제 '壓良爲賤'의 행위는 조선에 와서도, 고려와 마찬가지로, 성하였고 농장확대와 더불어 큰 물의를 빚던 사태였다.[7] 병작제의 금지방침은 토지의 사적 소유가 갖는 평등성과 자유성을 경영방식에서 제한하겠다는 발상의 소산으로서, 조선왕조가 소농의 안정과 몰락방지, 그리고 빈농·무전농의 토지정착을 과제로서 인식하고 있었음을 반영하는 것이었다. 이후 병작금지의 논의는 다시 없었다.

---

4. 『太宗實錄』 29, 太宗 15년 6월 庚寅, 2冊, p.72.

5. 『世宗實錄』 28, 世宗 7년 6월 辛酉, 2冊, p.675.

6. 『太祖實錄』 5, 太祖 3년 4월 庚辰, 1冊, p.61.
『世祖實錄』 11, 世祖 4년 정월 庚子, 7冊, p.249.
『高麗史』 78, 食貨 1, 田制, 租稅, 光宗 24년 12월, 中冊, p.726.

7. 金鴻植, 「李朝初期에 並作制 成立의 歷史的 條件」, 『東洋史硏究』 33-2·3, 1974.5.
拙稿, 「朝鮮前期 地主層의 動向」, 주 1의 논저[II].
본서 VI편 1·2장.

토지겸병이 지속하는 추세 속에서 정부는 빈농·무전농민을 소토지 소유자로 정착시키고자 하는 정책을 별도로 취하고 있었다. 경작능력을 넘어 묵힌 채 있는 토지 및 이사나 유망으로 소유주가 없어진 토지를 이들에게 우선 배분하도록 하는 시책,[8] 나라 소유의 屯田을 역시 田少者나 無田者에게 할급하여 주는 조처,[9] 그리고 民力을 동원하여 새로 개간한 新田을 井田의 방식으로 이들에게 배분하여 주는 방침 등의 시행이었다.[10] 이러한 조치는 토지겸병과 지주전호제의 현실에서 시행되고 있어 성과는 부분이지만 정책상 이념상으로는 지주제와 더불어 소농경영도 안정되어야 할 것임을 제시하는 것이었다.

조선왕조의 토지정책의 基調는 여기에 있었다. 이는 田主佃客制를 통해서도 地主佃戶制를 통해서도 발현되고 있었고 정부의 부세징수를 통한 토지파악에서도 구현되었다. 私的 소유권은 수조권에 의해 지배받고 제약받았다. 우선 토지의 소유경작자가 田租를 위시하여 穀草·輸納價·雜物 등을 전체 수확량의 근 1/6에 상당한 몫을 무상으로 납부하는 데서 극명하다.[11] 혹 田租를 체납하면 이듬해 邊利 곧 사채이자로 부쳐 남징당하기도 하고 심하면 소유지가 탈점되는 사태도 일어났다.[12] 이러한 강제는 수조권의 한 구성 부분이었다. 이런 가운데서 잠시이긴 했으나 경기

8. 『太祖實錄』 5, 太祖 3년 4월 庚辰, 1冊, p.61.
『世宗實錄』 10, 世宗 2년 11월 庚午, 2冊, p.415.
『世宗實錄』 27, 世宗 7년 2월 乙丑, 2冊, p.657.
『經國大典』 2, 戶典, 田宅.

9. 拙稿, 「朝鮮初期 屯田의 設置와 經營」, 주 1의 논저.

10. 『世宗實錄』 3, 世宗 원년 2월 乙未, 2冊, p.303.
『世宗實錄』 11, 世宗 3년 정월 戊寅, 2冊, p.421.

11. 拙稿, 「私田의 占有와 그 原則」, 『朝鮮前期土地制度硏究－土地分給制와 農民支配』, 一潮閣, 1986, pp.137~138.
본편 1장 주 17.

12. 『世宗實錄』 23, 世宗 6년 정월 丙戌, 2冊, p.573.
同上.

내 私田에 편성된 소유지는 자유로운 매매·증여 행위가 통제된 적도 있었다.[13] 그리고 사적 소유지는 그 소유주가 사망 혹은 이사하여 戶絕하거나 경작능력에 넘치게 餘田을 多占하여 고의로 진황시키는 경우 소유권 자체가 상실되었다. 수조권자가 전주로서의 권한을 발동하여 임의로 처리함이 규정이었다.[14] 또한 국가유지에 필요한 시설이 설치될 때 예컨대 驛吏가 驛土를 마련할 경우 국가권력은 해당기구가 임의로 占耕하도록 용인하였다.[15] 토지의 사적 소유가 지닌 불완전성은 前朝·前代에 이어지는 것이고 조선에 와서는 해소되어 가는 추세였지만 여전하였다.

토지 소유권은, 이러한 불완전성과 함께 소유관계의 身分性을 갖고 있었고 국가는 이에 관해서도 여러 부면에서 지원하였다. 토지소유의 신분상 水平性은 소유규모의 자유를 동반하였다. 이로 인하여 토지소유의 형세는 개인 간에 차이가 있었고 그 격차는 극심하였다. 財力과 物力이 많고 세력이 큰 이들에게는 소유지의 겸병·확대에 유리한 여건으로 작용하고 그렇지 못한 이들에게는 불리하게 작동하였다. 전자는 대개가 왕실·양반·토호 등 상급 신분층이었고 후자는 평민·노비 등 하급 신분층이었다. 토지의 집중과 상실은 신분의 상하관계에 비례하는 것이었다. 이러한 소유관계의 신분성은 경영규모에서도 작동하였다. 良田과 薄田의 소유형세, 경작노동력의 다과, 農牛의 소유상태, 水利의 이용사정, 그리고 농업생산의 보조처인 山場·柴場의 이용 등에서 신분적 분화와 격차는 현격하였다. 이는 곧바로 매년 農形에 이어졌다. 豪勢家·富農은 여유 있는 재력과 좋은 농토에 때맞춰 갈고 김매어 禾穀이 무성하나 細民·貧農은 재력과 인력이 부치고 파종도 늦고 김도 못

13. 『高麗史』 78, 食貨 1, 田制, 恭讓王 3년 5월, 給科田法, 中册, p.725.
『世宗實錄』 23, 世宗 6년 3월 己亥, 2册, p.589.

14. 同上 가운데 상단.

15. 拙稿, 「朝鮮前期 驛田의 經營變動」, 주 1의 논저.
본서 Ⅳ편 1장 3절.

매어 풍년에도 기근을 면하기 어려웠다.[16] 사적 토지소유 하에서 양반층은 상급신분계급으로서 地主·大農의 소유규모 및 경영규모를 확고하게 갖추고 있는 것이었다.

이러한 구조에서 常民·奴婢의 토지소유권은 법이 보장하는 대로 항상 행사되지는 못하였다. 신분이 토지의 사적 소유권에 간섭을 가하고 또 그 강도에 영향을 주고 있는 것이었다.[17] 토지의 취득이나 소유를 증명하는 문권으로서 立案의 제도도 양반·토호가 주로 이용하였고, 田訟의 제기나 그 처결도 이들이 유리하게 이용하고 또 그렇게 처리하는 게 적지 않았다.[18] 그러나 토지소유권의 평등·자유의 원리는 동시에 신분·권력을 해체시키고 뛰어넘을 수 있게 하는 요소였다.[19] 양인농민과 노비농민의 사회경제적 성장은 이에 의해 원칙상 기회가 허여되었다.

조선왕조는 수조권에 통제는 가하되 어느 정도까지는 양반층을 田主로서 대우해 주어야 했고, 소유권의 수평원칙 즉 소유의 평등과 자유를 원리로서 지지하되 그 운영과 현실에서는 대토지 소유자·지주·부농의 신분성을 지원해 주어야 했다. 국왕과 양반층이 서로 연대하여 영토와 민인을 지배하는 국가권력의 구조상 토지정책의 기본은 여기에 집약되어 있었다. 조선에서도 이 사적 소유지를 고려와 마찬가지로 '民田'으로 파악하였다. 소유자가 있고 경작자가 있는 농지로서였다. 민전의 파악은 民戶의 파악과 분리될 수 없었다. 민전은 민호가 토지와 결부되어 생산활동을 수행하고 있는 하나의 경영체였다. 이 파악은 人丁과 田

---

16. 拙稿, 주 1의 논고.
17. 『世祖實錄』 11, 世祖 4년 정월 己丑, 7冊, p.250.
『明宗實錄』 13, 明宗 7년 5월 戊子, 20冊, p.87.
18. 朴秉濠, 주 1의 『韓國法制史攷』 1·2장.
19. 『成宗實錄』 182, 成宗 16년 8월 戊申, 11冊, p.50.
『中宗實錄』 101, 中宗 39년 정월 庚子, 19冊, p.33.

結로써 이루어졌다. 인정은 戶籍을 통해 민인·민호를 役丁·役戶로 편성함으로써, 그리고 전결은 토지를 量案을 통해 結負·田丁으로 묶음으로써 확보하였다.

그러나 인정·전결을 바탕으로 한 국가의 民戶·民田에 대한 파악이 균일되고 획일된 단위로 이루어지는 것은 아니었다. 나라는 인구 하나 하나 필지 하나 하나를 조사하게는 하였지만 곧바로 이를 단위로 해서 실제 토지·농민을 파악하고 통치하지는 않았다. 농촌 현실상 민호의 토지소유규모 경영규모는 다양했고 구성인의 수도 일정하지 않았다. 더구나 농촌사회·농업생산은 양반·토호에 의해 주도되고 유지되는 것이었다. 국가의 토지파악은 토지의 사적 소유와 그 특질, 그리고 그 소유규모 내지 경영규모의 다양성을 전제로 하면서 아울러 조선 국가 권력의 특질 즉 양반층의 농촌·농민지배의 농촌적 기반을 승인하는 위에서 수행되어야 했다. 조선왕조는 이런 조건을 실현할 수 있는 최소 단위의 토지소유 규모호를 표준호로 설정하고 이를 小戶로 삼아 위로는 中戶·大戶 밑으로는 殘戶·殘殘戶로 등분하는 戶等制를 案出하였다. 軍役制에서 戶首·奉足戶의 설정도 같은 원칙에서 편세하였다. 표준호는 10결 이상 적어도 5·6결 이상의 토지소유호였다. [表 2, 3]은 그 예이다. 표준 이하의 호는 서로 묶어 이마만한 토지소유규모에 차게 하여 稅役을 부과하였다.

호등제상의 小戶는 다수가 아니었고 농업경영상의 小戶·小農은 더욱 아니었다. 殘戶로 分等된 6결 이상의 토지소유호도 그러하였다. 당시 토지 소유규모의 실태상 10결 이상 소유하는 호는 豪富民으로 간주하고 있었고 3·4결을 소유한 이도 적었다.[20] 소민의 토지소유는 통상 1·2결을 넘지 못하고 있는 것이 농촌의 현실이었다.[21] 아예 토지를 소유하

---

20. 『世宗實錄』 83, 世宗, 20년 11월 庚子, 4冊, p.173.

21. 『世宗實錄』 94, 世宗, 23년 12월 己酉, 4冊, p.680.

[表 2] 戶籍定式에 의한 江原道의 戶等分布[22]

	田結	戶數	百分比
大戶	50결 이상	10	0.1
中戶	20결 이상	71	0.6
小戶	10결 이상	1,641	14.2
殘戶	6결 이상	2,043	17.7
殘殘戶	5결 이상	7,773	67.4
計		11,538	100.0

[表 3] 田結數에 따른 兵種別 奉足支給[23]

	甲士	侍衛軍	騎船軍	鎭屬軍	守城軍(止用三四結以下者)
2결 이하	2戶	2戶	2戶	1戶	不給
3결 이하	2戶	2戶	2戶	不給	不給
4결 이하	1戶	1戶	1戶	不給	不給
5결 이하	1戶	不給	1戶	不給	不給
6결 이하	不給	不給	七八結以上自立一領 十五結以上自立二領	不給	不給

지 못하여 戶等에 편적되지 못하는 無田農民도 수다하여 世祖 초 그 수가 3/10으로 헤아려지고 있을 정도였다.[24] 무전농민의 대부분은 노비층이었을 것이다. 조선전기 국가의 토지파악 민인지배는 地主層 및 小農上層 등 富實民戶를 중심으로 하여 관철해 나가고 있다.[25]

---

22. 『世宗實錄』 75, 世宗, 18년 7월 壬寅, 4冊, p.511.
23. 『太宗實錄』 7, 太宗, 4년 5월 癸亥, 1冊, p.297.
24. 『世祖實錄』 11, 世祖, 4년 정월 丙子, 7冊, p.249.
25. 拙稿, 주 1의 논고, pp.213~222.

3. 土地의 取得과 所有權

토지를 私的으로 취득하는 경로는 여러 가지였다. 이 가운데 중요한 것은 세 가지였다. 閑曠地의 開墾, 田地의 買得 그리고 父祖田의 分與·贈與·相續이었다. 한광지는 그것을 개간하여 농지로 한 이의 것으로 되었다. 나라에서 立案을 발급받음으로써 개간과 취득을 허가·공인받았다. 立案만 받아내고도 타인의 耕墾을 금할 수 있을 정도였다.[1] 조선에서도 고려에서처럼 한광지는 國有地가 아니었다. 개간을 통해 개간 당사자의 것으로 귀속되는 無主空土였다. 한광지의 개간은 토지의 原始取得으로서 私的 行爲로 수행되었다. 매매를 통한 취득은 토지의 사적 매매행위를 '稅契'·'過割'의 절차를 밟게 함으로써 공인하고 있었다.[2] 세계는 매매문기와 함께 수수료로서 稅錢을 관아에 납부하고 斜證을 받는 일종의 공증이고, 과할은 토지매매 후 地籍의 명의 변경 절차로서 한 가호에서 다른 가호로 田土의 권리가 이전함과 그에 따라 국가에 대한 납세의무를 명확히 하는 행위이다.[3] 분여·증여·상속 역시 관청에 나가 立案 혹은 立旨를 받아 공증함으로써 확정되었다. 分與대상은 우선 直系卑屬인 자녀이며 承重者에게 일정액의 奉祀條를 더 주는 것 외에는 婚嫁如否를 불문하고 衆子女에게 균분하였다. 자녀가 분여·증여·상속 전에 사망한 경우 직계비속이 있으면 代數에 한정 없이 상속하였다. 자녀가 없는 경우 生存 배우자가 상속하되 守信을 조건으로 終身하고 생존 배우자가 사망 혹은 개가한 경우 그 本族이 상속하였다. 본족은 4촌을 한도로 하며 동생이 없으면 3촌, 3촌이 없으면 4촌이 상속하며, 이들 가운데 다시 동생 즉 兄弟姉妹가 先順位로 상속하는데 동생의

1. 『世宗實錄』 10, 世宗 2년 11월 己巳, 2册, p.414.
2. 『大明律直解』 5, 戶律, 田宅, 典買田宅.
3. 朴秉濠, 『韓國法制史攷』, 法文社, 1974, p.37.

子와 孫은 상속권이 있으나 그 증손은 5촌뻘이므로 代襲할 수 없었다. 피상속인에게 4촌 이내 친족이 없으면 나라에 귀속하였다.[4]

개간이나 매득 그리고 상속 및 증여를 통해 토지를 취득하는 데 특별한 제한이나 규제는 없었다. 우선 면적의 多寡에 제한 없이 얼마든지 취득할 수 있었다. 그러므로 개간과 연관해선 한광지를 빙자하여 타인의 전토를 冒占하는 행위도 일어나고 매매와 관련해선 토지가 巨室로 집중되는 사태도 빚어졌다.[5] 취득의 규모는 개인의 意思와 財力·物力 및 人力에 따라 가늠될 뿐이었다. 이는 원칙으로서 고려시기는 물론 고래로 이미 있어 오던 오랜 관습이었다.[6] 그러므로 限田·均田論, 井田論 등의 토지개혁론도 논란되는 것이었다.[7] 身分에 따른 제한도 없었다. 국왕·왕실 이하 양반관료에서 평민과 노비에 이르기까지 누구든지 신분과 관계없이 토지를 취득할 수 있었고 실제 그러하였다.[8] 地域의 제한 역시 없었다. 토지는 거주지에 상관없이 전국 어느 곳에서나 취득할 수 있었다. 각 도 여러 고을 곳곳에 자신의 농지를 가질 수 있었다.[9]

경영도 사사롭게 이루어졌다. 토지의 경작방식이나 收益享有에 대해 나라나 사회에서 가하는 간여나 제재는 없었다. 개인의 의사와 토지의

---

4. 同上書, pp.149~150.
5. 『成宗實錄』 69, 成宗 7년 7월 甲子, 9冊, p.362.
『成宗實錄』 22, 성종 3년 9월 壬寅, 8冊, p.685.
6. 鄭道傳, 『三峯集』 7, 朝鮮經國典, 賦典, 經理.
拙稿, 「高麗前期 土地의 私的 所有」, 『高麗時期土地制度研究』, 지식산업사, (근간).
______, 『韓國 古代·中世初期 土地制度史－古朝鮮~新羅·渤海』, 서울대학교출판부, 2005.
7. 拙稿, 「朝鮮前期의 土地改革論議」, 『朝鮮前期土地制度研究』[II], 지식산업사, 1998.
8. 『世宗實錄』 34, 世宗 8년 12월 戊子, 3冊, p.54.
『太祖實錄』 15, 太祖 7년 12월 甲申, 1冊, p.140.
『世祖實錄』 35, 世祖 11년 3월 甲寅, 7冊, p.675.
『世宗實錄』 11, 世宗 3년 정월 戊戌, 2冊, p.423.
9. 『成宗實錄』 4, 成宗 원년 4월 丙子, 8冊, p.491.
周藤吉之, 「麗末鮮初의 農莊에 대하여」, 『青丘學業』 7, 1934, pp.10~25.

규모 및 분포상태, 농우·농구의 소유 및 그 다과, 그리고 노동력의 다소에 따라 유형은 여러 가지였다. 가족 노동력을 주축으로 농우·농구 등을 스스로 가지고 혹은 관청이나 남에게 빌려 경작하는 小農自營 및 가족 노동력 외에 雇工이나 日雇 혹은 약간의 노비를 이용하는 富農自營 등 自作·家作의 형태도 있었고, 家作을 넘어서서 노비나 전호 등 주로 타인의 노동력에 의거하고 있는 地主·大農經營의 佃作의 형태 등 다양하였다.[10] 토지의 경작·경영은 자작을 하던 고공을 이용하든 노비를 사역하든 佃戶를 통해 분반타작을 하든 임의로웠다.

토지의 處分 또한 자유로웠다. 매매는 말할 것도 없고 贈與·分與 및 典當 등의 행위가 널리 행해졌다.[11] 相續은 더 이를 게 없었다.[12] 토지의 임의 처분이 불가능한 경우는 重大犯法으로 家産을 籍沒당하는 죄를 범했을 때였다. 이런 경우를 제외하고는 어떤 형태의 처분이든지 보장되어 있었다.[13] 토지의 자유로운 처분 행위는 신분과도 관계없었다. 노비도 물론 마찬가지 권리를 향유하였다.[14] 다만 자식이 없이 사망한 노비의 토지는 上典에게 귀속되었다. 이것은 노비처지의 劣惡 이를테면 신분에 따른 처분제한이 결코 아니었다. 良人으로서 絶戶·移徙·逃亡한 家戶의 전토가 無主田으로 간주되어 국가에 의해 타인에게 移給되고, 혹 그 토지가 科田으로 절급되어 있으면 전주가 임의로 처분하게 되어

---

10. 拙稿, 「朝鮮前期 地主層의 動向」, 주 7의 논저.
金鴻植, 「李朝初期 農民의 存在形態」, 『朝鮮時代 封建社會의 基本構造』, 博英社, 1982.
李鎬澈, 「農莊과 小農民經營」, 『朝鮮前期農業經濟史』, 한길사, 1986.
11. 『世宗實錄』 38, 世宗 9년 12월 甲戌, 1冊, p.105.
『世宗實錄』 10, 世宗 2년 11월 己巳, 2冊, p.414.
12. 『世宗實錄』 94, 世宗 23년 12월 己酉, 4冊, p.388.
『世宗實錄』 11, 世宗 3년 정월 壬午, 2冊, p.422.
13. 『文宗實錄』 7, 文宗 원년 5월 戊申, 6冊, p.387.
14. 『世祖實錄』 11, 世祖 4년 정월 己丑, 7冊, p.250.
『經國大典』 5, 刑典, 公賤.

있었음[15]과 같은 원칙이었다.

개인은 토지에 대해 주체로서 자기의 것으로 관계하고 있었다. 이는 物的인 事實關係로서 성립되어 있는 즉 토지 자체에 대한 지배권이었다. 토지에 대한 개인의 이러한 권리는, 고려에서처럼, 조선에서도 占有의 범주로서 존재하는 것이 아니었다. 사적 권리가 占有에만 그쳤다면 토지지배의 물적 사실 및 그 관계에서 분리되어선 존재할 수 없었고 사회적으로 타인과 독립하여 향유할 수 없었겠으나 그렇지 않았다. 이 시기 토지에 대한 사적 권리는, 이상의 諸權利를 내용으로 함과 함께, 토지의 사실지배에서 분리될 수 있었을 뿐만 아니라 다른 사람과의 관계에서 독립하여 그대로 자기 것으로 獨占·享有할 수 있었다. 우선 자기의 것으로 관계하는 토지는 타인의 탈취에서 완벽하게 보호되었다. 다른 사람의 전지를 據執하거나 田訟判決後에도 仍執하고 있는 자는 杖100과 徒 3년으로 처벌되었고, 탈취기간 동안 얻은 수확도 本主에게 돌려주게 되어 있었다.[16] 조선에서 田地의 奪取는 토지에 대한 권리침해 가운데 가장 중대한 사안으로 간주되었다. 국가에선 이에 대해 특히 각별한 조처를 취하고 있었다. 규정에 田訟은 통상 春分 내에 처리하도록 하였으나 奪田·盜耕·盜買의 경우에는 이에 구애받지 않게 하였다.[17] 토지를 다른 이에게 奪取·盜耕·盜買당한 경우는 春分日에서 秋分日 사이의 停訟기한에 상관없이 어느 때라도 소송을 제기할 수 있었다.[18] 소송제기의 기한에서도 특별히 배려되었다. 보통 전토 소송은 제기 시한이 사유발생 5년 이내였다. 5년이 지난 사건이면 詞訟할 수 없었다. 뿐만 아니라 기한 안에 訴狀을 제출하고도 出頭日에 출도하지 않고 5년이

---

15. 『高麗史』 78, 食貨 1, 田制, 恭讓王 3년 5월 給科田法, 中册, p.725.
16. 『經國大典』 5, 刑典, 私賤.
17. 『世宗實錄』 100, 世宗 25년 5월, 戊午, 4册, p.476.
    『成宗實錄』 10, 成宗 2년 5월 丁酉, 8册, p.572.
18. 『經國大典』 5, 刑典, 停訟.

경과한 경우에도 聽理하지 않았다. 토지분쟁은 5년이 지난 사건이면 통상 해결할 길이 없었다. 그러나 奪取·盜耕·盜買 등의 사건은 이 시한에 구애받지 않았다.[19] 한편 相訟未決인 토지 및 停訟기한에 든 토지는 일시 屯田에 귀속시키는 소위 '假屬屯田'의 제도도 운영하였다. 소송 당사자가 기한 내에 就訟하지 않고 春分을 기다리는 폐단, 관청에서도 기한 내에 판결하지 않아 강자가 약자의 토지를 탈취한 경우 강자의 부당이득과 약자의 피해 등을 제거하기 위해 爭訟土地를 잠시 屯田에 소속시킨 후 審理하도록 한 것이었다. 이는 과전·공신전 등 분급사전이 쟁송 중이거나 범죄로 몰수한 경우 잠시 軍資田에 소속하게 하던 조치와 비교된다.[20]

토지는 자기의 것과 타인의 것이 權原上으로 현실과 추상에서 모두 절대로 구분되어 있었다. 전지를 盜買·盜耕당하거나 혹은 並作시키거나 또는 자기의 분여몫을 받게 되어 있는 자는 해당 토지에 대한 사실지배로부터 이탈 분리되어 현재 점유·이용하고 있지 않지만 여전히 그 토지는 자기의 것으로 보장되었다. 분쟁이 발생하면 詞訟期限에 관계없이 무기한으로 소송하여 반환받을 수 있도록 보호되었다. 그리하여 자손대에도 田訟이 일어나는 것이었다. 토지에 대한 사적 권리가 이러하였으므로 국가도 임의로 개인의 토지를 奪占할 수 없었다. 혹 국가에서 필요에 의해 개인의 토지를 收用할 경우에는 반드시 代土換地하거나 物件·錢으로 값을 쳐서 보상하여야 했다.[21]

---

19. 『經國大典』 2, 戶典, 田宅.

20. 朴秉濠, 주 3의 논저, pp.269~272.
拙稿, 「科田制度의 運營과 그 變動」, 주 11의 논저, pp.221~224.
본서 Ⅳ편 4장 1절.

21. 『世宗實錄』 107, 世宗 27년 3월 癸巳, 4冊, p.610.
『端宗實錄』 6, 端宗 원년 丁丑, 6冊, p.593.
『睿宗實錄』 3, 睿宗 원년 2월 庚戌, 8冊, p.332.
『成宗實錄』 176, 成宗 16년 3월 壬午, 10책, p.694.
『明宗實錄』 31, 明宗 20년 3월 己未, 壬戌, 21冊, p.10.

토지에 대한 사적 권리는 토지라는 生産對象을 둘러싸고 그 실질적인 지배권과 관련해서 자기와 타인 사이에 생기는 모든 관계에서 排他·永久의 독점이었다. 이것은 바로 소유이고 소유권이었다. 토지의 취득, 농업생산과 연관해서 발생하는 사람과 사람 사이의 社會關係에서 소유는 수립되는 것이었다. 조선 초기에도 토지의 취득자는 有田者 토지소유자로서 이러한 권리관계에 근거하여 농업생산과정과 수익분배과정에서 자신의 의지에 의거하고 자기의 이익을 위해 他人 혹은 無田者를 토지에서 배제시킬 수 있었다. 후자는 토지에서 완전히 배제되고 전자는 자기 토지의 사실 지배권을 방해받지 않고 행사하였다. 이와 같은 권리관계는 법제·관습으로 정립되어 있었다.

이러한 권리를 바탕으로 토지 소유자는 자기 토지의 점유·이용·처분에 타인이나 무전자를 참여시킬 수도 있었다. 奴婢使役, 並作經營 등이 그것이었다. 소유자는 점유하고 이용하는 권리를 이들에게 일정 기간 혹은 영구히 양도하는 것이었다. 이 경우에 奴婢·並作人은 당해 기간동안 '農奴' '佃戶'로서 이 토지에 대해 점유·이용상 관습적 합법적인 지배권을 가짐은 물론이었다. 그러나 이들은 이 권한을 소유자의 이익에 그리고 의사에 어긋나게 행사할 수는 없었다. 또 소유자가 토지를 처분하는 행위에 대항할 수도 없었다. 耕作·並作을 중단시키는 권리, 토지 자체를 처분하는 권리는 소유자 고유의 것이었다. 전지의 盜耕·盜買, 並耕仍執, 父母田合執에 대해 영구히 소송하고 국가의 토지수용 때에 代土·償田을 통한 보상이 뒤따름은 의당한 바였다.

토지에 대한 이러한 권리관계의 실질은 이미 개념상 '所有' '己有' '私有' '有'였고 그 토지는 '己物'이었다.[22] 그리고 그 주체는 '主'였다. '田主'인 것이다.[23] 전주는 소유권 행사의 唯一한 주체였다. 전주의 소유권리

---

22. 朴秉濠, 주 3의 논저, pp.134~137, pp.198~199 참조.

23. 『太祖實錄』 1, 太祖 원년 8월 辛未, 1冊, p.27.
『成宗實錄』 240, 成宗 21년 5월 丁丑, 11冊, p.600.

는 나라에서 법으로 정한 公簿에 의해 입증되고 보호되었다. 量案, 立案, 完文, 立旨 등의 문권 그리고 收稅案을 통해서였다.[24] 이 모두는 토지의 사적 소유, 사적 토지소유권의 법적 근거이고 제도적 장치였다. 사적 토지소유의 주체는 개인만이 아니었다. 국가 및 각급 통치기구도 물론 될 수 있었다. 개인의 소유지는 통상 '民田' 혹은 '私田'이라고 한데 대해 나라 및 해당 기관의 것은 '公田' '國田' 혹은 '官田'이라고 불렀다.[25] 전자는 私有地이고 후자는 國有地·官有地인 것이다. 이른바 소유지상의 私田과 公田이다. 공전 가운데 대표되는 地目은 國屯田·官屯田·驛田 등이었다.[26] 이들 토지는 군현·역의 규모에 따라 소유면적이 한정되어 있었다. 소유지의 절대 다수가 私田·民田 등 사유지였고 국가의 물적 기반도 여기에 있었기 때문이다.

조선전기 토지의 私的 所有 및 그 소유권은 법제상 平等性과 完全性을 갖추고 있었다. 이는 古來로 우리나라의 사적 토지소유가 지녀오고 있는 커다란 전통이며 특징이었다.[27] 그러나 법적 형태나 특징이 이렇다 하여 무조건의 완전성을 가진 絕代所有는 아니었다. 그것이 발현되고 공인될 수 있는 전제요건이 있었다. 해당 토시가 경작되고 이용되어야 한다는 점이었다. 가령 토지의 원시취득인 閑曠地의 소유는 立案을 발급받음으로써 법적 효력이 발생하는 것이지만 이 절차만 밟고 타인의 개간마저 금지한 채 累年間 그대로 방치하면 소유권이 상실되었

---

24. 朴秉濠, 주 3의 논저 Ⅲ편.

25. 『世宗實錄』 10, 世宗 2년 11월 己巳, 2冊, p.414.
『文宗實錄』 7, 文宗 원년 5월 乙丑, 6冊, p.393
『成宗實錄』 62, 成宗 6년 12월 丁酉, 2冊, p.293.
『成宗實錄』 92, 成宗 9년 5월 戊寅, 9冊, p.606.

26. 拙稿, 주 7의 논저.

27. 『三國史記』 6, 高句麗本紀 4, 故國川王 12년 9월.
『三國史記』 45, 列傳 5, 溫達.
拙稿, 『韓國 古代·中世初期 土地制度史－古朝鮮~新羅·渤海』, 서울대학교출판부, 2005.

다.[28] 국초부터 이러한 진황지는 개간자에게 소유권이 귀속되게 하였다. 전지를 多占하고 번갈아 묵혀 해를 바꾸어 경작하면서 타인의 墾耕을 금하고 있는 행위 역시 전주는 처벌되었고 정도가 심하면 토지는 無田者·田少者에게 절급되었다.[29] 이 점은 특히 권농책으로 강조되었다.

사적 소유의 토지라도 墾耕하지 않은 채 몇 년 동안 묵혀두면 일단 無主田으로 처리되었다. 그 기한은 대략 2·3년 정도였다.[30] 이러한 규제는 移徙한 이의 전토는 무전자에게 절급하고 무주전은 다른 사람에게 지급하는 법제와 같은 궤도였다.[31] 정부는 耕作强制의 방법으로 이 같은 시책을 수립하고 있는 것이지만, 이와 연관해서 토지의 사적 소유권은 完全性이 흔들리고 부정되는 것이었다. 逃亡·流移하거나 또는 遭喪·疾病 등 여러 사고로 경작이 포기된 陳荒田에서도 이 방침은 준수되었다. 전자의 경우 本主가 오래도록 돌아오지 않으면 무전자에게 나누어 주었다.[32] 후자에 대해서는 타인이 2년 이상 경작하였으면 是非를 가리지 않고 그에게 소유권이 이관되었다. 다만 사유가 있어 다른 사람의 전지를 代耕한 자는 5년을 기한으로 本主에게 돌려주도록 하였다.[33] 5년을 넘어가면 元田主의 소유권은 상실되었다. 한편 까닭 없이 농지를 2년 이상 全損시킨 이의 토지도 타인에게 분급하는 방침이 수립되기까지 하였다.[34]

陳荒田土의 소유 및 이용에 관한 이러한 규정은 『經國大典』에 와서 元田主의 소유권 존속연한이 1년 연장되었다. 그리고 이 규정은 전주가

---

28. 拙稿, 「朝鮮前期 土地의 私的 所有問題」, 주 7의 논저, pp.181～184.
29. 『太祖實錄』 5, 太祖 3년 4월 庚辰, 1冊, p.61.
30. 본서 본편 2장의 주 17, 19와 同.
31. 『世宗實錄』 28, 世宗 7년 6월 辛酉, p.675.
『經國大典』 2, 戶典, 田宅.
32. 『世宗實錄』 10, 世宗 2년 11월 辛未, 2冊, p.415.
33. 『世宗實錄』 11, 世宗 3년 정월 壬午, 2冊, p.422.
34. 『世宗實錄』 78, 世宗 19년 7월 丁酉, 4冊, p.88.

逃亡·流離한 無主田에도 해당되었다. 다만 혹, 무주전으로서 절급받고 경작한 지 5년 내에 元田主가 돌아오면 환급하되, 이때 현 경작자가 無田者이면 2/3만 돌려주도록 하는 새로운 조건이 부가되었다.[35] 무전자는 墾治의 대가로 해당 토지의 1/3에 상당하는 몫의 소유권을 획득하였고 元田主는 그만큼 상실하는 것이었다. 무주전은 墾耕 5년 동안은 경작·이용 등 占有만이 허용되는 셈이었는데, 이것은 本主의 귀환에 대비하여 그 생계를 보장하기 위함이었다.[36]

田訟時限이 통상 사건 발생 5년 이내였던 것도 이런 사정과 밀접한 규정이었다. 그리고 奪取·盜耕·盜買로 인한 토지분쟁은 시한에 상관없이 예외로 하고 있지만 이 역시 저와 같은 경작·이용의 현실을 전제조건으로 한 것이다. 혹 5년 기한을 넘겨도 元소유주에게 환급되는 경우가 없지는 않았다. 이런 경우는 특례로 취해 준 조처였다.[37]

사적 토지소유권은 경작·이용되지 않은 채 2년 혹은 3년이 넘으면 다른 사람이 경작하여도 이를 배제할 수 없었고, 그런 경작사정이 5년을 넘으면 영영 상실되었다. 토지의 소유는 경작을 전제로 하여서만 점유와 분리되고 타인과 독립하여 존속할 수 있었다. 그러므로 田訟 가운데 큰 물의를 빚던 사안은 陳荒田의 소유분쟁이었다. 이와 아울러 有主陳田과 無主田의 구별에도 혼선이 자주 일어났다. 논의자에 따라 관점이 달랐고 그리하여 관련 법규의 해석에 甲論乙駁하는 사태도 수시로 야기되었다.

無主田 여부로 조정에서 논란이 발발하는 것은 문제의 토지가 애초부터 荒蕪地가 아니고 이미 경작한 적이 있는 陳荒田에서였다. 소유권이 토지의 경작·이용 등 점유가 전제로 되어 승인되고 있던 현실에서,

---

35. 『經國大典』 2, 戶典, 田宅.

36. 『世宗實錄』 114, 世宗 28년 10월 己未, 4冊, p.710.

37. 『世宗實錄』 92, 世宗 23년 4월 壬午, 4冊, p.339.
『文宗實錄』 8, 文宗 원년 7월 壬寅, 6冊, p.409.

진황상태의 농지는 해가 갈수록 점유와 소유는 희석되어 판별에 혼선이 생길 수밖에 없었다. 실제 3년이 지난 有主陳田은 다른 사람이 경작할 수 있는데다가 墾耕한 지 5년이 지나면 無主田으로 간주되는 게 현실이고 법제였다.[38]

토지의 소유권과 경작·이용의 관계가 이러하였으므로 토지매득의 문권이나 상속문권에선 으레 '執持', '耕食', '執耕' 혹은 '傳持', '喫持' 등의 용어를 사용하였다.[39] 이용·지배의 사실을 분명히 하고 또 할 것을 당부할 필요에서였다. 이러한 사회 사정에서 소유주가 있는 전토는 통상 '所耕', '所耕田'이라고 불렀다. 사유지나 관유지나 모두 그러하였다.[40] 나아가서 자기 소유의 전토가 父祖累代에 걸쳐 耕食되어 오던 것이면 '祖業田', '世業田', '父祖田'이라고 명기하였다. 소유와 점유의 由來 및 그 久遠을 밝혀 소유권으로서의 完璧性을 철저히 하는 행위였다. 특히 토지의 소유분쟁 때 조업전이 강조되었다.[41] 부조전·조업전은 소유권의 완전성을 가장 확고히 보장하는 증빙이었다.

이 시기의 私的 토지소유는 법적 형식으로는 완전성을 가졌으나, 사실로서의 경작·이용이 그 전제요건이었다. 토지의 사적 소유는 이를테면 '所耕田'의 소유로서 절대적 소유와는 거리가 있었다. 사적 토지소유권의 이러한 특징은 耕作强制를 통해 농지이용에 遺漏가 없게 하려는 국가 권농의지의 소유권적 반영이었고, 수조권에 입각하여 수립되어 있는 농민지배의 토지조세체계와 불가분의 관계에서 齎來하는 바였다.

---

38. 『成宗實錄』 163, 成宗 15년 3월 辛巳, 壬午, 戊子, 己丑, 庚子, 10冊 pp.572~575.
『成宗實錄』 239, 成宗 21년 4월 己未, 甲辰, 乙巳, 11冊, pp.584~589.

39. 朴秉濠, 주 3의 논저, pp.200~217.

40. 『太宗實錄』 13, 太宗 7년 5월 己巳, 1冊, p.393.
『太宗實錄』 9, 太宗 5년 4월 己卯, 1冊, p.324.

41. 『世祖實錄』 35, 世祖 11년 3월 甲寅, 7冊, p.675.
『太宗實錄』 2, 太宗 원년 7월 庚戌, 1冊, p.210.
『太宗實錄』 26, 太宗 13년 7월 己丑, 1冊, p.677.

4. 山林川澤의 共利原則과 私占禁止

수조권에 대한 조정과 통제, 사적 토지소유가 지닌 불완전성과 신분성의 消去를 기조로 하는 조선왕조는 산림천택에서는 公有原則의 재천명과 私占禁止의 강화로 구현해 나갔다. 이러한 방향은 이미 고려 최말 과전제도 시행 때 柴地를 별도로 절급하던 종전의 柴科를 폐기하고 토지만 지급하는 데서 확립하고 있었다. 물론 양반 사대부가의 섶·숯·꼴 등 여러 잡물의 수취까지 중단시킨 것은 아니었다. 양반 전주는 자기 과전의 구역이나 그 주변에 있는 시지에서 계속 이 물자를 조달할 수 있었다. 자기 과전의 佃客農民의 노역을 통해서 합법으로 수행하였다.[1] 과전법 규정에서 公田·私田의 사방 경계 내에 있는 荒閑地에서 樵牧漁獵하는 행위를 일반 민인에게 보장하고 있었는데 바로 이 점을 전제로 한 것이었다.[2] 즉 전주가 전객의 자유로운 樵採행위를 승인하고 이를 바탕으로 각종 잡물을 징수함을 조건으로 한 규정이었다.

건국 후 조선은 산림천택은 온 나라의 인민이 함께 共利하는 것이라고 그 이념을 분명히 하였다.[3] 고려 말 권세가에 私占되었던 산림천택을 몰수하고 제도를 고쳐 민인의 공동이용지 및 국가의 공부 조달처로 삼았다.[4] 아울러 名山·巨藪에서 모든 민인의 이용을 금지하는 禁山政策을 확대하였다. 이곳에선 도성·읍성의 경관, 地脈水流의 보전, 沙汰의 방비를 위해 松木의 채벌, 土石의 채취, 개간경작 등 일체의 훼손행위를 금지하였다.[5] 또한 宜松地로서 강변·해변·도서 등의 養松處 역시 禁山

---

1. 『太宗實錄』 27, 太宗 14년 2월 庚戌, 2冊, p.75.
 『太宗實錄』 30, 太宗 15년 8월 甲戌, 2冊, p.81.
2. 『高麗史』 78, 食貨 1, 田制, 祿科田, 恭讓王 3년 5월 給科田法, 中冊, p.724.
3. 『太祖實錄』 11, 太祖 6년 5월 丁未, 1冊, p.105.
4. 鄭道傳, 『三峯集』 13, 朝鮮經國典 上, 賦典, 山場水梁.
5. 김선경, 「朝鮮前期의 山林制度」, 『國史館論叢』 56, 1994.

으로 지목하고 그 수를 증가시켰다.[6] 건축용 선박용의 자재육성과 보전 그리고 방풍·방습을 위해서였다. 이 외에도 祀典·勝覽에 기재되는 곳 또한 모든 민인의 사사로운 출입·이용을 제지하였다.[7] 그 가운데 특히 생산활동에 피해가 큰 天災地變의 제거 및 國運을 좌우하는 외적 침입의 격퇴를 자연의 心性에서 天地神明에게 발원하는 祈願處를 두었고, 경중에 따라 '公'·'伯'의 爵號를 붙여 각별히 존숭하였다.[8] 封山인 것이다. 그리고 일찍이 특정한 기관이나 개인이 사사로이 산지를 점거하고 이득을 독점하는 행위를 법제로서 금지하는 규정이 『經濟六典』에 올라 있었고[9] 그 후 『經國大典』에서는 이에 더하여 위반자는 杖 80에 처하는 규정까지 첨가하였다.[10]

역대 조정은 이상과 같은 원칙과 정신에서 산림천택을 관리하였다. 그리고 이 원칙 안에서 정부관서 가운데 특별히 섶·숯이나 꼴의 소비가 많은 기관에는 周回里數로 계산한 일정 지역을 할급하였다. 경기도 안 水邊에다 柴草場을 절급하여 용도에 충당하도록 배려한 것이 그런 예였다. 예컨대 奉尙寺·尙衣院·司僕寺·軍器寺·禮賓寺·內需司는 20리, 內資寺·內贍寺·司宰監·繕工監·典牲署·司畜署는 15리, 司圃署는 5리였다.[11] 그리고 成均館은 軍器寺에 준한 액수 외에 15리를 더 주었다.[12] 땔감·꼴 등의 채취 및 운반을 해당 지역 주민의 노력을 부역으로 징발하여 수행하였다.[13]

---

6. 『世宗實錄』 121, 世宗 30년 8월 庚辰, 松木長養處, 5冊, pp.96~97.
7. 김선경, 주 5의 논고.
8. 『太祖實錄』 3, 太祖 2년 정월 丁卯, 1冊, p.40.
   『太祖實錄』 8, 太祖 4년 12월 戊午, 1冊, p.88.
9. 『世宗實錄』 18, 世宗 4년 11월 癸亥, 2冊, p.510.
10. 『經國大典』 5, 刑典, 禁制.
11. 『經國大典』 6, 工典, 柴場.
12. 『大典後續錄』, 工典, 柴場.
13. 『太宗實錄』 18, 太宗 9년 7월 己丑, 1冊, p.449.

이와 함께 오랜 전통인 祖上崇拜의 극진한 습속에서 亡者의 幽宅인 墓園地 그리고 生者의 家宅 특히 別業인 農庄의 農舍 주변의 欄園 즉 산지를 울타리 격의 제한된 범위에서 용인하였다. 묘위지나 농사는 양반 사대부에게는 더욱더 절실한 부문이었다. 묘위지와 농사난원을 일정 범위 안에서 점유하도록 용인한 것은 두 가지 문제를 해결하고자 한 조처였다. 山地·柴場의 공동이용을 절대화함으로써 발생하는 葬地問題를 해결하고 농장운영에 필요한 農舍의 園籬를 마련하게 하면서, 아울러 권세가 및 토호층의 무분별한 山地濫占을 방지하고 저지하기 위함이었다.

정부는 太祖 원년(1392)에 1차 현황 조사를 하고 太宗 6년(1406)부터 본격 조정에 나섰다. 陵·園 등 왕과 왕비, 그리고 직계 世子·世孫 및 그 妃 및 王의 生母의 분묘 범위를 方 160步, 四面으로는 각 80步로 제한하였다. 이는 고려시기 능·원의 규모가 방대하여 각종 민폐가 크고 많다는 여론에 따라 감축한 규모였다.[14] 宗室 이하 각 품 兩班 및 庶人의 墓는 태종 4년(1404)에 1차 작정한 후 18년(1418)에 2차 조정을 거쳐 확정하였다. 종실 1품은 四面 각 100步, 문무양반 1품 각 90보, 2품부터는 10보씩 감축하여 9품에 이르러선 30보로 하고, 庶人은 5보로 하였다.[15] 이 규모는 조선시기를 일관하는 표준범위였다.[16](1步=周尺 6尺, 周尺 1尺≒20㎝) 아울러 人家에서 100보 이내에는 入葬을 금지하고, 墳墓구역 안에서는 耕作·牧畜 등의 행위를 엄금하였다. 農舍欄園의 周回한정은 태종 13년(1413)에 있었다. 1품은 方 100보로 하였고 매품마다 10보씩 축소하여 庶人에 이르러선 10보로 하였다.[17] 四面으로는 각 50보~5보

---

14. 『太祖實錄』 2, 太祖 원년 11월 丙子, 1册, p.34.
『太祖實錄』 12, 太宗 6년 11월 丁巳, 1册, p.378.

15. 『太宗實錄』 7, 太宗 4년 3월 庚午, 1册, p.694.
『太宗實錄』 35, 太宗 18년 5월 庚午, 2册, p.226.

16. 『經國大典』 3, 禮典, 喪葬.

이다.

묘위지 및 농사난원에 대한 범위 제한은, 당시 국가권력이 고려시기에 비해 훨씬 강화된 상태에서, 구래부터 있어 온 山地私占을 금지하는 國法[18]에 근거하고 그 원칙에 입각하여 강제할 수 있었던 조치였다. 과전제도가 전시과가 가지고 있던 國田的 원칙에 입각하여 가산화한 사전을 혁파하고 재분배하면서 제정되는 것과 그리고 고려 최말 柴地 분급제의 폐지와 같은 궤도에서 그 연속으로 취해지는 절차였다. 이 두 가지 조치는 조선왕조가 국가 체제 정립기에 山地의 공동이용과 공유원칙을 재천명하는 의지의 표현으로서 이후 우리나라 산지이용의 방식을 전통으로 확정한 대단한 정책이었다. 이후 근 500여 년 간 산지사점의 폐단은 이 범주 속의 일이었다. 다만 성종·연산조에 들어와 왕실의 요구로 王子·君 등에게 정부기관에 할급되어 있는 柴場을 떼어 절급한 적이 있으나 관료들의 반발로 모두 철회·회수되었고, 중종조에는 한 公主에게 草場을 할급하였다가 역시 반대여론이 거세어 환수한 적이 있는 정도였다. 조선후기에 왕실·영아문·세가의 시장사점이 성행하지만 산지이용의 공공성 그 소유의 공리성이라는 울타리를 파괴하거나 넘어서지 못하였다. 국가는 이를 所有로 인정하지 않았다. 이 전통이 倒壞되는 것은 日帝가 우리의 임업, 산지 그리하여 토지와 함께 전 국토를 수탈하고자 私的 所有를 강제하여 國有林·民有林을 조작하면서였다.[19]

조선왕조는 토지의 사적 소유와 산림천택의 공유를 분명히 함으로써

17. 주 15의 하단.

18. 『太祖實錄』 11, 太祖 6년 5월 丁未, 1冊, p.105.
『世宗實錄』 18, 世宗 4년 11월 癸亥, 2冊, p.510.

19. 강영심, 「日帝下의 「朝鮮林野調査事業」에 관한 연구」, 『韓國學報』 33·34, 1983.
拙稿, 「山地共有의 傳統과 그 倒壞」, 『사회과학교육』 3, 1999, p.12
최병택, 『일제하 조선임야조사사업과 산림정책』, 푸른역사, 2009.

농업생산에서 지주경영과 소농경영을 생산활동의 독립성과 공공성을 조화시켜 나가고 있었다. 각종 토지의 정리나 농지의 소유 이용을 둘러싼 권농정책은 크게는 이 위에서 진행되는 것이었다.

Ⅳ. 土地의 經理와 改修

고려 말, 토지제도는 양반의 科田을 위시하여 功臣田, 軍田 등 각종 私田은 몰수 및 재배분과 함께, 국가 수조지의 설정이나 중앙·지방의 각급 행정·군사기관에 토지절급 및 寺社에 전지분급은 元案에 준거하고 참작함으로써 일단 정돈되었다. 후자의 사정을 土地經理의 측면에서 보면 대강 (1) 국가 수조지로서 왕실 供上用의 倉庫宮司田, 문무백관 녹봉용의 廣興倉位田, 중앙정부의 각종 경비 및 해당 각사 운영에 소용하는 豊儲倉位田, 그리고 중앙 각사의 직무에 따라 배정한 各司位田, 군량·군비로 쓰는 軍資田, (2) 公處折給田으로서 籍田·祭位田 및 國行水陸田을 비롯한 祭祀用田, 중앙 각사 官吏의 음식, 소요 종이·필묵 등 경비에 충당하는 公廨田, 성균관·향교·四學의 각종 學田, 지방 州縣의 관청경비, 수령의 봉록 및 향리의 역무보상에 쓰는 公須田, 衙祿田 및 人吏位田, 각 驛에 절급하는 公須田·人位田·馬位田 등의 驛田, 院·渡·站 등 기타 교통운수기관에 절급하는 院田·渡田·站田, (3) 그리고 이상 토지분급제상의 전지와는 계통을 달리하며 군수·관아 운영비에 충당하는 국가 소유지인 國屯田 및 州縣·營鎭의 소유지인 官屯田 등 屯田으로 구별할 수 있다.

私田을 위시하여 이상의 각종 토지에 대한 經理는 새 왕조 개창 후에도 계속 조정되고 개정되었다. 그 가운데서도 건국 초에 중점을 두었던 부분은 屯田, 驛田, 籍田의 정비 그리고 祿俸田・軍資田의 확충, 私田의 성격이 농후한 寺社田에 대한 개편・조정이었으며 여기에 중앙 각사의 公廨田과 人吏位田에 대한 정리, 왕실 공상 몫의 倉庫宮司田에 대한 정비 및 王子科田의 별도제정, 功臣田・別賜田의 대량 절급과 축소, 科田・軍田의 운영 및 개편 등이 중요사업이었다.

1. 國・官有地의 整頓

1) 戶給屯田의 置廢와 國・官屯田의 廢復

고려 말 토지제도 정비는 수조권을 기축으로 한 과전제도를 중심으로 하여 수행되고 있었으므로 이 외곽에 있던 토지문제는 그대로 남아 있었다. 그 가운데에서도 屯田問題는 중심에 있었다. 둔전은 아주 옛부터 각급 행정기구나 군사기관 즉 통치・군사조직을 중심으로 하여 '且戰且耕'의 명분 아래 荒蕪地나 無主地에 노비와 군인 혹은 일반민의 노력을 賦役으로서 동원하여 개간 경작하고, 그 수확을 재정・군수에 보충하려는 목적에서 설정해 온 地目의 하나였다. 民田이 개인의 소유지였듯이 屯田은 국가 및 통치 기관의 소유지였다. 신국가 조선은, 과전제도의 시행과 함께, 둔전제 또한 정비하여 나가지 않으면 안 되었다.[1]

고려 후기에 들어와 둔전제는 큰 변동을 겪었다. 우선 둔전이 권력층의 탈점대상이 되었다. 특히 對몽골 항쟁기 그리고 원의 간섭기를 거치면서 국가권력이 분할되고 이완되는 데 병행하여 토지겸병이 격화되면

1. 安秉佑, 「高麗의 屯田에 대한 一考察」, 『韓國史論』 10(서울大), 1984.
李載龒, 「朝鮮初期 屯田考」, 『歷史學報』 29, 1965.
拙稿, 「朝鮮初期 屯田의 設置와 經營」, 『朝鮮前期土地制度硏究』[II], 지식산업사, 1998.

서 둔전의 사점화는 현저하여졌다. 고려 말 恭愍王대에 兩界의 田土와 내륙의 비옥한 둔전이 거의 勢家에게 私占되어 있어 개혁시책의 일환으로 屯田官을 설치하여 그 복구를 시도하는[2] 한편 이와 함께 새로 둔전을 설치하는 일도 각 고을에 권장하였다. 禑王대에는 연해지방이 倭寇에게 분탕되고 있어 농지의 개간과 전쟁의 수행을 동시에 해결하여야 하는 사정으로 한층 독려하였다.[3]

전란 속에 둔전책의 강화는 권세가의 둔전탈점과 병행해서, 각급 행정관에게 각종 민인수탈의 기회도 더욱 넓혀 주었다. 경영상 폐단도 커서 '且戰且耕'을 원칙과 이상으로 하고 있었으나 경작군인이 둔전의 수확에 해당하는 양을 자신의 곡식으로 마련하거나 借貸하여 납부하는 경우가 많았고 이 고통을 견디지 못하여 도망하는 이도 적지 않았다. 수령 가운데 둔전경영에는 나태한 채 그 種子마저 갈취하여 둔전의 수확을 全無한 상태로 몰고 가는 경우가 적지 않았고,[4] 경작에 일반 농민을 징발하여 투입하는 일은 다반사였다.[5] 이러한 현실에서 고려 조정은 일찍부터 다른 방식으로 수입원을 색출하였다. 家戶屯田이라고 하여 忠宣王 때 시작하고 말기에는 전쟁기임을 명분으로 농민에게 種子만 지급하고 추수 때 그 몇 배를 징수하는 것이었다.[6] 가호둔전은 농사의 풍흉이나 토질의 비척을 참작하지 않은 채 실행하여 약탈성이 극심하였고 농민층의 반발을 더욱 격화시켜 禑王 원년(1375) 금지령이 내려졌으나, 이미 지방관의 주요 수입원이 되어 쉽사리 폐지되지 않았다.[7]

---

2. 『高麗史』 78, 食貨 1, 田制, 租稅, 恭愍王 5년 6월, 中冊, p.728.
『高麗史』 82, 兵 2, 屯田, 恭愍王 5년 6월, 辛禑 원년 10월, 中冊, p.813.
3. 『高麗史』 82, 兵 2, 屯田, 辛禑 원년 2월 및 14년 8월, 中冊, pp.813~814.
4. 『高麗史』 82, 兵 2, 屯田, 恭愍王 5년 11월, 中冊, p.813.
5. 鄭道傳, 『三峯集』 13, 朝鮮經國典 下, 政典, 屯田.
『太宗實錄』 12, 太宗 6년 11월 己卯, 1冊, p.379.
6. 『太宗實錄』 14, 太宗 7년 7월 癸丑, 1冊, p.402.
7. 『高麗史』 82, 兵 2, 屯田, 辛禑 원년 2월, 中冊, p.813.

새 왕조의 개창과 함께 둔전제의 병폐를 제거하는 것은 불가피한 숙제였다. 太祖 원년(1392) 국왕 즉위 이틀 후 國屯田 가운데 陰竹의 것 하나만 남기고 모두 혁파하고 각 浦·鎭에 설치된 屯戍軍屯田도 폐지하였다.[8] 그런 뒤 후자는 태조 3년(1394) 군자 보충책으로 다시 복설하도록 하였으며, 7년(1398)에는 이 가운데서 且戰且耕 외에 일반 평민을 역사하는 곳은 일체 혁파시켰다.[9] 둔전은 둔수군 특히 水軍(船軍)에 의해 경작하는 營田과 지방 각 고을에서 운영하는 官屯田이 존속하였다. 남은 둔전에서 경작민의 고충은 여전하였다.

수군은 왜구의 격퇴에 큰 공로를 세워 온 병종이었으나 왜구가 잠적한 태조 이후 屯田·魚鹽·海産物採取·兵船修理·漕運 등 여러 역무 외에 築城·京外大小工役·修葺·牧場役事·藏氷 등 온갖 잡역에 동원되었고, 立番時에는 1개월분의 식량까지 스스로 부담하였다.[10] 이러한 고역으로 선군의 불만과 항거가 팽배하고 정부는 이들의 역무를 감축시켜 주어야 했다. 그중에서도 屯田·採藿·捕魚는 큰 노역이었다.[11] 太宗 6년(1406) 7월 정부는 수군의 둔전을 폐지하는 대신 고려 말에 있던 家戶屯田法을 복구시키되, 이를 기회로 州縣과 浦鎭의 둔전도 함께 혁파하고 민인에 분급하여[12] 둔전경작에서 각종 폐단을 야기하는 일반민 사역을 戶給屯田의 명의 하에 새롭게 정비하여 그 수입을 국고로 전환시키려는 계획을 세웠다.

호급둔전의 실시여부를 놓고 조정에선 논란이 격심하였다. 당초 議

『高麗史』 82, 兵 2, 屯田, 辛禑 5년 정월, 中册, p.814.

8. 『太祖實錄』 1, 太祖 원년 7월 丁未, 1册, p.22.

9. 『太祖實錄』 5, 太祖 3년 정월 戊午, 1册, p.35.
『太祖實錄』 15, 太祖 7년 9월 甲申, 1册, p.137.

10. 李載龔, 「朝鮮前期의 水軍」, 『朝鮮前期社會構造研究』, 一潮閣, 1984.

11. 『太宗實錄』 11, 太宗 6년 4월 庚辰, 1册, p.355.

12. 『太宗實錄』 12, 太宗 6년 7월 丁未, 1册, p.364.
『太宗實錄』 13, 太宗 7년 정월 丁卯, 1册, p.382.

政府의 구상은 폐지되는 각급 관둔전과 혁파된 寺社田 그리고 개간 가능한 황무지 등, 일체의 非私有地를 농민 10호를 단위로 50卜씩의 토지를 할당하고 책임자 1인을 선출하여 경작과정 일체를 관할하게 한다는 것으로 종래의 家戶屯田과는 차이가 있었다.[13] 이에 대해 民怨을 야기하고 지급할 만한 토지도 충분치 못하다 하여 반대하는 여론이 컸다.[14] 사실 일반 민인, 지방 수령의 반발은 클 수밖에 없었다. 또 이 방식은 양반·토호의 개간활동을 저해하는 바였다. 결말은 관둔전의 폐지안과 토지분급의 방안은 모두 폐기되고, 민인 10호마다 50부의 토지에 파종할 종자 약 10斗씩을 절급하는 것으로 낙착되었다. 그러나 농민의 반발이 격심하여[15] 이듬해(1407) 6월 폐기하였다.[16] 그리고 1년 6개월이 지난 태종 9년(1409) 정월 凶荒과 軍旅에 대비할 호조수입의 조세가 부족이 우려되어 외방의 民戶를 大戶·中戶·小戶 및 殘戶(不成戶, 並 3戶=1戶)로 구분하고 이를 기준으로 3·2·1두씩의 종자를 분급하여 경작시키고 추수 때 1두에 5두씩 징수하는 시책으로 변경하였다 [表 4].[17]

이는 둔전 없는 '編戶營田'이었다.[18] 이러한 수취는 畓은 수확의 半을, 田은 한 차례 농작의 소출량 전부를 납부하게 하는 셈으로서 약탈성이 극심하였다.[19] 민인이 파산 실업하는 사태까지 야기하고 원성은 충천하

13. 同上.

14. 『太宗實錄』 13, 太宗 7년 2월 壬辰, 1冊, p.385.

15. 『太宗實錄』 13, 太宗 7년 5월 乙亥, 1冊, p.395.
『太宗實錄』 13, 太宗 7년 6월 丁未, 1冊, p.400.
『太宗實錄』 13, 太宗 7년 6월 癸未, 1冊, p.395.

16. 『太宗實錄』 13, 太宗 7년 6월 庚戌, 1冊, p.401.

17. 『太宗實錄』 12, 太宗 6년 11월 癸酉, 1冊, p.399.
『太宗實錄』 17, 太宗 9년 정월 辛酉, 1冊, p.471.

18. 『太宗實錄』 27, 太宗 14년 2월 己未, 2冊, p.7.

19. 拙稿, 주 1의 논고, pp.330~332.

[表 4] 戶等과 戶給屯田

戶等	區分 基準	種子 分給額	收取額
大戶	田 15結 以上 口 15口 以上	3斗	15斗
中戶	田 10結 以上 口 10口 以上	2斗	10斗
小戶	田 5結 以上 口 5口 以上	1斗	5斗
殘戶(2~3)	田 1~2結 口 1~2口	1斗	5斗

였다.[20] 시행 2년째 되던 태종 10년(1410)부터 양계와 황해도는 면제시키고 나머지 도에서도 종자만 회수하는 것으로 그치고,[21] 마침내 태종 14년(1414) 폐기하였다.[22]

호급둔전제의 부실과 폐지 속에서 일반 둔전의 복설과 증설이 추구되었다. 이는 이미 國屯田의 복구로 진행되어 오고 있었다. 국둔전은 나라가 각 도의 관찰사를 통하여 대상지를 선정하고 戶曹에서 심의하여 설립하며 해당 고을의 수령이 관리하고[23] 수확을 國用과 軍資에 補用하는 것이었다.[24] 국가의 소유경영지로 개간을 통하여 설정되는 토지여서 '國農所'라고도 불렀으며[25] 관둔전과 달리 면적에 제한이 없었다. 수십 결에서 1,000여 결에 이르기까지 규모는 다양하였다.[26]

---

20. 『太宗實錄』 18, 太宗 9년 12월 戊午, 1冊, p.521.
『太宗實錄』 18, 太宗 9년 10월, 辛亥, 1冊, p.515.
21. 『太宗實錄』 19, 太宗 10년 4월 癸亥, 5월 己巳, 1冊, p.545, 547.
『太宗實錄』 22, 太宗 11년 9월 壬申, 11월 辛巳, 1冊, p.602, 611.
22. 『太宗實錄』 27, 太宗 14년 6월 庚戌, 2冊, p.21.
23. 『世祖實錄』 41, 世祖 13년 3월 戊寅, 8冊, p.65.
24. 『經國大典』, 戶典, 諸田.
『太宗實錄』 16, 太宗 8년 9월 壬戌, 1冊, p.451.
25. 『世宗實錄』 109, 世宗 27년 9월 戊寅, 4冊, p.637.
26. 『太宗實錄』 28, 太宗 14년 9월, 丙戌, 2冊, p.36.

國屯田의 再設은 太宗 9년(1409) 12월 平州·白州·江陰·禮山·陰竹의 국둔전을 다시 복설하는 것으로 시작되었다.[27] 호급둔전이 실시된지 1년이 지난 즈음인데 성과는 부진하고 軍資補用處의 확보는 갈수록 절실한 까닭이었다. 軍資田은 대개 척박지였고 기왕의 군자미는 태종 초부터 科田의 부족, 녹봉의 결핍을 메우는 데 전용하고 있었다. 특히 이 무렵에는 明에서 韃靼을 협공하고자 請兵한다는 소문이 도는 등 비상한 때여서 공신전·별사전·사사전의 전조 전액 혹은 반액을 公收하는 안까지 제의되었었다.[28] 정부는 폐지한 국둔전을 복구시키는 일과 함께 새로 국둔전을 개척하는 작업을 추진하였다. 국둔전은 폐기하면 대개 무전농이나 빈농에게 분급하므로 사유지로 됨이 보통이었다. 강화에 1,000결에 달하는 둔전을 개척하고 김제 벽골제에도 신설한 것도 이때였다.[29] 국둔전은 전국에 걸쳐 지속하여 설치해 갔다. 이에 따라 여러 폐단이 다시 발생하였다. 경작에 일반 농민이 부단히 동원되고[30] 민인 경작지의 침탈사태도 빈번하였다.[31] 농민층이나 지주층의 개간활동과도 이해가 상충하였다.[32]

국둔전의 복구 및 확장과 병행하여 官屯田에 대한 정비도 표면화되었다. 관둔전은 각급 행징·군사기관에서 公須田·衙祿田 등 廩田의 수입만으로는 부족한 관청 소요의 경비—公須·衙祿의 부족분 보충, 官衙의 수

『文宗實錄』 9, 文宗 원년 8월 癸未, 6冊, p.422.

27. 『太宗實錄』 18, 太宗 9년 12월 庚戌, 1冊, p.520.

28. 『太宗實錄』 3, 太宗 2년 2월 戊午, 1冊, p.225.
李相佰, 『李朝建國의 硏究』, 乙酉文化社, 1954, pp.181~227.
『太宗實錄』 18, 太宗 9년 10월 庚戌, 辛亥, 1冊, p.514.

29. 주 26의 상단.
『太宗實錄』 33, 太宗, 17년 윤 5월 辛巳, 2冊, p.170.

30. 同上의 하단.

31. 同上.
『世宗實錄』 32, 世宗 8년 4월 己卯, 3冊, p.20.

32. 주 25와 同.

리, 使客의 접대, 軍官의 공급, 兵器의 수선, 貢物의 代捧 등—를 관할 지역 내에서 황무지를 새로 개간 경작하여 그 수확으로써 충당하는 목적에서 운영하는 토지였다. 설치와 운영의 권한은 고을 수령에게 있었고 경작은 官奴婢 및 人吏의 노력으로 함이 원칙이었다. 지방 관아의 소유지로서 民田과 대비하여 官田이었다.[33] 그러므로 건국 초에, 국둔전과는 달리, 정부가 民田侵奪, 散種科斂, 聚民屯種 등 오랜 폐단을 즉시 정리하기 어려웠다. 논의는 혁파안에서 시작하였다. 太宗 6년(1406) 호급둔전제가 계획되면서였다. 그러나 호급둔전의 운영이 당초 구상과 달리 토지분급 없이 종자의 지급만으로 낙착되면서 관둔전은 그대로 존속하였다.[34] 이 사이 농민 노력의 부당한 징발로 여러 수령이 처벌되었다.[35] 일반 농민의 사역은 동기가 대개 각 관아에서 동원할 수 있는 官奴婢나 人吏의 수효가 매우 불충분한 데서 연유하였다. 1,000여 명씩 소유한 곳이 있는가 하면 어느 곳은 1, 2명에 그쳤다.[36]

관둔전의 경작에 폐단이 없게 하려면 무엇보다도 각급 고을 관노비의 定額이 정비되어야 했으나 아직 이에 착수할 여유는 없었다. 관노비를 확보하고 재배분하기 위해 새로운 노비공급원은 준비하였으나 미처 집행할 단계는 못 되었다. 방도는 일단 폐지뿐이었다. 정부는 태종 14년(1414) 호급둔전을 폐지시키는 시점에서 관둔전도 함께 혁파시켰다.[37] 그러나 불원간 새로운 정비 속에 재차 복구될 것이었다.

---

33. 拙稿, 주 1의 논고, pp.347~350.
34. 주 12의 상단.
35. 拙稿, 주 1의 논고, p.333 참조.
36. 『太宗實錄』 13, 太宗 7년 정월 丁卯, 1冊, p.382.
37. 『太宗實錄』 27, 太宗 14년 6월 庚戌, 2冊, p.21.
    주 58 참조.

2) 沿邊屯田의 設置와 官屯田의 定限

둔전정비는 世宗朝로 넘어와서 호급둔전이 폐지되고 국둔전의 개발이 착수되고 관둔전은 폐지된 상태에서 출발하였다. 정비는 그간의 조정방향은 계승하되 그에 따른 폐단은 제거하는 선에서 이루어졌다.

國屯田 - 세종정부는 그간 국둔전의 지속적인 설치에 따른 농민의 사역, 생산성 부진, 민전침탈, 일반 민인과의 개간 경쟁 등을 경영상의 폐단으로 인식하여[38] 세종 8년(1426)에, 동왕 6년(1424) 10월 재설치한 후 같은 병폐를 야기하던 관둔전과 함께, 국둔전의 폐지를 선언하고[39] 관례에 따라 종전의 경작자 및 徙民・무전민・빈민에게 지급하였다.[40] 그러나 민인과 이해가 충돌하지 않는 둔전 즉 변경 지역에서 군인노역에 의한 둔전은 개설해야 했다.[41] 이는 咸鏡道・平安道에서 착수하였다. 이 두 지방은 군사요지인데다가 인구가 희소하고 漕運의 곤란으로 양반 지주층의 개간활동도 활발하지 못한 미개척지였다. 세종조는 태종조의 뒤를 이어 이 지역에서 군사적 拓境에 착수하여 6鎭 4郡을 개척하고 사민시책을 펴 定着村을 조성하면서 영토회복을 시도하고 있었으므로,[42] 농업개척을 위해서 국둔전의 개발은 필수 사업이었다.

세종 22년(1440) 8월 국왕은 함경도 관찰사에게 沿邊 각 고을에 둔전

---

38. 『世宗實錄』 32, 世宗 8년 4월 己卯, 3冊, p.20.
 『世宗實錄』 32, 世宗 8년 4월 辛卯, 3冊, p.24.
39. 『世宗實錄』 32, 世宗 8년 5월 甲辰, 3冊, p.26.
40. 『世宗實錄』 35, 世宗 9년 2월 丙戌, 3冊, p.64.
 『世宗實錄』 39, 世宗 9년 7월 辛丑, 3冊, p.82.
41. 주 38의 상단.
42. 深谷敏鐵, 「李氏朝鮮 世宗朝에 東北邊境의 (第一次~第四次) 徙民入居에 대하여」, 『朝鮮學報』 9・14・19・21~22, 1956・59・61.
 宋炳基, 「世宗朝의 平安道 徙民에 대하여」, 『史叢』 8, 1963.
 拙稿, 「朝鮮初期의 北方開拓과 農業開發」, 주 1의 논저.
 본서 V편 2장.

설치의 가부를 파악하도록 시달하고 이에 따라 12월에 설치방침을 확정하였다.[43] 농우는 관에서 마련하고 경작노력은 次正軍(正軍의 有故에 대신하는 병졸) 가운데 군졸로 될 수 없는 자로 하며 수확의 관리상태는 관찰사가 파악하도록 하였다. 그러므로 특별히 '沿邊屯田'이라고 지칭하였다.[44] 실적을 거두기 위하여 둔전경작의 전 과정을 주무할 인물을 선정하고 3년에 1차례 수확을 통산하여 우수자에게 京職이나 土官職을 수여하는 방침도 작정하였다.[45] 동왕 26년(1444)에는 평안도에도 시행하고 이때는 각별히 민전침탈의 금지령도 함께 하달하였다.[46] 6진의 설치로 먼저 둔전개발이 착수된 함경도에서 이런 폐단이 일어나고 있었기 때문이다. 조정은 연변둔전의 설치를 통해 이 지역의 개척 및 군량조달을 꾀하되 이와 연관하여 그 농법적 기초를 삼남지방의 선진농법 특히 그 水稻作法의 보급에서 찾고 이를 실현하는 터전으로도 이용하고자 했다.[47] 이 무렵 이 두 지방에선 거의 논농사를 하지 않고 있었다.[48]

연변 국둔전의 설치 원칙과 의도는 새롭고 창의적이었지만 경영은 순조롭지 않았다. 농민사역의 폐가 여기서도 발생하였다. 시행 3년 만에 그만 폐지하고 빈민에게 고르게 분급하자는 절박한 제안이 나올 정도였다.[49] 함경도 둔전의 次正軍은 인력 자체가 부족한 데다 고초도 커서 도망이 잇따랐고,[50] 평안도는 船軍勞力을 사역하게 되어 있어 폐단이

---

43. 『世宗實錄』 90, 世宗 22년 8월 癸酉, 4册, p.310.
    『世宗實錄』 91, 世宗 22년 12월 癸酉, 4册, p.327.
44. 『世宗實錄』 92, 世宗 23년 5월 丁酉, 4册, p.341.
45. 『世宗實錄』 92, 世宗 23년 5월 癸丑, 4册, p.342.
46. 『世宗實錄』 103, 世宗 26년 4월 癸未, 4册, p.549.
47. 『世宗實錄』 106, 世宗 26년 10월 丙申, 4册, p.558.
48. 『世宗實錄』 55, 世宗 14년 정월 丁卯, 3册, p.367.
    주 44와 同.
49. 『世宗實錄』 105, 世宗 26년 7월 辛酉, 4册, p.570.
50. 同上.

여전하였다.[51] 농민사역은 어렵고 北方防戍의 중요성으로 군인도 계속 둔전경작에 동원할 수 없는 여건에서 연변의 국둔전은 결국 실제 세종 말년까지만 존속하였다.[52]

연변둔전은 후에 국둔전이 재건될 때 그 기준이 되었다. 文宗이 즉위(1450)하면서 평안도 내륙지방 安邊·定平부터 국둔전을 설치하였다. 경작인력은 鎭守軍이었으며 절차는 매우 신중하게 시범삼아 조금씩 개설해 갔다.[53] 국둔전은 북방에서 다시 설치되었다. 世祖 7년(1461) 당시 중부 이북 평안·함경·강원도의 13개 고을에 있던 국둔전은[54] 이후 전국으로 확산되어 갔다. 이는 세종조에 관둔전의 定限制가 마련되어 그 밖의 한광지에 국둔전을 개설할 수 있는 여유가 증가하고, 이때에 와서는 保法(2丁1保, 田 5結도 1丁, 노비도 保)의 실시와 鎭管體制(主鎭·巨鎭·諸鎭의 방어 체계)의 정비로 軍額이 정돈됨에 따라 인력파악이 전보다 훨씬 치밀해져 가능한 것이었다. 세조조에 정비된 국둔전은 관둔전과 더불어 국가의 개간활동과 소유지 확대의 주종을 이루어 갔다. 그러나 군인·노비 그리고 농민의 노역에 의한 둔전경작은 갈수록 생산성이 저하하고 경작민의 반발이 증대하여 경작 인력의 조달문제는 심각해져 경영방식의 전환을 요구하고 있었다.[55]

官屯田 - 관둔전은 太宗 14년(1414) 戶給屯田의 폐지와 함께 혁파하였으나,[56] 경비가 부족한 지방수령은 국고 소속의 관청 米豆를 빌려 사용하고 심하면 田租를 과중하게 거두기도 하며 혹은 민간에 소금·재화를

51. 『世宗實錄』 117, 世宗 29년 9월 甲午, 5冊, p.35.
『文宗實錄』 1, 文宗 즉위년 5월 甲辰, 6冊, p.234.

52. 『文宗實錄』 2, 文宗 즉위년 6月 戊戌, 6冊, p.246.

53. 『文宗實錄』 6, 文宗 원년 2월 丙子, 6冊, p.305.

54. 『世祖實錄』 23, 世祖 7년 정월 壬子, 7冊, p.441.

55. 拙稿, 「朝鮮前期 屯田經營의 變動」, 주 1의 논저.

56. 주 37과 同.

억지로 팔아 미봉하였다.[57] 관둔전은 다시 설치될 상황이었다. 더구나 각급 관아의 인력으로 그간 부실하고 고르지 못하던 관노비의 점유상황이 寺社奴婢의 혁파로 수다한 公奴婢가 산출되면서, 이를 기반으로 태종 13년(1413)부터 각 고을의 노비정원이 법으로 제정됨으로써 점차 개선되기 시작하여[58] 관둔전의 복설여건은 성숙하였다.

世宗 6년(1424) 10월 戶曹는 지방관아의 경비가 국고에서 轉用되고 이것이 농민에게도 전가되는 사태의 개선방안을 궁리하던 가운데 관둔전의 복설안을 제시하고 2년여의 논란 끝에 확정하였다. 이때의 관둔전안은 종전에 비해 매우 규모 있었다.[59] 우선 ① 각급 고을별로 둔전의 설정면적을 차등 있게 한정하여 留守·牧·大都護府는 10결, 都護府·知官은 8결, 縣令·縣監은 6결로 하였다. 종전의 관둔전이 고려 말 이래 定限이 없어 무제한 확대가 가능하고 이로 인해 농민층과 대립이 일어났을 뿐 아니라 정부의 국둔전 설치에도 위협이 되고 있었다. 그러므로 태종 초에 이미 이 정한방안이 제의된 적이 있었다.[60] 이제는 정한한 관둔전 내에서만 수취가 공인된 것이다. ② 경작은 官奴婢의 노력으로 하고 일반 농민의 사역을 금지하였으며, 수확은 감사에게 보고하여 장부에 기재하고 사용 역시 감사에 보고한 후 하도록 했다. 그간의 관둔전 문제는 일단 정돈되고 조선 관둔전제는 골격을 갖추었다.

그러나 이 시책을 당장에 정착시키지는 않았다. 고을 관아의 토지소유 곧 둔전설치를 탐탁하게 여기지 않던 世宗은 이듬해(1425) 11월 호급둔전제의 시행을 제시하여 보기도 하였고,[61] 다시 그 다음 해 8년(1426)

---

57. 『太宗實錄』 35, 太宗 18년 4월 壬午, 2冊, p.213.
『世宗實錄』 26, 世宗 6년 10월 丁未, 2冊, p.626.
58. 『太宗實錄』 25, 太宗 13년 4월 壬戌, 1冊, p.669.
59. 주 57의 하단.
60. 『太宗實錄』 12, 太宗 6년 7월 癸亥, 1冊, p.366.
61. 『世宗實錄』 30, 世宗 7년 11월 甲子, 2冊, p.703.

4월에는 衙祿田·公須田을 폐지하고 국고의 米豆로 관아 경비를 지급하자는 의견과 함께 國屯田의 폐지도 함께 제안하였으며, 일부 관료는 이에 덧붙여 관둔전의 폐지까지 제의하였다.[62] 그리고 이 여세로 국둔·관둔 모두 폐지한다는 조처를 취할 수 있었다.[63] 그러나 관료 가운데서 국고의 허갈을 우려하고, 호조에선 수입지출의 경리계산에 근거하여 국고 지불의 부당성을 논하면서 관둔전의 설치만이 해결책임을 강조하자 세종은 결국 이에 동의하였다.[64] 이때 호조에서는 定限 외의 屯田濫設 곧 '數外屯田'의 금지를 각별히 강조하였다.

세종조의 官屯田 定限制는 이후 관둔전의 설치 운영의 기준이 되었다. 그러나 관둔전의 정한초과는 제지되지 못하였다. 관둔전의 정한초과는 양반층의 토지겸병이 권력을 배경으로 수령의 협조를 얻어 야기되는 것이어서 정부로서 근절은 쉽지 않았다. 세종 이후 文宗·世祖 등 역대 왕조는 이 數外屯田의 존재나 둔전사점에 대해선 늘 금지령을 내리고 또 수색령도 발동하여 억제에 유의하였다. 그러나 고을 관아의 누적되는 경비부족의 타개책인데다 소농민층과 양반 지주층 간의 토지소유를 둘러싼 대립현실이 얽혀 있어 국왕이라 하더라도 정작 사건이 발발하면 규정대로 처리하기 힘든 것이 대부분이었다. 결국 수외둔전을 인정하고 정한액을 상향 조정하여 공식화하였다. 세조 4년(1458) 8월 留守府·牧·大都護府는 20결, 都護府·郡은 16결, 縣은 12결로 종전에 비해 2배로 액수를 上限하고[65] 『경국대전』에 법규화하였다.[66]

아울러 관둔전과는 별개로 있던 '浦鎭屯田'의 정액도 작정하였다. 지

---

62. 『世宗實錄』 32, 世宗 8년 4월 辛卯, 3冊, p.24.
63. 『世宗實錄』 32, 世宗 8년 5월 甲辰, 3冊, p.26.
64. 『世宗實錄』 32, 世宗 8년 6월 辛未, 3冊, p.31.
    『世宗實錄』 35, 世宗 9년 2월 壬申, 3冊, p.61.
65. 『世祖實錄』 13, 世祖 4년 8월 丁丑, 7冊, p.290.
66. 『經國大典』 2, 戶典, 官屯田.

방 행정기관의 둔전이 관둔전이라면 지방 군사기관의 둔전은 州鎭官屯田이었다. 이것을 浦鎭屯田이라고 하였으며 각 군영의 관할지역에 설치되는 둔전이어서 '營田'이라고도 불렀다.[67] 국둔전과 마찬가지로 대개 船軍이나 혹은 鎭守軍에 의해 경영하였고 태조 초에 국둔전과 함께 폐지하였다가 말년에 군사상 이유로 다시 복구하였다. 그 후 태종조 호급둔전 시행 초에 폐지하였으나 곧 복구하였다. 그만큼 이 둔전은 관둔전에 비해 군사적으로 중시되던 둔전이었다. 세조 초까지 일반 관둔전과 달리 면적에 定限이 없었고 수입지출을 검사하는 법규도 없었다.[68]

이러한 포진둔전을 世祖 6년(1460) 12월 節制使・處置使營 20결, 僉節制使・都萬戶營 15결, 萬戶營 10결씩으로 한정하고 수확은 호조에 보고한 뒤 사용하고 여분은 해당 지방의 義倉米로 사용하게 했다. 그리고 관둔전의 일부도 편입시켰다.[69] 이 정비는 당시 지방 방위조직의 재편, 즉 鎭管體制의 설립으로 종전과 달리 내륙의 주현도 營鎭에 편성되었고, 이와 동시에 외방 軍職의 대부분을 각 지방의 수령이 겸직하게 되었으며, 이로 인해 수령은 주현과는 별도로 영진의 경비조달을 책임지게 됨으로써 있게 된 것이었다.[70] 그러므로 관둔전으로 취급되어 그 정한이 책정된 것이고 『경국대전』에 조문화된다. 다만 主鎭(節度使)을 제외하고 巨鎭(節制使・僉節制使)・諸鎭(同僉節制使・萬戶・都尉)에서 각각 5결씩 감축하였다.[71] 15세기 중엽 전국 관둔전의 규모는 이상의 법정기준에 의하면 주현둔전은 4,676결, 역둔전 6,516결, 포진관둔전 3,255결로 추산된다.[72] 그러나 數外官屯田도 적지 않았을 것이다. 관둔전 역시 국

---

67. 李載龒, 주 1의 논고.
68. 拙稿, 주 1의 논고.
69. 『世祖實錄』 19, 世祖 6년 2월 辛亥, 7册, p.367.
70. 閔賢九, 「鎭管體制의 確立과 地方軍制의 成立」, 『韓國軍制史－近世朝鮮前期篇』, 陸軍本部, 1968.
71. 『經國大典』, 戶典, 官屯田.

둔전처럼, 제도는 완비되어 갔으나, 부역노동을 통한 경작으로 인하여 인력문제는 여전하여 경영방식의 개편이 불가피하였다.[73]

3) 驛田問題의 改善着手

둔전과 유사한 토지이면서 독특한 문제를 야기하던 것은 驛田이었다. 역전은 특성상 세종 초까지도 그 폐해에 대해 수습은 고사하고 거론조차 되지 못하였다. 역전은 둔전과 같은 '自耕無稅'의 토지이면서 道·州縣·浦鎭 등 행정 군사처 외의 교통운수처인 역에 지급하는 토지였다. 역전은 각급 행정기구와 그 소속 諸有役人에 대한 분급전토 가운데 가장 규모가 크고 중요한 지목이었다. 驛·驛吏·驛馬의 운영·존속·유지를 위해 지급되는 것으로 양반의 과전이나 각급 통치기구의 공수전·아록전과 분급토지인 점에선 같았으나 수취관계 경작형태까지 동일하지는 않았다. 둔전과도 차이가 있었다. 특정 국역의 부담을 직접 매개로 하여 授受되는 까닭이었다.

고려의 驛田制는 신라·발해의 역을 재정비하고 또 신설하면서 운영되고 있었는데, 중엽 이후 전시과의 파행과 토지겸병의 극성 속에 일부는 功臣·勢家에 據執되어 가고 驛吏·驛子의 도산과 피폐가 연속하고 驛路도 凋弊하였다.[74] 고려정부는 수시로 역전의 元額確保 및 피탈 역전의 조사에 노력하고 역리의 安業을 배려하였다.[75] 고려 최말, 禑王 14년

---

72. 朴時亨, 『조선토지제도사』(중), 과학원출판사, 1961, pp.51~52(서울版, 신서원, 1994).

73. 拙稿, 주 55의 논고.

74. 劉善浩, 「高麗郵驛制硏究」, 檀國大學校 博士學位論文, 1992.
鄭枖根, 「高麗前期 驛制의 整備와 22驛道」, 『韓國史論』 45, 서울대, 2001.
拙稿, 「朝鮮前期의 驛田經營과 그 變動」, 주 1의 논저.
李章雨, 「朝鮮初期의 驛田」, 『歷史學報』 142, 1994.

75. 『高麗史』 78, 食貨 1, 田制, 祿科田, 忠穆王 원년 8월, 中册, p.714.
『高麗史』 78, 食貨 1, 田制, 祿科田, 辛禑 14년 7월, 中册, p.714.

(1388) 6월 사전구폐의 방안강구 지시와 때를 같이하여 館驛田地의 피탈에 대해서는 都巡問按廉使가 이를 다시 회복하도록 한다는 방침을 시달하였다.[76] 그리고 전제개혁이 착수되고 있던 恭讓王 2년(1390) 11월에 역리를 위시하여 鄕吏·津尺·院主人의 전토 액수를 정하였고,[77] 이듬해에는 '因舊損益'의 원칙 아래 陵寢·倉庫·宮司·軍資寺 및 寺院의 전토, 外官의 職田·廩給田과 함께 鄕·津·驛吏, 軍·匠의 각종 田地를 책정하였다.[78]

이는 조선으로 계승되었다. 역전에는 역리의 노역에 대한 보상으로 지급하는 2~3결의 人位田과 역리의 驛馬養畜 소요경비 조달몫으로 大·中·小馬마다 9·7·5결씩 절급하는 馬位田, 驛奴의 安業을 위한 50부~1결 정도의 口分田, 그리고 驛에 대해 그 운영경비의 마련을 위해 大·中·小路의 등급에 따라 각기 20·15·5결씩 절급하는 公須田 및 역을 수개 혹은 십수 개씩 묶어 편성한 察訪道(驛丞道)에 縣과 같은 액수로 절급하는 12결의 官屯田이 있었다. 대체로 역 한 곳의 전토는, 소로를 예로 할 때, 총액은 80결에서 100결 정도였을 것으로 예상된다.[79] 15세기 중엽 전국 역공수전의 총액은 대략 4,400여 결, 역둔전의 총수는 6,516결로 추찰한다. 당시 역의 총 수효는 538곳에 달하였다.[80] 조선말 전국 역전의 총액은 근 20만 결에 이르렀고 대부분은 마위전이었다.[81] 역전은 관둔전을 제외하고는 모두 實田 곧 所耕田으로 절급되는 토지로서 수조지였다. 과전이나 일반 군현의 공수전·아록전 등 각종

『高麗史』 82, 兵 2, 站驛, 中冊, pp.802~805.

76. 『高麗史』 82, 兵 2, 站驛, 辛禑 14년 6월, 中冊, p.804.
77. 『高麗史』 45, 世家, 恭讓王 2년 11월, 上冊, p.885.
78. 『高麗史』 78, 食貨 1, 田制, 祿科田, 恭讓王 3년 5월, 中冊, p.723.
79. 拙稿, 주 74의 논고, pp.417~419.
80. 朴時亨, 주 72의 논저, p.43, 51.
『經國大典』 1, 吏典, 外官職.
81. 同上, p.51.

분급전지와 일단 같았다. 그러나 설정토지와 지급방식 및 경작형태에서 현격한 차이가 있었으며, 여기에 역전의 특징이 있었고 특별한 문제를 야기하였다.

驛田은 肥沃地에 설치하였고, 그 중심은 인위전·마위전, 구분전으로서 역리·역노를 三丁一戶로 편호하여 그 戶首에게 절급하였고,[82] 奉足 가운데 토지 부족자나 무전자에게는 所耕田을 마련해 주었다.[83] 이들 전토는 역공수전과 함께 역리·역노가 自耕함이 경영상 원칙이고 관례였다.[84] 역토는 한 곳에 고정되었고 따라서 量田으로 字丁에 변동이 생겨도 科田과 달리 實田을 옮겨가지 않았다.[85] 역전문제를 야기하고 있던 것은 역리의 驛田自耕 원칙이었다. 역전이 소유주가 있는 소경전 곧 민전으로 절급되는 한 역전자경은 민전의 奪耕奪占으로 귀결되는 까닭이었다. 累代에 걸쳐 경작해 오던 개인 소유지라도 일단 역전에 속하면 驛吏가 으레 탈경하여 평민은 하루아침에 토지를 피탈당하고 失業하였다.[86] 사적 토지소유가 엄연히 법제로 관습으로 승인되고 있는 터이지만 역전에 관한 한 이 점은 무력하였다. 나라는 원소유주에게 개간 가능처나 국가소유지·무주전 등으로 보상하여 병폐를 완화시키도록 하고 있었겠지만, 이는 驛內에서 이런 토지를 구하여야 가능한 일이어서 실제 보상은 수월하지 못하였을 것이다.

이러한 관습은 조선 초 이 시기에 이미 '舊制' '舊慣'으로 운위되고 있음을 보아[87] 고려 초기에 벌써 그러하였으리라고 여겨진다. 아마 우리나라에서 驛制가 발생하는 시기 古朝鮮·辰國 이래의 국가발달 사정에

82. 『世宗實錄』 63, 世宗 16년 3월 庚寅, 3冊, p.549.
83. 『世宗實錄』 3, 世宗 9년 5월 丙午, 3冊, p.74.
84. 『世宗實錄』 27, 世宗 7년 2월 乙丑, 2冊, p.657.
85. 『世宗實錄』 74, 世宗 18년 9월 甲午, 4冊, p.28.
86. 『世宗實錄』 83, 世宗 20년 10월 丁丑, 4冊, p.169.
87. 同上 및 『世宗實錄』 116, 世宗 29년 5월 乙未, 5冊, p.20 참조.

서 유래하는 바일 것이다. 역리의 역전자경은 역리라는 특정 신분층이 각종 驛務나 立馬라는 특별한 노역을 고정적으로 세습하여 담당해야 하는 사실과 並立하는 원칙이었다. 역리의 役에는 平民이 동원될 수 없었고 그래서도 안 되었다.[88] 고려 초기에 역리는 본디 재지세력 이른바 豪族에서 나왔다. 역은 행정기구의 하나로서 州縣에 직속한 처지에서 이들에 의해 관장되고 운영되었다.[89] 역이 설치된 구역은 驛地가 되었고 따라서 그 안에 있는 인민과 토지는 이 역의 운영과 유지를 위해 사역되고 제공되어야 했을 것이다. 역의 설치는 국가에 의해 집행되지만, 실제 역토의 마련은 역리 자신의 소유지 또는 역리 스스로 역내의 민인을 선도하여 지목·선정한 토지를 국가에서 驛土로 승인하는 절차로 이루어 질 수밖에 없었다. 결국 역의 운영과 그에 필요한 경비 일체는 역리 주관 아래 역 자체에서 조달해야 하는 구조에서 역리는 이런 명분으로 타인의 소유지를 收用할 수 있었고 이는 오랜 관습으로 이어져 온 것으로 사료된다. 역리의 驛田自耕은 이러한 전통과 원칙의 소산일 것이다.[90] 이러한 관례가 고려 말 과전법 하에서도 그대로 이어져 조선에 와서도 지속된 것으로 보인다.

역전은 自耕無稅의 토지여서 역리는 그 수확물 전액을 취득할 수 있는 권리를 보장받았다. 이 권리는 소유권은 아니었다. 나라에서는 역리에게 免稅만 허여하고 소유권 자체를 이들에게 귀속시키지는 않았다. 역전은 국가의 토지로서 公田이었다.[91] 역전의 설치와 운영은 때때로 농민층에 엄청난 희생을 치르게 하였다. 설정처가 으레 '平民'의 토지였던 까닭이다.[92] 피탈당한 농민의 반발과 불만은 항상 팽배하였고 이는

88. 주 86과 同.

89. 呂恩英, 「麗初 驛制形成에 대한 小考」, 『慶北史學』 5, 1982.

90. 拙稿, 『韓國 中世 土地制度史－高麗』, Ⅳ장 4절 3) 驛田, 서울대학교출판부, 2011, pp.177~178.

91. 『經國大典註解』, 戶典, 諸田.

소유권 소송분쟁으로 번지기도 하였다. 특히 역리 가운데는 역전의 任意區處라는 오랜 관습 속에서 備馬와 상관없이 다만 이를 빙자해서도 농민 소유지를 탈점하고 있어서 분쟁은 여기서도 기인하는 바가 적지 않았다.[93] 더구나 탈경은 인위전은 물론 공수전을 통해서까지 이루어졌다.[94] 이러한 사태에 대해 전제개혁을 경험하고 소유권이 한층 강화된 조선의 소농민이 순순히 복종할 리 없었다. 소송분쟁이 심하였다. 건국 초 정부는 驛內 농민의 쟁송 역토에 대해 臨時區處하는, 즉 일정한 기준 없이 그때그때 형편을 살펴 처리하였다.[95]

역토분쟁은 세종조 이전까지는 '軍國傳命' '備馬' 등 역의 대명분 속에서 조정에서 공식적으로 거론되기가 쉽지 않았다.[96] 건국 초 조선정부는 역전의 原狀回復과 結數規定에 주력함으로써 역리의 민전탈점에 상한을 긋고 면세의 범위를 확정하는 선에 그치고 있었다. 왕조로서는 驛制의 안정이 중요하였다. 대책은 世宗 19년(1437)에 처음으로 마련되었다. 역리가 備馬의 목적이 아님에도 불구하고 민전을 탈점하는 행위에 대한 금지, 그리고 菜麻兩麥田의 탈경금지였다. 후자는 旱田의 임의 점거를 불허하는 조처였다.[97] 이는 역리의 과도한 민전침탈 행위에 법적 제동을 걸고 있는 점에서 종선보다 한 단계 앞선 처사였다. 그러나 탈경 자체는 여전히 용납하고 있어 실효성이 희박하였다.[98]

이듬해(1438) 세종은 재차 대책을 강구하도록 지시하였고 논의는 크

---

92. 『世宗實錄』 90, 世宗 22년 8월 己卯, 4冊, p.311.
『世祖實錄』 35, 世祖 11년 3월 甲寅, 7冊, p.675.

93. 주 86과 同.

94. 同上 및 『世宗實錄』 27, 世宗 7년 2월 乙丑, 2冊, p.657.

95. 주 86과 同.

96. 同上.
拙稿, 주 74의 논고.

97. 주 86과 同.

98. 同上.

게 세 계열로 집약되어 나왔다. ① 지금의 규정대로 濫奪을 금지하자는 것, 이는 역리의 願대로 하면 나라의 근본인 민인이 소요하고 실업하여 나라의 안녕이 위태로워지므로 역리나 평민 어느 한쪽으로 편중할 수 없으며 또한 법이 수시로 바뀌면 신의를 잃는다는 이유였고, ② 예전 관례대로 역리가 임의로 區處하도록 하자는 것, 이는 평민은 실업하여도 의지할 데가 있어 생업을 이룰 수 있지만 역은 凋弊되면 軍國傳命의 重事를 평민이 대신할 수 없다는 이유였으며, ③ 현재대로 두되 소송이 있으면 예전대로 감사와 수령이 그 情理를 살려 처결하게 하자는 것, 이는 탈경을 허락하면 민이 고통을 당하고 허락하지 않으면 역리의 備馬가 어려워져 서로 防碍가 되어 오래 지속될 經常의 법을 세우기 어렵다는 취지였다.[99]

역전문제는 자기 소유지를 피탈당하는 농민, 立馬 및 驛務의 苦役을 담당하여야 하는 역리, 그리고 이 양측의 조건을 바탕으로 역제를 유지하고 있는 국가 3자의 이해관계가 얽혀 쉽사리 해결되기 어려웠다. 논의 결과 세 가지 의견 가운데 확정된 것은 ②였다. 역리의 민전남탈 금지령은 1년 만에 번복되고 오히려 다시 종래대로 역리가 임의구처하는 데로 돌아갔다. 그러나 정부가 계속하여 이 방침을 고수하기는 힘들었다.[100] 본 논의가 있기 훨씬 전부터도 그리하였다. 농민의 항거와 반발을 감내할 수 없었다. 특히 역이 새로 설치되거나 다시 정비되는 경우에 사태는 험악하였다. 그리하여 단순히 租만 징수하도록 하는 조처를 취하기도 하였고, 때로는 이렇게 하다가 역리의 반발이 크면 철회시키기도 하는 등 우왕좌왕하기도 하였다.[101] 기왕의 역전에서도 분쟁은 늘어 갔다.[102]

---

99. 同上.

100. 同上.

101. 『世宗實錄』 90, 世宗 22년 8월, 己卯, 4冊, p.311.
『世宗實錄』 59, 世宗 15년 2월, 壬辰, 3冊, p.442.

역전문제는 역전이 토지분급제의 일환으로 설정하고 운영하는 토지인 까닭에 토지분급제 곧 수조권 절급제도가 해체되는 단계에서 해결될 수 있는 사태였다. 이는 職田制가 시행되고 『경국대전』이 반포되기 직전 성종 초에 와서 타개된다. 이 배후에는 지주제의 발달에 따라 더욱 그에 입각하여 토지문제를 처리해 나갈 수밖에 없는 농촌현실과 정부의 처지가 있었다.[103]

4) 籍田의 造成

籍田은 국가가 권농의 모범을 민인에 전시하기 위하여 설치·운영한 국유지로서 기능은 상징적이나 의미는 중요하였다. 국가가 重農하고 農本하는 뜻을 국왕이 백관을 거느리고 親耕함으로써 中外에 널리 편다는 이념의 표상이었다.[104] 적전은 여기서 생산한 곡물로써 祭祀에 올리므로[粢盛] 粢田이라고도 불렀다.

耕籍祭儀는 기원이 멀리 농경이 개시되고 祭天이 행해지기 시작한 데로 소급하는 것으로 추정되며, 신라 때 典祀署가 있고 해마다 立春 뒤에 先農에 제사한 기록이 남아 있음을 보아[105] 국가 출현 때부터 籍田과 같은 토지도 구비되어 있었을 것이다. 고려는 成宗 2년(983) 정월 12牧 설치 한 달 앞서 적전을 갈고 '神農'을 제사하고 '后稷'을 配位하는 祈穀籍典의 의례를 다시 개시하였다.[106] 고려에서도 적전행사는 면면히 계속

---

102. 주 92의 上段.

103. 拙稿, 주 74의 논고.
본서 Ⅶ편 4장.

104. 鄭道傳, 『三峯集』 朝鮮經國典 上, 賦典, 籍田.

105. 한병삼, 「先史時代 農耕文靑銅器에 대하여」, 『考古美術』 12, 1976.
『三國志』 30, 烏丸鮮卑東夷傳 30.
『三國史記』 38, 雜志7, 典祀署.
『三國史記』 32, 雜志1, 祭祀, 新羅宗廟之制.

되었으나 후기에서 말기에 이르는 기간에는 정국의 혼란이 연속하여 粢盛이 때때로 이어지지 못하였다.[107]

새로운 국가경영을 위해 권농정책을 의욕적으로 추진하여야 하는 조선으로서 적전을 정비하고 새롭게 운영함은 당연한 절차였다.[108] 우선 적전을 東西 두 곳에 설치하였다. 동적전은 東郊 10里 興仁門 밖에 두고 그 村을 典農이라 하였다. 先農壇과 親耕臺를 조성하여 매년 驚蟄뒤 첫 亥日에 임금이 백관을 거느리고 풍년을 기원하는 祭를 올리고 親耕行事도 하는 곳이었다. 이곳의 수확으로 宗廟・社稷・山川・百神의 粢盛에 이바지하였다.[109] 서적전은 開城府 동쪽 20리 保定門 밖 甑池 동편에 두었고 그 촌 역시 전농이라고 지칭하였다. 동적전에 비하여 토질이 꽤 비옥하였다.[110] 동적전과 서적전의 총액은 당초 400결에 이르렀고[111] 각각 100결, 300결 정도로 추산한다.[112] 서적전은 본래 고려의 '郊采公田'이었던 곳이며[113] 고려 말 토지겸병으로 큰 물의를 빚은 林堅味・廉興邦의 전답을 몰수하여 조성한 것이었다.[114]

적전의 재배작물은 벼[稻]를 위시하여 기장[黍]・피[稷]・차조[秫]・벼[稻]・수수[粱], 콩[太豆]・팥[小豆]・보리[大麥]・밀[小麥] 등 9곡을 모두 갖

---

106. 『高麗史』 3, 世家3, 成宗 2년 정월 辛未, 乙亥, 上冊, p.66.
107. 『高麗史』 78, 食貨1, 田制, 祿科田, 辛禑 14년 7월, 趙仁沃上疏, 中冊, p.720.
拙稿, 주 90의 논저 Ⅳ장 4절 1)籍田, p.168.
108. 鄭道傳, 『三峯集』 7, 朝鮮經國典 上, 賦典, 農桑 및 禮典, 籍田.
109. 『太常志』 4, 祀典, 籍田, 東籍田.
『成宗實錄』 51, 成宗 6년 정월 乙亥, 9冊, p.183.
『世宗實錄』 148, 地理志, 京都漢城府, 東籍田, 5冊, p.613.
『漢京識略』 1, 宮闕, 先農壇.
110. 『太常志』 4, 祀典, 籍田, 西籍田.
『成宗實錄』 42, 成宗 5년 5월 甲辰, 9冊, p.109.
111. 『太宗實錄』 27, 太宗 14년 4월 癸丑, 2冊, p.11.
112. 朴定子, 「李朝初期의 籍田考」, 『淑大史論』 5, 1970.
113. 『萬機要覽』, 財用篇2, 耤田.
114. 『中宗實錄』 19, 中宗 8년 11월 乙丑, 14冊, p.693.

추었다.[115] 또한 적전은 국왕·국가의 권농의 상징이며 농사의 모범을 과시하는 곳이어서 작물의 재배에 머물지 않았다. 새로운 품종의 재배 실험, 묵은 곡식의 경종시험, 그리고 이것이 성공하였을 때 그 종자의 보급 등도 행하였다. 秬黍, 唐白黍, 一歲再熟黍, 바람과 추위에 강한 鬼麥 등의 시험재배와 보급, 묵은 보리[陳麥]의 결실여부, 一莖多穗(한 포기의 줄기에서 많은 이삭이 맺는 것)한 粟의 재배실험 등이 있었고 주로 동적전에서 이루어졌다. 특히 세종 초에 이러한 노력이 지대하였다.[116]

적전의 경작 의례는 고려시기와 같았다. 국왕의 親耕을 표방하지만 실제는 籍田禮의 儀注에 따라 행하는 것이었다. 국왕의 친경은 의례의 절차상 국왕이 적전 내에 정해진 친경지 밭에 나와 쟁기자루[犂柄]를 잡고 첫 갈이로 밭을 몇 차례 갈아 볼 뿐 자신이 농사를 직접 짓는 것은 아니었다. 의례상 다섯 번[5推]이었다. 뒤이어 百官의 推耕禮式이 있고 이것이 끝나면 典農寺 소속의 관원이 미리 편성하여 놓은 農軍을 인솔하여 친경지 천이랑[千畝]을 가는 것이었다.[117]

적전의 실제 경작은 당초에는 전농시 소속의 노비를 동원하였다. 그러나 노비의 選上에 어려움이 많고 또 그 역이 고통스러워 도망이 잇따랐다. 이 외에 적전 소재시의 민인이 부역으로 동원되기도 하였으나 역

115. 『太常志』 4, 祀典, 籍田, 西籍田, 東籍田.
『世宗實錄』 128, 五禮, 吉禮序例, 獻官, 先農親享事執事官, 5冊, p.220.

116. 『世宗實錄』 21, 世宗 5년 7월 壬寅, 2冊, p.550.
『世宗實錄』 25, 世宗 6년 8월 戊辰, 2冊, p.619.
『世宗實錄』 27, 世宗 7년 2월 己巳, 2冊, p.658.
『世宗實錄』 53, 世宗 13년 9월 壬申, 3冊, p.341.
『世宗實錄』 77, 世宗 19년 5월 辛亥, 4冊, p.77.
『世宗實錄』 78, 世宗 19년 7월 辛亥, 4冊, p.93.
『世宗實錄』 86, 世宗 21년 7월 壬戌, 4冊, p.226.

117. 『世宗實錄』 131, 五禮, 吉禮儀式, 親享先農儀, 耕籍, 5冊, p.264.
『成宗實錄』 51, 成宗 6년 정월 乙亥, 耕籍, 9冊, p.186.
拙稿, 주 90의 논고.

시 무리가 심하였다. 그리하여 太宗 14년(1414)에 서적전의 경작에는 인근 고을에 산접해 있는 혁파된 寺院奴婢를 적전 근처에 옮겨 살게 하고 이들의 노력도 이용했으며,[118] 동적전 역시 애초 전농시 선상노비 200인으로 경작했었는데 이미 세종조 27년(1445)에 와서, 언제부터인지 벌써 적전 부근 楊州民戶 200戶를 뽑아 모두 농군으로 충당하여 경작하던 것이 폐단이 커서, 그 범위를 적전 30里 안의 양주민호 가운데 富實戶를 뽑아 사역함에 이르렀다.[119] 민호 200을 뽑는 것은 노비 200호에 상당하는 人丁을 확보하기 위한 것이었다.

민인부역을 통한 적전경작은 대세로 자리 잡았다. 世祖 8년(1462)에 제정된 『經國大典』에선 동·서적전은 각기 楊州에서 100명, 豊德에서 200명을 택하여 농군으로 삼되 그 기준은 적전 傍近 30리 내에서 10결 이상을 경작하고 있는 민호에서 1명을 뽑아 정하며 10결 미만인 가호는 다른 호와 합쳐서 차출하도록 하고 貢賦 외에 잡역을 면제하여 농사에 오로지 하게 한다는 규칙을 세웠다.[120] 成宗朝에 편찬된 『경국대전』에선 이러한 규정을 적전은 부근의 거주민으로 경작하되 그 방식은 民田 10결당 1夫를 내어 3夫가 적전 1결을 경작하며 공부 외에 잡역을 면제한다는 내용으로 정리하여 법제화하였다.[121]

이 사이 적전의 면적도 축소되었다. 동적전의 農軍數와 서적전의 농군수가 각기 100명, 200명이고 3명이 1결씩 맡아 경작하는 원칙으로 환산하면 동적전은 33결, 서적전은 70결 미만으로 총액이 100결 정도로서 태종 14년(1414) 당시 동서적전 합하여 400결이던 것[122]에 비해 근 300결이 감축된 셈이다. 적전 100결 정도의 규모는 이후 대략 유지되었다.

---

118. 『太宗實錄』 28, 太宗 14년 12월 戊寅, 2册, p.47.
119. 『世宗實錄』 109, 世宗 27년 9월 癸酉, 4册, p.636.
120. 『世祖實錄』 27, 世祖 8년 2월 己巳, 7册, p.511.
121. 『經國大典』 2, 戶典, 籍田.
122. 朴定子, 주 112의 논고.

조선 말 서적전은 65결 99부 9속, 동적전은 37결 59부 3속으로 등록되어 있었다.[123] 적전 규모의 이 같은 감축은 부역에 의한 경영이 어려워 적전이 방치되고 이 틈을 타서 양반·토호나 농민이 점거해 버린 때문이었다. 감축된 후에도 어려운 사정은 마찬가지였다. 成宗 8년(1477)에 서적전을 경작하는 풍덕군민을 300명으로 증가시키고 貢賦까지 면제하는 혜택을 부여하여 전속시키기도 하였다.[124] 농군 가운데는 傭人을 써서 대신 입역시키는 이도 있었다.[125] 적전은 부역에 의한 경작이라는 원칙 속에서 규모, 경작노동, 소유관계가 여러 형태로 축소되고 변동되면서 운영되었다.

2. 公處折給田의 整理

1) 祿俸田·軍資田의 整備와 國用田化

과전제도에 입각한 토지경리는 대강 전국의 토지를 중앙 및 지방의 각급 행정·군사기관에 소속한 公處折給田과 문무양반을 위시한 諸職役層에 절급한 각종 전토, 그리고 이 두 계열을 제외한 國庫收租地로 나뉜다. 조선 초 세종조 중반까지 국고 수조지는 전체가 하나로 통일되어 있지 않았다. 용도에 따라 몇몇 창고를 설정하여 이를 통해 관리하였다. 왕실관계의 수조지는 倉庫宮司田, 관료 및 직역자 祿科·月俸의 수조지는 廣興倉位田, 軍需用의 수조지는 軍資位田, 그리고 국고 수조지 가운데 이상 3개 전토를 제외한 나머지 중앙관청의 직무에 따라 배정

---

123. 『萬機要覽』, 財用編 2, 耤田.

124. 『成宗實錄』 82, 成宗 8년 7월 庚辰, 9冊, p.473.
『成宗實錄』 95, 成宗 9년 8월 壬辰, 9冊, p.636.

125. 同上의 하단.

한 豊儲倉(右倉)을 필두로 한 各司位田이었다. 건국 후 조선은 국고 수조지의 확대 및 정비를 꾀하였다.

조선왕조가 우선 그리고 항상 유념한 것은 祿俸田(祿科田) 및 軍資田이었다. 고려 말 녹봉제 역시 재정파탄 속에서 퇴폐가 현저하였다. 장구한 戰亂으로 인한 국고수입의 열악, 왜구・홍건적의 노략 분탕으로 인한 祿轉의 마비, 封君과 宦官의 증대에 따른 祿米의 증대, 수조지 겸병으로 인한 祿俸田의 감축 등으로 감봉・체불이 잦았다.[1] 이 사태 역시 '私田'問題의 하나로 제기되었다. 360석을 받아야 할 宰相이 20석에도 차지 않았다.[2] 공양왕 즉위년(1389), 己巳量田 후 趙浚은 동서 양계를 제외한 6道의 墾田 50만 결 가운데 10만 결을 祿俸田으로 하여 左倉(廣興倉)에 소속시키자고 제의하였다.[3] 과전제도 시행 때 녹봉전의 실제 총액은 조준의 구상대로 작정하지 못하였다. 군자전의 半정도였다.[4] 군자전은 태조 초에 10만 결로 배정되어 있었으므로[5] 녹봉전은 5만 결 정도였던 것으로 추정된다.

녹봉전 5만 결의 수입만으로는, 새 왕조 개창 후 관제가 개정되고 관원이 증가됨에 따라 녹봉 지급액은 증가하여, 녹봉 전체에 충당할 수 없었다. 태종 초 한해 녹봉의 총액은 12만 석에 달하였다.[6] 그리하여 다른 수조지의 수입에서 借用 혹은 補充함이 상례였다. 충당은 軍資田의 조세, 그리고 軍役田, 外役田, 津・驛・院・館・紙匠田에서 징수하는 세로 이루었다.[7] 조정에서는 녹봉전에 더 많은 토지를 배정하는 방향을

1. 李熙德, 「高麗 祿俸制의 硏究」, 『李弘稙博士回甲紀念韓國史學論叢』, 新丘文化社, 1969. 崔貞煥, 『高麗・朝鮮時代 祿俸制 硏究』, 慶北大學校出版部, 1991.
2. 『高麗史』 78, 食貨 1, 田制, 祿科田, 辛禑 14년 7월, 趙浚上書, 中冊, p.715.
3. 『高麗史』 78, 食貨 1, 田制, 祿科田, 昌王 원년 12월 恭讓王 즉위, 中冊, p.723.
4. 『太宗實錄』 3, 太宗 3년 6월 壬子, 1冊, p.267.
5. 『太祖實錄』 13, 太祖 7년 4월 己卯, 1冊, p.119.
6. 주 4와 同.
7. 『太宗實錄』 3, 太宗 2년 5월 戊午, 1冊, p.225.

취하였다. 다른 국고 수조지의 수입으로 충당하는 것을 일거에 해소할 수는 없었지만 그 비중은 줄여 나아가야 했다. 이 가운데 군자전 수입의 轉用은 항상 문제였다.[8] 太宗 9년(1409) 녹봉전을 加給하는 조치가 취해졌으나[9] 증액에는 한계가 있었다. 다른 용도의 수조지를 감축해야 하는 까닭이다.

이러한 불균형은 수조지의 경리를 변혁하는 가운데서 일단 해결될 수 있는 문제였다. 世宗 27년(1445) 정부는 여러 各司位田을 폐지하고, 각급 창고는 그대로 두되 지금까지의 분립성을 제거하고 기능은 존속시킨 채, 통일하여 이른바 '國用田' 제도로 개편하면서 廣興倉位田인 녹과전도 이에 포괄시켰다.[10] 국용전 제도 이후에도 관료의 녹봉은 항상 국가재정 가운데 가장 큰 비중을 차지하고 그만큼 다른 부문을 압박하였다.

녹봉 충당액이 특히 대폭 증대하는 때는 世祖 이후였다. 野人(女眞)征伐, 함경도 반란(李澄玉・李施愛亂) 진압, 각종 정치변란으로 공신이 연속 증가(癸酉靖難, 乙亥佐翼, 戊子翼戴, 辛卯佐理 등)하고 고액 녹봉자가 팽배한 까닭이었다.[11] 睿宗 원년(1469) 중앙 관원의 녹봉 총액이 전국 1년간 貢稅(중앙재정의 용도로 漕倉에 들어오는 전세)의 배였다.[12] 성종 4년(1473) 당

---

8. 주 4, 5, 6, 7과 同.
9. 『太宗實錄』 17, 太宗 9년 정월 壬申, 1冊, p.473.
10. 『世宗實錄』 109, 世宗 27년 7월 乙酉, 4冊, pp.624~626.
金泰永, 「科田法體制에서의 收租權的 土地支配關係의 변천」, 『朝鮮前期土地制度史研究』, 지식산업사, 1983.
安秉佑, 「高麗・朝鮮初의 公廨田」, 『國史館論叢』 5, 1989.
吳定燮, 「高麗末・朝鮮初 各司位田을 통해 본 중앙재정」, 『韓國史論』 27, 1992.
李章雨, 「朝鮮初期의 國用田」, 『震檀學報』 73, 1992.
본편 본장 2・3절.
11. 李載龒, 「朝鮮初期의 祿俸制」, 『朝鮮初期社會構造研究』, 一潮閣, 1984, p.83.
申幼兒, 「朝鮮前期 祿俸의 頒給과 官僚家計」, 『歷史教育』 114, 2010.
12. 『睿宗實錄』 6, 睿宗 원년 6월 乙丑, 8冊, p.388.

시 1년간 녹봉으로 지출되는 곡물액은 이전보다 2만 5,000여 석이나 늘어 있었다.[13] 明宗 21년(1566) 당시 1년간 百官의 녹봉액은 14만 석이나 되었다.[14] 중종·명종年間 매해 총 祿俸額 14만 석은 당시 1년 총 收稅米穀額 26~27만 석[15]의 반을 넘어서는 액수였다. 정부에서는 될 수 있는 대로 녹봉액을 감축하여 지급하려 하였고 재정이 심히 부족해지면서는 실제 그렇게 하였다.

軍資田은 그 田租를 중앙 및 지방의 관할 창고에 비축하고 군량·군수에 사용하는 토지로서 軍資位田이라고도 하였다. 중앙의 것은 軍資監倉에 지방의 것은 해당 고을 軍資倉庫에 소속되었으며, 전자를 군자감창 위전, 후자를 外軍資田 혹은 외군자 위전이라고 불렀다.[16]

군자전은 명목상 고려시기의 軍需田을 계승한 것이지만 실제 토지자체까지 같은 것은 아니었다. 고려 말 군수전은 상당 부분이 탈점되어 私田으로 되었다.[17] 그리고 전제개혁 구상 때 墾田 50만여 결로 최소 供上·祿俸·科田에 37만 결이 배정되어야 하고 남은 17만 결로는 6도의 軍士 및 津·院·驛·寺社의 전토와 鄕吏·使客·廩給·衙祿의 용도에도 부족하여 軍需에 쓸 몫은 변출하지 못하였다.[18] 과전제도 개시 때 군자전은 왜구의 침탈과 노략으로 앞서 양전(禑王 14년(1388) 己巳量田)이 미치지 못한 海濱·海島田, 양전 때 탈루한 토지, 打量이 법대로 되지 않아 남은 농지, 그리고 새로 開墾한 전토 등을 해당 道에서 매년 조사하여 충당하게 하였다.[19]

---

13. 『成宗實錄』 28, 成宗 4년 3월 辛卯, 8册, p.11.
14. 『明宗實錄』 33, 明宗 21년 10월 己巳, 21册, p.123.
15. 『中宗實錄』 55, 中宗 20년 11월 庚午, 16册, p.468.
    『明宗實錄』 2, 明宗 즉위년 11월 庚申, 19册, p.361.
16. 朴時亨, 『조선토지제도사』(중), 과학원출판사, 1961, p.27(서울版, 신서원, 1994).
    李章雨, 「朝鮮初期 軍資田에 대한 一考察」, 『歷史學報』 118, 1988.
17. 『高麗史』 132, 列傳 45, 叛逆6, 辛旽, 下册, p.857.
18. 주 3과 同.

국초에 그 액수는 10만 결이었다.[20] 대부분 토질이 낮은 척박지였다.[21] 그나마 비옥지는 양전 때 척박한 개인 농지와 교체되기도 하고, 때때로 공신전·과전 절급 때 그 부족분으로 移給되기도 하였다.[22] 더욱이 녹봉 등 국가의 용도가 부족할 때는 으레 이 군자전의 收租를 가져다 보충하였다. 군자의 축적은 극히 부진하였다. 정부로서 군자비축은 긴급한 문제여서 각종 대책을 강구하였다. 군자의 축적은 군수비용의 비축이면서, 이를 통해 고려시기의 軍人田이 軍田으로 축소되고 군사 대다수가 토지를 받지 못하는 상태에서 이들의 생계를 지원·보존하여 주는 것으로, 兵權의 중앙집중과 통제를 강화하는 길이었다. 그 밖에 빈민진휼곡, 녹봉보조곡 등 국가의 예비재정도 넉넉히 하는 방도였다.[23]

대책은 두 방면에서 강구하였다. 하나는 收租會計의 차원으로서 관원수의 감축을 통한 녹봉 총액의 축소, 군자곡의 녹봉전용금지, 공신전 및 사원전에서 결당 2斗의 田稅 징수, 사원전의 대폭 감축 등으로 군자비축을 도모하는 것이었다. 특히 중심을 차지하는 것은 태종 2년(1402)에서 세종 6년(1424) 사이 세 차례에 걸쳐 감행한 사원전의 축소였다.[24] 다른 하나는 양전을 통해 새로운 田結을 확보하고 군자에 귀속시키는 것이었다. 태종 5년(1405) 兩界를 제외한 6도에 양전을 시행하여, 그간 농지개간의 진전도 있어, 약 30여 만 결의 농지를 새로 얻었고, 동왕 13년(1413)에는 그동안 숙원이던 양계의 양전을 착수·완료하고 제주도

---

19. 『高麗史』 78, 食貨 1, 田制, 祿科田, 恭讓王 3년 5월, 給科田法, 中册, p.725.
20. 주 5와 同.
21. 『太宗實錄』 3, 太宗 2년 2월 戊午, 1册, p.225.
22. 『太宗實錄』 15, 太宗 8년 3월 庚戌, 1册, p.431.
   『太宗實錄』 4, 太宗 2년 9월 丙戌, 1册, p.245.
23. 韓永愚, 「太宗·世宗朝의 對私田施策」, 『韓國史研究』 3, 1969, p.44.
24. 본편 3장 2절.
   金玉根, 「朝鮮前期 財政政策의 展開過程分析」, 『水産經營研究』 7(釜山水産大學), 1970.

양전까지 마치면서 군수비축은 확고해졌다.[25] 이 무렵 군자곡을 비롯하여 중앙 및 지방에 축적된 총 보유곡은 356만 8,700석에 이르고 있었으며 동왕 17년(1417)에는 양계를 제외하고 5도의 창고에 저축한 곡식만 415만 5,000여 석에 달하였다.[26] 이러한 군자전은 군자에 永屬한 '永屬軍資'였다. 이 밖에 군자에는 절급하고 남거나 중대한 犯罪로 인하여 몰수한 科田·功臣田·別賜田 등 개인 수조지를 훗날 加給 및 還給에 대비하여 일시 귀속시키기도 하였다.[27] 이른바 '假屬軍資'였다. 이는 토지 소유권의 쟁송에서 未決 내지 송사가 정지된 토지를 해당기간 동안 임시 屯田에 귀속시키는 '假屬屯田'[28]과 대비된다.

軍資田은 계속 확대되었다. 특히 세종 27년(1445) 國用田 제도가 집행되면서 군자감창 위전 및 외군자전은 축소되었지만 실제 해당 토지와 각사위전, 공해전, 구분전 등 혁파·축소된 토지의 대부분을 중앙의 군자감 및 각 고을의 해당 창고에서 여전히 군자전으로 장악하였다.[29] 성종조 중반 1년 國用이 44만 석인데, 軍需는 50만여 석이었다.[30] 물론

---

25. 『太宗實錄』 10, 太宗 5년 9월 丁酉, 壬寅, 1冊, p.336
『太宗實錄』 11, 太宗 6년 5월 壬辰, 1冊, p.356.
『太宗實錄』 25, 太宗 13년 정월 丁亥, 1冊, p.659.
『太宗實錄』 26, 太宗 13년 7월 己丑, 1冊, p.677.
金玉根, 同上論文.
26. 『太宗實錄』 26, 太宗 13년 8월 壬子, 1冊, p.680.
『太宗實錄』 34, 太宗 17년 7월 癸酉, 2冊, p.179.
27. 『太宗實錄』 23, 太宗 12년 4월 丁巳, 1冊, p.630.
『太宗實錄』 28, 太宗 14년 8월 庚申, 2冊, p.32.
『太宗實錄』 33, 太宗 17년 6월 庚子, 2冊, p.175.
『太宗實錄』 33, 太宗 17년 8월 癸丑, 2冊, p.176.
『太宗實錄』 9, 太宗 5년 4월 甲戌, 1冊, p.324.
28. 朴秉濠, 『韓國法制史攷』, 法文社, 1974, pp.269~272.
본서 Ⅲ편 3장, 주 16~20의 본문.
29. 李章雨, 주 16의 논고, p.47.
朴時亨, 주 16의 논저, p.29.
30. 『成宗實錄』 169, 성종 15년 8월 丁巳, 10冊, p.614.

이러한 액수는 대내외 전란 및 각종 문물사업, 그리고 燕山朝의 낭비 등으로 增減을 되풀이하였다. 녹봉도 마찬가지였다.

2) 京外公廨田의 整理와 人吏田의 配分

국초 조선은 고려 말 과전제도에 입각하여 중앙 및 지방 관아의 유지·경영에 필요한 경비조달은 토지분급을 통해 수행하였다. 특히 ① 관청 운영 및 그 소속 관원의 일용 경비, ② 지방관아의 경우는 그 수령의 녹봉, ③ 그리고 中外官衙의 행정에 역으로 종사하는 胥吏·鄕吏의 직무에는 고려의 전통을 이어 계속 지원하고 있었다. 고려 시기에는 ①과 ② 모두 公廨田 ③은 外役田이라 하였으나, 고려 말을 거치고 조선에 와서는 ①만 公廨田 ②는 衙祿田이라 하고, ③은 人吏田이라고도 불렀다.[31]

公廨田은 전조수입을 관아의 유지·보수와 소속관원의 점심, 종이·필묵 등의 용도에 사용하는 것으로 경기 및 각 도의 토지에서 中央의 各司에 나누어 배속시켰다.[32] 과전과 마찬가지로 民田을 수조지로 절급받아 해당 관아에서 '各自收稅'하는 토지였으며 수조자가 국가에 납부하는 結當 2斗의 稅는 납부하지 않는 無稅地였다. 공해전의 규모는 世宗朝를 기준으로 보면 惠民局·濟生院 및 圖畵院·典醫監 등은 20·30결씩 소액이었고 忠扈衛·耆老所, 司憲府·司諫院·義禁府 등은 100결, 中樞院 150결, 아주 많은 곳은 尙衣院 315결, 軍器監 509결에 달하였다.[33] 소요

31. 朴時亨, 주 16의 논저, p.35, 38.
安秉佑, 주 10의 논고.
李章雨, 「朝鮮初期 衙祿田과 公須田」, 『李基白教授古希紀念韓國史學論叢』(Ⅰ), 一潮閣, 1994.

32. 『太宗實錄』 6, 太宗 3년 윤11월 壬申, 1冊, p.286.
『世宗實錄』 109, 世宗 27년 7월 乙酉, 4冊, p.624.

33. 安秉佑, 주 10의 논고, p.94.

비용의 다과에 따라 작정한 것이다.

조선왕조는 점차 이 공해전의 규모를 축소하고 폐지하는 방향을 걸었다. 이들 토지도 양반의 科田과 마찬가지로 원리상 수조권 분급이라는 형태로 중앙 각사 및 군현의 독자성을 승인하고 있는 체제의 일환으로 운영되어 온 것이었으므로, 생산이 증대하고 농민이 성장하고 국가의 위치가 강화되면서 그대로 존속할 처지가 못 되었다. 정부는 公廨田을 재정차원에서 정비하여 갔다. 첫 조치로 태종 3년(1403) 윤11월 중앙의 각급 관아는 공해전의 수입과 매월 지출상황을 司平府라는 기구에 보고하도록 하여[34] 그 田租의 처분권에 규제를 가함으로써 各司 재정의 출납·수입의 규모를 파악하는 길을 닦았다. 각사 회계권에 대한 제제였다. 뒤이어, 군자·국용의 수입원 확장을 꾀하고 있던 정부는 태종 9년(1409) 11월 明의 請兵 소문을 빌미로 긴요하지 않은 각사 공해전의 혁파를 단행하였다. 상당수의 관아가 해당되었던 듯하다. 명의 請兵說이 낭설로 밝혀진 뒤에도 공해전은 거의 환급하지 않았다.[35] 이듬해(1410) 8월에 가서 업무가 많은 諸君所·司憲府·司諫院에, 그리고 다시 다음 해(1411) 정월에 鷹揚衛에 환급하여 준 것이 전부인 듯하다.[36] 정부는 비상조치를 통하여 각사의 재정을 국용에서 지급함으로써 재무관리를 분명히 할 수 있었고, 따라서 공해전의 환급은 부득이 한 관아에 대해만 하였던 것으로 보인다.

각 고을 公廨田의 정비는 방향이 중앙의 공해전과는 달랐다. 고을관아의 위치가 중앙과 다른 까닭이다. 조선에 와서 고을의 公廨田은 衙祿田과 公須田으로 분화되었다. 지방재정은 본시 독립되어 있던 바로서

34. 주 32의 상단.

35. 『太宗實錄』 17, 太宗 9년 정월 辛酉, 1冊, p.471.
『太宗實錄』 17, 太宗 9년 11월 己卯, 1冊, p.517.

36. 『太宗實錄』 20, 太宗 10년 8월 甲寅, 1冊, p.562.
『太宗實錄』 21, 太宗 11년 정월, 壬申, 1冊, p.574.

지방관의 녹봉을 해당 고을에서 지급하기 시작한 것은 고려 肅宗 6년(1101) 이후부터였다.[37] 이전에는 중앙재정에서 지급하였다. 재원은 관아 경비로 써 오던 公須田의 수입이었다. 당시 공해전에는 公須田 외에 紙田·長田이 있었다.[38] 고려시기 지방관아의 공해전은 군현제가 정비·확대되어 가면서 이와 병행해서 설치되었다. 그에 따라 지출용도도 증대하였다. 관청소요의 기본비용은 물론이고 使臣의 접대, 軍器의 마련, 공물의 조달 등에서 발생하는 부족분은 관둔전을 설치하여 이 수입으로써 補用할 정도였다.[39]

고려후기 토지겸병의 격류 속에서 농민의 몰락과 유이가 연속하고 끊임없는 왜구의 노략과 홍건적의 침략으로 고을 관아는 갈수록 곤궁해졌다. 타개책으로 둔전개발이 장려되었으나 지방관의 겸병과 수탈 등 각종 폐해를 동반하여 또 다른 토지문제로 화하여 갔다. 그러므로 고려 말 전제개혁 때 守令의 俸祿 및 私用經費의 마련을 공식화하는 방책을 강구하지 않을 수 없었다. 더구나 지방 수령의 수효는 현저히 증가한 상태였다. 대책으로 外祿田 곧 衙祿田을 새로 설치하여[40] 公須田과 별개로 존속시켰다. 지방재정의 핵심을 이루던 公須田은 아록전의 등장으로 비중이 감소되었다. 그러나 이 작업이 제대로 진행되자면 군현제의 정비가 동반되어야 했다. 군현제의 정비는 조선에 와서 추진되었고 확실한 체계를 갖추는 때는 태종 3년(1403) 이후였다. 군현의 등급이 정해지고 각급 관아가 정비되고 그에 입각하여 공해전이 규모 있게 절급되었다. 그 대강은 전국 군현을 다섯으로 등분하여 1등급은 3留守府, 2등급 5大都護府와 10州牧, 3등급 20府官, 4등급 餘郡, 5등급 縣으로

---

37. 『高麗史』 80, 食貨 3, 祿俸, 肅宗 6년 2월, 中册, p.756.
38. 『高麗史』 78, 食貨 1, 田制, 公廨田柴, 成宗 2년 6월, 中册, p.713.
39. 安秉佑, 「高麗時期 屯田의 一考察」, 『韓國史論』 10(서울대), 1984.
40. 『高麗史』 78, 食貨 1, 田制, 祿科田, 禑王 14년 7월, 趙浚上書. 中册, p.718.
『太祖實錄』 14, 太祖 7년 윤5월 甲午, 1册, p.126.

하고 公須·衙祿田의 액수는 『經濟六典』의 규정에 따랐다.[41] 액수는 알 수 없다. 군현의 등급조정과 명칭정비는 태종 13년(1413)에 가서 완료되었다. 지방 공해전 정리도 같은 시기에 마무리되었을 것이다. 이 사이 당초 수령의 廩祿을 매달 다른 고을의 倉穀으로 지급하고 있던 兩界와 濟州에도 아록전을 절급하여 운반에 따른 노역과 잡비징수의 폐해가 종식되었다.[42] 태종 때 일단 정비되는 公廨田의 정리작업은 세종대에 전국 규모로 중앙재정체계가 새로 조정되어 확립되면서 재차 시도된다.

공수전·아록전 등 지방관아 및 수령의 경비·봉록에 필요한 재원을 염출하는 토지와는 별개이면서 함께 공해전의 내역을 구성하는 토지로 人吏田이 있다. 인리전은 鄕吏라고 부르는 邑吏에게 지급한 토지였다.[43] 과전제도 시행 초에 향리는 '鄕津驛吏'라 하여 津·驛吏와 같은 범주에서 토지를 지급받았다.[44] 당초에 그 규모는 상당하였던 듯하다. 太祖 7년(1398) 古果州(果川)의 衙祿田·人吏田이 도합 135결이었다고 하는데, 이 가운데 아록전을 40결로 계산하면 95결이 인리전인 셈이다.[45] 전국 각 도(兩界 제외)의 각 고을에는 수십 결 혹은 그 이상의 인리전이 있었다. 이외에 兵正·倉正·獄正·客舍正·國庫直·紙匠 등의 位田도 있었다. 모두 人吏田의 범위에 드는 토지였다.[46]

---

41. 『太宗實錄』 6, 太宗 3년 윤11월 壬戌, 1冊, p.285.

42. 金泰永, 주 10의 논고.
安秉佑, 주 10의 논고.

43. 朴時亨, 주 16의 논저, pp.41~42.
武田幸男, 「高麗·李朝時代의 邑吏田」, 『朝鮮學報』 39·40, 1966.
洪英基, 「朝鮮初期 口分田에 대한 一考察」, 『高麗末·朝鮮初 土地制度史의 諸問題』, 西江大, 1987.

44. 『高麗史』 78, 食貨 1, 田制, 祿科田, 恭讓王 3년 5월, 給科田法, 中冊, p.723.
『太祖實錄』 7, 太祖 4년 丁卯, 1冊, p.76.

45. 주 40의 하단.
『經國大典』 2, 戶典, 諸田, 廩田.

인리전은 人吏 1인마다 5결씩 분급했으며 내역이 독특하였다. 稅位田과 口分田으로 이루어졌으며 전자는 水田 2결, 후자는 旱田 3결씩 배정하여 운영하였다. 세위전은 수익의 일정 몫을 국가에 稅로 납부하는 토지였다. 1결당 경기에서는 2斗씩, 나머지 모든 道에서는 30斗씩 광흥창에 수납하였다. 경기의 경우 세가 가벼운 것은 이 지역이 특히 役務가 많고 번잡하였기 때문일 것이다. 구분전은 無稅地로서 인리의 생계유지에 충당하도록 배려한 토지였다.[47] 인리전은 自耕의 有稅田과 無稅田으로 편성되어 있는 셈이다. 인리전 5결은 양반 과전에서 최하위 18과에 해당하는 액수이며 令, 同正, 學生에 해당하는 급이다.[48] 士大夫・軍人과는 범주를 달리하고 있던 鄕吏層의 처지를 그대로 토지분급제상에서도 한 구획으로 용인하면서도 아울러 사회적으로 下落된 사정을 과전제도는 담고 있는 것이다. 그나마 실제로는 稅位田의 세액이 과중하여 口分田의 소출로 충당함으로써 유명무실하게 되는 해가 많았다.[49] 장차 인리전을 축소 내지 폐지하겠다는 것이 조선왕조의 심산이었다. 중앙의 공해전을 감축하고 지방 공수전・아록전을 축소하고 있는 과정에서 인리전만을 예외로 둘리는 없었다. 인리전은 세종조 토지재정을 다시 편성하는 때까시 존속하였다.

3) 京外官衙・諸役人田地의 國用田化 및 改給・革罷

세종정부는 연변둔전을 개설하고 관둔전을 定限하고 驛吏의 민전점거를 통한 역전경영에 제동을 가하며 사원전의 축소를 도모(본편 3장 2

---

46. 『世宗實錄』 109, 世宗 27년 7월 乙酉, 4冊, p.625.

47. 同上.
『世宗實錄』 86, 世宗 21년 9월 乙卯, 4冊, p.236.

48. 『龍飛御天歌』 8, 제73장.

49. 주 46과 同.

절)하는 한편, 중앙·지방의 각급 행정기관 및 그 보조기구 그리고 그 職役人의 전토에 대해서도 대폭 개편을 가하였다. 기본방향은 국가재정의 경리 차원에서 각 기관의 수조지를 일원화하거나 국고지원으로 전환하는 것이었다. 이 개편은 세종 27년(1445) 7월 의정부가 호조의 呈牒에 의거하여 작성한 '田制改詳定及可革條件'에 따라 수행하였고, 내용은 크게 (1) 중앙관청 전토의 폐지와 병합, (2) 지방의 관아 및 향교, 그리고 교통기관 소속 전토의 改給, (3) 祭位畓의 폐기와 각종 役人田의 혁파 등 세 갈래에서 진행하였다.[50]

(1)은 京中의 각급 관청 소속 位田인 公廨田과 豊儲倉位田(祭祀·賓客·田役·喪·荒의 용도) 및 廣興倉位田(녹봉용)을 일체 폐지하고 모두 '國用田'이라는 명칭 속에서 각 고을에서 서울의 각 관서에 바치는 일정한 수량[恒數]을 계산하여 민호에 나누어 배정하여 輸納하게 하고 나머지는 모두 해당 고을의 국고에 들이게 한 조처이다. 종전에는 각 도의 전지를 京中 각사와 外軍資의 위전에 나누어 붙여 恒貢의 수량에 충당해 왔는데 해마다 수확의 損實이 같지 않아 부족분을 외군자에서 빼어 보충하므로 회계가 심히 번잡하고 貢法으로 계산해도 역시 그러하므로 이와 같이 개편한 것이었다. 이것을 통상 國用田制라고 부르고 있다.[51]

이 개편은 定額稅制인 소위 貢法이 시행됨에 따라 재정운영의 일원화가 가능해지면서 취해질 수 있었다.[52] 이에 따라 큰 변화를 맞은 것은 중앙 各司의 공해전이었다. 이미 京中의 공해전은 태종 9년(1409)부터

50. 『世宗實錄』109, 世宗 27년 7월 乙酉, 4冊, pp.624~625.
이하 세종 27년(1445)의 田制改定에 관한 서술부문은 이에 의거함.

51. 安秉祐, 주 10의 논고.
吳定燮, 주 10의 논고.
李章雨, 주 10의 논고.

52. 金泰永, 「朝鮮前期 貢法의 성립과 그 전개」, 『朝鮮前期土地制度史研究』, 知識產業社, 1983.
본서 V편 4장 2절.

대거 폐지하고 이듬해 사무가 중요하고 많은 일부 기관의 것만 다시 還給하지만 전반적으로는 革罷하는 추세였다.[53] 그리고 세종 16년(1434)에는 환급한 공해전의 일부를 다시 풍저창에 이속시켰다. 흉년으로 풍저창·광흥창의 수입이 元數에 미달하여 중추원 150결, 사헌부·사간원·의금부 각 100결, 상의원 315결, 군기감 590결, 繕工監 50결 총 1,405결을 귀속시킨 것이다.[54] 세종 27년 이때에 와서 당시 남아 있던 각 사의 공해전 가운데 駙馬府의 250결 致仕耆老所의 100결만 남기고 圖畵院 30결, 忠扈衛 100결, 惠民局 20결, 濟生院·典醫監 각 30결, 東活人院 25결, 西活人院 30결, 司譯院 80결 모두 혁파하고 각사의 점심은 국고에서 지급하도록 하였다. 각급 관사는 종전에 수조권자로서 개별적으로 각 지방에 분급받은 공해전에서 전세를 수납하여 오던 데서 이제는 국용전의 명의로 해당 고을에서 일괄 징수하여 서울로 상납된 조세를 恒數에 즉하여 나누어 받아 사용하는 데로 위치가 변동되었다. 그리고 출납운영은 戶曹의 통제로 들어갔다.[55]

공해전은 그 후 부마부와 기로소 두 관사 외에 다른 기관에도 지급되어 공해전 소지 관아의 수가 다소 증가하였다. 세조조에는 위의 두 기구와 함께 內需所·忠勳府·忠翊府가 보인다. 공해전이 잔존하거나 재설치된 부서는 정무기관이 아닌 왕실관계 기구 및 前銜宰樞의 예우기관이었다.[56] 그러나 이마저 세조 10년(1464) 정월 내수소를 제외하고는 모두 폐지시켰고 12년(1466) 3월에는 내수소의 것마저 혁파하였다.[57]

(2)는 지방 고을관아 소속의 衙祿田·公須田의 액수확정, 각 고을 任內

53. 주 35, 36 참조.

54. 『世宗實錄』 66, 世宗 16년 12월 乙卯, 3册, p.604.

55. 李章雨, 주 51의 논고.

56. 安秉祐, 주 10의 논고 참조.

57. 『世祖實錄』 32, 世祖 10년 정월 癸未, 7册, p.607.
『世祖實錄』 38, 世祖 12년 3월 丙辰, 8册, p.10.

공수전의 전면 폐지 및 鄕校田의 액수 개정, 院·渡·站水夫田의 액수 개정이 이에 속한다. 조선 초 중앙 각사의 공해전이 폐지되는 추세와는 반대로 지방관아의 공해전으로서 공수전·아록전은 규모 있게 정비되어 갔고 태종 13년(1413)경에는 제주도를 포함한 전국 고을에 모두 설정되기에 이르렀다. 고을 관아의 경비조달 특히 수령의 廩祿지급의 원활을 기하고 아울러 종래 운반 및 耗穀징수에 따른 州倉 부근 주민의 노역폐단과 부담증가를 해소하기 위함이었다.[58]

그러나 공수전의 세입은 1년 관아 경비에 늘 미달이었고 아록전의 수입 또한 부족하여 人吏가 민간에서 抑賣 등 여러 방법으로 조달하거나 국고에서 借貸하여 보충하였다. 그러므로 世宗 초에 아예 아록·공수전을 혁파하여 모두 軍資에 소속시키고 그 常費를 그때그때 지급하자는 제안이 나오기도 하고, 국왕도 흉년이 심하여 아록전의 수입이 더욱 감소되자 이를 폐지하고 국고에서 늠록을 절급하자는 방안을 논의시키기도 하였다.[59] 이러한 구상은 국용전의 창설방식과 유사한 계획이지만, 지방관아는 중앙 각사와 사정이 달라 실행은 쉽지 않았다. 나라의 운영이 고을에 대해 일정 정도의 사회적 행정적 自治를 전제로 한 속에서 이루어지고 있어서 그 재정의 독자 운영을 부정할 수 없었고, 더욱이 군현제를 확장·강화하여 가는 형편에서 수령의 직책이 중대하여져 그에 따른 보상이 강구되어야 하는 것이었다. 오히려 공수전·아록전의 부족분을 官屯田의 설치로써 보충하는 시책을 취하고 있는 정부였다.[60] 그리하여 공법시행에 맞추어 田制를 개정하면서 공수전·아록전의 액수를 확정짓는 선으로 단락을 그을 수밖에 없었다.

---

58. 주 56과 同.

59. 『世宗實錄』 26, 世宗 6년 10월 丁未, 2冊, p.626.
『世宗實錄』 32, 世宗 8년 4월 辛卯, 3冊, pp.23~24.

60. 『世宗實錄』 32, 世宗 8년 6월 辛未, 3冊, p.31.
『世宗實錄』 32, 世宗 9년 2월 壬申, 3冊, p.61.

아록전의 경우 留守府 60, 牧·大都護府 55, 都護府 50, 知官·牧判官 45, 縣官 40결로 정하고 공수전의 경우는 大·中·小路로 나누어 유수부·대도호부·목관의 대로 30, 중로 25, 도호부·지관의 대로 25, 중로 15, 소로 10결로 작정하였다. 전자는 지방관의 품계를, 후자는 이와 함께 사신 왕래의 빈도와 그 소요경비를 기준으로 한 것이다. 고려시기와 비교하면 최고 액수는 1/3 정도가 감소한 반면 최저액은 5배 증가하였다. 군현제가 정비되면서 종래 현격하였던 군현 간의 규모 차이가 축소된 것이다.[61] 그리고 속현 任內가 소멸되고 있어서 위와 같은 공수·아록전의 정리와 함께 각 고을 임내의 공수전 또한 모두 혁파하였다.

성종 초『經國大典』에서는 내역이 한층 간소화된다. 公須田은 부에서 현에 이르기까지 일괄하여 15결씩 지급하고, 衙祿田은 도호부 이상과 군현 이하로 양분하여 50결과 40결씩 배정함을 원칙으로 하였다. 그리고 도호부 이상의 고을로서 判官이 있는 곳은 아록전 40결을 가급하고 挈家하지 않은 곳은 모든 고을에서 반을 감하여 25결을 분급하며, 공수전은 沿路에 있는 고을이면 대로는 10결을 중로는 5결을 더하여 줌으로써 획일적 배정이 갖는 불균형을 보완하는 참작규정을 붙였다.[62] 그러나 전체로 보면 상위급의 고을은 축소하고 하위급의 고을은 그대로였다. 이 점은 세조 4년(1458)에 작정되는 관둔전의 정한이 세종조에 비해 2배 정도 증가한 것과 상관이 있는 듯하다.[63] 아록전은 세종 8년(1426) 경에 약 2만 결 안팎으로, 15세기 중엽『경국대전』제정 이후 법정 총액은 1만 3,675결로 계산된다. 또한 공수전의 법정 총수는 5,000결 내외로 파악된다.[64]

鄕校의 전토는 그간 祭田·廩田으로 분간하고 정해진 액수가 없어 多

61. 주 56과 同.
62. 『經國大典』2, 戶典, 諸田, 廩田.
63. 『世祖實錄』13, 世祖 4년 8월 丁丑, 7冊, p.290.
64. 朴時亨, 주 16의 논저, pp.39~41.

寡가 고르지 않았는데 세종 27년(1445) 전제상정작업 때 제전·늠전의 구분을 없애 學田으로 일괄하고 그 점유액수를 참작하여 開城府 20결, 留守府 15결, 牧·大都護府 10결, 都護府·知官 4결, 縣官 2결씩 절급하는 것으로 개정하였다. 이는 성종 15년(1484) 주·목·대도호부·부 각 10결, 군 7결, 현 5결로 결정하여 『大典續錄』에 등재한 후 그대로 지속하였다. 이로써 15세기 말 전국 鄕校田의 총액을 계산하면 대략 2천 수백 결에 이른다.[65]

院·渡·站水夫의 토지 액수도 개정하였다. 院田은 인가가 드문 교통 요소에 院을 설치하고 그 원의 主人에 지급한 토지였다. 고려 말 공양왕 3년(1391) 과전법 시행 때 원마다 대로 2결, 중로 2결 50부, 소로 1결씩 할급했으나, 그 후 대·중·소로를 다시 분간하지 않아 전지의 다소가 고르지 않게 되어 이때에 와서 다시 제정하여 대로 1결 50부, 중로 1결, 소로 50부로 정하고 모두 원 근처의 전지로 절급하였다. 이는 『경국대전』 단계에서 다시 조정되어 대로 1결 35부, 중로 90부, 소로 45부씩으로 하였고 院戶의 정수는 각각 5·3·2호로 하였다.[66] 16세기 초 전국의 元數는 1,255개소에 달하였고 소로가 가장 많았다. 전국의 원전수는 2,400결 안팎으로 추정된다.[67]

渡田은 津夫(津尺)의 津夫田과 渡丞의 아록전의 합칭으로서 전자는 나라에서 지정한 강나루[渡津]에서 나룻배를 운행하는 천역인에게 자경무세지로 급여하는 토지이며, 후자는 渡津 가운데 특별히 중요한 몇몇 곳에 검찰 관원인 도승을 두고 그에게 지급하는 토지였으며 역시 모두 과전법 제정 때 시행하고 있었다. 세종조 이때에 와서 도승의 늠급전 액

---

65. 『大典續錄』 2, 戶典, 諸田.
    朴時亨, 주 16의 논저, p.37.
    본서 Ⅶ편 2장 2절.
66. 『經國大典』 戶典, 諸田 및 工典, 院宇.
67. 朴時亨, 주 16의 논저, p.46.

수를 조정하고 도진의 大·中·小路를 구분하여 진부전의 액수를 개정하였다. 漢江渡(한성부)·路渡(과천현)·三田渡(광주)·梁花渡(금천현)·臨津渡(임진현)·碧瀾渡(개성부)·洛河渡(교하현)의 渡丞道 총 7개소[68]는 본래 아록전을 8결 50부씩 절급하고 있었는데 8결로 개정하였고 『경국대전』에도 그대로 등재하였다.[69] 도승 아록전의 총액은 56결인 셈이다. 그리고 진부전의 경우 한강도·노도·삼전도는 본시 32·32.5·11결씩이었는데 각각 20·15·10결로 개정하고, 양화도·임진도·벽란도는 본래 19.5·22·33결씩이던 것을 대로로 삼아 각각 10결씩으로 통일하며, 廣津·洛河·阻江·錦江은 원래 3·3·12·12결씩이던 것을 중로로 삼아 각각 3결씩으로 일괄하였고, 그 나머지 도진은 소로로 하여 모두 1결씩 지급하는 것으로 정리하였다. 『경국대전』에 와서는 다소 개정하여 도진 총액이 大渡 10결 50부, 중도 7결, 소도 3결 50부로 하였다.[70] 등급별 도진의 수는 대도 6개소(특별도3), 중도 4개소였다. 도진의 진부 인원수는 대로 10, 중로 6, 소로 4였다. 대로 가운데 한강도·노도·삼전도는 특별도로서 10인을 더 가급하였다.[71]

漕運 가운데 하천운수 즉 水運을 위해 漢江과 禮成江邊에 각 7개, 2개씩 설치한 水站에서 사역하는 水夫는 역이 몹시 과중하였다. 그러므로 이들에게 특별히 1인당 2결씩 토지(水夫田)를 분급하였는데 세종조 이때에 1결 50부로 하였다. 이는 새 전세법인 공법 시행으로 인해 6등전법으로 結負를 바꾸면 감축되는 점을 참작하여 배려한 것이다. 『경국대전』에서는 1결 35부로 다시 감액되었다. 한강변 곧 左道(果川 黑石站 ~ 忠州 金遷站)의 수부 정원은 306명, 예성강변 곧 右道(龍山江 ~ 金谷·助邑浦倉)의 수부 정원은 292명으로 작정하고 있어[72] 총 수부전은 대략 710

---

68. 『經國大典』 1, 吏典, 外官職 참조.
69. 『經國大典』 2, 戶典, 諸田.
70. 同上.
71. 『經國大典』 4, 兵典, 雜類.

결 남짓한 셈이다. 한편 좌·우도의 水運判官이 아록전을 받기 시작한 것은 성종 7년(1476)에 와서였다. 소로의 驛에 기준하여 5결을 절급하여 수세하게 하였다.[73] 총 35결로 산정된다.

(3)으로서 대표되는 사례는 태조 이성계의 御眞을 봉안한 全州 慶基殿의 祭位田 8결 99부 6속을 다른 도의 眞殿에는 제위전이 없으므로 혁파하고 경비는 국고에서 마련하여 제공한 것, 社稷과 文宣王의 제위전은 雜祠의 예로 분급한 것으로 온당치 못하다 하여 폐지하고 또 祀典에 실려 있는 嶽·海·瀆·山川·城隍의 제위전도 혹은 있고 혹은 없어 함께 혁파하여 모두 국고에서 제공한 것, 그리고 특히 전국 각 도 각 고을의 人吏位田 5결 중 稅位田 2결의 세납이 과중하여 口分田의 소출로 보충하여 位田은 유명무실하고 군역으로 애쓰고 고생하는 이들 또한 모두 위전이 없는 까닭에 이때에 전부 폐지하고, 아울러 인리와 유사한 兵正·倉正·獄正·客舍正·國庫直·紙匠의 위전 또한 모두 폐지한 것 등이다. 세종 27년(1445)까지 고을마다 적어도 수십 혹은 근 백여에 달하는 각종 鄕吏가 있었을 것이므로 인리전의 수량 또한 컸을 것이다. 조선왕조는 아록전·공수전을 대량 축소하고 고려 이래 인리전을 폐지함으로써 전국에 대략 수만 결에 달하는 수조지를 국고로 회수했으리라고 추측된다.[74] 인리전 폐지 이후 인리들은 관례로서 고을 창고에서 급료를 받았다.

기타, (1), (2), (3) 이외에도 여러 토지를 폐지하였다. ① 경기의 水原·楊州·振威에만 있던 藥店位田 8결 78부 1속, ② 東西窯에 당초 망새[鷲頭]제조를 전습하는 공으로 절급한 瓦匠位田 17결, ③ 애초 良民으로 역사한 까닭에 지급한 宗廟干 위전 12결, 奉常寺 祭壇直의 위전 9결

72. 『經國大典』 2, 戶典, 諸田 및 漕轉.

73. 『成宗實錄』 66, 成宗 7년 4월 壬寅, 9冊, p.336.

74. 朴時亨, 주 16의 논저, pp.41~42.

43복, 迎曙亭干의 위전 1결 등을, 다른 곳에는 위전지급이 없거나 노역을 노비로 대치하여, 더 이상 절급 명분이 없어 혁파하였다. 그리고 ④ 喬桐과 江華의 水軍 口分田을 폐지하였다. 교동·강화에는 '左右邊水軍'이라는 특별 長番水軍이 있었다. 이들은 본시 전라도 연해 고을에 살던 精銳軍이었는데, 고려 말 왜구가 극성을 부려 禑王 6년(1380) 교동과 강화로 옮겨 왜구의 침략에 대비하게 하고 특별히 1인당 구분전 1결 50부씩을 절급하였다가 太宗 말에 代田의 명의로 50부를 지급하고 나머지는 모두 公收하였다.[75] 세종조 이때에 교동의 수군구분전 428결 52부 및 강화의 수군구분전 350결 25부 8속을 폐기하였다. 이들의 생업이 편안해진 지 이미 오래되고 다른 수군은 토지를 지급하지 않으므로 혁파한 것이다. 구분전의 폐지로 이들의 토지는 自耕無稅地에서 납세지로 변경되었다.[76]

3. 王室·寺社田의 改編 및 賜田

1) 倉庫宮司田의 公屬化와 王子科田의 制定

倉庫宮司田은 왕실비용을 직접 부지하는 수조지이다. 국왕·왕실은, 국가가 집권형식의 왕조국가의 형태로 성립된 이후, 항상 최대의 토지소유자이고 점유자였다. 고려에서는 莊·處田, 宮院田이 이에 해당하였다. 특히 전자는 충렬왕 이전까지는 內莊宅, 이후는 內庫, 충선왕 때부터는 料物庫에서 관리를 담당하는 왕실 직속의 公的 토지였다.[1] 고려 말

---

75. 『世宗實錄』 1, 世宗 즉위년 9월 乙亥, 2冊, p.271.
『世宗實錄』 148, 地理志, 江華都護府, 5冊, p.622.

76. 朴時亨, 주 16의 논저, p.54.

1. 姜晋哲, 『高麗土地制度史研究』, 高麗大學校出版部, pp.134~141, 188~193.
李相宣, 「高麗時代의 莊·處田에 대한 再考」, 『震檀學報』 64, 1987.

전제개혁에서도 국왕·왕실에게 供上用 수조지를 배정하였다. 공양왕 즉위 원년(1389) 양전이 종료된 후 조준의 경리 설계에 의하면 墾田으로 확보한 50만 결 가운데 供上으로 10만 결은 右倉인 豊儲倉에 3만 결은 四庫에 분속하는 것으로 하였다.[2] 이 가운데 4고에 소속시킨다는 3만 결이 직접 왕실에 지급된 수조지였다. 4고는 왕실의 재정을 관리·담당하는 기구였다. 2년 후 과전을 지급할 때 왕실에 배정한 지목은 倉庫宮司田이라 하였다.

倉庫·宮司는 고려 말의 왕실 藏庫이던 5庫 7宮으로서 조선에서도 그대로 존속하였다. 5고는 義成·德泉·內藏·保和·義順庫 등 왕실의 內用을 위한 창고이고, 7궁은 延慶·延福·興信宮과 이름을 알 수 없는 4개의 궁이다.[3] 즉위 직후 太祖는 이들 창고·궁사의 錢穀과 경비는 풍저창·광흥창과 마찬가지로 三司가 회계를 출납하고 사헌부가 감찰하도록 하였다.[4] 왕실 수조지인 倉庫宮司田의 회계를 공적 기구에 일임함으로써 창고·궁사의 私的 성질을 배제한다는 표시였다. 그러나 왕실이 田主이고 따라서 토지·농민에 대한 지배·수취를 직접 행함은 물론이었다.

창고궁사전은 국왕·왕실의 수조지이면서 왕실재정의 公的 地目으로서 토지분급제의 供上(上供) 속에 있는 토지였다. 太宗 즉위 당시 규모는 2만 8,035결이었고, 이외에 역시 왕실의 御用을 담당하는 기구인 內府寺의 전지 9,259결을 합치면 왕실 수조지는 3만 7,294결에 달하였다. 고려 말의 분급 예정액 3만 결을 훨씬 초과하는 액수이다. 田租는 米

拙稿, 『韓國 中世 土地制度史—高麗』, 서울대학교출판부, 2011, pp.108~109, 158~165.

2. 『高麗史』 78, 食貨 1, 田制, 祿科田, 恭讓王 즉위, 趙浚上疏, 中册, p.722.
3. 周藤吉之, 「高麗朝에서 李朝初期에 이르는 王室財政」, 『東方學報』 10, 1939.
宋洙煥, 「朝鮮前期의 供上制」, 『朝鮮前期王室財政硏究』, 集文堂, 2000.
4. 『太祖實錄』 1, 太祖 원년 7월, 丁未, 1册, p.22.

이외에 布·蜜·蠟·油·綿·苧布 등 각종 물화로도 대신 징수하였다.[5] 필요물자의 직접 조달과 조운·운송상의 편의로서 中央各司에서도 이와 같이 수조하였으며 고려시기에 있던 관례였다.[6]

창고·궁사와 내부시는 태종조에 명칭변경, 분리와 통합 혹은 정식 衙門으로 편입 등의 과정을 겪으며 대폭 개편되고 이에 따라 소속 수조지도 변경되었다. 태종 원년(1401)에 內部寺가 內資寺로 명칭이 바뀌고, 3년(1403)에는 덕천고와 의성고가 각기 內贍寺와 內資寺로 합속되고 내장고는 承寧府, 보화고는 恭安府, 의순고는 禮賓寺에 흥신궁은 長興庫, 연경궁은 軍資監, 연복궁은 義盛庫에 합속되었다. 승녕부는 太上王府였고 공안부는 上王府였다. 5년(1405)에는 6조의 직무분장과 그 소속아문이 작정되면서, 承寧府·恭安府·仁寧府(敬興府)는 吏曹에 내자시와 내섬시는 戶曹에 소속되었다. 곧 내부시와 의성고가 내자시로, 덕천고가 내섬시로 변경되고 내장고와 보화고는 각각 태상왕부와 상왕부에 합속되었으며 다른 나머지 것은 公屬化한 것이다.[7] 이는 종래 私藏性이 짙던 국왕·왕실의 재정에서 그 담당기구와 이에 배속된 수조지를 公共제도로 편입하는 속에서 宮中과 府中을 일치시키는 가운데 分別하는 한층 진전된 형태의 재징세세·토지체계를 갖추어 가는 과정이었다. 고려 말의 창고·궁사는 내자시와 내섬시 중심으로 재편하였고 이곳 소속의 수조지는 '科田'과 같은 부류로 간주하였다.[8]

그러나 일반 양반의 科田과 달랐다. 창고궁사전은 과전법 시행 때부터 능침전·공해전·공신전과 함께 免稅地였고,[9] 太宗 원년(1401) 말에

---

5. 『太宗實錄』 1, 太宗 원년 5월 辛卯, 1冊, p.203.
6. 『太宗實錄』 4, 太宗 2년 9월 甲辰, 1冊, pp.246~247.
   『太宗實錄』 8, 太宗 4년 10월 癸亥, 1冊, p.308.
   『世宗實錄』 88, 世宗 22년 3월 乙丑, 4冊, p.277.
7. 宋洙煥, 「朝鮮前期의 王室收租地」, 주 3의 논저, p.84 참조.
8. 『世宗實錄』 8, 世宗 2년 7월 丙申, 2冊, p.390.
9. 『高麗史』 28, 食貨 1, 田制, 祿科田, 恭讓王 3년 5월 給科田法, 中冊, p.725.

사헌부에서 받던 회계 감사를 폐지했으며,[10] 13년(1413)에는 수조의 편의를 위해 경기우도와 풍해도에 있던 창고전 1,613결과 공사전 1만 7,345결을 경기좌도의 군자전과 교환해 주었다.[11] 또한 관리기구가 중앙 각사인 만큼 분급전지는 경기사전의 원칙에 구애 없이 전국 각 도에 배치하였다.[12] 주로 下三道였다. 국왕 수조지인 까닭에 수조 때 규정 외의 雜物징수도 많아 문제가 컸다. 이리하여 태종 말 세종 초를 거치면서 왕실의 재정은 매우 풍족하여졌다.

창고궁사전은 국왕 수조지로서 왕실의 供上을 위한 것이었다. 王子·駙馬는 양반과 같이 科田을 지급받았다. 이 과전은 왕자 공주 등 왕자녀의 出閤에 즈음하여 그 생활과 품격유지를 위해 분급하는 것이었다. 제1과에 在內大君이 제3과에 在內諸君이 포함되어 각각 150결, 115결의 과전을 받았다.[13] 전제개혁 당시 왕자는 散職과 동류로 파악하고 대군·군에게 차등을 두어 전지를 절급한 듯하며, 부마는 아직 仕宦할 수 있었던 때여서 일반 양반관료에 준하여 급전했을 것이다.[14] 부마는 定宗 2년(1400)부터 宗親과 함께 出仕가 금지되었다.[15] 그러나 고려 말의 과전제도는 고려시기의 관제에 즉하고 또 다수의 散職에 상당한 양의 과전을 분급하는 등 전시과 지급의 전통이 크게 반영되어 있어서,[16] 조선 건국 후, 관제가 조정되고 時職 위주로 편제되면서, 왕자·부마의 과전을 일반 양반 과전에서 분리하여 18개 과의 과전체계는 양반의 과전에만 한정하고 그 지급액수도 다소 축소하였다. '제1과 150결 정1품',

---

10. 『太宗實錄』 2, 太宗 원년 11월 甲寅, 1冊, p.218.
11. 『太宗實錄』 26, 太宗 13년 8월 丁未, 1冊, p.680.
12. 『世宗實錄』 76, 世宗 19년 2월 己巳, 4冊, p.53.
『文宗實錄』 8, 文宗 원년 7월 壬寅, 6冊, p.409.
13. 주 9와 同.
14. 宋洙煥, 주 7의 논문.
15. 『定宗實錄』 4, 定宗 2년 5월, 1冊, p.171.
16. 주 9와 同.

'제4과 105결 종2품' 등이었다. 이미 太祖 3년(1394)에 그렇게 되어 있었다.[17]

이는 태조 초에 왕자·부마의 과전을 일반 양반과전에서 분리하여 별개의 기준에서 다시 지급한 까닭이었다. 그 전체 내용은 알 수 없으나 世宗이 태조조에 대군에게 과전 250결을 법례로 지급하였을 때 大臣들은 대군의 과전수가 적으면 그 생활계책이 어려우니 50결을 더 가급하자고 하였으나 윤허하지 않았다고 한 발언이 이 사실을 전한다.[18] 대군의 과전을 250결로 하려면 별도로 왕자과전의 지급법을 마련하고 있지 않으면 안 되는 것이었다. 왕자과전의 별도 설립은 倉庫宮司田의 공속화와 병행하고 종친·부마의 出仕禁止에 수반한 조처로 이해된다.

태종대에는 더욱 확실하게 되고 지급액수도 증가한다. 대군에게 300결을 지급하고 나머지 종친은 모두 職秩에 따라 科等에 준하여 지급하였으며, 이 '宗親科田'이 지나치게 많다는 의논이 있었다.[19] 宗親科田이라는 표현은 宗親에게 지급하는 과전이란 뜻을 넘어서 宗親에게 별도의 科等에 준하여 지급하는 과전이라는 의미이다. 그리고 이 역시 세종조에 확연히 재정비된다.

세종조의 정비는 세 차례의 보완을 거쳐 이루어졌다. 먼저, 世宗 8년(1426) '王子科田法'이라는 공식 명칭을 사용하고 王子大君과 王兄弟大君·王伯叔大君은 300결, 王子君 200결, 公主附馬 150결, 그 외 宗親은 科에 따라 절급하는 독자적인 체계를 확립하였다.[20] 왕자과전의 지급범위가 왕의 형제대군 및 백숙대군, 공주·옹주부마로 확대되었다. 태종의 형제와 세종의 형제를 위시하여 태종의 12男 4女의 王子女를 각별히 배려한 것이었다. 왕자과전은 이대로 지속하기는 힘들었다. 관료 측에

---

17. 『龍飛御天歌』 8, 제73장.
18. 『世宗實錄』 88, 世宗 22년 정월 乙卯, 4冊, p.262.
19. 同上.
20. 『世宗實錄』 91, 世宗 8년 정월 壬戊, 3冊, p.5.

서 과다하다는 비난이 비등하였다. 당시 과전의 절급은 더욱 정체되어 가고 분급수조지가 갈수록 부족해져 이미 태종조에 진고체수법은 戶曹折給法으로 바뀌고 세종조에 閑田과 遞受田만 가지고 堂上・堂下・參上・參下로 4등折給하되 고위관료로부터 충급하여 가고 있었다.[21] 다시, 세종 19년(1437) 국왕은 晋陽(首陽)・安平・臨瀛 3대군의 과전을 50결씩, 延昌尉(세종의 2녀 貞懿公主의 夫)의 과전 30결을 감축하고 王子大君은 250결, 王子君은 180결로 하여 종전보다 50결씩 축소하였다.[22] 그 후, 22년(1440) 이를 재차 수정하여 왕자대군 250결, 왕자군 200결, 공주부마 250결로 하고 나머지 諸君은 閑田의 다소를 보아 科에 준하여 적당히 지급하는 것으로 작정하였다.[23] 왕자과전은 별도의 절급・운영체계를 가짐과 함께 관리도 특별하였다. 국왕이 직접 간여하였다. 가령 사전의 下三道 이급 때 왕자과전 가운데 태종・세종의 本宮科田은 그 별사전과 함께 그대로 경기에 있었으며,[24] 수득자가 직첩을 몰수당하는 범죄를 지었을 경우 과전의 점유를 그대로 용인하고[25] 그가 부마이면 공주・옹주에게 이급하여 소지하도록 하였으며,[26] 특별한 경우 본 결수 외에 더 가급하는[27] 등 배려가 컸다. 관료의 과전점유에 비해 그 안전성이 우월하였다.

왕자과전이 위축・조정되면서 얼마 후 태종조에 정돈한 국왕・왕실

21. 본서 Ⅳ편 4장 1절.
拙稿, 「科田制度의 運營과 그 變動」, 『朝鮮前期土地制度硏究』, 一潮閣, 1986, pp.217～240.

22. 『世宗實錄』 76, 世宗 19년 정월 壬寅, 4冊, p.49.

23. 『世宗實錄』 88, 世宗 19년 정월 乙卯, 4冊, p.262.

24. 『世宗實錄』 1, 世宗 즉위년 9월 癸丑, 2冊, p.267.

25. 『世宗實錄』 124, 世宗 31년 6월 丁卯, 戊辰, 5冊, p.135.

26. 『世宗實錄』 30, 世宗 7년 10월 丙戌, 2冊, p.697.
『世宗實錄』 104, 世宗 26년 6월 癸巳, 4冊, p.563.

27. 『端宗實錄』 11, 端宗 2년 5월 戊午, 6冊, p.682.

수조지도 중대한 전환을 맞았다. 세종 27년(1445) 국용전제의 시행으로 광흥창·풍저창 및 京中 各司의 折屬田은 모두 폐지하여 국용전으로 통합할 때 이 속에 5고·3궁과 내시부를 이어받은 국왕 수조지인 內資寺와 內贍寺의 位田과 上王殿의 仁壽府, 中宮소속의 慶昌府, 東宮소속의 仁順府 등의 위전이 포함되어,[28] 내자시와 내섬시를 제외한 각종 왕실의 私藏庫가 모두 혁파되었다.[29] 이 과정에서 왕실의 재정기구가 새로 조정되고 이로써 왕실 재정은 일원화되어 갔다. 內需所(후에 內需司)의 등장과 운영이 그것이었다.

2) 寺社田의 沒收·減縮과 徵稅

고려 말의 토지문제는 권세가·양반·토호와 함께 寺院에 의한 토지 겸병이 주도하고 있었다. 그리고 전제개혁은 그 중심이 개인 사전의 몰수와 재분배였다. 그러므로 私田의 성격이 강하면서도 科田처럼 回收·再分給·傳受 등의 절차가 있을 수 없는 寺社(院)田은 혁파대상에서 제외되는 가운데 조정되었다. 이 조정은 원래 料物庫 소속의 360莊·處田으로서 寺院에 시납된 것을 다시 환원시키는 조처[30]와 함께 왕년의 田籍을 거두어 眞僞를 조사하고 '因舊損益'의 원칙에 따라 이루어져 갔다.[31] '舊'는 본래 설정·분급한 수조지를 지칭하는 것으로 그 기준은 『道詵密記』에 등재된 사찰 즉 裨補所 여부였다. 비보사찰에 田柴를 지급하던 원칙에 입각한 것이다.[32] 정부는 여기에 등재되지 않거나 허위로 기

---

28. 『世宗實錄』 109, 世宗 27년 7월 乙酉, 4册, p.624.
29. 『世祖實錄』 20, 世祖 6년 5월 丁酉, 7册, p.386.
『世祖實錄』 25, 世祖 11년 2월 乙亥, 7册, p.674.
宋洙煥, 주 3의 논고, pp.58~63.
30. 『高麗史』 78, 食貨 1, 田制, 祿科田, 辛禑 14년 6월, 中册, p.714.
31. 『高麗史』 78, 食貨 1, 田制, 祿科田, 恭讓王 3년 5월, 給科田法, 中册, p.722.
32. 李炳熙, 「高麗前期 寺院田의 分給과 經營」, 『韓國史論』 18, 서울대, 1988(同, 『高麗

재되어 있는 사찰로서 수조지를 점유하고 있는 것은 몰수하고, 또 비보사원 토지라도 元額에 넘치는 부문은 회수하였다.[33] 물론 소유지는 정비대상이 아니었다. 아울러 田法으로 사원에 대한 토지시납과 승려 자신이나 그 자손의 토지수득을 금지하였다.

조선왕조는 創業과정에서 야기된 정계의 혼란이 다소 수습되면서 사원전토의 정비를 전면적으로 그러면서도 단계적으로 수행하였다. 사원전 정리는 조선왕조가 田制問題에서 가장 노력을 기울여 추진한 사업의 하나였다. 寺社田은 양반의 과전처럼 개인 수조지 곧 私田과 위치·기능이 같으면서도 그 점유 주체가 사찰인 까닭에 큰 변동이 없었고, 이 위에서 토지겸병을 시도할 수 있는 여건이 일반 과전에 비할 수 없을 만큼 유리하였다. 조선왕조는 조업화한 私田을 혁파 재분배하는 과정에서 더욱이 양반의 科田을 축소·규제하고 이를 지속하고 있는 처지에서 사원의 수조지만 언제까지나 舊來대로 둘 수는 없었다.

사원은 토지뿐만 아니라 다수의 民人을 占匿하여 人丁의 감소, 賦役의 불균형을 심화시키고 있었다. 그리고 상업 및 고리대를 통해 유통과정에서 큰 수익을 올리고 있었다. 대외무역, 대내교역에 두루 참가하고 또 주도하였다. 貢物의 대납에서도 선두였다. 사찰과 승려가 갖는 상위 신분계급의 위치도 컸다. 민인의 불만과 반발은 사원에 대해서도 심하였다.[34] 한편 이러한 각종 이해득실을 놓고 사원과 사원, 本寺와 末社 사이의 대립·갈등도 증폭되고 있었다. 사원폐단은 고려중기부터 지적되고 그 타개의 필요성이 역설되어 왔으며,[35] 전제개혁논전 때 趙仁沃

時期 寺院經濟 硏究』 수록, 景仁文化社, 2009).
『高麗史』 78, 食貨 1, 田制, 祿科田, 辛禑, 14년 7월, 趙浚等 上書, 中册, p.717.

33. 李炳熙, 同上論考.

34. 李炳熙, 「高麗後期 寺院經濟의 問題와 對策」, 주 32의 논저.
韓沽劤, 「麗末鮮初의 佛敎政策」, 『서울大學校論文集』 6, 1957(同, 『儒敎政治와 佛敎』 수록, 一潮閣, 1993).

35. 李炳熙 同上論考, pp.23~25.

같은 이는 아예 몰수하고 그 租는 官에서 거두어 승려수에 따라 지급하자고까지 하였다.[36] 조선 초 사찰의 토지와 노비문제를 거론하는 이들은 항시 그 형세를 사원에 시납되는 田民이 대대로 增加하며 田民이 모두 '歸於寺社'하다고 표현할 정도로 필수 개편대상으로 보고 있는 것이었다.[37] 여기에 불교에 대한 儒者 측의 사상공세는 험악하여 갔다.[38]

사사전에 대한 정리는 태종조에 본격 구상되었다. 이에 앞서 太祖 6년(1397) 7월 寺社의 間數와 건물, 소속 노비와 전지, 法孫奴婢의 수효를 조사 보고하도록 하고,[39] 이 해 10월에는 公私田租의 公收 조치의 일환으로 寺社田租의 公收를 취하여[40] 사찰의 재산 및 토지지배에 대한 나라 차원의 규제에 착수하였다. 定宗대에는 사사전의 수조는 本寺만이 하도록 하여 末寺의 수조행위를 금지하여 사사전 절급을 통해 부과하는 사원의 奉供을 한 계통으로 집중시켰다.[41] 이는 과전의 傳受를 가능한 한 嫡長子 위주 등 單獨傳授 원칙에서 수행하도록 함과 같은 궤도였다.

太宗은 즉위년(1400) 11월에 寺社田民은 곧 혁파할 수는 없더라도 '參酌可除'할 것은 제안하도록 신료에게 시달하고, 12월에는 寺社의 道場法席 등의 佛事를 혁파함으로써[42] 자신의 뜻을 표현하였다. 제안은 여

李齊賢, 『益齋亂藁』 9下, 策文(『高麗名賢集』, 2册, pp.331~332, 成均館大學校 大同文化研究院, 1973-以下同).

36. 『高麗史節要』 33, 辛昌 즉위년 12월, p.842.

37. 『太宗實錄』 3, 太宗 2년 4월 甲戌, 1册, p.231.
『世宗實錄』 55, 世宗 14년 3월 甲子, 3册, p.374.

38. 韓沽劤, 주 34의 논고.
韓永愚, 『鄭道傳思想의 硏究』, 서울대학교출판부, 1973.
都賢喆, 『高麗末 士大夫의 政治思想硏究』, 一潮閣, 1999.

39. 『太祖實錄』 12, 太祖 6년 7월 甲寅, 1册, p.108.

40. 『太祖實錄』 12, 太祖 6년 10월 辛卯, 1册, p.111.
당시 이 田租公收의 대상에서 演福寺, 安國寺, 重興寺, 億正寺, 福靈寺, 海印寺 등 일부 극소수의 사찰은 예외였다(李炳熙, 「朝鮮初期 寺社田의 整理와 運營」, 『全南史學』 7, 1993, p.380).

41. 『定宗實錄』 2, 定宗 원년 8월 乙巳, 1册, p.154.

러 가지였는데 대강은 ① 五教兩宗은 혁파하고 전토와 노비는 모두 국가로 몰수할 것,[43] ② 선종은 曹溪로 五教는 華嚴으로 통합하여 『道詵密記』에 기재된 전국 70개의 사찰을 양종에 나누어 소속시키고, 70寺를 제외한 나머지 裨補로 실린 사원의 田租를 군자에 귀속시키고 노비는 各司와 지방 고을에 나누어 소속시킬 것, ③ ①에 준하되 齊陵齊宮·興天寺와 五大寺·十大寺는 제외하되 그 전토를 100결로 한정할 것[44] 등이었다.

애초 태종은 ①번째 사사전의 혁파안 수용 의사를 밝혔지만,[45] 太上王·上王의 불교숭신, 명나라 皇室의 好佛, 특히 우리식 불교의 유구한 전통 등 현실에 밀려[46] ③번째의 안을 채용하되 좀 더 완화하는 데로 기울었다. 그러면서 이에 앞서 지금까지 田租의 1/10, 즉 결당 2두를 稅로 납부하는 의무에서 제외된 사원전 가운데 경기에 소재한 토지에 功臣田과 함께 課稅하여 軍資에 보충하게 하였다.[47] 이는 양반 사대부의 과전에 준하여 취한 시책으로서 사원전의 혜택 축소를 장차 전국으로 확장할 첫 조짐이었다. 사사전 정리의 기본방침으로 수립한 계획은 우선 『道詵密記』에 기록된 서울·지방의 70개 비보사찰과 밀기 이외의 사찰이라도 상주 승려수가 100명 이상인 곳을 제외한 모든 사찰의 토지와 노비를 영구 폐지하여 軍資와 중앙지방관아에 소속시키고, 아울러 밀기에 등재한 비보사찰 가운데 전민이 부족한 곳은 폐지된 사찰의 것

42. 『太宗實錄』 6, 太宗 즉위년 11월 癸亥, 12월 壬子, 1冊, pp.187~189.

43. 『太宗實錄』 1, 太宗 원년 정월 甲戌, 1冊, p.191.

44. 『太宗實錄』 3, 太宗 2년 4월 甲戌, 1冊, pp.231~232.
『太宗實錄』 5, 太宗 3년 6월 壬子, 1冊, p.267.
5대사, 10대사는 나라의 裨補所로서 10대사는 法王寺, 慈雲寺, 王輪寺, 內帝釋院, 舍那寺, 普濟寺, 新興寺, 文殊寺, 圓通寺, 地藏寺로 추정된다(李炳熙, 주 40의 논고, p.352).

45. 『太宗實錄』 1, 太宗 원년 윤 3월 壬子, 1冊, p.201.

46. 韓㳓劤, 주 34의 논고, 李炳熙, 주 40의 논고.

47. 『太宗實錄』 3, 太宗 2년 2월 戊午, 1冊, pp.224~225.

으로 보충한다는 것이었다.[48]

그러나 이 안은 곧 폐기되었다.[49] 태조의 반대가 컸고 사원의 반발이 거셌던 것이다.[50] 이후 ③번째 것의 제의가 있었으나 유보됨으로써 사사전의 정리계획은 잠잠하였다. 그리고 2년여가 지나서 재차 시도되었다. 태종 5년(1405) 8월에 廢寺의 전토와 노비를 屬公하였다.[51] 원래 사원은 폐퇴하면 그 소속 전민은 다른 사찰에 재절급함이 관례였다.[52] 이는 대대적으로 착수하였으므로 公收한 田民은 상당수였을 것이다. 그리고 11월에 金山寺 주지의 寺婢犯奸과 田民의 소출·신공의 私用, 臥龍寺 주지의 寺婢犯奸을 계기로 의정부에서 寺社田口의 혁파방안을 제시하고 그 윤곽을 고려의 『도선밀기』 付 裨補寺刹, 외방 각 고을의 『踏山記』 付 寺院 가운데 舊京·新京과 지방의 府 이상은 教禪 각 1寺씩, 지방 監務官 이상은 禪教에 각 1寺씩만 존치하고 나머지 사찰의 토지는 몰수한다는 것으로 설계하였다.[53]

태종 6년(1406) 3월, 이 안을 재차 조정하고 사사전민의 수를 한정하여 골격을 확정하였다. 存置寺刹의 수효를 242개로 현저히 축소하고 한 사원에 토지는 최고 200결에서 100·60·20결씩, 노비는 최고 100에서 50·30·10명씩 등급별로 定限하였다. 다만 檜巖寺, 表訓寺, 楡岾寺만은 元屬田民을 그대로 부지하였다. 태종의 배려였다. 정액 외의 사사전민은 몰수하여 전토는 군자에 귀속시켜 船軍糧餉에 보충하고 노비는 모두 典農寺에 소속시키되 본 거주처에 있으면서 둔전을 경작하도록 지침을 세웠다.[54] 이때가 바로 선군의 둔전경작 고통을 감축시켜 주고 그 대안

---

48. 同上.
49. 『太宗實錄』 4, 太宗 2년 8월 乙卯, 1冊, pp.243~244.
50. 주 46과 同.
51. 『太宗實錄』 10, 太宗 5년 8월 壬辰, 1冊, p.334.
52. 李炳熙, 주 32 및 34의 논고.
53. 『太宗實錄』 10, 太宗 5년 11월 癸丑, 1冊, pp.343~344.

으로 戶給屯田을 시행하는 시기였다.[55] 이와 함께, 혁파 조처 때 三韓 이래 있어 온 大사원이 추려져 도태되고 또 亡廢寺院에 주지가 임명되는 등 폐단이 있어 보완으로서 山水勝處의 大伽藍 88寺를 이에 대치하였다.[56] 이 88寺는 非비보사찰이었다. 정부는 이곳에 전민을 지급하는 상반된 시책도 집행하였다.[57]

태종조의 사찰 및 그 전민의 정리는 대폭적이고 혁신적이었다. 남은 寺社가 겨우 1/10이라는 지적[58]이 나올 정도였다. 사사전의 총결수도 1만 1,000여 결에 그쳤다.[59] 고려 말 과전법 시행 당시 최소 4~5만 결이었던 규모가[60] 거의 1/4~1/5로 감축된 것이다. 1개 사찰당 평균 45.5결 정도의 수조지를 점유하게 된 셈이었다. 국고는 모두 가득 찼고 농민의 부담은 租稅·賦役 양면에서 가벼워졌다. 승려의 田民復舊 요청과 반발이 극성하였으나 조선왕조는 이를 억누를 힘이 있었다. 이후 추가로 토지가 절급된 사찰이 있었는데 대개 왕실·국가와 직결된 곳이었다.[61] 그러나 寺社田民의 정리가 마무리 된 것은 아니었다. 佛敎宗派의 통합과 통제, 寺社奴婢의 감축, 그리고 田地의 축소는 다음대로 이어져 계속되었다.

사사전민의 몰수·축소는 세종조에 들어와 더욱 철저히 추진되었다. 각종 종파는 禪敎 2개의 종파로 통합하고 사원의 노비는 철저히 몰수하였고 토지는 현저히 축소하여 토지제도상 사원전의 정리를 일단 완료

---

54. 『太宗實錄』 11, 太宗 6년 3월 丁巳, 1冊, p.352.
55. 본편 I장 1절의 주 12~21 참조.
56. 『太宗實錄』 14, 太宗 7년 12월 辛巳, p.425.
57. 李炳熙, 주 40의 논고.
58. 『世宗實錄』 6, 世宗 원년 12월 庚辰, 2冊, p.349.
『世宗實錄』 64, 世宗 16년 4월 戊午, 3冊, p.555.
59. 『世宗實錄』 23, 世宗 6년 2월 癸丑, 2冊, p.578.
60. 朴時亨, 『조선토지제도사』(중), 과학원출판사, 1961, p.79(서울판, 신서원, 1994).
61. 宋洙煥, 「朝鮮前期의 寺院田」, 주 3의 논저, 集文堂, 2000.

하였다. 우선 사찰의 노비부터 혁파하는 파격조처를 취하였다. 世宗 원년(1419) 11월 淨業院만 남기고 모든 京外寺社의 노비를 혁거하여 屬公하고, 3년(1422) 2월 속공한 사사노비를 典農寺에 소속시키고 이곳 奴子의 예에 따라 身貢으로 耕田 3결 이상 奴에게선 米를, 無田者에게는 布를 받았다.[62] 그리고 이 해 8월에는 승려가 서로 전수하는 法孫奴婢를 혁파하여 속공시켰다.[63] 사원이나 승려의 노비 소유는 불가능하여졌다. 사원이나 승려는 완전히 스스로 잡다한 노역을 담당하고 해결하여야 할 처지에 놓였다. 승려의 신분적 우위는 더 이상 사회적으로는 보장하지 않는다는 것 이것이 조선왕조의 자세였다.

이어 세종 6년(1424) 3월 사사전에 대한 대대적인 정리작업을 시달하고, 4월에는 그 규준을 작정하여 시행하였다.[64] 이 조치에 앞서서도 태종조와 같이 사사전에 대한 처리방식을 놓고 여러 논란이 있었다. 논의는 한결같이 태종조에 혁파·존치한 사찰 가운데 합당하지 않은 곳이 많다는 데서 출발하고 있었는데, 그 처리 방식에 관해서는 ① 山水勝處의 寺社나 名山大刹을 택해서 사원전을 지급하자는 것, ② 京師에는 3곳, 留侯司에는 1곳, 道에는 2, 3곳만 두고 모두 혁파하자는 것, ③ 사찰 자체를 완전 폐지하거나 혹은 사사전 자체를 전면 혁파함으로써 사찰의 전토를 소멸시키자는 것 등 의견이 구구하였다. 그리고 논의자 대부분은 ③안에 찬동하고 주장하였다.[65] 세종정부는 이러한 朝野의 여론을 배경으로 이때에 이르러 ①과 ②안이 지향하는 부분혁파 쪽에서 방침을 수립하였다.

---

62. 『世宗實錄』 6, 世宗 원년 11월 戊辰, 2冊, pp.346～347.
『世宗實錄』 11, 世宗 3년 2월 戊戌, 2冊, p.423.

63. 『世宗實錄』 13, 世宗 3년 8월 乙未, 2冊, p.445.

64. 『世宗實錄』 23, 世宗 6년 3월 乙丑, 2冊, p.587.
『世宗實錄』 24, 世宗 6년 4월 庚戌, 2冊, pp.591～592.

65. 李炳熙, 주 40의 논고, pp.368～369.

세종은 京外 각 종파의 사찰 가운데 승려가 거처할 만한 곳은 수를 정하여 나머지는 혁파하고, 사사전은 헤아려 合屬하며, 기타 유명무실한 각 고을의 資福寺(나라의 복을 빌도록 지정한 절)는 모두 폐지하도록 傳旨하였다. 다음 달 禮曹는 구체 세칙을 강구하여 조정에 제출하였다. 이에 따라 사사전 정리가 대폭 착수되었다. 그 결과 사사의 소속 종파를 禪宗과 敎宗으로 분간하여 曹溪・天台・摠南 3종은 선종에 華嚴・慈恩・中神・始興 4종은 교종에 통합하였다. 그리고 전국에 36寺만 두어 양종에 18寺씩 소속시키고 전토는 넉넉히 지급하되 거주 승려의 수를 한정하였다. 선종 18사의 토지는 총 4,250결에 승려는 1,970명, 교종은 총 3,700결에 승려 1,800명이었다.[66]

사사전의 감축은 현저하였다. 토지를 분급받는 사찰의 수는 태종대의 242사에서 36사로 대폭 감소되고, 사사전의 총 규모도 태종조 1만 1,000여 결에서 7,900여 결로 축소되었다. 반면에 1개 사찰의 점유토지는 태종조에 비하여 크게 증가하였다. 태종대에는 한 사찰의 수조지가 200결에서 20결에 이르는 등 규모가 다양하였고 평균 45.5결 정도였으나, 이때에 와서는 사찰당 점유전지는 500결에서 150결에 이르고 평균 점유 면적은 221결에 달하였다. 토지의 분급대상은 축소하되 점유 규모는 증가시킨 것으로서 수조권의 약화시책에 의한 수조지 감축과 노비 점유의 폐지에 따른 보상 이 두 가지를 동시에 반영한 처사로 보인다.

한편 이러한 개혁과 병행하여 所有地로서의 寺社田 가운데서도 몰수된 것이 적지 않았다. 242사에서 36사로 축소되면서 200여 사사가 혁파대상이 되었는데 이때 이들이 점유하고 있던 수조지가 몰수된 것은 물론이지만, 소유하고 있던 사유지도 몰수되었을 것이기 때문이다. 혁거된 사찰에는 승려가 거주할 수 없었고 따라서 그 소유지는 몰수하여 무

---

66. 주 64 및 同上.
세종 6년(1624)의 寺社整備 전반이 가져온 정치적 사회적 국제적 역할・영향・파급에 관해선 韓沽劤, 주 34의 논고, pp.123~181을 참조할 것.

전농·빈농 등 일반 민인에게 우선 할급하는 조처가 뒤따랐다.[67] 예컨대 사사전 정리 2년 후 세종 8년(1426) 11월 혁파대상이던 충주의 嚴政寺와 億政寺에서 그 사유지를 승려들이 여전히 경작하고 있는 것이 문제되고 결국 無田民에게 移給하는 조치를 취하고 있다.[68]

사사전의 정리는 36寺의 선정과 동반하여 이루어진 것이었다. 이 36사의 상당수는 경기에 집중되어 있었고 왕실 관련 사원이 대부분이었다. 사찰 존치의 오랜 기준이고 태종대까지 고려되고 있던 裨補與否는 폐기하고 山水勝處나 名山大刹로 선택하되 왕실·왕조와의 연계를 중심으로 개편한 것이다.[69] 분포상으로 보면 서울을 포함한 경기지역의 사원이 17개로서 거의 과반수에 육박하고 나머지 19개의 사찰은 타도에 비교적 고르게 배속시켰다.[70] 이 경기 내의 사찰은 대부분 왕실에 관련된 것이었다. 지방의 19개 사찰도 대략 그러하였다. 선종 18사 가운데 12사가, 교종 18사 가운데 10사가 왕실의 안녕과 국가의 흥복을 기원하는 佛事를 담당하는 왕실관련 사찰이었다. 그리고 각기 절급받은 수조지가 3,050결, 2,300결로서 도합 5,350결에 달하였다.[71] 조선왕조는 사사전을 정리하면서 이들 사찰의 사사전 점유를 증대시킴으로써 사찰을 국가·왕실 속으로 흡수하고 이 불사에 필요한 비용을 마련하는 재원, 요컨대 왕실재정 확보를 여기서도 꾀하고 있는 셈이었다. 집권관료국가의 면모, 조선적인 체제는 이로써 더욱 확고하여졌다. 사사전의 정리가 논의 시행되는 과정에서 사원·승려 측에선 明帝에 호소하고 의부하는 등 반발도 컸다.[72]

---

67. 同上, p.373.
68. 『世宗實錄』 34, 世宗 8년 11월 丁亥, 3册, p.46.
69. 李炳熙, 주 40의 논고.
70. 同上.
71. 宋洙煥, 주 61의 논고, pp.123~125 참조.
72. 李炳熙 주 40의 논고.

정부는 혁파한 寺社田을 대부분 군자에 충당하였으며 때때로 驛田에도 보충시켰다.[73] 이후에도 사원전 감축 노력을 지속하여 일부를 군자에 소속시키기도 하고 특정 사원의 토지를 감축시키기도 하였다. 또한 36사에 속한 사찰 가운데 5곳을 교체하기도 하였다.[74] 세종조의 사사전 정리에 수반하여서는 납세도 과전과 동일하게 하였다. 태종조 처음 사사전에서 수세할 때는 경기 내에 소재한 사원에 한정하였고 그 액수도 과전에 비해 半에 불과하였으나,[75] 세종 6년(1424) 사사전 정리부터는 과전과 동일하게 5결당 粳米 10斗 곧 1결 2두로 징수하였고 경기에서만 아니라 전국에서 모두 수세하였다. 충청·전라·황해·강원도는 과전의 예에 따라 풍저창에 납부하고 평안·함길·경상도는 州倉에서 수납하였다.[76]

이후 상당기간 사사전의 총액은 대폭 증가하거나 감소하지 않았다. 사사전 절급에도 커다란 원칙을 두었다. 科田 일반과 마찬가지로 사사전의 분급은 사사전으로써 한다는 것이다. 즉 사원을 종파별로 그 수를 고정시키고 아울러 사사전의 절급을 새로이 民田으로 하지 않고 종전의 사사전으로 함으로써 사사전 전체의 증가를 저지하고 있는 것이었다. 이는 태종조의 사사전 개혁 때부터 취하고 있던 조치였으며 세종조에 와서는 한층 엄격히 하였다. 그러므로 왕실과 관련한 사찰이 증가하여 불가피하게 사찰수를 늘리고 새로이 토지를 절급하면서도 대략 태종조에서 성종조에 걸치는 시기에 사사전 총액은 1만 결 내외에 그쳤다. 세종 19년(1437)경에는 다소 증가하여 8,915결이었고 21년(1439)에는 7,982결이었다.[77] 그 후 좀 더 늘어 성종대에 대략 1만 결 안팎에 이르렀다.

---

73. 同上.
74. 『世宗實錄』 34, 世宗 8년 11월 丁亥, 3冊, p.46.
75. 『太宗實錄』 3, 太宗 2년 2월 戊午, 1冊, pp.224~225.
76. 『世宗實錄』 26, 世宗 6년 12월 乙巳, 2冊, pp.638~639.
『世宗實錄』 27, 世宗 7년 2월 庚申, 2冊, p.655.

당시 43개 사찰이 토지를 분급받았다.[78]

3) 功臣田·別賜田의 增大와 調整

賜田은 공신전·별사전 등 특정 개인에게 분급한 수조지로서 科田과 함께 집권왕조국가에서 왕족·양반 사대부의 처지를 잘 표현하여 준다. 功臣田은 王業에 큰 공훈을 세운 이를 공신으로 책봉하고 그 가운데서 1·2·3등 및 혹은 4등 속에서 일부 상위급에게 특별히 사급한 토지로서 이를 통해 공신은 국왕·왕실의 든든한 울타리[藩屛]로서 각별한 위치에서 커다란 우대를 받았다. 공신전은 개인 수조지이지만 과전과 중복하여서 수득하며 벼슬등급에 상관없이 공로에 따라 절급하고, 중대 범죄나 자손 단절 등 특별한 사고가 없는 한 애초에는 자손에 영구히 전수가 허용되었다.

왕조의 개창을 전후하여 옛 왕조의 공신을 퇴각시키고 새 왕조의 공신을 책봉하는 일은 조선왕조로선 당연한 것이었다. 특히 조선초기에는 왕위분쟁이 연속하여 더욱 두드러졌다. 우선 고려 말 전제개혁 때, 종래이 공신전은 모두 폐지·몰수하고 恭讓王 2년(1390) 전년에 있은 공양왕 옹립의 공으로 책봉한 이성계 등 소위 中興 9공신의 것만 남겼다.[79] 그러나 조선왕조의 성립과 함께 이는 자연 소멸하였다. 다만 공양왕 2년(1390)에 책봉한 回軍功臣(威化島 회군)은 조선 창건에 직결된 것이어서 그대로 존속하였다. 이후 공신책봉은 연속하였다. 開國功臣(태조 원년, 1392) 定社功臣(태조 7년, 1398), 佐命功臣(태종 원년, 1401), 靖難功臣(단종

---

77. 『世宗實錄』 79, 世宗 19년 11월 丙申, 4冊, p.114.
『世宗實錄』 87, 世宗 21년 10월 乙酉, 4冊, pp.245~246.

78. 『成宗實錄』 95, 成宗 9년 8월 戊午, 9월 辛酉, 丁亥, 9冊, p.646, 647, 652.
『成宗實錄』 166, 成宗 15년 5월 辛丑, 10冊, p.590.

79. 『高麗史』 78, 食貨1, 田制, 祿科田, 恭讓王 3년 5월, 給科田法, 中冊, p.724.

원년, 1453), 佐翼功臣(세조 원년, 1455), 敵愾功臣(세조 13년, 1467), 翊戴功臣(세조 14년, 1468), 佐理功臣(성종 2년, 1471), 그리고 태조·태종·세종 등이 왕위에 등극하기 전에 있던 그 측근에게 내린 여러 原從功臣이 그것이었다.[80] 근 80년간에 공신전의 수득자만도 760여 명에 달하고 공신전 총 액수는 3만 8,750결에 이르렀다.[81]

공신책봉과 공신전 절급은 개인의 수조지 점유규모를 일부에 집중시키는 사태를 동반하였다. 많은 경우 과전 1과에서 속하여 150결을 받는 관료는 그가 개국·정사·좌명·원종·회군 등의 공신이 첨가되고 별사전까지 급여되면 한 사람의 수득전토는 거의 1,000여 결에 달한다는 개탄이 있을 정도였다.[82] 회군·개국·정사·좌명의 4공신은 전후 12년 사이에 있었으며 책봉의 성질 또한 유사하여 2개 이상을 중복하는 이가 적지 않았다.[83] 공신전은 경기 내 수조지를 절급함이 원칙이었고 이 범위 속에서 자기 소유지 및 조부모전에 얹혀 받기도 하였다. 황무지로 절급하기도 하였다.[84] 이 경우 收租權과 함께 所有權이 취득되었다.

功臣田의 절급제도 및 이를 통한 특정층의 수조지 집적은 크게 세 가지 문제를 수반하고 또 야기하였다. 우선 공신전이 개인 수조지인 까닭

---

80. 韓永愚, 「朝鮮初期의 功臣田」, 서울大學校 碩士學位論文, 1967.

81. 허종호, 『조선토지제도발달사』[II], 과학백과사전 종합출판사, 1992, p.57(서울版, 민족문화사, 1997).
朴時亨, 주 60의 논저, p.99.

82. 『太宗實錄』 18, 太宗 9년 11월 丁亥, 1冊, p.518.

83. 몇몇 사례로서 李和는 회군에서 좌명까지의 4중공신이 되어 총 공신전이 500결에, 趙璞은 개국에서 좌명까지 3중공신에 올라 130결에 달하였다. 靖難·佐翼·敵愾·翊戴·佐理의 5차 공신책정도 19년간에 연속된 것이며 동일한 계열의 세력이 참여한 것이어서 중첩한 이가 많았다. 韓明澮는 정난에서 좌리 등 4중공신으로서 공신전 총액이 540결, 申叔舟는 역시 정난에서 좌리까지 4중공신으로서 총액이 490결이었다(朴時亨, 주 60의 논저, pp.100~101).

84. 拙稿, 주 21의 논고, pp.100~101.
李正守, 「朝鮮初期 功臣田의 運營樣態」, 『釜大史學』 15·16合輯, 1992, pp.389~393.

에 私田의 총 규모가 확장되고 있다는 점, 더하여 자손에 전수됨으로써 회수되어 재분배도 되지 않아 국가 수조지의 감축과 재정위축의 큰 요인이 되는 점, 이와 함께 양반 사대부 사이에 수조지 점유의 그 多寡·高下를 심화시켜 갈등과 반목을 일으킨다는 점 등이었다. 조선왕조는 창건부터 녹봉전의 확보, 군자전의 확충에 많은 노력을 기울일 만큼 국가경비의 재원은 항시 부족하였으며,[85] 양반관료의 과전취득 또한 과전제도 시행부터 科未滿者·未受田者가 적지 않았고 이 수는 계속 증가하여 조정의 큰 문제였다.[86] 이것만이 아니었다. 공신전은 수득자가 高官權勢家이고 아울러 자손에 전수되는 영구성의 사전이어서 위세를 이용하고 농민의 무력과 빈궁을 틈타 그 전객의 소유지까지 자기 소유로 전환시켜 田主佃客의 관계를 地主와 佃戶 혹은 主와 奴의 관계로 변환시킬 소지가 과전보다 컸고 또 그런 시도나 실제도 적지 않았다.

조정에선 공신전의 팽창에 대한 저지와 조정을 함께 착수하였다. 공신전 증가에 따른 폐해의 제기는 이미 太宗 2년(1402)부터 본격화하였다. 당시 경기의 총 전결수가 14만 9,300결이고 그 가운데 과전은 8만 4,100결인데 공신전은 벌써 3만 1,240결이었다.[87] 제약과 조정은 두 방면에서 행하였다. 과전제도 시행 초에 면제되었던 稅(1결당 2斗)를 징수하는 것, 그리고 자손 전수의 代數를 한정하거나 아예 전수규정 자체를 폐지하는 것이었다. 경과는 대략 다음과 같다. 본시 태조에서 태종 초에 사급한 공신전은 모반 등 대역죄를 제외하고는 자손의 相傳을 허용하고 있었고, 嫡室에 女子만 있고 妾室에 男子承重者가 있으면 평균하여

85. 『太宗實錄』 3, 太宗 2년 2월 戊午, 1冊, p.225.
『太宗實錄』 4, 太宗 2년 9월 丙戌, 1冊, p.245.
본편 2장 1절.

86. 본편 4장 1절 참조.

87. 『太宗實錄』 3, 太宗 2년 2월 戊午, 1冊, p.225.
『太宗實錄』 4, 太宗 9년 11월 丁亥, 1冊, p.245.

갈마 절급하되 賤口는 허락하지 않았다.[88] 이러한 공신전에 대해 제약이 가해지는 것은 태종조에 들어와 寺社田, 別賜田, 科田 등 私田 일반에 대해 액수 감축 및 권한 억제가 시도되면서였다. 태종 원년(1401) 윤3월 寺社의 전토 및 노비의 몰수방안이 제기되고 4월에는 別賜田의 혁파 및 이의 신진관료에 절급이 착수된 후[89] 동왕 2년(1402) 2월 사원전과 함께 공신전의 收稅方針을 확정하였고,[90] 이후 私田의 下三道 이급 논의를 거쳐 태종 17년(1417) 7월에 이급 확정과 동시에 전주의 직접 답험권을 폐지하고 官踏驗으로 전환하였다.[91] 이보다 한 달 전에 原從功臣田은 본인 사망 후 軍資에 영영 귀속시키는 방침을 세웠고,[92] 세종 22년(1440) 이후로는 원종·회군공신전은 자손에 전수를 금지하고 장차 절급하는 공신전은 본인 당대에 한하는 원칙을 세웠다.[93]

자손에 전수가 허용되는 공신전은 개국·정사·좌명의 3공신전만이었고 이 역시 중대 범죄 등의 사유로 번번이 몰수되었다. 태조조에서 세종조 연간에 개국공신전에서 10건에 1,000결, 정사공신전에서 5건에 650결, 좌명공신전에서 7건에 750결을 몰수함으로써 모두 2,400결이 감축되었다.[94] 『경국대전』에 의하면 이 3공신전은 자손에 전수할 때 承重者에게는 다른 자손보다 1/3을 더 지급하며, 嫡室에 자손이 없는 경우 良妾의 자손에게 물려주고 이 자손이 없을 경우 賤妾의 소생으로 承重

---

88. 『太宗實錄』 14, 太宗 7년 7월 甲戌, 1冊, p.406.
『太宗實錄』 18, 太宗 9년 10월 丁巳, 1冊, p.514.
89. 『太宗實錄』 1, 太宗 원년 윤3월 辛亥, 1冊, p.200.
『太宗實錄』 1, 太宗 원년 4월 戊寅, 1冊, p.202.
90. 주 87의 상단.
91. 韓永愚, 「太宗·世宗朝의 對私田施策」, 『韓國史硏究』 3, 1969.
拙稿, 주 21의 논고.
92. 『太宗實錄』 33, 太宗 17년 7월 癸丑, 2冊, p.176.
93. 『世宗實錄』 88, 世宗 22년 3월 癸亥, 4冊, p.276.
94. 韓永愚, 주 80의 논고, p.36.

者에게만 祭田으로 30결을 주고 나머지 모두 속공하고, 전수한 자손이 죄를 범하여 응당 회수해야 하는 것은 다른 자손에게 이급한다는 규정으로 운영하였다.[95] 종전 賤口子孫에 世傳을 완전 봉쇄하던 것을 30결 범위 내에서 허용하였다. 직전제가 시행된 후 공신전은 職田을 위시한 여타 私田과 함께 국용부족의 상태에서 그 田租 나아가선 토지 자체가 屬公되기도 하였고,[96] 함께 부수하던 伴倘(종친·고관에게 지급한 扈從·使行의 수행원)의 절급도 영구히 혁파하였다.[97] 수조지의 축소, 수조권의 약화는 공신전에서도 마찬가지였다.

別賜田은, 공신전이 공신을 등급으로 나누어 그에 따라 일정 액수의 수조지를 집단으로 사여하는 것임에 대해, 국왕의 특명으로 개별 사유에 개별 인물을 대상으로 수시로 또 급여액수에 제한이 없이 절급하는 토지이다. 별사전의 절급 대상은 왕실의 근친, 국왕의 측근, 시종인, 과거 親試의 우수자, 토목·기예의 공로자가 주류였다. 초기에는 이 별사전의 사급이 많았다. 지급토지는 대개 수조지이지만 특별한 경우 토지 자체가 절급되기도 하였다.[98] 이는 고려시기 같은 종류의 토지인 賜牌田이 陳荒地의 절급에서 시작하여 대부분 實田으로 지급하던 것이 말기로 오면서 점차 수조지로 증가하여 오던 것[99]의 연속이기도 하였다. 별사전은 토지 자체로 지급된 경우는 소유권까지 허여한 것이어서 자손에 영구전수가 물론 허용되었다. 수조지인 경우는 영구전수와 본인 당

---

95. 『經國大典』 2, 戶典, 田宅.

96. 『成宗實錄』 166, 成宗 15년 5월 己亥, 壬寅, 10冊, p.590, 591.
『成宗實錄』 167, 成宗 15년 6월 壬申, 10冊, p.600.

97. 『成宗實錄』 166, 成宗 15년 5월 戊子, 10冊, p.589.

98. 朴時亨, 주 60의 논저, p.75.
허종호, 주 81의 논저, p.59.

99. 拙稿, 「高麗末期의 私田問題」 주 21의 논저, pp.16~29.
______, 주 1의 논저 V장 3절.
朴京安, 「祿科田 및 賜田의 지급」, 『高麗後期 土地制度硏究』, 혜안, 1996, pp.114~160.

대에 한하는 두 가지가 있었다. 전자는 賜牌別賜田, 후자는 無賜牌別賜田이라고 하였다.[100]

수조지로 절급된 별사전은 개인 수조지로서의 私田이지만 과전·공신전과 달리 경기 내의 농지에 한정하지 않았다. 토지로 지급한 것은 말할 나위도 없었다. 이런 별사전은 수득자의 농장이 되었고 수조권도 함께 받은 까닭에 결국 無稅地인 셈이었다. 세조 2년(1455)과 3년(1456)에는 死六臣 사건을 처리하면서 일시에 대량으로 별사전의 사급이 있었다. 세조 즉위에 반대하고 단종 복위를 도모하던 成三問을 비롯한 수십 명 大臣의 소유지 및 수조지를 그 가족·노비와 함께 몰수하여 새로운 지지 신료에게 대거 분배한 것이다.[101] 별사전 역시 공신전의 확대가 문제되면서 축소조치가 논란되었다. 定宗朝에 벌써 폐지가 제안되고 태종 초부터 사패별사전의 영구전수를 없애고 수득자 당대에 한하게 하여야 한다는 논의가 끊임없이 일어났다.[102] 『경국대전』에서 賜田은 功臣田과 子孫에 전수하는 방식은 동일하게 하되 '代盡'하면 속공한다는 것과 사패에 永世토록 相傳한다는 말이 없는 것은 본인이 사망하면 속공한다는 것을 단서 조항으로 붙였다.[103] 이 '代盡'이란 구절의 해석을 놓고 여러 가지 견해가 나오고 논의도 일었다. 代를 祭代와 世代 가운데 어느 것으로 간주하느냐 하는 문제였고, 2·3代에 전하여 奉祀하는

---

100. 『太宗實錄』 22, 太宗 11년 9월 乙酉, 1冊, p.603.
    『太宗實錄』 26, 太宗 13년 7월 戊子, 1冊, p.677.

101. 『世祖實錄』 3, 世祖 2년 3월 丙子, 7冊, p.120.
    『世祖實錄』 7, 世祖 3년 3월 丙戌, 7冊, pp.188~189.

102. 『定宗實錄』 1, 定宗 1년 6월 庚子, 1冊, p.150.
    『太宗實錄』 1, 太宗 1년 4월 戊寅, 1冊, p.202.
    『太宗實錄』 9, 太宗 5년 4월 甲戌, 1冊, p.324.
    『太宗實錄』 22, 太宗 11년 9월 乙酉, 1冊, p.603.
    『太宗實錄』 23, 太宗 12년 2월 丙辰, 1冊, p.624.

103. 『經國大典』 2, 戶典, 田宅.
    『經國大典』 3, 禮典, 奴婢土田賜牌式.

데 그쳐야 한다는 것이 戶曹를 위시한 중론이었다.[104] 사패별사전의 자손전수는 이미 희박하여져 가고 있는 것이었다.

속성이 별사전의 한 형태이면서 내용도 永久傳受와 當代享有의 두 가지로 구분되어 있던 분급 수조지의 또 하나로서 親試登科田이 있었다. 친시 등과전은 국왕의 친림하에 시행하는 科試에 우수하게 합격한 자에게 절급하는 토지로서 고려 전시과 제도에서도 있었다. 태종 7년(1407) 4월 親試 文科에서 乙科에 장원으로 급제한 卞季良은 전토 20결에 노비 각 1명씩을 사여받고, 2등 10인 가운데 3인은 15결, 7인은 10결에 역시 노비 각 1명씩 사급받았다.[105] 친시 등과전은 별사전의 한 형태이고 액수도 많지 않았던 듯하다. 그리고 성종 6년(1475) 경기 내 元田의 地目으로 國用田 · 職田 · 寺田 · 奉祀田 · 祭田과 함께 거론되고 있으나,[106] 『경국대전』에 이에 관한 규정이 없고 그 후 기록에 보이지 않는 점으로 보아 성종조에는 폐지된 것으로 추측된다.

4. 科田制度의 統制와 改定

과전제도의 적절한 운영은 조선왕조로선 나라의 중대한 임무였다. 과전제도는 경기 私田 외방 軍田의 원칙 하에서 君臣關係를 매개하여 주는 토지분급제인 점, 그리고 고려 말의 사전문제와 그 병폐를 수습하는 과정에서 마련된 점, 또한 이를 기반으로 왕조혁명이 이루어진 점에서 조선 토지제도의 골격이었다. 태조는 즉위 직후에 교서에서 田法은 前朝의 제도를 따르고 수정 · 보완할 것은 논의하여 시행한다고 하였

104. 『成宗實錄』 276, 成宗 24년 4월 己未, 12冊, p.303.

105. 『太宗實錄』 22, 太宗 11년 9월 乙亥, 1冊, p.603.

106. 『成宗實錄』 55, 成宗 6년 5월 甲子, 9冊, p.226.

다.[1] 이 원칙 속에서 과전제도는 과전의 설정지역, 분급전지의 종류, 지급대상과 기준, 수수절차 등에 그때그때 수정·변경이 가해졌다.

과전제도에 따른 각종 문제 및 그 수습과 정리는 조선전기의 私田問題이고 그 구폐책이었다. 이는 과전의 수수를 둘러싼 국가와 양반의 이해상충 및 양반층 상호간의 알력, 전조수취를 중심으로 하여 전개되는 전주와 전객 사이의 대립 등 국가·양반전주·전객농민 3자의 이해가 서로 얽히고 헤쳐지면서, 양상은 규정되고 변경의 방향이 설정되고 수습의 방식이 마련되어 갔다. 이 과정은 과전제도에 대한 국가통제의 강화를 동반하는 것으로서 크게 과전점유의 불균형과 이와 관련한 수수방법의 변경, 과전전조의 濫收와 이에 연관한 점유·수조상의 제약 증대, 과전제도 운영의 개편과 폐지구상, 그리고 軍田의 頹廢 등으로 나눌 수 있다.

1) 科田占有의 不均과 授受方式의 變更

과전의 수수·점유는 양반층 사이에 균형 있게 운영되어야 마땅하였다. 그러나 과전시행 당초부터 科不足者·未受田者가 있었고[2] 그 수는 날로 증가하였다. 太宗 10년(1410)경에 오면 양반층 내부의 과전점유의 불균등은 심각하게 부각되었다. 1결의 전지도 받지 못한 이가 있는가 하면 100결에 이르는 이도 있었다.[3] 이러한 사태는 과전 등 私田의 총액을 고정하고 이를 경기 안에서 절급한다는 방침과 이들 분급전지의 世傳·傳受가 법제·관례로서 승인되고 있는 원칙이 서로 충돌하고, 아울러 과전 절급지의 지속적인 확보가 근원에서 봉쇄되어 있는 데서 연

1. 『太祖實錄』 1, 太宗 원년 7월 丁未, 1冊, p.22.
2. 『高麗史』 78, 食貨 1, 田制, 祿科田, 給科田法, 中冊, p.724.
3. 『太宗實錄』 19, 太宗 10년 4월 甲辰, 1冊, p.540.

유하는 것이었다.

조선 건국 초, 경기 내 고을은 53개현에 총 전결수는 14만 9,300결이었다. 태종 2년(1402) 당시 이 가운데 私田 總額은 12만 20결로 전체의 80%를 상회하였다. 과전만 8만 4,100결이었고 나머지는 공신전 3만 1,240결, 사사전 4,680결이었다. 이 외에 倉庫宮司 및 各司位田이 7,280결, 軍資田이 2만 2,000결이었다. 과전은 私田의 70%에 육박하고 경기 전토의 56%를 넘어서며, 전국 총 田結數의 1/10이 넘었다. 정부는 이 범위에서 과전수수를 계속하고자 과전을 旣分給科田으로 분급하고 그 밖에 황무지・신간전을 作丁하여 절급하고 있었으며, 아울러 소임 없는 閑良官의 受田을 과전제도 시행 당초 1회에 한하는 등 대상을 職事官 위주로 축소하여 갔다.[4] 과전 총량의 고정은 나라방침이었고 그 속에서도 兩班・閑良官・宦官・宗親 등 각기 범주를 구획하여 그 범위 내의 전지로만 수수하게 하였다.[5] 水田・旱田을 가능한 한 일정한 비율로 배려하여 분급하였다.

수득방식과 절차는 양반 개개인에 일임하여 과전 점유자격의 상실자나 불법 소지자를 적발하여 호조 산하 기구 給田司에 신고하면 陳告者의 受田資格有無와 신분판별, 수선의 유무・다소를 분별하여 臺諫의 署經을 거친 후 科田單字를 발급하는 것이었다.[6] 이것을 '陳告遞受'라고 불렀다. 진고체수는 과전점유 상실자의 토지를 수전자격 대상자가 직접 절급받도록 한다는 기준에서 마련한 것이어서 모든 수전 자격자를 수

---

4. 주 2와 同.
『太宗實錄』 3, 太宗 2년 2월 戊午, 1冊, p.225.
『太宗實錄』 4, 太宗 2년 9월 丙戌, 1冊, p.245.
『龍飛御天歌』 8, 제73장.

5. 주 2와 同.
『世宗實錄』 126, 世宗 31년 12월 己巳, 5冊, p.154.
『世宗實錄』 88, 世宗 22년 정월 乙卯, 4冊, p.262.

6. 拙稿, 「科田制度의 運營과 그 變動」, 『朝鮮前期土地制度硏究－土地分給制와 農民支配』, 一潮閣, pp.178～184.

전대열에 참여시킬 수는 없었고 더구나 점유상의 균등을 기하기 어려웠다. 이 제도 하에선 진고자의 수전다소를 가리지 않았고 先占者를 우선하고 있어 점유불균은 가속화하였고 사대부의 염치·체신이 타락한다는 통탄이 들끓었다.[7] 그나마 국왕의 特旨가 있을 경우 이 진고체수의 원칙마저 훼손되었다.[8]

이에 더하여 과전점유의 불균을 촉진하는 요인이 늘어 갔다. 범죄자에게서 몰수한 科田이나 경기 내의 新墾田을 軍資田 등 국가의 공전에 충당하거나 또 그렇게 하려는 정부정책이었다. 과전은 杖 이상의 죄를 범한 자의 것은 몰수하여 타인에게 재절급함이 원칙이었으나 태종 12년(1412) 4월 이후 군자전에 3년간 假屬시킨 후 각 과로 이급하는 방식으로 변경되었다.[9] 이는 犯法한 관료가 재차 등용될 경우의 대비책이고 정부의 재정원 확보책이었으나 과전 부족자나 미수득자 등 진고체수의 자격자에게는 큰 타격이었다. 이마저 태종 14년(1414)에는 범죄자의 몰수전지에 대한 처리는 假屬에서 永奪로 바뀌고 그 처분은 국왕의 권한이 되었다.[10] 다시 과전으로 절급한다는 보장이 없어진 것이다. 경기의 荒遠田·新墾田은 作丁하여 과전으로 절급한다는 과전법 조항도 태종 6년(1406) 전년에 시행된 量田結果 이 지방에서 새로 획득한 新田을 군자에 귀속시킴으로써 폐기되어 버렸다.[11] 양반관료의 과전수득의 기회는 갈수록 줄어 갔다. 겹쳐서 신진관료는 더욱 더 증가하고 있었다.

사전감축 시책이 추진되면서 진고체수법의 폐단은 한층 두드러지게

---

7. 『太宗實錄』 19, 太宗 10년 4월 甲辰, 1冊, p.540.
『太宗實錄』 25, 太宗 13년 4월 壬申, 1冊, p.669.
『太宗實錄』 33, 太宗 17년 3월 丁未, 2冊, p.154.
8. 『定宗實錄』 5, 定宗 2년 7월 乙丑, 1冊, p.180.
9. 『太宗實錄』 23, 太宗 12년 4월 丁巳, 1冊, p.630.
10. 『太宗實錄』 26, 太宗 13년 11월 戊子, 1冊, p.695.
『太宗實錄』 28, 太宗 14년 8월 辛酉, 2冊, p.32.
11. 『太宗實錄』 12, 太宗 6년 12월 丙戌, 1冊, p.380.

거론되었다. 이 법을 과전 부족자나 미수득자 측은 수전불균의 원인으로 비난하고, 수전자 측은 世業의 지속을 위협하는 제도로 비판하였다.[12] 조선정부로서도 처리는 난감하였다. 전자와 관련해서는 과전점유를 균등히 해야 하는가 하면, 후자와 연관해서는 세업을 가능한 한 보장하여 주어야 하는데 이 양자는 서로 충돌하는 국면이었던 것이다. 수습방안은 급전방식을 재검토하는 데로 기울었다. 정부는 이미 태종 10년(1410) 無後者의 과전을 체수하는 기한을 사망 후 3년이었던 것을 死後 翌年으로 개정하여 진고자의 처지를 배려하는가 하면, 12년(1412)에는 진고일자를 身死 후 7일 뒤로 하여 진고대상이 되는 수전자 측의 형편도 고려하는 조치를 취하였다.[13] 그러나 이 정도로 불만이 해소될 리 없었다. 관료 가운데서는 조심스럽게나마 아예 과전분급 자체를 중단하자는 의견마저 대두하였다.[14]

진고체수법은 양반관료의 요구대로 일단 폐기되었다. 태종 17년(1417) 2월, 시행 약 20여 년 후였다. 이와 함께 호조가 급전을 전담하여 無田者・田少者에게 우선 절급함을 골자로 하는 戶曹給田이 제정되었다. 漢城府와 京畿監司가 회수대상 전지의 실태를 파악하되, 집행과정에서 해당 본인의 자손 및 일족이 직접 자진하여 즉시즉시 京中은 호조에 外方은 거주지 관아에 신고하며 불신고자는 그간 징수한 전조의 액수만큼 징수하고 論罪하는 조처가 병행되었다.[15] 그 후 신고기한이 喪畢 후 翌年內로 바뀌고 불신고자는 그 전지까지 몰수한다는 조항이 첨가되었다.[16] 이 법의 수행을 빌미로 정부는 各品의 科田單字를 수납하여 그간

---

12. 『太宗實錄』 25, 太宗 13년 4월 壬申, 1冊, p.669.
13. 『太宗實錄』 19, 太宗 10년 4월 己酉, 1冊, p.542.
『太宗實錄』 23, 太宗 12년 2월 壬午, 1冊, p.623.
14. 『太宗實錄』 28, 太宗 14년 8월 辛酉, 2冊, p.32.
15. 『太宗實錄』 33, 太宗 17년 3월 丁未, 2冊, p.154.
16. 『世祖實錄』 28, 世祖 8년 6월 辛酉, 7冊, p.538.

부실하고 또 유실·파손된 田案을 정비·수정하였고 차후 이 작업을 3년마다 수행하며 미제출자는 처벌한다는 규정을 작성하였다.[17] 급전방식의 변경과 그 부수조처로 인하여 과전수수에서 양반의 독자성은 약화되고 국가의 간여는 깊어 갔다. 나라는 몰수전의 추쇄에서부터 분급까지 전 과정을 관장해 나갔고 이는 토지분급제에 대한 王權 곧 國家力量의 강화로 이어졌다. 수개월 뒤 있는 私田의 외방이급과 官踏驗의 시행(본장 2절)은 이러한 변화의 연속이었다.

戶曹給田法은 이 법 제정의 직접 동기인 과전의 均占은 보장하고 있지 않았다. 과전의 절대액을 증가시키지 않는 여건에서 진고체수 자체의 폐단과 이로 인한 양반의 불평만 제거하고자 강구한 까닭이다. 이 급전법 결정 후 과전의 절급은 實田 즉 所耕田이 아닌 閑田으로 이루어짐이 상례였다.[18] 한광지의 과전으로서 절급은 수조지의 획득과 소유지의 획득이 지금까지 별개의 계통에서 이루어지고 있던 것을, 토지 자체의 획득이라는 단일계통으로 일원화시키고 있어 결국 수전 자격자 나아가선 양반층은 소유지의 취득에 한층 더 경쟁적으로 나설 수밖에 없는 처지로 몰렸다. 과전을 한전으로 지급하게 되는 사정은 토지분급제의 운영 전주전객제의 지속이 한계에 오고 있고, 그 대신 지주전호제에 의한 지주적 토지소유의 지향이 완전히 정책으로까지 설정됨을 의미하는 중대한 변모였다. 戶曹給田法은 이러한 여건에서 마련된 것이어서, 과전점유의 불균등이나 양반관료의 과전수득욕구를 해소하여 줄 수 없었다.

17. 『世宗實錄』 11, 世宗 3년 정월 乙丑, 2冊, p.420.

18. 同上.
『世宗實錄』 49, 世宗 12년 9월 甲寅, 3冊, p.260.
『世宗實錄』 49, 世宗 12년 9월 乙丑, 3冊, p.262.

2) 科田田租의 濫收와 田主權의 制限

과전제도는 전주전객 간의 대립·갈등도 필연적으로 내포하고 있었다. 고려 말 과전법에서 田主의 전객 소경전 탈취금지 및 그 행위에 대한 처벌, 수조액의 결당 米 혹은 豆 30두의 上限과 횡렴금지 조항은[19] 이런 사태를 조정하고 완화하려는 목적에서 제정한 것이었다. 조선에서도 각종 후속 조처를 취하고 있었다. 중점은 전주의 수조행위 그리고 점유권 행사 두 방면에 두어졌다.

전주의 수조행위와 직결된 시책은 전조남수에 대한 금지와 처벌로서 주로 수취과정에서 가해졌다. 우선 수조 시 파견되는 奴·馬의 수효를 제한하고 그 준수를 강요하였다. 태조 초에 이미 奴 1~2명, 馬 1필로 정한하였다.[20] 이와 함께 斗斛의 용적 및 量槩 담당자에 대한 규제가 있었다. 斗斛은 官에서 검인한 平校斗斛을 사용하고 量槩는 납조자 전객이 담당함을 원칙으로 하였는데 태종 7년(1407)에 이를 다시 강조하여 위반자는 수령이 다스리되, 정도가 심하면 관찰사가 논죄하게 하였다.[21] 꼴[草]·숯[炭]·섶[薪] 등 수조 때 함께 징수하는 잡물을 남수·횡렴하는 행위의 금지도 되풀이하여 강조하였다.[22] 이러한 각종 규제책은 그대로 준행되고 있지는 않았지만, 전주의 수조권 행사에 제약을 줄 만큼은 주고 있었다.

전주의 사전점유 자체에 대한 제제도 증대하였다. 틈틈이 시행하는 과전전조의 公收·公用으로 인한 수조중단, 경기군현의 변경이나 양전

---

19. 『高麗史』 78, 食貨 1, 田制, 祿科田, 恭讓王 3년 5월, 給科田法, 中册, p.725.
20. 『太祖實錄』 4, 太祖 2년 12월 己巳, 1册, p.52.
『高麗史』 78, 食貨 1, 田制, 祿科田, 辛禑 14년 7월 趙浚上書, 中册, p.718.
21. 『太宗實錄』 14, 太宗 7년 12월 丁未, 1册, p.427.
『世宗實錄』 10, 世宗 2년 11월 庚午, 2册, p.415.
22. 『太宗實錄』 21, 太宗 11년 정월 己卯, 1册, p.575.
『太宗實錄』 24, 太宗 12년 10월 戊辰, 1册, p.652.

사업 등으로 인한 과전의 移動이다. 私田田租의 公收는 고려 말 전란이 연속하는 가운데 수시로 시행하였고 과전법에서 한 조항이었다.[23] 조선 초에 와서도 태조 6·7년(1397·8), 태종 2년(1402), 13년(1413)에 있었고 논의는 더욱 자주 있었으며, 과전을 제외시키는 경우도 있었다.[24] 공수 방침이 결정되면 관료는 私田受得時 발급받은 單字를 호조에 제출하여야 했다. 제출하지 않으면 전토를 몰수한다는 규정이 뒤따랐다.[25]

과전의 이동은 군사상 혹은 행정상의 여러 사정에서 연유하는데 태종 9년(1409) 1월 왜구침략에서 경기를 守禦하고자 江華·喬桐 두 고을의 각종 수조지 가운데 과전 2,370결과 창고전 720결 모두 군자로 옮기고 대신 육지에서 재절급한 것은[26] 전자의 사례이다. 가장 큰 요인은 후자 즉 경기 행정구역의 빈번한 개편 그리고 量田이었다. 京畿郡縣의 變更은 고려 말 과전법 제정 때 이미 있었는데, 조선에 넘어와 태조 3년·4년(1394·5)에 그리고 태종 13년(1413)에 재차 행하였다. 이 과정에서 주로 본래 서해도에 있던 군현으로서 경기로 편입한 것을 다시 환속시키고 강원·충청에서 그만큼 이속시켰으며, 이에 수반하여 과전·공신전 등 개인 사전은 모두 京畿左道 한 곳으로 집중시켜 놓았다.[27]

군현의 개편은 부분적이어서 과전의 이동도 개별적으로 일어나지만 量田으로 인해서는 과전 전체가 이동되었다. 과전은 字丁을 단위로 절수되므로 양전 때 作丁을 새로 하면 종래 절급받은 과전의 자정이 본래

23. 주 19와 同.
24. 『太祖實錄』 12, 太祖 6년 10월 辛卯, 1冊, p.111.
『太祖實錄』 15, 太祖 7년 12월 癸卯, 1冊, p.140.
『太宗實錄』 3, 太宗 2년 2월 戊午, 1冊, p.225.
『太宗實錄』 18, 太宗 9년 10월 辛亥, 11월 己卯, 1冊, p.514, 517.
『太宗實錄』 26, 太宗 13년 8월 壬子, 11월 庚辰, 1冊, p.680, 693.
25. 『太宗實錄』 26, 太宗 13년 8월 壬子, 1冊, p.681.
26. 『太宗實錄』 17, 太宗 9년 1월 壬申, 1冊, p.473.
27. 『新增東國輿地勝覽』 6, 京畿.
『太宗實錄』 26, 太宗 13년 8월 丁未, 1冊, p.680.

의 소경전에서 다른 곳으로 옮겨지게 됨으로써 변동이 생기는 것이었다.[28] 양전은 고려 최말 己巳量田이 있은 후 조선 초 전국 규모의 양전은 태종 5년(1405), 세종 10~14년(1428~32)에 있었다. 물론 경기가 포함되었다.[29] 경기군현의 변동, 양전사업 등 여러 시책을 통하여 양반의 수조지는 자기 과전의 설정처, 즉 본래 절급받은 소경전 및 전객에 대한 지속적 지배와 수취는 통제되었다. 과전 사이의 교환은 허용하고 있어 고정 점유가 가능은 하였으나 조건이 맞고 전주 서로 합의가 이루어져야 하는 까닭에 쉬운 일은 아니었다.

그러나 田主權에 대한 이상의 규제나 제약은 전주의 전객·토지에 대한 직접 지배의 원리와 그 현실 안에서 가해지는 통제였다. 직접답험과 직접수조, 과전 자체의 점유 등 전주권 본체에 변경을 가하는 것은 아니었다. 전조의 남수·횡렴은 상례였고 전주·전객 간의 갈등·상충은 점증하였고 시간이 가면서 중대한 사전문제로 표면화해 갔다. 이런 속에서 정부는 양반 전주의 심한 반발과 불만을 堪耐하면서 점유와 수조 양면에서 전주권의 행사에 커다란 제재조처를 단행하였다.

과전제도는 수조지 경리의 측면에서 보면 외방의 사전을 경기로 옮겨 놓은 것이었다. 경기 농민의 절대 다수는 私田佃客이 되었고 따라서 외방 농민에 비해 전조 남수나 잡물횡령의 피해가 심하였다. 그 정도는 公田의 倍나 된다고 하였고, 이로 인해서 旱災까지 일어나고 있다고 할 만큼 사세는 험하였다.[30] 겹쳐서 이들은 京邑의 股肱으로서 부역을 제공하고 왕실을 직접 호위하여야 하는 군현제의 편성원리에 즉하여[31]

---

28. 『世宗實錄』 74, 世宗 18년 9월 甲午, 4冊, p.28.
29. 『太宗實錄』 11, 太宗 6년 5월 壬辰, 1冊, p.356.
『世宗實錄』 49, 世宗 12년 9월 庚子, 3冊, p.258.
『世宗實錄』 57, 世宗 14년 9월 丁丑, 3冊, p.418.
30. 『太宗實錄』 31, 太宗 16년 5월 乙巳, 辛亥, 2冊, pp.115~116.
31. 鄭道傳, 『三峯集』 7, 朝鮮經國傳 上, 賦典, 州郡.

柴·炭·馬草 등 다른 도에는 없는 요역을 1년에 서너 차례 부담하였다.[32] 요역부담도 다른 도의 倍였고 이로 인해 민폐 또한 컸다.[33] 경기 내의 농민은 2중의 과도한 부담으로 流移까지 하고 있을 지경이었다.[34]

경기 농민의 이러한 처지에 대해 태종조에 와서 몇 가지 방책을 마련하고는 있었다. 요역과중에 대해서는 태종 원년(1401) 경기 농민이 柴·炭 輸納 때 부담하던 船價·馬價를 면제하고 대신 충청·풍해·강원도의 민호 가운데 正常炭의 定屬戶를 제외한 민호와 경상·전라의 각 민호를 大·中·小戶로 나누고 각각 五升布 2·1·半필씩 거두어 수납가로 지불하게 하고 아울러 供上외의 柴·炭은 布로써 그 값을 지불한다는 시책을 세웠다.[35] 이와 함께 전주의 전객수취에서도, 요역수취와 직결하여서는, 태종 9년(1409) 그간 전객이 공급하던 收租人馬의 식량을 수조인 자신이 마련하도록 하였고, 15년(1415)에는 전주가 징수하는 穀草를 전객의 願에 따라 芻草로도 대신 수납하게 하였다.[36] 그러나 이상의 조처는 부역과중을 감소하고 전주의 자의적인 수탈을 완화하는 정도였지 해결책은 못 되었다. 요역제 자체나 그 운영에 변경을 가할 수 없던 정부는 결국 현 과전제도의 운영원칙의 변경, 전주의 전조수취방식의 개정으로 기울었다. 私田의 下三道 移給 논의 및 그 결행, 이와 병행한 전주의 直接踏驗의 폐지와 官踏驗의 시행이 그 작업이다.

과전을 충청·전라·경상 下三道로 옮기자는 논의는 태종 3년(1403) 6월에 공개적으로 있은 뒤 전후 일곱 차례 공식 검토를 거쳐 17년(1417) 7월에 실행되었다.[37] 그리고 이 의견이 경기 농민의 부담경감과

---

32. 『太宗實錄』 1, 太宗 원년 5월 辛卯, 1冊, p.203.
33. 『世宗實錄』 28, 世宗 7년 6월 辛酉, 2冊, p.676.
34. 『太宗實錄』 18, 太宗 9년 7월 己丑, 1冊, p.499.
『太宗實錄』 27, 太宗 14년 2월 戊申, 2冊, p.4.
35. 주 32와 同.
36. 주 34의 상단.
『太宗實錄』 30, 太宗 15년 11월 戊申, 2冊, p.91.

직접 결부되어 한 방안으로 제기된 것은 태종 9년(1409) 제3차 논의 때였다. 이 해 7월 경기 농민의 요역과다와 전조과중을 거론하던 관료들은 한결같이 과전의 외방이급을 제시하였다.[38] 사전의 외방이급은 단지 경기 내의 전토를 公田으로 외방토지의 일부를 私田으로 바꾸는 經理上의 변경이 아니었다. 이는 京畿私田이라는 田制原則의 수정이며, 양반전주로선 과전의 위치변경이고, 외방의 公田佃客 일부의 私田佃客으로 전환이었다.[39]

태종정부가 이 시책을 강구하게 된 데는 경기 농민의 고역과 함께 별개의 절박한 요인이 더 작용하고 있었다. 애초 논의의 발단도 여기서 일어났다. 漕運制 운영의 불안이었다. 외방의 공전에서 수납한 전조를 중앙으로 운반하는 것은 국가재정상 중요한 사안이어서 조운제의 정상적인 운영에 정부는 큰 노력을 기울이고 있었는데[40] 慘事가 수시로 일어났다. 특히 태종대에 빈번히 발생하고 대형사고만도 3차례나 있었다. 태종 3년(1403) 5월 경상도 조운선 34척이 敗沒하여 米 1만여 석이 수몰되고 漕卒 1,000여 명이 사망하고, 14년(1414) 8월에는 전라도 조운선 66척이 패몰하여 익사자만 200여 명에 침수된 米豆가 5,800여 석에 달하였으며, 17년(1417) 윤 5월에 역시 전라도 조운선 3척이 침수하여 선원 모두 수몰하고 2,680여 석의 조세곡이 침수되었다.[41]

---

37. 深谷敏鐵, 「科田法에서 職田法으로」, 『史學雜誌』 51-9・10, 1940.
 韓永愚, 「太宗・世宗朝의 對私田施策」, 『韓國史研究』 3, 1969.
 拙稿, 주 6의 논고, pp.196~217.

38. 주 34의 上段.

39. 『太宗實錄』 28, 太宗 14년 8월 辛酉, 2冊, p.32.
 『太宗實錄』 5, 太宗 3년 6월 乙亥, 1冊, p.270.
 『太宗實錄』 13, 太宗 7년 정월 甲戌, 1冊, p.383.

40. 李鍾英, 「安興梁對策으로서 泰安漕渠 및 安民倉問題」, 『東方學志』 7, 1963.
 ______, 「蟻項考」, 『史學雜誌』 2, 延世大, 1963.
 崔完基, 「朝鮮前期 漕運試考」, 『白山學報』 20, 1976.

41. 『太宗實錄』 5, 太宗 3년 5월 辛巳, 1冊, p.264.

조운참사로 인한 물적 인적 손실은 농민부담으로 귀결되었다. 특히 큰 부담은 인명의 피해 인력의 손실이었다. 나아가 이는 조운에 동원되는 민인에게 도산과 반발을 한층 격발시켰다. 조운의 노역은 부역제에 의한 무상·의무 동원이었고 대개는 水軍이 부담하였다. 수군의 역무는 良役 가운데 최하의 역으로서 조운 외에도 선박제조, 둔전경작, 해산물 채취, 병선수리와 서울 및 지방의 각종 잡역을 담당하고 있어 국초부터 이들의 노역과중과 그로 인한 피폐가 조정에서 늘 문제가 되었다.[42] 그렇지 않아도 수군의 피역·도산·역무 태만이 갈수록 심하여 가는 형세 속에서 저와 같은 대참사가 빈번하게 발생하자 정부는 대책마련에 腐心하였다. 더구나 수군·조운역졸의 반발은 그 담당자인 외방 민인 곧 公田佃客의 불안이었다.

이 사태는 조선 국가의 부역제에 의한 농민지배에 균열을 가져옴과 함께 공전전객의 동요를 불러일으켜 왕조의 민인파악의 전 체계를 흔들었다. 부역제로 인한 민인의 고충은 경기와 형태만 다를 뿐 외방에서도 마찬가지였다. 정부는 수송량을 감소시키는 방향에서 대책을 모색하였다. 방법은 형식이야 어떠하든 외방의 공전을 경기로, 경기의 사전을 외방으로 이속함을 골자로 할 수밖에 없었다. 이러한 경리방식은 새삼스러운 것은 아니었다. 고려의 예가 있었다. 태종 3년(1403)과 5년(1405)에 있던 두 차례의 논의에서 논거가 되던 바가 이것이었다. 다만 첫 번째 논의에선 경기 내 사전의 반 5,200결을 경상도로 옮기는 안이, 두 번째 논의에선 사전 전주의 반대를 참작하여 30결 이상의 소지자를 대상으로 그 1/3만 이동, 그리고 이급지역에 전라도의 첨가가 새롭게 제의되었다.[43] 水軍勞役의 경감책으로 호급둔전의 안이 논란되는 것도

『太宗實錄』 28, 太宗 14년 8월 甲辰, 2冊, p.29.
『太宗實錄』 33, 太宗 17년 윤5월 辛巳, 2冊, p.170.

42. 李載龒, 「朝鮮前期의 水軍」, 『韓國史硏究』 5, 1970(同, 『朝鮮初期 社會構造硏究』 수록, 一潮閣, 1984).

바로 이 무렵이었다.[44]

태종 9년(1409) 사전 외방이급의 可否를 심의할 때 전술한 경기 사전 농민의 수조상의 피해가 이급의 타당성을 뒷받침하는 근거로 거론된 이후, 양자는 늘 이급론의 이유로 제시되었다. 마침내 태종 17년(1417) 7월 경기의 사전 1/3을 하삼도로 이급하고 이에 해당하는 만큼의 경기 전지는 공전으로 충당하는 것으로 낙착되었다.[45] 외방에 이급하는 과전은 5분하여 충청에 1분, 전라·경상에 각기 2분씩으로 하였다. 이급액수는 사전 총액 12만여 결 가운데 4만여 결로 충청도에 8,000여 결, 전라·경상에 각각 1만 6,000여 결씩이었다.[46]

사전의 외방이급은, 경기농민 전체에게 전주의 과도한 수취를 부분이나마 감소시킬 수 있었으나, 외방의 전조남수와 전객수탈의 재현 등의 위험도 함께 봉쇄해야 효과가 있었다. 태종 정부는 외방 사전에 대한 관리·감독을 전주의 直接踏驗과 直接收租에 간여하는 데서 세웠다. 사전에서 전주의 田租濫執, 雜物橫斂은 모두 이 두 개의 권한에서 이루어지는 행위였다. 정부는 답험과정에서 전주를 배격하고 公田과 같이 官에 의해 답험하는 방책을 세웠다. 직접수조의 권한까지 삭제하는 것은 전주권 자체를 부정하는 것이어서 사전의 외방이급으로 고조된 양반의 불만을 더욱 격앙시키는 처사이므로 일단 관답험에 멈춘 것으로 사료된다. 官踏驗만으로도 사전에서 전조남수의 폐해는 상당히 제거할 수 있었다. 이 안은 태종 15년(1415) 6월부터 본격 거론되었고, 그 뒤 여러 차례 논란을 반복한 뒤 17년(1417) 私田의 下三道移給 결정과 함께

---

43. 『太宗實錄』 5, 太宗 3년 6월 壬子, 乙亥, 1冊, p.267, 270.
『太宗實錄』 9, 太宗 5년 4월 甲戌, 1冊, p.324.

44. 『太宗實錄』 12, 太宗 6년 7월 丁未, 1冊, p.364.
『太宗實錄』 13, 太宗 7년 정월 丁卯, 1冊, p.382
『太宗實錄』 13, 太宗 7년 2월 壬辰, 1冊, p.385..

45. 『太宗實錄』 34, 太宗 17년 7월 乙亥, 2冊, p.180.

46. 『龍飛御天歌』 8, 제73장.

정책으로 확정되었다.[47] 이 과정에서 양반전주의 반대가 극심하였음은 물론이다. 국왕은 이 반대를 누르고 그 실행의 의지로서 內資寺·內贍寺·軍器監·敬承府 등 王室供上 관련 아문의 수조지에서부터 잡물징수의 금지를 시달하고 관답험의 적용을 밝혔다.[48]

양반전주는 과전의 일부이긴 하나 지금까지의 世業的인 토지지배에 타격을 받게 되고 직접답험권의 몰수로 전객수취는 질적으로 약화되었다. 이는 田主權 쇠퇴의 커다란 조짐의 하나였다. 세종조에 들어서면 이와 관련한 조처가 새롭게 속속 추진되고 조선의 토지제도는 큰 전환을 맞는다.

3) 科田折給의 改定과 廢止構想

세종조 각종 토지의 정비와 개편의 방향은 가능한 한 중앙 재정을 일원화하고 지방 고을 재정을 행정·수령 중심으로 체계화하는 것이었다. 구체적으로는 분급 수조지의 축소와 폐지, 사적 소유지 위주의 조성이었다. 이러한 점은 양반 사대부를 중심으로 설정·운영하여 오던 과전에서 한층 두드러졌다.

세종조에 와서 과전점유의 불균형과 과전분급·회수의 옹체는 한층 더하였다. 태종 17년(1417) 과전 수득폐단의 근원으로 지목되어 온 진고체수법을 폐지하고 토지 점유자 본인이나 그 자손의 자진 신고를 전제로 하고 戶曹 전담하에 無田者·田少者에게 우선 분급함을 골자로 하는 호조급전법이 시행되었으나 사정은 호전되지 않았다.[49] 정부는 과전 총액을 틈만 있으면 축소하고 있고, 새로운 농지는 부족한 가운데 그나

47. 拙稿, 주 6의 논고, pp.203~213.

48. 『太宗實錄』 33, 太宗 17년 윤5월 甲子, 2册, p.166.

49. 주 15, 16, 17 참조.

마 새로 절급하는 과전도 所耕田 즉 實田보다는 閑田 곧 황무지로 대체하고 있었다.

세종조 초에 양반관료 사이에서는 호조에 의한 과전절급도 권세가나 가까운 이에게 우선 이루어져 공정하지 못하다고 불만이 개진되었다.[50] 호조로서는 과전분급상의 是非에서 벗어나기 위해서도, 그리고 과전 부족자나 미수전자는 과전 수수가 어차피 불균한 바에야 차라리 진고체수법을 복구하는 편이 나았다. 호조는 세종 8년(1426) 『經濟六典』을 근거로 陳告遞受法을 다시 복설시켰다. 국왕도 일단 이에 찬동하였다.[51] 별다른 방도가 없고 부왕인 태종도 사망한 지 3년이 지난 때였다.

급전방식은 다시 과전제도 초기단계로 돌아갔고 따라서 폐단도 예전처럼 다시 야기되고 문제도 종전과 같았다. 진고체수법은 다시 폐기될 요소를 안은 채 복구된 것이다. 3년이 지난 후 진고체수의 병폐를 지목하고 재차 호조급전법의 준행을 요구하는 여론이 거세졌다.[52] 그러나 호조절급제의 재시행 요구는 허용되기 어려운 안이었다. 과전수수가 불균하기는 어느 방식이나 매한가지였다. 세종 12년(1430) 9월 국왕은 이와 관련하여 과전의 균등한 분급의 어려움을 탄식하여 朝官 모두 수전하도록 하려면 秩尊者가 도리어 과 액수대로 수전할 수 없게 되고 더구나 3,000명에 이르는 甲士까지 수전을 바라니 방도가 없다 하였다.[53] 실제 당시 수전자라 하더라도 30~50결에 미치지 못하는 자가 허다하였다.[54]

과전절급은 새로운 방식에 의해 집행되지 않을 수 없었다. 세종은 新法의 수립을 田制詳定所에 지시하고 스스로 과전수수에 직접 간여하겠

50. 『世宗實錄』 30, 世宗 7년 12월 丁亥, 2冊, p.707.
51. 『世宗實錄』 45, 世宗 11년 9월 癸酉, 3冊, p.200.
52. 同上.
53. 『世宗實錄』 49, 世宗 12년 9월 甲寅, 3冊, p.260.
54. 『世宗實錄』 18, 世宗 4년 윤12월 甲子, 2冊, p.517.

다는 요컨대 親給하겠다는 의사를 함께 시사하였다.[55] 급전법은 제3의 방식으로서 국왕의 직접 수수를 골자로 하여 곧 제정되었다.[56] 주요 내용은 ① 9품계를 4구분하여 1품에서 成均館 大司成까지를 1등, 判通禮門事에서 종 4품까지를 2등, 5·6품을 3등, 그리고 參外를 4등으로 하여 각 등급을 돌아가면서 급전하되, ② 매년 봄·여름에 한 번, 가을·겨울에 한 번 모두 두 차례에 걸쳐 행하며 각 품은 자기 성명 밑에 전에 받은 전지의 결수를 적고 空閑田으로 受點하여 전수받게 하며, ③ 祖父田을 전수받은 자는 그대로 절급하지만, 新來從仕者 및 타인의 田을 체수한 자는 태종 1년(1401)의 수교에 따라 初入仕의 예에 의해 署經을 거친 후 절급하고, ④ 守身寡婦로 再嫁한 자 및 사망자의 전지는 그 자손·친족이 진고하되, 이를 위반하고 전토를 은닉하여 수조한 자는 태종 17년(1417)의 수교에 의해 그 전조의 年數를 헤아려 추징한다는 4개 사항이었다.

상정소의 새 급전안은 四等循給으로서 이듬해 정월부터 시행하였다. 이 사이 관료에 대한 급전 기준을 職事에서 散官으로 변경시켰다.[57] 이 안은 종전의 급전법과 두 가지 점에서 큰 특징이 있었다. 첫째, 진고체수법에서 先占者 우선 및 호조절급법에서 수전유무 내지 다소에 준한 無田者·田少者 우선 지급원칙을 떠나 양반관료를 堂上·堂下·參上·參下로 차등하고 1년에 春秋 두 번씩 우선 1등에 속한 科부족자나 未수전자에게 급전하고 남은 토지가 있으면 다음 등급으로 넘어가 절급하는 것이었다. 高官 우선의 절급방침으로 결국 모든 관료에 대한 급전은 사실상 포기한다는 선언과 같았다. 하급 및 신진의 관료에겐 수전 기회는 거의 없었다. 산관기준의 과전절급도 토지 절약에서 나온 조처로 보

---

55. 주 53과 同.
56. 『世宗實錄』 49, 世宗 12년 9월 乙丑, 3冊, p.262.
57. 『世宗實錄』 50, 世宗 12년 윤12월 癸亥, 3冊, p.286.

인다.[58] 둘째, 급전의 주체가 양반 사대부층도 아니고 행정기관인 호조도 아니고 국왕인 점이다. 세종은 국왕의 과전친급을 반대하는 논의에 대해 전지분급은 臣下가 사사로이 할 수 있는 것이 아니고[59] 그 권한은 임금에 있는 것보다 나은 게 없다는 점 등으로 封駁하였다.[60] 과전취득에 있어서 사대부 公共의 주체적 위치는 한층 더 배격되었다. 더구나 갈수록 과전몰수의 조건은 늘어 가고 진고의 의무 또한 무거워졌다.

4등순급법은 이러한 여러 점에서 양반 사대부의 불만을 새삼 격증시켰고 따라서 반대가 컸다. 세종 정부는 과전의 국왕 친급방침을 그대로 관철시키면서, 그간 하삼도에 이급되어 있던 과전을 다시 경기로 환급하여 주었다. 세종은 환급의 이유로 서울의 곡가등귀를 들었다.[61] 官踏驗으로 實數가 적어져 수입이 준다는 과전주의 불만을 과전의 경기환급이라는 별개의 방식으로 무마하면서 4등순급법을 실행한다는 심산이었던 듯하다.[62] 京中의 곡가등귀는 태종대에 양반전주들이 과전의 외방이급에 반대하던 이유의 하나였다.[63]

과전점유의 불균등, 수전자와 미수전자의 대립을 배경으로 과전수수의 권한을 한층 강화한 세종정부는 과전 총액의 축소를 시도해 나갔다. 宗親科田의 減縮이나 과전의 閑田支給이 그 예였다. 과전제도가 갖는 수전불균의 사태와 그로 인한 양반 사대부의 불만을 타개하는 방향을 과전의 국왕친급과 과전의 불급여에서 찾던 이 시기에 왕실로서도 종친과전의 축소는 감수해야 할 사항이었다. 세종 19년(1437) 종친과전을

58. 拙稿, 주 47의 논고.

59. 주 56과 同.

60. 『世宗實錄』 51, 世宗 13년 정월 乙未, 3冊, p.293.

61. 『世宗實錄』 51, 世宗 13년 정월 甲申, 3冊, p.290.
『世宗實錄』 51, 世宗 13년 정월 己丑, 3冊, p.292.

62. 『世宗實錄』 39, 世宗 10년 정월 己亥, 3冊, p.108.

63. 『太宗實錄』 28, 太宗 14년 8월 戊午, 2冊, p.31.

50결 감하여 대군은 300결에서 250결로 諸君은 180결이 넘지 못하도록 하였고[64] 22년(1440)에는 이를 재조정하여 王子大君 250결 諸君 200결, 尙公主·駙馬는 220결, 나머지 諸君의 과전은 閑田을 적당히 지급하는 것으로 변경하였다.[65] 그간 종친의 과전은 지나치게 많다는 여론이 컸다.[66]

이후 과전수수는 더욱 어려워져 갔다. 관료 일반은 과전수득과는 괴리된 처지에 있었다.[67] 세종은 한 때 과전부족의 사태를 타개하는 방도로 과전을 외방에까지 확대·절급하자는 의견을 낼 정도였다.[68] 과전의 均給이 더 이상 이루어질 수 없음을 우회하여 표현한 것이었다. 과전은 본래 제정 당초부터 장차 점차 폐지하려던 것이 조선왕조의 자세였다. 그리고 시행 후 점유가 불균하고 농민을 침학하는 폐단이 있어 세종대에 와선 과전분급을 모두 혁파하고 2만 석의 미곡을 恩賜米라 칭하여 대신 지급하려고 하였었는데 長城·徙邊·貢法 등 나라의 大事가 한꺼번에 겹쳐 일어나 실행에 옮기지 못했던 것이었다.[69]

세종 死後, 文宗 즉위년(1450) 8월 知經筵事 金宗瑞는 田制가 未正함을 비판하고 있고, 世祖 원년(1456) 集賢殿 直提學 梁誠之 역시 田制를 바로잡아 확정하자고 요구하였다.[70] 그리고 이러한 요구와 요청은 신료의 뜻과는 반대방향으로 수조권의 世傳을 부정하는 즉 守信田·恤養田을 폐지·몰수하고 현 관료의 과전 또한 회수하여 현직 관료에 한하여 재분급하면서, 전주의 전객지배권으로 남아 있는 直接收租와 草價徵收를

64. 『世宗實錄』 76, 世宗 19년 정월 壬寅, 4冊, p.49.
65. 『世宗實錄』 91, 世宗 22년 10월 甲申, 4冊, p.321.
66. 『世宗實錄』 88, 世宗 22년 정월 乙卯, 4冊, p.262.
67. 『世宗實錄』 58, 世宗 14년 12월 戊子, 3冊, p.429.
68. 『世宗實錄』 88, 世宗 22년 정월 乙卯, 4冊, p.262.
69. 『成宗實錄』 4, 成宗 원년 4월 辛未, 8冊, p.490.
70. 『文宗實錄』 3, 文宗 즉위년 8월 壬午, 6冊, p.270.
『世祖實錄』 1, 世祖 원년 7월 戊寅, 7冊, p.69.

모두 官收官給으로 전환시키는 職田制로 구체화된다. 전자는 세조 12년(1466) 8월에, 후자는 성종 1년(1470) 4월과 9년(1478) 5월에 제정되었다.[71]

4) 軍田의 衰退와 廢止

科田制度에서 과전과 함께 중요한 분급전토는 軍田이었다. 군전은 과전을 경기에 설치한 것과 달리 외방에 배정하였다.[72] 군전은 과전제도 시행 당시 사전혁파에 따른 지방의 토호양반 및 實職 없는 無職事의 관인을 회유하는 한편, 이들을 軍役形式으로 묶어서 중앙에서 집권적으로 파악하고자 설정한 수조지로서 여기에는 조선의 군현제 편성과 科田分給의 원칙이 서로 작용하였다.

조선은 臣僚에게 사전을 지급하면서 분급지역을 郡縣制의 편제 원리와 일치시켜 설정하였다. 군현제의 행정편제는 중앙의 京畿와 외방의 州郡으로 전국을 구획하고 동시에 연계하는 것이었다. 이런 편성은 관료체계가 君臣關係를 바탕으로 하여 성립되고 또한 상하의 신분질서를 조건으로 하여 구축되고 있음과 같은 원칙 아래에서 이루어졌다. 전술하였듯이(Ⅲ편 1장) 중앙인 경기는 四方의 本으로서 이는 다시 京邑과 畿甸으로 나뉘었다. 畿甸은 왕실인 京邑의 輔로서 賦役을 공납하고 왕실을 보위하는 股肱으로서의 郡이었다.[73] 그리고 畿外인 외방은 州郡으로서 노역을 내어 公役을 제공하고 부세를 내어 公用에 이바지하게 함으로써 전체가 왕실의 울타리[藩屛]였다.[74] 왕실에 대해 기전과 외방은 각

---

71. 深谷敏鐵, 「科田法에서 職田法으로」, 『史學雜志』 51-9, 10, 1940.
    拙稿, 「職田制의 施行과 그 推移」, 주 6의 논저.
    본서 Ⅶ편 1장.
72. 『高麗史』 78, 食貨 1, 田制, 祿科田, 恭讓王 3년 5월, 給科田法, 中冊, p.723.
73. 『成宗實錄』 32, 成宗 4년 7월 己未, 9冊, p.44.

각 고굉과 번병으로서 자리한다는 편제상의 원리가 있었다. 고굉·번병으로서의 임무는 왕실을 侍衛하고 賦稅와 勞力을 들이는 일이었다. 科田이 사대부의 忠信을 기대하고 분급하는 토지였음에서 당연한 일이었다. 경기의 과전을 통해선 사대부로 하여금 서울에 거주하며 왕실을 保衛하도록 하고 외방의 군전을 통해선 閑良官吏에게 왕실의 藩屛으로서 역할을 부과하였다. 이러한 편성 위에서 天子는 천하의 봉공을 누리고 諸侯는 境內의 봉공을 누리며 賢能한 이가 지혜를 바치고 豪傑이 힘을 바치며, 民庶는 분주히 각기 맡은 역무에 종사하는[75] 이른바 '封建'의 원리를 관철하고자 하였다.

과전을 분급받은 사대부는 受田에 따른 職役提供의 의무를 부과받았다. 현직관료는 관직에 부여된 직무를 이행하는 게 의무였다. 사대부 가운데 前銜·添設(陞職시킬 자가 實職이 없을 때 임시로 직명을 借銜을 줌) 등의 無職事官이나 사대부의 子弟 이른바 閑良官·閑良子弟[76]에게는 특정 직역을 요구하였다. 居京者에게는 과에 따라 과전을 지급하였고, 在外者에게는 10결 혹은 5결의 토지를 軍田이란 명목으로 분급하였다. 이 군전은 고려 말 과전법 시행 당시 이들이 본래 점유해 오던 수조지 가운데서 규모에 따라 10결, 5결씩만 계속 점유하게 한 것으로 추측된다. 나머지는 몰수하였을 것이다. 閑良官으로 수전한 이들은 흔히 受田散官·

---

74. 鄭道傳, 『三峯集』 7, 朝鮮經國典 上, 賦典, 州郡.

75. 鄭道傳, 『三峯集』 7, 朝鮮經國典 上, 正寶位.

76. 千寬宇, 「麗末鮮初의 閑良」, 『李丙燾博士華甲紀念論文集』, 1956(同, 『近世朝鮮史研究』 수록, 一潮閣, 1979).
閔賢九, 「近世朝鮮前期 軍事制度의 成立」, 『韓國軍制史-近世朝鮮前期篇』, 陸軍本部, 1968, pp.29~32.
韓永愚, 「麗末鮮初 閑良과 그 地位」, 『韓國史研究』 4, 1969.
李成茂, 「兩班과 軍役」, 『朝鮮初期 兩班研究』, 一潮閣, 1980, pp.218~228.
李喜寬, 「高麗末 朝鮮初 前銜官·添設官에 대한 土地分給과 軍役賦課」, 『高麗末 朝鮮初 土地制度史의 諸問題』, 1987.
姜恩景, 「朝鮮初 無受田牌의 性格」, 『東方學志』 77·78·79合輯, 1993.
劉承源, 「朝鮮建國期 前銜官의 軍役」, 『韓國史論』 41·42合輯, 1999.

受田品官이라고 불렀다.[77] 이들은 고려 말 과전법 제정 때부터 牌로 지어 三軍府에 소속하여 왕실 侍衛로서의 군역을 담당하였다. 그러므로 受田牌라고 하였다. 수전패에는 과전 소지자도 있었고 군전 소지자도 있었다. 이런 경우의 科田은 軍田과 성격이 동일하였다. 다만 군전은 10결·5결의 두 개의 단위만 있을 뿐이어서 과전식으로 표현하면 2과로만 구분되어 있는 셈이었다. 이런 까닭에 作牌된 受田大小人員의 토지는 통칭하여 軍田이라고도 하고, 또 군전을 혹 科田으로 부르기도 하였다.[78] 수전패는 부모의 喪葬·疾病外에는 연 100일간 番次로 宿衛하여야 했다. 이 의무를 이행하지 않을 때 군전은 몰수하게 되어 있었다.[79] 조선 초기에는 受田人員이 여러 가지 사정으로 숙위를 이행하지 못하는 경우에 이 전지를 子壻弟姪에게 넘기고 숙위의무도 함께 넘겨주도록 하는 조치는 수시로 취했다.[80] 한편 閑良子弟는 散官은 아니었지만 사대부가의 자제로서 과전·군전을 수득할 수 있었다. 이들의 受田은 祖父가 절수받은 전지를 전수·체수하는 것으로 恤養田도 그 한 예였다. 20세가 넘어서도 未仕하고 있는 한량자제는 휼양전 가운데 군전에 해당하는 액수만큼은 계속 점유하면서 대신에 숙위근무를 하였다.[81]

수전패는 원칙상 馬兵으로 편성되어 숙위하였다. 馬 그리고 이에 부

---

77. 『高麗史』 77, 百官 2, 諸司都監各色, 三軍都摠制府, 中册, p.691.
『高麗史』 78, 食貨 1, 田制, 祿科田, 辛禑 14년 7월, 中册, p.717.
『太宗實錄』 4, 太宗 2년 11월 癸巳, 1册, p.251.

78. 『太宗實錄』 4, 太宗 2년 11월 癸巳, 1册, p.251.
『太宗實錄』 28, 太宗 14년 8월 辛酉, 2册, p.32.
『世宗實錄』 39, 世宗 10년 3월 己酉, 3册, p.122.
『世宗實錄』 76, 世宗 19년 3월 辛卯, 4册, p.56.

79. 『太宗實錄』 7, 太宗 4년 6월 戊寅, 1册, p.299.

80. 주 76의 논고.

81. 『高麗史』 78, 食貨 1, 田制, 祿科田, 科田法 條文.
『高麗史』 78, 食貨 1, 田制, 祿科田, 辛禑 14년 7월, 中册, p.717.
『龍飛御天歌』 8, 제72장.
『成宗實錄』 261, 成宗 23년 정월 癸巳, 12册, p.137.

수한 甲冑·兵器는 수전패 자신이 스스로 마련하였다.[82] 이들에 대한 給田은 이 토지의 수익으로써 숙위에 필요한 제반 비용에 충당하게 한다는 의미였다. 고려시기 軍人田의 절급과 계통을 같이하는 것이었다. 그러나 군전에서 나오는 수익은 숙위의 경비에 못 미쳤고, 한량관은 근무에 태만하였다. 세종조에는 늙고 쓸모없는 부류가 되어 있었다. 정부는 奉足制에 의한 군역제를 군사제도의 근간으로 하고 있어 이들의 宿衛에 비중을 두지 않았고 점차 군전을 폐기해 가는 쪽으로 기울었다.

사대부가 과전점유에 병행하여 담당하는 役은 이러하였다. 양반의 자손이 져야 하는 병역은 갑옷 입고 투구 쓰는 벼슬이었다.[83] 이들의 숙위는 忠의 표현이었고 군신관계의 보증행위였다.[84] 물론 모든 閑良官이 수전자는 아니었다. 6도의 한량관 가운데 本田이 없어 군전을 받지 못한 자가 있었고 경기에서는 과전을 지급받지 못한 이들도 있었다. 이들은 소위 無受田人員이었다. 나라에선 신분상 士大夫·士族이면서도 수전하고 있지 못하다는 것 하나로 이들을 일반 상민과 같이 國役에 편제시킬 수는 없었다. 정부는 이런 이를 試取하여 직무를 주거나 無受田牌로 屬牌하여 1년에 3개월간 宿衛하도록 하였다.[85] 그러나 受田牌의 숙위도 제대로 안 되는 터에 이들의 근무는 더욱 기대하기 어려웠다. 숙위는 형식적이었고 국가는 이들을 파악하고 있다는 선에 그치고 더 이상의 강요는 하지 않았다. 그리하여 국왕의 春秋親點에만 응하고는 田庄으로 退去하여 버리는 이들이 많았다.[86] 受田閑良官의 숙위는 일반농민이 담당하던 군역과는 질이 달랐다. 사대부들은 과전을 점유한다는

---

82. 千寬宇·韓永愚, 주 76의 논고 참조.
『高麗史』 81, 兵 2, 5軍, 辛禑 3년 6월, 中冊, p.787.
『太宗實錄』 19, 太宗 10년 2월 丁巳, 1冊, p.530.

83. 『高麗史』 78, 食貨1, 田制, 祿科田, 辛禑 14년 7월, 中冊, p.715, 720.

84. 金錫亨, 「李朝初期 國役編成의 基底」, 『震檀學報』 14, 1941.

85. 韓永愚, 주 76의 논고.

86. 『太宗實錄』 26, 太宗 13년 6월 丁丑, 1冊, p.686.

사실로써 일반 군역을 지지 않았다. 受田의 사실은 그 수전자에게 士로서의 처지를 표시하는 것이었다. 따라서 숙위의 근무를 수전자가 제공하기 싫을 때 과전을 국가에 반납하면 되었다.[87]

사대부에게 과전의 점유는 크게 두 가지 의미가 있었다. 하나는 정치층으로서 일반 민인과 구별되고 있다는 점이고, 다른 하나는 나라·임금에 대해 忠信의 의리를 職役을 통하여 이행하여야 한다는 점이었다. 세조 말 과전이 폐지되고 새로 현직관료에 대해서만 절급하는 職田이 설치되었을 때, 사대부들이 이제는 士와 農이 같아져 국가에는 世臣이 없어지게 되었다고 노골적인 불평·불만을 터뜨림은 이런 연유였다.[88] 직전제의 실시를 기점으로 과전분급이 중단된 이후, 나라는 사대부에게 宿衛의 軍役을 부과할 수도 없었고 기대할 수도 없었다. 직전을 설치하고 受田牌 제도를 혁파하면서[89] 양반 사대부의 免役은 관례로 되어 갔다.

87. 『太宗實錄』 11, 太宗 6년 5월 壬辰, 1冊, p.356.
『世宗實錄』 46, 世宗 11년 10월 丙子, 3冊, p.201.
본서 Ⅶ편 1장.

88. 『世祖實錄』 40, 世祖 12년 11월 庚午, 8冊, p.46.

89. 『成宗實錄』 261, 成宗 23년 정월 癸巳, 12冊, p.137.

Ⅴ. 農地의 復舊·開拓과 土地把握

1. 陳荒地의 開墾과 農業技術

조선 초 토지제도의 원칙과 운영은 토지의 私的 소유 및 그 권리를 기반과 전제로 하고 이를 집권왕조국가의 수조지로 파악하여 이의 배정과 분급을 주축으로 수립하고 수행하는 것이었다. 따라서 형태는 재정차원 조세차원에서 始終하였다. 조선왕조가 이를 제대로 부지하기 위해서는 그에 앞서 그리고 병행하여 이 基礎를 견실하게 함이 큰 업무이고 사업이었다. 이것은 두 방면에서 요청되었다. 하나는 生産基盤의 확충 및 증대였고, 다른 하나는 이 위에서 토지를 철저히 파악하며 이를 租稅賦課와 직결시키는 것이었다. 요컨대 농지의 복구·개척과 토지조세의 파악이었다.

이 가운데 전자는 농업 생산력의 증대로서 어느 왕조 어느 시기에나 항시 요구되고 또 점진적 혹은 비약적으로 추진되어 오는 생산활동이며 그 방략도 여러 가지이지만 결국 농지의 확보·확장을 통한 농경지의 증대, 농법 개량을 통한 단위면적당 생산량의 提高 두 가지로 귀착되는 것이었다. 이 시기에는 이 두 가지 모두 절실하였다. 특히 농경지의 확보·확대는 매우 시급한 사안이었다. 고려 말 농지의 황폐, 인민의 도산은 극심하였다. 새 왕조 조선에서 진황농지의 회복과 새로운 농지의 개발, 민인의 安集은 일상의 권농책을 넘어서서 근본의 토지·인구정책이 아닐 수 없었다. 북방개척도 이의 연장이고 확장이었다.

1) 陳荒農地의 開墾施策

고려후기 이래 조선 초까지 倭寇의 노략과 분탕은 우리나라 연안 일대의 농토를 황폐시키고 인민의 감소·이산을 속출시켰다.[1] 특히 나라의 腹心이고 府庫인 하삼도는 피해가 극심하였다. 빈해지역의 농지황폐와 인구이산은 정치 경제상 큰 난국이었고 국방 군사상 커다란 위협이었다. 우리나라 田土의 대부분이 빈해에 있고 비옥지는 더욱 그러한데 고려 말에는 이것이 온통 갈대숲으로 변하여 있다고 통탄할 만큼 피폐가 혹심하였다.[2] 공민왕대에 민인은 해변에서 50里 혹은 30~40리씩 멀리 떨어진 곳에서야 겨우 산다는 탄식이 나올 정도였고,[3] 禑王대에는 내륙까지도 왜구가 치성하였다.[4] 고려 말 연안 고을 대부분이 누락되는 등 극히 부실하였던 양전(己巳量田) 결과로서도 황폐농지는 경작농지의 1/3에 육박하였다.[5] 농촌의 피폐는 재정에 엄청난 타격을 주었다. 연해 고을의 부세징수는 거의 중단되고 그나마 징수된 稅穀마저 수송에 위협을 받았다.[6]

---

1. 申奭鎬, 「麗末鮮初의 倿寇와 그 對策」, 『국사상의 제문제』 3, 1958.
孫弘烈, 「高麗末期의 倭寇」, 『史學志』 9, 1975.
金庠基, 『高麗時代史』 附錄, 倭寇關係表, 1966.
2. 『高麗史』 78, 食貨1, 田制, 祿科田, 辛禑 14년 7월 趙仁沃 上疏, 中冊, p.721.
『高麗史節要』 33, 辛禑 14년 8월, 趙浚 陳時務, p.837.
3. 『高麗史節要』 29, 恭愍王 19년 5월, p.732.
4. 주 1과 同.
5. 『高麗史』 78, 食貨1, 祿科田, 恭讓王 3년 7월, 給科田法, 中冊, p.723.
6. 崔完基, 「朝鮮前期 漕運試考」, 『白山學報』 20, 1976, p.396.
孫弘烈, 「高麗漕運考」, 『史叢』 21·22합집, 1977, pp.198~202.

陳荒農地의 開墾과 離散民人의 安集은 焦眉의 급무였고 절실한 과제였다.[7] 조선은 건국 직후부터 이에 착수하였다. 太祖 즉위 초 田野의 개간 및 戶口의 증가 여부로 수령의 考課기준을 삼고, 戶籍작성 때에 각 호에서 率居人口를 모두 抄出하지 않도록 유의하여 率足制를 시행함으로써 개간의 독려와 농업인구의 안정을 꾀하는 한편, 양식이 없는 귀농인에게 義倉米를 우선 지급하고 질병 등 사고로 경작할 수 없는 이의 토지는 이웃이나 친족이 상조하여 경종하도록 하는 지침도 권려하였다.[8] 이러한 행정지원 권농시책 위에서 정부는 개간정책을 두 방면에서 마련하여 추진해 나갔다. 개간지의 소유권 및 이용권 그리고 개간지의 면세 내지 감세의 부면이었다.

우선 閑曠地나 無主地에서 所有權의 취득 내지 귀속은 오랜 관례와 법제를 원칙으로 따랐다. 절차상 관청에서 무주지의 취득 증명서이며 개간 허가서로서 立案을 발급받으면 되었다. 개간면적이나 자격 신분에 대한 제약은 물론 없었다. 그러면서도 이 원칙만 유일하게 墨守하진 않았다. 황무지 무주지를 대량으로 先占하고 농지를 서로 묵혀 가며 해를 건너서 경작하거나 아예 개간조차 하지 않고 타인의 경작까지 금지하고 있는 경우에는 그 소유권을 보호하지 않았다. 일찍이 태조 3년(1394)에 陳荒田 10부에 笞 10에 처하고 매 10부마다 杖 80의 한도 안에서 1등씩 加罪하는 벌칙과 함께 해당 진황지는 無田者 및 田少者에게 분급하여 경작하도록 하고 다른 고을로 이사하여 버린 사람의 전토 또한 무전자에게 우선 지급하는 시책을 수립하였다.[9] 주로 양반・토호 가운데

---

7. 주 2의 下段.
   鄭道傳, 『三峰集』 7, 朝鮮經國傳 上, 賦典, 軍資.
8. 『太祖實錄』 2, 太祖 원년 7월 壬寅, 1冊, p.31.
   『太祖實錄』 5, 太祖 3년 4월 庚辰, 1冊, p.61.
   『太祖實錄』 11, 太祖 6년 2월 甲午, 4冊, p.270.
9. 同上 가운데 太祖 3년 4월 庚辰.

勢力家 豪富家의 토지겸병을 저지하고 농지가 없거나 적은 자의 安業을 꾀하며 토지의 盡耕 및 경작이용을 보장하려는 의도였다. 태조 6년(1397)에는 호강한 品官 및 鄕吏가 농민이 출입하여 미처 돌아오지 않는 이의 농지를 '流移'라 칭하여 탈취하는 곧 有主陳田의 탈점행위도 금지하고 만일 원 소유주가 영영 돌아오지 않으면 역시 무전농민에게 분급하도록 하는 判旨를 하달하였다.[10] 이 규정은 후술하듯이(본절 주 32~39의 본문), 앞의 조처와 함께, 세종조에 가서 경우와 내용을 한층 보완하여 조선의 법제로 정착한다. 소유권 분쟁이 세월이 가면서 번잡하여지는 데 따른 것이다.

진황지의 개간에 따른 免稅혜택 역시 태조 즉위 초부터 마련하였다. 개간 첫해는 田租 전액을 면제하고 이듬해에는 그 반만 거두고 그 다음 해부터 정식 징수하는 방침으로서 『經濟六典』 元典에 수록되어 상당기간 운용되었다. 이 역시 瀕海 개간처를 대상으로 작정한 것임은 말할 것도 없다.[11] 빈해의 진황지는 본시 토질이 비옥한데다 대부분 과거에 常耕田이었어서 이 정도의 면세혜택이면 熟治는 가능하였던 것이다.

정부의 이러한 개간장려에 더하여 倭에 대한 군사공략·정벌과 외교압박으로 왜구도 수그러드는 가운데, 빈해 진황지는 민인의 노력으로 착착 개간되어 갔다. 太祖 4년(1395)에 이미 南道에서 인구가 날로 증가하고 빈해·도서의 농지가 거의 개간되었다는 찬사가 나올 만큼 성과가 오르고, 7년(1398)에 가서는 이들 빈해 고을에 대한 量田이 확정되었다.[12] 太宗 5년(1405)에 있은 乙酉量田의 성과는 대부분 이 빈해 진황지의 개간경작에 입각한 것이었다.[13]

---

10. 『世宗實錄』 10, 世宗 2년 11월 庚午, 2冊, p.415.
11. 『太宗實錄』 36, 太宗 18년 7월 庚戌, 2冊, p.238.
『世宗實錄』 65, 世宗 16년 7월 戊子, 3冊, p.580.
12. 『太祖實錄』 8, 太祖 4년 12월 癸卯, 1冊, p.88.
『太祖實錄』 14, 太祖 7년 7월 乙亥, 1冊, p.129.

빈해의 토지와 함께 島嶼에서도 개간은 활발하였다. 태종 17년(1417) 10월 정부는 각 섬의 새 개간지를 조사하여 토지대장에 올리는 작업을 착수할 정도였다. 이는 『경제육전』의 규정에 따른 사업이었다.[14] 인구가 늘고 도서에서 농지가 확대되면서 共有地 國有地까지 개인 경지로 개척되었다. 이런 현상은 특히 태종조 후반부터 두드러졌다. 繕工監 소속으로 물억새를 공급하는 경기의 草薍處가 경작지로 변하고,[15] 군사훈련지로 사용하는 곳곳의 講武場까지 농지로 개간되고 있었으며[16] 牧場處 또한 농지로 개척되었다.[17]

태종조 후반 이후는 간척사업도 두드러졌다. 해안에 농지로 할 만한 빈터가 있으면 제언을 쌓아 바닷물의 범람을 막고 전답으로 개척하는 海澤開發이 보급되는 것이었다.[18] 진황농지의 再墾을 넘어서 이제는 新田의 개발이 소용되는 무렵이었다. 해택에서 신전개발은 이 방면 토목기술의 오랜 전통과 고도의 수준이 뒷받침하고 있었다. 관개용 혹은 방조용의 제언을 쌓아 온 오랜 경험 속에 해수의 범람과 침습을 방지할 수 있도록 하는 築堰築堤의 기술이 축적되고 진보하여 온 것이다. 우리나라에서 제방의 수축은 上古 이래 있어 오던 커다란 特長이었는데 이것이 특히 농지개간과 결부되어 크게 활용되던 시기는 고려시기 對蒙抗爭期였다. 몽골과 전쟁이 장기화함에 따라 山間 및 海島·沿海地가 정부와 민인 모두에게 피난처로 되어 이후 이들 지역에선 농지개발이 힘껏 널리 추진되었고[19] 따라서 간척기술도 현저히 발달하였다.

---

13. 본편 3장, 주 10 참조.
14. 『太宗實錄』 34, 太宗 17년 10월 乙酉, 2册, p.225.
15. 『太宗實錄』 29, 太宗 15년 6월 庚寅, 2册, p.72.
16. 『太宗實錄』 29, 太宗 15년 5월 癸亥, 2册, p.66.
    『太宗實錄』 28, 太宗 14년 9월 戊辰, 2册, p.34.
17. 『太宗實錄』 29, 太宗 15년 정월 庚申, 3册, p.52.
18. 『太宗實錄』 27, 太宗 14년 5월 庚寅, 2册, p.17.
19. 李光麟, 『李朝水利史研究』, 韓國研究圖書館, 1961, pp.1~13.

조선에 와선 이러한 기반에서 농지개간에 병행하여 생산증대책의 하나로 水利用 堤堰의 보수와 신축을 누누이 독려하고 촉구하였다. 태조 4년(1395) 7월 각 도의 관찰사에게 堤堰築造法을 하달하고 그 내용을 『經濟六典』에 법규로 수록하였다.[20] 태종 9년(1409)에는 그간 큰 가뭄까지 연속 겹쳐 저수지를 수축하여 권농하고 그리하여 田野가 모두 개간되도록 하라는 王命을 각 도에 시달하였다.[21] 태종 14년(1414) 이후는 더욱 본격 독려되었다. 전국 각 도에 수리를 일으켜 良田을 만들 수 있는 곳과 오래된 저수지를 수축하여 경작할 수 있는 곳을 세밀히 조사하여 그 結負數를 보고하도록 하고,[22] 아울러 수리에 밝은 李殷·禹喜烈·韓雍 등이 전국 각 고을을 다니며 제언수축을 권려하고 관장하였다.[23] 조선왕조 최대의 제언공사 최고의 축제기술로 손꼽히는 金堤 碧骨堤의 중수나 富平堤堰의 수축, 古阜 訥堤의 보수 등도 모두 이 무렵에 시행한 사업이었다.[24]

수리의 이용이나 개발은 地形에 따라 특징을 가지고 발달하였다. 큰 가뭄을 당하면 內陸은 산지가 대부분이어서 대개 곳곳마다 溪間이 있어 흡족하게 관개할 수 있어서 수십 고을이 연달아 참혹한 피해를 입지는 않으나, 빈해 일대의 들은 바다와 연결되어 대개 川流가 짠 潮水를 받아 전답에 관개할 수 없어 제언의 축조와 보수는 불가결하였다. 그러므

魏恩淑, 「12세기 농업기술의 발전」, 『釜大史學』 12, 1988.

20. 『太祖實錄』 8, 太祖 4년 7월 辛酉, 1冊, p.81.
『文宗實錄』 9, 文宗 원년 8월 丙子, 6冊, p.421.

21. 『太宗實錄』 17, 太宗 9년 정월 辛未, 1冊, p.473.

22. 『太宗實錄』 27, 太宗 14년 6월 庚戌, 2冊, p.21.

23. 『太宗實錄』 28, 太宗 14년 12월 乙亥, 2冊, p.46.
『太宗實錄』 35, 太宗 18년 정월 甲子, 2冊, p.200.

24. 『太宗實錄』 30, 太宗 15년 8월 乙丑, 2冊, p.78.
『新增東國輿地勝覽』 33, 全羅道, 金堤, 古蹟, 碧骨堤重修文.
『太宗實錄』 33, 太宗 17년 4월 庚申, 2冊, p.155.
『世宗實錄』 3, 世宗 원년 2월 乙亥, 2冊, p.203.

로 빈해 연안 고을에서는 유독 제언의 수축과 개발이 성하였다. 이 시기 제언의 축조와 보수는 이와 같이 빈해 일대의 농지개간과 직결되어 추진되는 사업이었다. 그리고 다시 이러한 築堤築堰의 전통과 기술이 신전개발로 이어져 海澤地의 간척이 성행하는 것이었다.[25]

진황지의 개간과 그 성과는 농민층의 노력과 지주층의 물력 그리고 정부의 권농책 3자의 소산이었다. 이 바탕에는 당시 우리나라가 도달하고 있던 墾耕方式·農地經營, 勸農政策의 방향 등 여러 조건이 자리하고 있었다. 이 점은 개간작업은 물론 개간 후의 농업생산을 생산력 수준 및 주도층의 실체를 설정하는 것으로 이 시기의 農書에서 농지개간과 관련하여 각별히 다루고 있다. 한 예를 太宗대에 간행한 것으로 추정하는 『農書輯要』에서 살필 수 있다. 『농서집요』는 이웃 농서 특히 元代의 『農桑輯要』를 吏讀로 초역하되 그것을 우리의 농업현실에 의거하여 정리한 책자로서 고려 말 조선 초의 농업기술 농업생산을 바탕으로 중국 화북지방의 농법을 우리의 농업현실에서 이해하고 응용하는 바를 알 수 있게 하는 농서이다.[26] 이 농서의 내용 가운데는 『농상집요』와 비교하여 내용을 고치거나 새로운 사항을 첨가하여 기술한 것이 적지 않은데, 특히 가장 두드러진 부문의 하나는 開墾에 관한 기술이다.

가령 『농상집요』가 秋耕을 설명하여 '稀靑者爲上'(작물 수확 뒤 잡초가 다시 자라 무성하였을 때 갈아엎음이 좋다)이라고 한 대목을 우리의 『농서집요』에서는 陳荒地 開墾으로 바꾸어 설명하고 있는 것, 그리고 농업경영 규모에 관하여 전자에서는 자기 역량에 따라 소규모 농지를 精耕細作하여 집약경영하고 많은 농지를 粗放耕作함은 피하도록 하고 있음에 반해 후자는 이를 삭제하고 있는 것 등이 그 예이다.[27] 앞의 경우는 이미

---

25. 拙稿, 「朝鮮初期의 農地開墾과 大農經營」, 『朝鮮前期土地制度研究』[II], 지식산업사, 1998, p.36.

26. 金容燮, 『신정 증보판 朝鮮後期農學史研究』 1편 1·2장, 지식산업사, 2009.

토질·기후에 따른 지역차는 있었지만 旱田은 적어도 1년 1작 그리고 통상 그루갈이[根耕]를 통해 1년 2작 나아가선 2년 3작도 하고 있었고 水田은 年年常耕이 관례인 우리의 농업실정에서[28] 旱田은 1년 1작 水田은 稻作 다음에 다른 작물을 경작하는 回換으로서의 隔年作이고 모두 輪作하는 단계의 중국 농법에서 있은 秋耕을[29] 그대로 받을 수는 없었다. 그러므로 이 대목을 조선 초 진황전 개간이 우리 농업의 긴요사항임에서 진전의 개간기술로서 대치시켜 찬술하고 있는 것이다. 뒤의 경우는 중국 농서가 이 소규모의 정경세작을 경지의 隔年 休閑을 조건으로 하여 권장하고 있는 것이어서 농법상 벌써 歲易을 청산한 우리 농업에서는 이를 장려할 필요가 없었기 때문이었다. 더구나 개간의 장려, 농지의 확장이 중요한 농업과제이며 정치의 급무여서 『농서집요』는 농서로서 이 점을 세심히 배려하고 있는 것이었다.[30]

이러한 예는 조선 초 농업생산의 규모로서 大農經營을 방임 내지 권장하고 있었음과, 실제 개간에는 부농·빈농, 지주·전호, 노비·양인·양반 등 사회의 모든 계층 모든 신분이 참여하고 있었고 국가도 둔전 개발을 통해 한몫을 하고 있으면서도, 이를 주도하고 또 이를 통해 대토지를 집적하여 가던 이들은 대부분 지주, 부농, 국가였음을 전하여 준다. 조선왕조는 소농보다는 대농을, 빈농보다는 지주를 경제활동의 주축으로 삼고 이들을 중심으로 진황지 개간을 진척시키고 그리하여 이 바탕 위에서 조선의 농업생산을 운영하고 왕조의 기틀을 공고히 구

---

27. 『農書輯要』, 耕地.
『農桑輯要』 2, 耕墾, 耕地.

28. 閔成基, 『朝鮮農業史研究』 제4·6장, 一潮閣, 1988.
李鎬澈, 『朝鮮前期農業經濟史』 제1부, 한길사, 1986.

29. 石聲漢, 『從齊民要術看中國古代的農業科學知識』, 科學出版社, 1957.
西山武一, 「齊民要術의 農學」, 『아시아的 農法과 農業社會』, 아시아 經濟出版社, 1969.
米田賢次郎, 『中國古代農業技術史研究』 제Ⅱ부, 同明舍, 1989.

30. 拙稿, 주 25의 논고.

성하여 가고 있었다.[31]

농지개간의 독려와 그 성과는 세종조에 가서는 한층 더 두드러지고 아울러 그에 따른 새로운 문제가 제기된다. 우선 농업개발의 일환으로 종래 독려하고 권장하여 온 농지개간 시책을 한층 강화하면서 농지확장에 주력하였다. 이를 위해 개간에 따르는 각종 새로운 혜택을 부여하는 정책을 개발하고 시행하였다. 특히 초기부터 중점을 둔 것은 開墾地의 所有權 및 利用權에 관해서였다. 世宗 2년(1420), 無主地의 경우 권세가나 토호 가운데 황무지를 대량으로 점거하고서는 스스로 개간도 않고 다만 立案을 가지고 있음을 빙자하여 타인의 개간을 방해하는 행위에 대해 타인의 개간을 허용하도록 하고 위반자는 엄벌하는 방침을 세워[32] 토지이용에 遺漏가 없게 한다는 의지를 확실히 하였다. 그리고 無主田도 무전자에게 우선 절급하도록 분명한 방침을 취하여[33] 토지의 多占행위를 가능한 한 방지하였다.

한편, 有主陳田의 소유권에도 지침을 분명히 하였다. 세종 2년(1420)에 호강한 품관 및 향리가 세력 없는 민인이 出入에 미처 돌아오지 못하고 있음을 빌미로 '流移'라고 칭하여 그 家舍·田地를 모두 탈점하는 행위 즉 無主田을 빙자한 토지겸병에 대해서 해당 고을에서 탈점을 금지하고 本主가 귀환할 때를 기다리도록 하고 만일 영영 돌아오지 않으면 무전자에게 분급하도록 하는 방침을 세웠다.[34] 그리고 농사철에 遭喪·疾病 등 큰 사고로 민인이 경작하지 못한 토지를 陳荒을 이유로 起耕하고는 도리어 '白根'(소유의 근거가 되는 文籍이 없는 상태)이라 칭하여 끝내 돌려주지 않고 소유권을 점탈하는 사태에 대해서 세종 3년(1421)에 원 소유주에게 돌려주는 법을 재차 강조하되, 2년 이상 경작한 토지는

---

31. 金容燮, 「朝鮮初期의 勸農政策」, 『韓國中世農業史研究』, 지식산업사, 2000.
32. 『世宗實錄』 10, 世宗 2년 11월 己巳, 2冊, p.414.
33. 『世宗實錄』 28, 世宗 7년 6월 辛酉, 2冊, p.675.
34. 주 10과 同.

시비를 가리지 말고 모두 白根에 따르게 하여 현 개간경작자에게 소유권을 허용하도록 하였으며, 다만 혹 어떤 연고가 있어 타인의 전지를 代耕한 자도 5년에 한하여 경작할 수 있도록 단서를 붙였다.[35] 또한 까닭 없이 농사를 2년 이상 全損시킨 자의 토지도 타인에게 분급한다는 규정도 제정하였다.[36]

陳田은 합당한 사유 없이 2년 이상 황폐시키거나 혹은 타인이 2년 이상 경작했으면 本主의 소유권을 상실시켜 실제 개간자에게 넘겨주고, 타당한 사유가 있어 타인이 경작하게 된 경우에는 5년 안에선 이용권만 허용하고 다시 본 주인에게 환급하도록 하고 있었다. 陳田의 소유 및 이용에 관한 이러한 조처는 『經國大典』에 와선 진전상태의 허용을 1년 늘려 3년간으로 바꾸고 있다.[37] 墾耕 5년 안에는 利用權만 허용한 조치는 遊移者가 귀환하여도 이미 자기 소유지가 타인에게 넘어가 있어 반반씩 서로 나누어 갖는다 하여도 생계가 곤란하여 다시 유망하게 되는 형편을 배려한 것이었다.[38] 이는 無主田의 개간 때 발생하는 소유권 분쟁에도 적용하여 무주전은 타인에 이급하여 경작하게 하되 만일 5년 안에 원소유주가 돌아오면 그에게 돌려주고 현 경작자가 無主者이면 2/3만 환급하도록 하였다.[39]

이러한 시책은 토지의 사적 소유를 보호하는 선에서 경작농민에게 그리고 할 수 있는 한 무전농민에게 토지가 귀속되어 小農民의 安定을 도모하고 그리하여 토지의 생산성을 고양시킨다는 자세의 발현이었다. 소유관계에 관한 법적 정리와 함께 면세조처도 개선하였다. 국초에 빈

35. 『太宗實錄』 30, 太宗 15년 12월 丁丑, 2冊, pp.93~94.
『世宗實錄』 11, 世宗 3년 정월 壬午, 2冊, p.422.

36. 『世宗實錄』 78, 世宗 19년 7월 丁酉, 4冊, p.88.

37. 『經國大典』 2, 戶典, 田宅.

38. 『世宗實錄』 114, 世宗 28년 11월 戊子, 4冊, p.514.

39. 『經國大典』 2, 戶典, 田宅.

해 개간지의 조세는 개간 첫해는 全免, 2년째는 그 半額 면제, 3년째 全收하는 방침이었으며 세종조에도 이는 원칙으로서 그대로 준수하고 있었다.[40] 그러나 빈해라 하더라도 개간지의 소재처나 그 민인의 처지에 따라서는 이보다 더 큰 혜택을 부여하였다. 가령 세종 5년(1423) 巨濟縣에 새로 옮겨 온 민인의 新墾田에 대해 개간 2년까지 全免, 3년째 減半, 4년째 全收하도록 하고 있다.[41] 다른 지역에서도 마찬가지였다.[42] 빈해 진황지와 달리 신개간처는 농지의 熟田化를 꾀하자면 이 정도의 혜택은 있어야 했던 것이다.

정부는 개간장려를 守令의 勸農任務와 연계시켜 독려하였다. 세종 22년(1440)에 水利를 일으키고 陳荒地를 개간하고 인민을 召募하여 경작함으로써 호구를 증가시킨 수령을 포상하는 시책을 마련하였다.[43] 태조초, 수령의 考課를 墾田의 다소에 따라 3등급으로 나누어 행하던 것에서[44] 한 단계 더 조건을 부여한 셈이었다.

그러나 이 시기에는 이상의 조처만으로 개간활동이 어느 곳에서나 순탄하게 진행될 수 있는 것은 아니었다. 지역에 따라서는 倭寇의 침략을 경계하고 방어하는 대책이 뒤따라야 하는 곳이 있었다. 세종 원년(1419) 대마도 정벌 이후,[45] 정부는 이러한 위험과 우려가 있는 지역 특히 島嶼에서는 왜구의 침입이 예상되는 지점을 중심으로 木柵을 설치하고 군사방어 조치를 강구하게 함으로써 농업생산에 안정을 기하게 하였다. 세종 2년(1420) 1,130여 결이나 새로 개간한 경상도 巨濟·南海·

40. 『世宗實錄』 35, 世宗 9년 3월 丙戌, 3冊, p.64.
『世宗實錄』 65, 世宗 16년 7월 戊子, 3冊, p.580.
41. 『世宗實錄』 21, 世宗 5년 8월 庚戌, 2冊, p.551.
42. 『世宗實錄』 50, 世宗 12년 12월 丙戌, 3冊, p.279.
43. 『世宗實錄』 88, 世宗 22년 2월 丙辰, 4冊, p.270.
44. 『太祖實錄』 11, 太祖 6년 2월 甲午, 1冊, p.100.
45. 申奭鎬, 주 1의 논고.

昌善 3개 섬은 섬마다 농토가 많은 곳에 木柵을 두르거나 土城을 구축하고 농민이 병기를 가지고 들어가 농사짓게 하면서 낮에는 망을 보고 밤에는 성에 들어가 지키게 하거나 또는 근처 각 梁의 兵船으로 수호하게 하는 방식을 취하였다.[46] 개간처가 적은 곳은 入耕을 금지시켰다.[47] 도서만이 아니라 빈해 근처의 육지에서도 그러하였다. 세종 15년(1433) 寶成 임내의 豊安·道化 및 加禾 3개 고을의 개간은 이렇게 하여 이루어진 것이었다.[48] 뿐만 아니라 세종 22년(1440) 전라도 연안은 바닷가 끝까지 개간되고 거주인구는 적어 隣保制에 군사훈련을 가미하여 대비시켰다. 10호 혹은 3, 4호를 1인보로 삼고 恒產이 있는 이를 正長으로 삼아 禍亂을 서로 구하고 출입에 서로 알리도록 인민을 편제하되 수령이 각별히 살피도록 하고, 이 제도가 長久策이 되도록 10인을 1統으로 10호를 1隊로 하는 統隊를 결성하고 각기 병장기를 가지고 내왕하며 農作하게 하였다.[49]

2) 農地擴大와 農業技術의 開發·普及

개간정책과 병행해서 세종조에 빈해 진황지는 거의 개간되었다. 세종 10년(1428)에 이미 전라도에서는 山林藪澤에까지 미쳐 모두 경간되고 있다는 보고가 나오고,[50] 21년(1439)에는 벌써 황해도 지역까지 이러하다는 지적이 있었다.[51] 海島의 개간 역시 극성하였다.[52] 한편 이 시기

46. 『世宗實錄』 7, 世宗 2년 윤정월 丙申, 2冊, p.371.
47. 『世宗實錄』 39, 世宗 10년 정월 丁亥, 3冊, p.106.
48. 『世宗實錄』 60, 世宗 15년 6월 戊申, 3冊, p.486.
49. 『世宗實錄』 91, 世宗 22년 11월 乙丑, 4冊, p.325.
50. 『世宗實錄』 40, 世宗 10년 윤4월 壬辰, 3冊, p.128.
51. 『世宗實錄』 86, 世宗 21년 7월 甲寅, 4冊, p.225.
52. 『世宗實錄』 53, 世宗 13년 8월 己丑, 3冊, p.333.
『世宗實錄』 88, 世宗 22년 3월 乙丑, 4冊, p.277.

빈해 지역에선 干拓을 통한 海澤田의 개발이 특히 활발하여졌다. 앞서 말한 바처럼 연안 진황지의 개간은 태종조까지 상당히 진척되어 점차 新田의 개발이 요청되었고, 세종조 중반부터는 토지부족이 심각하여져 조정에서도 이에 큰 관심을 갖기 시작하였다. 해택은 잘 개발하면 水田으로 만들어 소득이 크고 경지도 대규모로 확보할 수 있어 좋은 개간 대상이었다. 정부는 각 도 감사에게 개발의 책임을 부과하여 독려하였으며,[53] 民力만으로 성사시키기 힘든 곳은 부역노동을 통해 役夫를 징발하여 달성하기도 하였다.[54] 해택개발은 物力과 人力이 많이 소요되어 주로 양반 사대부 및 토호의 田庄마련이나 각급 관아와 諸鎭의 屯田확보에 이용되었고 성행하였다.[55]

이 무렵 그간 일반 농지개간을 통해 이루어져 온 농지확장은 한계에 도달하고 있었다. 세종 14년(1432) 당시, 양계를 제외한 6도의 전결수는 총 118만 6,070결로 파악될 만큼 대폭 증가하여 있었다.[56] 태종조 乙酉量田 때의 96만여 결에 비해 22만여 결 이상 더 증대한 것으로 조선은 開國 후 40년 만에 최대의 전결수를 확보하는 데 이르렀다. 이러한 농지의 개간과 확장에 병행해서 그리고 그 動因으로 작용하고 있던 것은 人口增加였다. 개간의 성과가 보고될 때마다 이에 수반하여 항상 인구증가 인구격증이 운위되었다.[57] 조선정부가 고을 행정력을 통해 기초조사한 자연호를 부세 부과 단위인 課戶 및 男丁(16~60세)으로 편제·파악한 사례를 보면 이 추세를 짐작할 수 있다. 태종 6년(1406) 경기와 5

53. 『世宗實錄』 92, 世宗 23년 정월 乙丑, 4冊, p.333.

54. 『世宗實錄』 126, 世宗 31년 11월 壬戌, 5冊, p.150.

55. 拙稿, 「朝鮮前期 地主層의 動向」, 주 25의 논저.
拙稿, 「朝鮮初期 屯田의 設置와 經營」 同上書.
李泰鎭, 「16세기 沿海地域의 堰田開發」, 『韓國社會史硏究』, 지식산업사, 1986.

56. 『世宗實錄』 148~153, 地理志, 5冊, pp.615~675.

57. 『世宗實錄』 41, 世宗 10년 9월 癸丑, 3冊, p.143.
『世宗實錄』 86, 世宗 22년 2월 丙辰, 4冊, p.270.

도의 호구는 戶 13만 5,045, 口 27만 9,361이었는데, 세종 14년(1432)경에는 戶 15만 1,610, 口 53만 448이었다.[58] 26년 사이에 戶는 1만 6,500여, 口는 25만 1,000여가 증가한 것이다. 자연 증식 외에 漏戶·隱戶 등의 搜括이나 流移戶의 歸還도 물론 있었겠으나 어느 경우든 농업생산의 안정과 고양 덕택이었다. 이 호적상의 호구수는 실제에 비해 10에 1~2 정도만 파악된 수치였다.[59]

농지확대와 인구증가는 재정상의 개편, 경제상의 변화로 이어졌다. 두드러진 변화의 하나는 賦稅上의 변경을 가져오고 있는 점이었다. 세종 10년(1428)에 본격 계획되고 누차 수정되어 26년(1444)에 확정되어 공포되는 結負田稅制度인 貢法의 구상 및 시행(본편 4장)도 이러한 기반에서 추진될 수 있던 것이다. 이 단계에서 정부는 지금까지 진황지 개간이나 신전개발에 허여하여 온 면세혜택을 폐지하여 더 부여하지 않았다.[60]

농지의 개간이나 확장은 농업기술에 의해 뒷받침되는 것이었다. 세종조에 오면 農業政策은 종래의 농지개발을 계승하고 이를 전체적으로 한 단계 높여서 새로운 진척을 시도하고, 아울러 농업기술의 개선과 보급을 전국적으로 그러나 지방마다 그 기후풍토에 적합하게 추구하면서, 그 기반으로서 力農경영을 독려하고 나아가 이 전체를 農政理念으로 제시하는 등 다각도로 진행하여 갔다. 통상의 勸農作業이 아니었다. 조정에선 농업개발을 위해 전국에 걸쳐 농업에 관한 제반사정을 종합하여

---

58. 『太宗實錄』 12, 太宗 6년 10월 丙辰, 1冊, p.378.
주 56과 同.

59. 『世宗實錄』 148, 地理志, 5冊, p.615.
조선 초 課戶는 자연호 가운데 田結과 丁을 절충하여 기준을 작정하여 편성하였으며, 그 기준은 목적·형편에 따라 달리하였다(韓榮國, 「朝鮮初期 戶口統計에서의 戶와 口」, 『東洋學』 19, 檀國大學校 東洋學研究所, 1989). 본서 Ⅲ편 2장의 [表 2, 3] 및 Ⅳ편 1장 1절의 [表 4]와 주 87도 이런 사정을 전한다.

60. 본편 4장 2절.
拙稿, 주 25의 논고, pp.37~38.

파악하여 나갔다. 즉 농업생산의 조건과 실태 그리고 농정이념의 정립을 위한 전국 규모의 기초조사를 경제·지리·농업상에서 수행하고 또한 天文氣象에 관해 학문적 연구를 진행하며 아울러 각종 測量器機의 제조·이용을 추진하였다.

농업생산의 실태조사는 조선의 국토가 南北으로 길게 펼쳐져 있는 가운데 山川이 많고 농지는 대부분 三面의 濱海에 집중하여 있어 각 지역마다 그 농업환경에 알맞은 농작물 및 농사관습·농작법이 형성되어 있어 농업개발을 체계 있게 진척시키려면 필수 사업이었다. 이 점은 이미 태종조에 각 도의 여러 고을마다 풍토가 같지 않아 적합한 곡식과 농사절기가 다르고 더욱이 중국과는 그 차이가 더욱 크므로 이에 관한 정확한 조사는 극히 중요한 사안으로 公論化하고 있었다.[61] 세종정부는 세종 6년(1424) 故老官僚가 점점 줄어 가는 사태에 직면하여 이 사업을 地理志의 편찬과 관련하여 시도하였다. 당시 국왕은 일정한 規式에 의하여 戶口, 墾田結數, 貢賦, 土産貢物, 堤堰(大堤), 土宜耕種 및 風氣·土地肥瘠, 民俗 등 전국의 농업사정을 통일적으로 파악하도록 지시하고, 이를 각 지방 감사·수령의 행정력을 통해 조사하도록 하였다.[62] 그리하여 세종 7년(1425)부터 각 도의 지리지가 편찬되고 이를 기초로 하여 세종 14년(1432) 『新撰八道地理志』를 편찬하였으며 이는 그 후 다시 보완하여 端宗 2년(1454) 『世宗實錄地理志』로 종합 정리하기에 이른다.[63] 세종조는 이러한 기초조사와 자료정리[64]에 병행하여 농지개발과 농법개발의 보급에 착수하고 이를 추진하여 나갔다. 力農論과 農政理念 또한 이 위

---

61. 『太宗實錄』 27, 太宗 14년 2월 乙巳, 2冊, p.4.

62. 『世宗實錄』 26, 世宗 6년 11월 丙戌, 2冊, p.637.

63. 『慶尙道地理志』 序.
『世宗實錄』 55, 世宗 14년 정월 己卯, 3冊, p.369.
『世宗實錄』 148~155, 地理志. 5冊, pp.613~701.

64. 金容燮, 「世宗朝의 農業技術」, 주 31의 논저, pp.385~413.

에서 마련하였다.

이와 같은 노력은 農書로서도 나타났다. 세종 11년(1429)에 간행하고 이듬해부터 보급하는 『農事直說』은 농지개간과 결부되는 농업기술을 상당부분 수록하고 있다. 『농사직설』은, 앞에서 언급한 『農書輯要』와 같이, 『農桑輯要』의 秋耕 부분 기사를 荒地開墾에 따른 墾耕과 그 방법으로 바꾸어 기술하여 농지개간에 깊은 관심을 보임과 함께[65] 더 나아가 개간에 직접 관련된 여러 가지 기술을 소개하고 있다.

우선 진황지의 土品을 판별하여 개간 적정처를 선택하는 방법 '荒地辨試法'이다. 황지는 한 자[一尺] 깊이로 흙을 찍어 맛을 보아 달면 上, 달지도 짜지도 않고 즉 담백하면 次, 짜면 下라고 이르고 있다.[66] 이는 당시 우리가 참작하던 중국의 어떤 농서에도 들어 있지 않은 내용으로 우리의 이른바 '本國經驗之方'[67]의 하나였다. 『농사직설』이 이것을 각별히 소개한 것은 조선 초 최대의 농업과제의 하나가 빈해지역의 개간과 간척사업이었기 때문이었다. 흙맛이 짠 토지는 연해안 일대에나 있는 까닭이다. 이 법은 고려시기 훨씬 이전에 이미 터득하고 내려온 오랜 경험으로 보인다.[68] 『농사직설』은 연안 일대의 개간에 깊이 유의하면서 아울러 水田의 개발에 역점을 두고 있다. 특히 荒地의 作畓法을 상세히 언급하고 있다. 古來로 수전은 한전보다 수확이 많고, 米는 그 가치가 밭곡식의 2배였고 국가 재정상 주종이어서 늘 중시되어 왔지만[69] 조선

---

65. 拙稿, 주 25의 논고, pp.41~45.
66. 『農事直說』, 耕地.
67. 『世宗實錄』 20, 世宗 5년 6월 庚戌, 2冊, p.543.
68. 李齊賢, 『益齋亂藁』 9, 下, 策問.
『高麗史節要』 33, 辛禑 14년 8월, p.837.
拙稿, 주 25의 논고, pp.45~46.
69. 『世宗實錄』 102, 世宗 25년 11월 癸丑, 4冊, p.520.
『世宗實錄』 104, 世宗 26년 6월 甲申, 4冊, p.561.
『世宗實錄』 49, 世宗 12년 9월, 3冊, p.259.

초 이때에 와서는 특별히 개간과 맞물려 힘써 권장하고 독려하였다.[70] 『농사직설』의 황지 작답법은 그 대상을 ① 草木이 무성한 곳 즉 水根이 있는 荒地와 ② 低濕地 둘로 구분하고, 개간 초 잠정 경작 때에 전자는 火耕을 후자는 輪木 혹은 拷栳[도리깨] 및 耒[따비]를 이용하도록 이르고, 각각 3·4년, 3년 뒤에 전자는 土性을 살려 시비할 것과 후자는 牛耕을 할 수 있음을 말하고 있다.[71] 이 부문의 기술은 다른 항목에 비해 분량도 많고 상세하다. 물론 중국 농서에는 전하지 않는 내용으로서, 황지 변시법이 그렇듯이, 우리의 오랜 농업생산의 전통과 개간기술로 체득하여 전해 오는 경험법의 하나로서 개간의 요구가 고조되는 데 부응하여 수록하였을 것이다.

세종조에도 개간의 규모나 농지의 경영규모에 대해 이렇다 할 제한이나 범위를 두지 않았다. 토지소유에 대한 조선의 관례 및 법제와 함께 농업 경영관 역시 이전과 같이 지주·대농 경영에 입각하고 있었다.[72] 세종조 후반 전라도 빈해 지역에서 개간이 극성한 사정을 말하는 한 보고에서 민가 2~3호가 독립된 상태에서 墾耕을 하고 있는 형편으로 지적되고 있는 것,[73] 그리고 국초에 금지하던 水田耕種의 한 방법인 苗種法(移秧法)을 세종대에 와서 除草노력의 절감을 장점으로 들어 田多者에게는 반드시 필요한 것이라 하여 水根이 있는 농지에서는 허용하고 있는 것[74]이 그런 예이다. 어느 것이나 지주·대농 위주에 소수 家戶를 단위로 廣耕을 목표로 개간이 이루어지고 실제 그렇게 추진하고 있는 현실과 정책이었다. 그러므로 人力을 보조할 牛馬의 이용 및 그 사육을

---

70. 『世宗實錄』 92, 世宗 23년 정월 乙丑, 4册, p.333.
『太宗實錄』 17, 太宗 9년 정월 辛未, 1册, p.473.

71. 『農事直說』, 種稻.

72. 金容燮, 주 26의 논저, 1장 1·2절 참조.

73. 『世宗實錄』 91, 世宗 22년 11월 乙丑, 4册, p.325.

74. 『世宗實錄』 64, 世宗 16년 4월 癸酉, 3册, p.560.
『世宗實錄』 68, 世宗 17년 4월 丁巳, 3册, p.624.

적극 권장·독려하였다. 농서에서는 荒地開墾에 소·말의 이용을 강조하고 일반 농지의 경작도 牛馬 소유자를 중심으로 언급하고 있고[75] 정부는 소와 말의 增息을 독려하고 實積이 있는 자는 포상하며 그 屠殺·濫殺은 重刑으로 다스렸으며,[76] 정부 주도로 추진하던 북방개척에서는 소 없는 徙民에게 農牛를 급여 혹은 대여하는 시책을 폈다.[77]

조선 초기의 농지개간은 농법상으로는 常耕集約을 바탕으로 하고 경영상으론 大經營을 골격으로 하여 수행하고 있었다. 이 같은 지주·대농경영은 이것이 확대될수록 그리고 개간이 진전될수록 농업·토지상에서 여러 문제를 야기하고 확장시키고 있었다. 우선 지주·대농경영은 소경영 소농경영에 비하면 농작이 粗放한 것이 일반이었다. 농토를 多占한 이 가운데는 그 일부를 休閑하며 경작하고 있어 틈틈이 폐단이 논란되고 있음에 비해, 小農 및 田少者는 '間種'까지 하면서 농지를 최대로 활용하고 있었다.[78] 물론 항상 그리고 전체가 한결같이 이런 양상은 아니었다. 지주나 대농은 奴婢 및 佃戶 등 많은 노동력을 소지하고 良田美畓을 소유하며 農牛도 넉넉하여 좋은 생산조건에서 集約耕作하고 있었던 데 대해, 소농민은 대부분 항시 勞力이 부족하고 薄田塉畓을 소유하였으며 농우가 없어 심하면 起耕조차 못하는 때가 적지 않았다.[79] 이런

---

75. 金容燮, 주 26의 논저, 1장 2절.

76. 金容燮, 주 31의 논고.

77. 『世宗實錄』 90, 世宗 22년 8월 癸酉, 4冊, p.309.
『世祖實錄』 20, 世祖 6년 4월 己巳, 7冊, p.390.
『世祖實錄』 20, 世祖 6년 6월 戊午, 7冊, p.402.
『世祖實錄』 22, 世祖 6년 12월 己丑, 7冊, p.439.
『成宗實錄』 162, 成宗 15년 정월 乙未, 10冊, p.558.

78. 『太祖實錄』 5, 太祖 3년 4월 庚辰, 1冊, p.61.
『世宗實錄』 10, 世宗 2년 11월 庚午, 2冊, p.415.
『世宗實錄』 106, 世宗 26년 11월 戊子, 4冊, p.594.
『世祖實錄』 9, 世祖 3년 9월 壬子, 7冊, p.231.
『農事直說』, 種大豆·小豆·菉豆.

79. 『世宗實錄』 49, 世宗 12년 8월 戊寅, 3冊, pp.250~254.

소농의 농지경작이 조방하고 소활할 것은 말할 나위가 없었다. 그러면서도 순연히 농업기술로서만 보면 소경영이 대경영보다 精農이고 精耕이었다.

그러므로 조선왕조는 대농경영을 위주로 농정책을 시행하면서도 농지가 집약 경영되도록 유도하는 시책으로 소경영을 권장하고 소농 안정책을 도모하였다. 전지를 多占廣占하여 陳荒시키는 사태를 개선하고자 이런 토지에 대해서는 타인의 墾耕을 허락하고 本主가 이를 금지하지 못하도록 하는 법을 제정하였다.[80] 『경국대전』에 이르러 陳田으로 3년이 지나면 許人告耕한다는 조항이 있게 됨도[81] 이런 사정과 상관한다. 아울러 閑田을 무전농민이나 빈농에게 우선 분급하여 줌으로써 이들의 토지소유를 안정시키려는 정책도 수시로 취하였다.[82] 그러나 이 문제와 관련하여 조선 정부가 기본방침으로 세우고 독려한 것은 力農이었다.[83] 농업에서 근로주의의 강조이고 강화였다. 역농의 독려와 강조는 文宗·世祖代를 지나면서 그리고 특히 成宗朝 때부터 현저하여지기 시작하였다. 물론 力農이 이전시기라 하여 무시되거나 소홀히 되었던 것은 아니었다. 그러나 이때에는 국가의 정책상으로는 下三道의 先進農業을 북방

『世宗實錄』 82, 世宗 20년 7월 壬辰, 4冊, pp.153~154.
『世宗實錄』 54, 世宗 13년 12월 甲辰, 3冊, p.361.
『中宗實錄』 29, 中宗 12년 8월 甲子, 15冊, p.320.

80. 주 78 참조.

81. 『經國大典』 2, 戶典, 田宅.

82. 『太宗實錄』 11, 太宗 6년 5월 壬辰, 1冊, p.356.
『世宗實錄』 22, 世宗 5년 10월 乙卯, 2冊, p.559.
『世宗實錄』 77, 世宗 19년 5월 庚寅, 4冊, p.70.
『世宗實錄』 89, 世宗 22년 6월 甲戌, 4冊, p.290.
『文宗實錄』 8, 文宗 원년 7월 壬子, 6冊, p.411.
『世祖實錄』 26, 世祖 7년 10월 庚午, 7冊, p.490.
『睿宗實錄』 3, 睿宗 원년 2월 庚戌, 8冊, p.332.
『成宗實錄』 70, 成宗 7년 8월 癸酉, 9冊, p.369.

83. 본서 Ⅷ편 2장 참조.

의 후진농업지대에 보급하는 과정에서 중시되고 있었다.[84] 成宗 이후 새로운 농지개간은 이제 농업상의 대과제는 아니었다. 성종 3년(1472)에 오면 墾田이 비록 많아졌지만 민인은 오히려 艱食하고 있는데 이는 力農하지 않기 때문이라는 지적이 나오는 것이었다.[85]

성종대에 와서 부쩍 力農이 강조되는 것은 이 무렵부터 그간 진전되어 오던 지주·대농 위주의 농업경영 토지소유로 인해 지주제가 발달하고 토지겸병이 성행하고 있는 가운데 소농의 몰락은 촉진되고 빈농·무전농은 증가하고 있는 현실에서 나오는 것이었다.[86] 지주·대농경영의 보급 및 확대가 수반하고 있던 최대의 문제는 갈수록 농지부족이 심하여지고 있는 점이었다. 世祖 초에는 並作制가 민간의 常事이고 전체 인구의 1/3이 토지가 없다고 일컬었고 이런 형세를 심각한 문제로 받았다.[87] 力農不振이 심각하게 거론되던 성종 3년(1472) 같은 해에 토지개혁론으로서 限田制가 제의되고 있었다.

이와 같은 사정은 이 무렵 『衿陽雜錄』, 『四時纂要抄』 등 새로운 농서의 편찬과 더불어 그 속에서도 반영되고 있었다. 이 두 농서는 『농사직설』과는 달리 소농 중심으로 기술 편찬된 책이었다.[88] 특히 농지의 경영규모와 연관해서 유의되는 농서는 후자였다. 『四時纂要抄』는 당시 이 같은 力農 곧 소경영 소농경영의 강조 및 위주를 수용하고 이를 陳田 개간과 결부시켜 권장하였다.[89] 陳田은 토질·재해·전란·인력부족 등 여러

---

84. 『世宗實錄』 40, 世宗 10년 윤4월 甲午, 3冊, p.129.
『世宗實錄』 40, 世宗 10년 7월 癸巳, 3冊, p.138.

85. 『成宗實錄』 15, 成宗 3년 2월 戊辰, 8冊, p.629.

86. 拙稿, 주 55의 「朝鮮前期 地主層의 動向」

87. 『世祖實錄』 11, 世祖 4년 정월 丙子, 7冊, p.249.
『成宗實錄』 22, 成宗 3년 9월 壬寅, 8冊, p.685.

88. 金容燮, 주 26의 논저, Ⅰ편 3·4장.

89. 『四時纂要抄』, 3月.
金容燮, 同上書, pp.126~129.

원인으로 어느 시기에나 늘 발생하는 것이었는데 이 무렵에는 주로 公私債의 압박, 徭役煩重, 軍役過重 등으로 농민이 逃亡 流散함에 기인하고 있었다. 정부에서는 이런 여러 사정을 모르는 바 아니었으나 그 근본요인은 惰農에 있다고 파악하였다. 그리하여 이 사태를 역농으로써 해결할 것을 강조하고 이에 수반해서 陳田免稅 및 그 墾耕方案을 심각하게 의논하고 있었다. 농민의 진전개간과 流亡人의 還耕이 적극 장려되었다.[90] 물론 이 당시 진전개간이 자영소농의 독립 내지 안정으로만 이어지는 것은 아니었다. 대부분의 진전은 소유주가 있어 개간농민이 타인일 경우 그는 佃戶農民으로서 小農이 되는 것이었다. 『사시찬요초』가 제시하는 농업경영론은 지주제하의 소경영 안정으로도 연계되는 그러한 小農論이었다.

力農의 강조, 토지개혁론의 제기는 시대가 지나면서 더욱 강화되고 빈번하여졌다. 토지소유 토지겸병의 욕구와 활동도 그만큼 가열되어 갔다. 특히 왕실, 양반 사대부는 수조지 분급마저 쇠퇴하고 소멸하여 가고 있어서 더욱 열성으로 참여하였다. 더구나 토지겸병이 문제되는 속에서도 황무지 개간이나 간척을 통한 新田開發은 계속 권장되고 있었다. 이것은 농민과 利를 다투지 않는 행위였다.[91] 세조·성종조에 대대적으로 추진되는 하삼도 민인의 北方移居와 그 開拓은 이 일환이기도 하였다.

---

90. 『成宗實錄』 247, 成宗 21년 11월 庚子, 11册, p.667.
『成宗實錄』 284, 成宗 24년 11월 丁酉, 12册, p.434.
『中宗實錄』 3, 中宗 2년 7월 壬戌, 14册, p.165.
『中宗實錄』 7, 中宗 4년 정월 己亥, 乙巳, 14册, p.301, 303.
본서 Ⅷ편 2장 2절.

91. 曹伸, 『謏聞瑣錄』 1(『稗林』 5册, p.11, 探求堂 影印本).

2. 北方開拓과 農業開發

농지확장과 농업증진의 노력은 전국에 걸쳐 추진되었다. 이 시기 최대 사업은 진황처의 개간 및 신전개발의 마무리와 함께 본격 착수되는 새로운 농업개척이었다. 함경도·평안도 兩界를 위시하여 황해도·강원도 등 우리나라 북부지방의 閑曠地에서 추진한 徙民과 農業開發, 곧 북방개척이었다.

北方開拓은 서남해안 지역 진황지의 개간과 함께 조선 초 국가가 안고 있던 커다란 과제였다. 당초 북방은 滿洲와 함께 우리의 역사가 고조선·열국·삼국·신라 및 발해로 이어져 오면서 유구한 영역거주지였으나 고려후기에 이르러 元의 간섭, 元明交替, 그리고 倭寇·紅巾賊의 노략과 침략으로 정치·경제상 국가 권력이 미치지 못한 채 거의 공백상태에 있었고 이 가운데서 女眞勢力이 浮上하고 蟠踞하여 있었다. 양계 일대는 나라 關防의 북변 방어처이고 조정의 藩屛處여서 이곳에 가해지는 위협은 큰 고충거리였다. 그 해결책은 征伐 혹은 鎭의 설치 등 군사활동이나 交隣에 입각한 회유책만으로는 부실하였고, 이와 함께 地廣人稀한 이 지역에서 농지를 개간하고 인구를 증가·정착시켜 농업생산을 확대·증진하고 軍丁·役丁을 확보하여 국가 사회의 기반을 구축하는 것이 최선이었다. 이 累代의 숙제가 태조대부터 다시 궁리되고 태종조에 착수하여 세종조에는 본격 진척되어, 세조·성종대에 일단락되고 이후 꾸준히 지속되었다.

1) 北方開拓의 着手와 두 段階

북방개척은 이미 舊土回復의 차원에서 통일신라기에 일관되게 추진되었고 고려시기에는 영역이 좀 더 확대되면서 한층 열성으로 진행되었다. 고려 말 恭愍王대에 失地回復의 노력도 이의 재개였다.[1] 世宗朝의 북방개척이 이 선상에서 이루어지는 것은 물론이었다. 조선왕조로서 북방개척은 군사기지의 개척·확보를 우선으로 하는 것이지만 토지·농업과 관련해서 최대의 노력을 기울인 사항은 徙民事業을 동반한 농지 개간과 농업개척 그리고 농업개발을 통한 농지의 상경화와 새 작물의 보급이었다.

사민은 세종조에 함경도 두만강 하류 南岸 일대 곧 鐘城·穩城·會寧·慶源·慶興·富寧 등에 6鎭을 개척하면서 동왕 16년(1434)에서 24년(1442)까지 전후 4차례에 걸쳐 함경도에서 3,200호, 하삼도 민호 및 이곳에 거주하고 있던 함경도 流移民 2,032호를 추쇄하여 入居시켰다.[2] 그리고 평안도 압록강변 일대에 江界府, 理山·閭延·慈城·茂昌郡 등을 설치하면서 동왕 18년(1436)에서 31년(1449) 사이에 역시 4차에 걸쳐 평안도 내에서 1,925호를 추쇄 입거시키고 또 황해도와 하삼도에 流移하여 있는 평안도 민호 3,000여 호를 추쇄하였다가 입거단계에서 중단하였다. 이 밖에 犯罪人·不正稅吏·牛馬賊도 이거시켰고 일반 민인 가운데 자원하여 入居하는 이도 적지 않았다.[3]

세종대에 북방사민은 彊域회복의 목표 아래 추진하였다. 세종의 표현대로 朝宗의 封疆은 한 자 한 마디[尺寸]일망정 줄일 수 없고 따라서 城堡를 널리 쌓고 민호를 다수 모아 守禦하여야 하는 것이었다.[4] 이러한 동기와 목적에서 세종조 일대에 걸쳐 6진 4군의 개척과 사민작업이 착

---

1. 李樹健, 「高麗時期 北方徙民에 대하여」, 『徐廷德敎授華甲紀念學術論叢』, 1970.
   金光洙, 「高麗前期 對女眞交涉과 北方開拓問題」, 『東洋學』 7, 1977.
   金九鎭, 「麗末鮮初 豆滿江 流域의 女眞分布」, 『白山學報』 15, 1973.
   金順子, 「麗末鮮初 對元·明關係硏究」, 延世大學校 博士學位論文, 1999.
2. 深谷敏鐵, 「李氏朝鮮 世宗朝에 東北江邊의(第1次~第4次) 徙民入居에 대하여」, 『朝鮮學報』 9, 14, 9, 21·22合輯, 1956, 1959, 1961.
   鄭玉淑, 「世宗朝의 北方徙民政策」, 『淑大史論』 9, 1976.
3. 宋炳基, 「世宗朝의 平安道 移民에 대하여」, 『史叢』 8, 高麗大, 1963.
4. 『世宗實錄』 37, 世宗 9년 8월 乙丑, 3冊, p.86.
   『世宗實錄』 55, 世宗 14년 3월 乙丑, 3冊, p.375.

수・완료되었다. 이로써 조선 북부지역의 강역이 우선 잠정되고 그 기반구축이 일차 정돈되었다. 고려 말 이래 서・남쪽 倭寇의 분탕・노략과 함께 국가의 위급상황으로 손꼽혀 문제되던 西北의 위험도[5] 일단 해결되었다.

세종정부는 朝宗封疆을 회복하여 나가면서 사민에게 農政上 여러 혜택을 부여하였다. 이들의 개간활동을 助力하고 생활안정을 꾀하기 위함이었다. 移居民의 개간지는 3년 동안 면세하였다.[6] 전지는 비옥한 한광지를 가려서 분급하였다. 정부에서 담당자를 파견하여 대상지를 조사시켰는데 해당 고을의 민인의 제보를 받아 답사하였다.[7] 戸의 丁數를 계산하여 그 多少에 따라 3등급으로 나누어 주었으며 1丁에 10결씩 배정한 듯하다.[8] 정착 때까지 생계의 안정을 기하도록 元居人의 熟田 가운데 일부를 기한부로 분급하는 시책도 병행했다.[9] 원거인의 所耕田 다소에 따라 10결 이상은 3결, 7・8결 이상은 2결, 5・6결 이상은 1결씩 抽給하였고, 3・4결은 대상에서 제외하였다.[10] 사민 1호당 지급결수는 3결 정도였고 본 소유주에 환급하는 기간은 2~3년 후였던 듯하다.[11] 사민의 활동은 '成里成村'하는 개척촌을 형성하면서 진행되었으며 壁堡・農堡・木柵 등 군사방어를 갖춘 堡의 형태를 갖추고 추진되었다. 屯戍組織을 동반하여 野人의 겁략과 침해에 대처하는 것이었다.[12]

개간의 성과는 컸다. 특히 함경도에서 두드러졌다. 함경도의 사민지

---

5. 『高麗史』 78, 食貨 1, 田制, 祿科田, 辛禑 14년 7월, 趙仁沃 上疏, 中冊, p.721.
6. 『世宗實錄』 69, 世宗 17년 7월 己卯, 3冊, p.640.
7. 『世宗實錄』 60, 世宗 15년 5월 壬子, 3冊, p.466.
8. 拙稿, 「朝鮮初期의 北方開拓과 農業開發」, 『朝鮮前期 土地制度研究』[II], 지식산업사, 1998.
9. 『世宗實錄』 96, 世宗 24년 6월 癸卯, 4冊, p.415.
10. 『世宗實錄』 88, 世宗 22년 3월 乙巳, 4冊, pp.272~273.
11. 拙稿, 주 8의 논고.
12. 『世宗實錄』 37, 世宗 9년 8월일, 3冊, pp.95~96.

역은 토지가 비옥하고 魚鹽의 이득도 있어 생활여건이 좋았다. 그리하여 流移民이 계속 모여들었다.[13] 이 지역은 이미 멀리 고조선 시기에 沃沮가 있던 곳이었다. 6진지역은 개간의 전진으로 인해서 당초 1결로 지칭하던 것이 數結에 이르고 새로 개간한 농지가 元結보다 많아 경계가 不正하다고 운위될 지경이었다.[14] 개척이 바로 두만강변에까지 미쳐 강연안이 무너져 내린다는 우려도 나올 정도였다.[15] 군사력도 물론 강화되었다.[16] 평안도의 형세 역시 마찬가지였다. 태종 6년(1406) 3만 3,890호로 파악하던 이 지역의 호수는 세종조에는 10만 5,444호로 현저히 증가하였다. 이는 당시 최고 호수인 경상도 17만 3,759호 다음가는 규모였다.[17]

북방개척의 성과가 속속 나타나면서 세종정부는 하삼도의 민호를 북방으로 본격 徙居시키는 방안까지 구상하는 데 이르렀다. 세종 23년(1441)과 24년(1442) 제4차로 함경도 및 평안도에 각각 사민하는 때 모두 하삼도의 富實民戶를 抄出하여 입거시킬 계획이었다.[18] 당시 하삼도는 인구가 증가하고 토지는 적고 민인은 조밀하여 토지부족과 인구과밀이 심각하였다.[19] 하삼도 민인의 북방 이거는 계획단계에서 포기되고 이 지역에 流移한 양계민인을 추쇄하여 입거시키는 선으로 낙착되었으나,[20] 그 후 세조조에 북방개척문제가 제기될 때는 그대로 실행된다.

---

13. 『世宗實錄』 12, 世宗 4년 5월 癸卯, 7冊, p.270.
『世宗實錄』 39, 世宗 12년 5월 丙子, 8冊, p.21.

14. 『世宗實錄』 103, 世宗 26년 2월 癸未, 4冊, p.540.

15. 『文宗實錄』 10, 文宗 원년 11월 甲午, 6冊, p.449.

16. 『世宗實錄』 116, 世宗 29년 윤4월 辛巳, 5冊, p.19.

17. 『太宗實錄』 12, 太宗 6년 10월 丙辰, 1冊, p.378.
『世宗實錄』 150·154, 地理志, 慶尙道·平安道, 5冊, p.638, 682.

18. 『世宗實錄』 92, 世宗 23년 5월 癸丑, 4冊, p.342.
『世宗實錄』 94, 世宗 23년 12월 己酉, 4冊, pp.387~388.

19. 『世宗實錄』 41, 世宗 10년 9월 癸丑, 3冊, p.143.
『世宗實錄』 86, 世宗 22년 2월 丙辰, 4冊, p.270.

세종조에 도달한 평안도의 번성은 지속되지 못하였다. 내왕사절의 遼東迎送에 따른 과중한 부담, 수시로 찾아드는 饑饉, 築城의 勞役, 그리고 赴防·驛役의 폐단으로 人戶의 도망과 유망으로[21] 文宗朝로 들어서면서 16·7년 사이에 민인 가운데 10에 6·7이 사망하고 流離하였다고 할 만큼 폐퇴하였다.[22] 정부는 築城을 중단하고 戍卒을 量減하는 등 요역·군역의 부담을 줄이는 한편,[23] 개간의 再開를 위해 새로 이사한 이들에겐 개간에 필요한 耕牛·農器를 官에서 마련하여 지급하였고,[24] 유망민이 스스로 돌아오면 復戶 3년의 혜택을 부여하고, 종전에 소유하였던 所耕田도 법 규정에 상관없이 5년이 넘었어도 그대로 환급하게 하는[25] 등 특별 지원을 하였다.

그러나 이런 정도의 지원으론 미약하였다. 평안도의 民物蘇復은 큰 문제였다. 황해도, 강원도 그리고 함경도도 개척이 계속되어야 한다는 점에서는 사정이 같았다. 정부는 한층 과감하게 적극 대책을 강구하고 추진하지 않으면 안 되었다. 그것은 방식이 어떠하든 내용은 모두 閑曠地 개간의 증대와 직결되어 정면으로 구상되어야 했다. 世祖 3년(1457)부터 정부는 이 사업을 朝廷의 大課業으로 설정하고 면밀한 계획 하에 열성껏 추진하였다. 北方開拓은 본격 착수되는 것이었다.

세조대에 북방개간은 이 지역 거주민에게 개간을 독려하는 데서부터 시작하였다. 우선 평안도·황해도를 대상으로 節目을 작성하여 상세한 조목을 작정하였다. 이제 북방지역의 개척은 종전처럼 군사·국방상의 이유로서가 아니라 '開墾興利' 곧 농업생산 진흥책으로서 제시되고 부각

20. 深谷敏鐵, 주 2의 논고 및 宋炳基, 주 3의 논고.
21. 宋炳基, 주 3의 논고.
22. 『文宗實錄』 12, 文宗 2년 2월 壬申, 6冊, p.463.
23. 同上.
24. 『文宗實錄』 5, 文宗 즉위년 12월 壬申, 6冊, p.323.
25. 『文宗實錄』 8, 文宗 원년 7월 壬寅, 6冊, p.409.

되었다.[26] 중심은 평안·황해도의 민인에 대해 '陳地耕墾條件'을 마련하여 집행하는 데 두었다. 내용은 대략 ① 兩道 여러 牧場의 兒馬 및 病馬를 여러 고을에 나누어 주어 牛를 매득하고 陳地의 多少에 따라 3~4首 혹은 5~6首를 分授한다. ② 주거 민인 가운데 官牛로써 耕墾하고자 하는 이가 있으면 허락하되, 첫해엔 花利[수확]의 半은 佃戶(墾耕人)에게 주고 다른 半은 官收하여 公廩과 義倉에 보충한다. 개간한 전지는 우선 전호에게 지급하고 나서 다른 무전자에게 절급한다. ③ 新墾田은 2년간 면세한다. ④ 監司는 매년 말 신간전의 結負數, 諸人에게 折給한 數, 公廩·義倉에 補添한 數를 갖추어 보고한다. ⑤ 고을 수령 가운데 勸課에 유능하여 墾田을 많게 한 자는 포상하되, 만일 民力을 헤아리지 않고 侵督하여 경간시킨 자는 治罪한다. ⑥ 농우의 飼料는 첫해는 여러 고을의 軍資倉의 陳豆[묵은 콩]를 쓰고 그 후에는 新田所出을 쓰며, 군자창의 묵은 콩은 新田의 소출로써 충당하여 갚게 한다는 것 등 6개항이었다.[27] 요체는 官에서 물자를 대고 守令을 통해 민인노력을 이용하여 개간을 증진한다는 것이었다.

한편 이와는 별도로 농민의 정착을 誘導하는 조처도 수시로 취하였다. 황해도에서는 다른 도에서 이사하여 온 이들을 推刷還本하지 않고 軍籍에 具錄하여 3년간 給復하여 줌으로써 정착에 편의를 제공하였고,[28] 강원·황해도의 膏腴可耕地에서는 新墾田에 대해 면세연한을 5년으로 올리는 방침을 마련하였다.[29] 이듬해 4년(1458) 9월에는 그사이 이루어진 墾田에서 收稅不正을 방지하고자 墾田數와 田主姓名을 해당 고을에 置簿하여 면세기한 5년이 지난 후에도 徵稅하지 않은 곳은 수령을 죄로 다스리는 지침을 시달하였다.[30]

---

26. 『世祖實錄』 7, 世祖 3년 5월 辛卯, 7冊, p.200.
27. 『世祖實錄』 8, 世祖 3년 6월 丙午, 7冊, p.204.
28. 『世祖實錄』 9, 世祖 3년 9월 甲申, 7冊, p.223.
29. 『世祖實錄』 10, 世祖 3년 11월 甲子, 7冊, p.233.

이상의 시책 속에서 평안·황해 그리고 강원도의 농지가 확장되고 민호도 증가하였다.[31] 그러나 성과는 정부의 기대에 비해서는 미약하였다.[32] 정부는 다시 新徙者에게 7년 給復과 의창미 특별보급의 혜택을 그리고 新墾者에게는 5년간 면세하여 주는 한편, 모든 고을에 농우·농기를 지급하고 관에서 陳地를 개간하고 경작하겠다고 오는 이가 있으면 그의 형편과 원하는 바에 따라 급부하는 등 특전을 강화하였다.[33] 특전은 주로 타도에서 流移하여 온 新徙民을 대상으로 하여 이루어졌다. 북방개간이 元居民이나 舊居民의 노력에 의존해서는 진척에 한계가 있어 새로운 개간 촉진 방안이 등장하는 조짐이었다. 정부가 북방개척에서 성과를 거둘 방도는 한 가지뿐이었다. 新徙人의 수를 증가시키는 길이었다. 하삼도 민호의 北方移居와 양반 사대부에 대한 개간참여의 권장과 강제 두 시책이 여기서 강구되었다.

세조 5년(1459) 12월 하삼도의 민호를 평안·황해·강원 3도에 이주시키는 방침을 수립하였다. 국왕이 '募民移居'의 방식과 그 응모자에 대한 授職·免賤·復戶 10년, 土田優給 등의 특전부여를 지침으로 시달하고 議政府에서 수행에 필요한 구체 조건을 세웠다.[34] 당시 하삼도는 濱海, 島嶼를 비롯하여 여러 지역의 진황지가 속속 개간되어 토지부족, 인구과밀이 심각하였다. 정부로서는 이런 형편을 타개할 방편만으로도 이 지역 민인의 북방이거는 반드시 필요한 일이었다. 내용은 ① 良人 응모자는 有職無職을 막론하고 경상·전라도에서 평안도로 이거할 때는 5資, 강원·황해도로 이거하면 3資, 그리고 충청도에서 평안도에 이거하는 이는 4資, 강원·황해도로 이거하는 경우는 2資를 超授하여 敍用

30. 『世祖實錄』 14, 世祖 4년 9월 癸卯, 7冊, p.295.

31. 『世祖實錄』 17, 世祖 5년 9월 庚寅, 7冊, p.348.

32. 『世祖實錄』 17, 世祖 5년 7월 戊申, 7冊, p.339.

33. 同上.

34. 『世祖實錄』 18, 世祖 5년 12월 丙寅, 7冊, p.359.

하고 원하는 이에게는 그 道의 土官을 제수한다. ② 公私賤 응모자는 영영 양인으로 하여 벼슬길에 나갈 수 있게 하며, 私賤의 경우 그 상전에게 해당 奴의 나이에 상당하는 公賤으로 환급하되 그 上典이 막고 훼방하면 杖 100에 함께 이사시킨다는 것이었다.[35]

세조정부는 사민의 목표가 이전처럼 군정확보가 우선이 아니라 토지의 개간, 민인의 정착이고, 당초 이를 '應募'라는 自願意思를 전제로 하여 추진하면서 이만한 신분상의 혜택을 부여했다. 이와 함께 徙居者 선정의 기준, 토지의 선정과 분급, 복호와 면세, 개간방식 등 移居와 정착에 관한 기본 규정을 제정하였고, 부수하여 도망자의 처리나 入居途程에서 수행되어야 할 지원사항 등도 구비하였다. 이어 첫 작업으로 應募人 推刷를 담당할 관리를 하삼도에 파견하였다.[36] 양반층의 개간참여책도 함께 마련하였다. 이 徙民節目은, 그 일부는 시행과정에서 변경되기도 했지만, 세조 일대에 걸쳐 그대로 추진되었고 성종대의 사민사업 때에도 모범으로 준수되었다.[37]

2) 徙民의 開墾과 兩班의 墾田償職

徙民의 抄定은 자원하는 '自募'와 강제하는 '勒令' 두 방식을 병행하였다.[38] 후자는 하삼도 각 도에 초정할 예정호수를 정해 집행하였다. 대상은 自募는 奴婢·良人·鄕戶였고 이들은 함경도에도 입거가 허용되었

---

35. 同上.

36. 同上.

37. 『成宗實錄』 120, 成宗 11년 8월 戊午, 10冊, p.155.
『成宗實錄』 161, 成宗 14년 12월 壬戌, 丁丑, 10冊, p.547.
李仁榮, 「李氏朝鮮 世祖 때의 北方移民政策」, 『震檀學報』 15, 1947.
金錫喜, 「世祖朝의 徙民에 대한 考察」 Ⅰ·Ⅱ, 『釜大史學』 2, 4, 1971, 1980.
李樹健, 「朝鮮 成宗朝의 北方移民政策」 上·下, 『亞細亞學報』 7·8, 1970.

38. 『世祖實錄』 22, 世祖 6년 11월 辛巳, 7冊, p.432.

다.[39] 勒令의 대상은 良人・鄕戶 가운데 '富實者'였다.[40] 富實者의 기준은 子孫・女壻・同生・兄弟・雇工・奴子를 계산에 넣어서 '3丁 이상을 가진 자'였다.[41] 양반에 속하는 자, 각급 관아에 소속한 관리・이속, 특수 기술자, 특정 국역담당자, 이외에 喪人・守墳者 등은 제외하였다.[42] 다만 성종조에 와서는 抄出방식이 勒令 위주로 바뀌고 면제대상에 公私賤・鄕吏・驛子도 포함시켰다.[43] 奴主・官衙의 처지, 향촌운영과 驛路정비를 고려한 것이다. 사민의 대상을 3정 이상을 가진 富實者를 기준으로 한 것은, 군정의 확보도 고려한 것이겠으나, 아울러 개간・정착할 수 있는 인력을 가진 호여야 했기 때문이었다. 이들은 세종조와 달리 內郡에 이거시켜 평안한 곳에 거주하게 배려하여 줌으로써[44] 개간이 순조롭게 이루어지도록 하였다.

토지는 비옥한 한광지로 분급하였다. 이의 선정을 위해 평안・황해・강원도 관찰사가 3도내서 경작할 수 있는 한광지를 직접 살펴 각각 수전・한전으로 분간하여 경작 가능한 결부수를 헤아려 보고하였다.[45] 한광지의 조사는 해당 고을 거주민의 提報에 의존하여 행하는 것이 보통이었다.[46] 분급은 당초 戶의 丁數의 多少에 따라 3등급으로 나누고 각각 1등 50결, 2등 40결, 3등 30결씩 한다는 계획이었다.[47] 대략 1丁當

---

39. 주 60과 同.
40. 주 38과 同.
41. 『世祖實錄』 22, 世祖 6년 윤11월 甲辰, 7冊, p.434.
『成宗實錄』 162, 成宗 15년 정월 乙未, 10冊, p.557.
42. 주 38과 同.
43. 『成宗實錄』 162, 成宗 15년 정월 乙未, 10冊, p.558.
44. 『世祖實錄』 18, 世祖 5년 12월 丙寅, 7冊, p.359.
45. 『世祖實錄』 22, 世祖 6년 11월 庚辰, 7冊, p.432.
46. 『世宗實錄』 60, 世宗 15년 5월 壬子, 3冊, p.466.
『成宗實錄』 175, 成宗 16년 2월 癸丑, 10冊, p.680.
47. 『世祖實錄』 20, 世祖 6년 4월 己巳, 7冊, p.390.

10결씩 배분하는 계산이었던 듯하다.[48] 그러나 실제 집행에서는 사민의 수효가 예정에 미달하거나 혹은 충족되어도 可耕田土가 예상보다 적을 때도 있어 둔전으로 지급하거나, 率丁의 다소를 헤아리지 않고 호마다 일률로 18결씩 지급하는 선에 그치기도 하였다.[49]

사민 1호에게 閑田 30결은 물론이고 18결도 경간하여 숙치하기에는 넓은 면적이었다. 인력과 함께 農牛가 절대 필요하였다. 당시 이 지역은 일반 농지에서도 소가 없으면 농작을 할 수 없었다.[50] 소 없는 이거민에게는 대개 官牛를 빌려 주거나 牧場馬를 소로 바꾸어 지급하였다. 또 元居人의 소를 고을 수령이 간여하여 빌려 쓸 수 있도록 하였다.[51] 농우 외에 農具·農糧·糧食의 보급이 뒤따랐음은 말할 것도 없다.[52]

물자의 마련·지급과 함께 사민이 정착할 때까지 생활안정을 기하도록 元居人이 所耕하는 熟田의 일부를 대여하게 하였다. 이 역시 이전부터 있어 오던 관례였다.[53] 熟田은 원거인 가운데 富民의 것을 대여받았으며 3년 후 혹은 2년 후에 本主에게 환급하였다.[54] 대략 사민 1호당 지급결수는 3결 정도였을 것으로 추측된다. 적어도 2결은 내려가지 않았을 것이다.[55] 원거민은 熟田·農牛에서만이 아니라 農作이나 疾病에도

48. 拙稿, 주 8의 논고, p.75.

49. 『世祖實錄』 23, 世祖 7년 2월 甲戌, 7冊, p.446.
『成宗實錄』 162, 成宗 15년 정월 乙未, 10冊, p.558.

50. 『世宗實錄』 90, 世宗 22년 8월 癸酉, 4冊, p.309.

51. 『世祖實錄』 20, 世祖 6년 4월 己巳, 7冊, p.390.
『世祖實錄』 20, 世祖 6년 6월 戊午, 7冊, p.402.
『世祖實錄』 22, 世祖 6년 12월 己丑, 7冊, p.439 및 주 49의 하단.

52. 同上 및 주 94의 하단.

53. 『世宗實錄』 96, 世宗 23년 12월 癸卯, 4冊, p.415.
『世祖實錄』 1, 世祖 24년 6월 己未, 7冊, p.73.
『世祖實錄』 2, 世祖 23년 12월 丙辰, 7冊, p.79.
『世祖實錄』 15, 世祖 23년 12월 戊戌, 7冊, p.308.

54. 『世祖實錄』 20, 世祖 6년 6월 戊午, 7冊, p.402.
주 49의 하단.

[表 5] 世祖朝 北方移居郡邑과 復戶·免稅年限

年限		移居 郡邑
復戶	免稅	
12	9	황해도; 白川·延安·海州·安岳·豊川·瓮津·文化·長連·信川·長淵·松禾·康翎·殷栗
		강원도; 原州·江陵·三陟·襄陽·平海·通川·旌善·杆城·寧鉞·平昌·高城·蔚珍·歙谷·安峽
13	10	황해도; 谷山·遂安·載寧·新溪·牛峰·兎山·江陰
		평안도; 江西·龍崗·咸從·永柔·三和·甑山
14	11	황해도; 平山·瑞興·鳳山·黃州
		평안도; 中和·平壤·順安·祥原·德川·价川·慈山·順川·三登·殷山·陽德·孟山·肅川·成川
		강원도; 春川·伊川·狼川·洪川·橫城·陽口·麟蹄
		함길도; 安邊·德源·文川·高原·永興·定平·咸興
15	12	평안도; 寧邊·安州·嘉山·隨川·宣川·定州·郭山·鐵山·龍川·泰川·熙川·龜城
		강원도; 淮陽·金城·金化·鐵原·平康
		함길도; 洪源·北靑·利城·端川·吉州
16	13	평안도; 義州·朔州·昌城·江界·理山·碧潼
		함길도; 鏡城·富寧·會寧·鍾城·穩城·慶源·慶興·甲山

* 비고; 咸吉道는 自願者에 한함.

돕도록 규정하였다.[56] 그리하여 때로는 사민과 원거인이 모두 安業하지 못하는 사태도 일어났고 계획된 사민의 수를 감축하는 경우도 생겼다.[57]

賦稅免除의 혜택도 컸다. 免稅와 復戶의 기간은 이전에 비해 훨씬 길었고 후에는 더욱 늘어났다. 세조 5년(1459) 12월 당초 사민계획 때는

55. 『世宗實錄』 88, 世宗 22년 3월 乙巳, 4冊, pp.272~273.

56. 『成宗實錄』 162, 成宗 15년 정월 乙未, 10冊, pp.558~559.

57. 『世祖實錄』 24, 世祖 7년 5월 己酉, 7冊, p.462.

복호 10년에 면세 7년의 조처가 취해졌었으나, 이듬해 11월에는 移居郡邑에 따라 年限에 차등을 두는 방식으로 변경하여 최하 12년과 9년 최고 16년과 13년이었다[表 5].[58]

복호기간 동안에는 騎載·迎送 등 여러 노역이 면제되었고 군역은 3년 후에 정해졌다.[59] 이만한 혜택은 조선 전 기간에 걸쳐 전무후무한 조치로서 세조·성종 연간 북방개간의 열의는 대단하였다. 그만큼 사민과 개간작업은 긴요한 시책이고 또 어려운 일이었다.

개간활동은 徙民戶가 개별로 소지한 노력과 용구로 독립하여 진행되면서도 新地의 조건에 따라 10호 혹은 10여 호씩 서로 묶어 相資하였다.[60] 이는 가호의 개별 농작활동이 보장되면서 가장 적절하게 도우며 생활할 수 있는 최대규모였을 것이다. 이 과정에서 촌락이 형성·보급되어 갔다. 사민수가 적어 촌락을 이루기 어려운 경우, 元居하는 富戶들 근처에 주거시켰기도 했으나 대개 사민의 耕墾은 '成里聚居'하면서 진행되었다.[61] 이는 관행이었고 방침이었다. 그리고 개척촌의 상태에서 한 걸음 더 나아가 군사 방어까지 겸비한 堡의 형태를 갖추고 추진되기도 하였다. 북방은 항상 野人의 위협이 도사리고 있는 지역이 많았던 만큼 저들의 刼掠·侵害의 위험이 큰 개간처는 이에 대비하여야 했다. 형태는 壁堡·農堡·木柵 등 여러 가지였다.[62]

---

58. 『世祖實錄』 18, 世祖 5년 12월 丙寅, 7冊, p.359.
『世祖實錄』 18, 世祖 6년 4월 己巳, 7冊, p.390.
『世祖實錄』 22, 世祖 6년 11월 辛巳, 7冊, p.432.

59. 同上.

60. 『世祖實錄』 22, 世祖 6년 12월 己丑, 7冊, p.439.

61. 『世祖實錄』 23, 世祖 7년 2월 甲午, 7冊, p.450.
『世祖實錄』 23, 世祖 7년 2월 甲戌, 7冊, p.446.
주 49의 하단.

62. 『世宗實錄』 7, 世宗 2년 윤정월 丙申, 2冊, p.371.
『世宗實錄』 19, 世宗 5년 2월 丙子, 2冊, p.528.
『世宗實錄』 39, 世宗 10년 丁亥 丙申, 3冊, p.106.

세조정부는 徙民과 함께 兩班層의 개간참여를 적극 권장하고 나아가서 강제하는 정책도 병행하였다. 세조 5년(1459) 12월 첫 徙民計劃이 세워진 지 닷새 뒤였다. 이때 국왕은 徙民抄定의 소임을 띠고 하삼도로 파견하는 敬差官에게 유시하여 奴子를 강원·황해·평안도에 보내어 전토를 받고 살게 하려는 이가 있으면 허락하고, 그들 가운데 力農하여 富厚를 이루면 상전은 賞職하고 그 노비는 포상한다고 널리 알려 自願者를 조사하여 보고하도록 하였다.[63] 이는 사민사업과는 별도로 노비소유주의 개간참여를 유도하려는 계획으로서 실제는 양반 사대부층을 겨냥한 처사였다. 닷새 후, 大君에서 有蔭子弟·閑良에 이르는 모든 양반층의 自願參與를 전제로 한 '闢田興業條件'이 제정되었다.

내용은 ① 可耕陣地는 願에 따라 절급하며 大君·諸君·宗親·駙馬·宰樞·正1品은 30결, 從1品은 20결, 정2품은 25결, 종2품은 15결, 3품堂上官 10결로 한다. 이듬해부터 경간하며 그 결부수를 관찰사가 중앙에 보고한다. 加受하려는 이는 허락한다. ② 奉朝請·前銜檢職堂上官 이상 역시 이 예에 따라 절급한다. ③ 당상관 이하 종친 및 朝士, 前銜成衆官·生員·進士·有蔭子弟·閑良人 가운데 自願者에게는 결부수를 원에 따라 절급하며, 治田이 20결인 자는 2資를 超授하고 15결은 超資하며 10결은 加資하여 賞職勸勵한다. 경간수는 관찰사가 보고한다. ④ 給復과 免稅는 모두 이미 내린 교지에 따른다. 당상관 이상은 결수가 30결에서 10결로 각각 고정되어 있는 반면 이하는 그렇지 않고 다만 20결, 15결, 10결 등 일정 墾田數를 넘으면 차이를 두어 賞職한다는 것, 給復·免稅는 열흘 전에 반포한 사민조건을 따라 復戶 10년 면세 7년으로 한다는

『世祖實錄』 16, 世祖 5년 4월 戊寅, 7册, p.324.
『成宗實錄』 187, 成宗 17년 정월 甲子, 11册, p.89.
『成宗實錄』 229, 成宗 20년 6월 乙巳, 11册, p.488.
『成宗實錄』 254, 成宗 22년 6월 甲子, 12册, p.54.

63. 『世祖實錄』 18, 世祖 5년 12월 辛未, 7册, p.359.

것이었다.[64] 이 사업을 흔히 '墾田賞職'이라고 부른다. 세조는 평안・황해도에서 文武의 선비를 모아 鄕試를 시행한 후 다시 殿試를 행할 때, 策題로서 이 지역의 개간진척과 군비견고의 방략을 피력하게끔 하여 북방개척의 실정과 의견을 살필 정도였다.[65]

세조정부가 양반층의 북방개간 참여를 節目까지 만들어 적극 권장한 데는 각별한 이유가 있었다. 양반층을 참여시킴으로써 이 지역에서 개간확대를 추진한다는 점과 함께 북방으로 사민을 대거 시행하는 데 따른 民人의 소요와 반발을 완화하고,[66] 또한 과전수수가 옹체되어 있고 그 점유에 격차가 심하며 이로 인하여 갈등이 고조되고 있는 양반층에게[67] 계획 자체로서는 이들의 토지소유 욕구를 해소하고 동시에 농지개간의 이득도 얻을 수 있는 良策되기도 하였다. 양반 사대부의 전국 분산도 기대하였을 것이다. 그러나 墾田賞職의 성과는 약소하였다. 이듬해(1460) 11월 국왕은 宗親・宰樞 2품 이상에게 경간이 행해지지 않음과 호조의 태만에 대해 힐난하고,[68] 윤11월에 가서는 하삼도 여러 고을에 있는 本宮 소속의 노비 가운데 富實한 자를 평안도 여러 고을 한광지에 이거시켜 양반 사대부의 개간독려를 위해 왕실이 솔선한다는 의지를 보였으나[69] 사정은 나아지지 않았다. 세조 10년(1464) 2월에 와서는 大君에서 정3품 당상관 이상의 고관에 대해서 강제로 한광지를 절급하고

---

64. 『世祖實錄』 18, 世祖 5년 12월 丙寅, 丙子, 7冊, pp.359~360.
65. 『世祖實錄』 22, 世祖 6년 10월 戊午, 4冊, p.427.
66. 주 2, 37의 논고 참조.
67. 『端宗實錄』 9, 端宗 원년 12월 戊申, 6冊, p.654.
『世祖實錄』 3, 世祖 2년 3월 丁亥, 7冊, p.120.
『世祖實錄』 7, 世祖 3년 3월 丙戌, 7冊, p.188.
拙稿, 「科田制度의 運營과 그 變動」, 『朝鮮前期土地制度研究－土地分給制와 農民支配』, 一潮閣, 1986.
68. 『世祖實錄』 22, 世祖 6년 11월 甲申, 7冊, p.432.
69. 『世祖實錄』 22, 世祖 6년 윤11월 乙巳, 7冊, p.434.

개간하게 하는 방식으로 바꾸었다.[70]

이후 양반관료의 개간 참여는 활발해졌고 이 해 7월 褒典도 행하였다.[71] 그러나 賞職者 가운데는 수령과 결탁하여 허위로 꾸며서 受賞한 이들이 많았고[72] 이는 급기야 양반관료 사이에 분란마저 야기하였다. 세조 12년(1466) 10월 墾田賞職의 개정 요구가 집요하여지자 세조는 査正을 담당할 적임자의 천거를 지시하였으나[73] 실제 考覈은 이루어지지 않았다. 간전상직의 폐기를 우회하여 주장하는 안도 나왔다.[74] 이보다 두세 달 앞서 8월에 職田制가 시행되어 관료들에 대한 수조지의 재배분이 있었다.[75] 간전상직의 제도는 세조 이후에도 계속되었고 문제도 여전하였다.[76] 결국 얼마 안 있어 이 제도는 폐지되었다.[77]

양반층의 힘을 북방개간의 一翼으로 이용하려던 계획은 소기의 성과는 거두지 못하였다. 사실 개간사업 자체부터가 힘든 일이었다. 북방 한광지에선 한층 더하였다. 보통의 경우에도 上農 10夫의 家에서 10여 결의 농지를 간경하는 예가 적었다.[78] 賞職의 조건으로 간경하여야 하는 전지는 30결에서 10결에 이르는 양이었다. 이만한 결수의 전토를 실제 개간하고 熟治하려면 富實奴子만 최소 10여 인 정도가 이에 종사하

---

70. 『世祖實錄』 32, 世祖 10년 2월 丙戌, 7冊, p.607.
71. 『世祖實錄』 33, 世祖 10년 7월 丙辰, 7冊, p.634.
72. 同上.
『世祖實錄』 40, 世祖 12년 10월 辛亥, 8冊, p.43.
『世祖實錄』 35, 世祖 11년 정월 甲寅, 7冊, p.666.
『睿宗實錄』 4, 睿宗 원년 3월 乙未, 8冊, p.352.
73. 『世祖實錄』 40, 世祖 12년 10월 戊申, 辛亥, 8冊, p.43.
74. 『世祖實錄』 40, 世祖 12년 11월 庚午, 8冊, p.47.
75. 『世祖實錄』 39, 世祖 12년 8월 甲子, 8冊, p.37.
76. 『睿宗實錄』 1, 睿宗 즉위년 10월 己酉, 8冊, p.284.
『成宗實錄』 20, 成宗 3년 7월 辛亥, 8冊, p.672.
77. 『成宗實錄』 184, 成宗 16년 10월 乙酉, 11冊, p.61.
78. 주 73과 同.

여야 했다. 13~15인 정도의 徙民戶가 30결 혹은 18결의 한광지를 배당받고 있는데도 流亡이 빈번하여 계획대로 개간이 진척되지 않고 있는 터였다. 양반층으로선 이 정도 규모의 농지를 개간한 후에는 農莊으로 경영하여야 했을 텐데 物産도 적고 교통·운수가 아직 심히 불편한 이 북방지역에 상당수의 奴를 상주시키며 농지를 개간 숙치하는 일은 매우 불리하고 부담스러운 것이 아닐 수 없었다. 그나마 정부의 墾田賞職節目에는 奴子의 入送만 거론되었지 실제 얼마만한 수를 상주시키라는 규정은 없었다.

형편이 이런 속에서 양반으로서 북방 한광지를 實墾하고 또 熟治까지 하는 이는 드물었다. 약간의 奴를 보내어 개간만 하여 놓고는 受職 후에는 내버려 두는 이가 대부분이었다.[79] 그러므로 당시에도 이들의 개간이 지지부진한 사유로 노비의 부족과 그 태만을 탓하였다.[80] 富實한 양인농민도 힘든 일을 노비노동으로 해결하기는 어려웠다. 결국 이 사업은 후일 無爲한 것으로 평가되었다.[81] 양반층을 통한 북방개간은 이들의 대토지 경영이 奴婢制 佃戶制에 의거하고 있던 이 시기의 조건 속에선[82] 실효가 적을 수밖에 없었다.

북방개간이 동력은 徙民·元居民에 있었고 조선 정부의 행정·군사 지원이 또한 큰 역할을 하였다. 개간의 성과는 서서히 나타났다. 함경도는 文宗朝에 豆滿江邊에까지 미쳐 江岸이 頹圮하여진다고 폐단까지 거론되었고, 성종 초에는 五鎭지방의 전지가 窄狹하여져 山頂으로 경지가 확대되고 있었으며 이로 인하여 貂鼠·土豹類가 줄어 常貢調達이 매우 어려운 지경에 이르렀다.[83] 평안도는 睿宗 때 세조조의 徙民으로 인

79. 주 77과 同.

80. 주 73과 同.

81. 주 77과 同.

82. 拙稿, 「朝鮮前期 地主層의 動向」, 주 8의 논저.

83. 『文宗實錄』 10, 文宗 원년 11월 甲午, 6冊, p.449.

해 옛보다 제법 흥성하다는 평이 나오고, 成宗대에는 이때의 사민들이 안정되어 평안히 살면서 생업을 누리고 있었다.[84] 개간활동은 鴨綠江邊을 넘어서서도 진행되었다. 성종조에 이미 義州人들이 압록강 가운데 威化 등 소위 3島에 들어가 개간하고 있었는데, 조정에서는 군사상 이유로 한동안 耕墾禁止를 논의하였으나 결국 민인의 요구로 인해 木柵·農幕을 설치하고 軍士로 수호하여 줌으로써 낙착되기도 하였다.[85]

이런 과정에서 富實을 이루는 자도 적지 않았고 또 늘어 갔다. 그 대부분은 徙民이었다.[86] 북방 농촌사회에서는 개간활동을 통한 농업생산의 증가에 동반하여 貧富의 分化가 점차 확대되고 있었다. 성종대에 들어와서 본래 盜賊이 없고 바깥문을 걸지 않았으며 소를 들에다 놓아기르던 함경도는 도적이 성행하고 인심이 각박해져 末端을 찾고 구하는 등 풍속·풍습에 변화가 일고,[87] 빈부에 큰 차가 없고 화목하던 평안도도 날로 漸富漸貧하여지고 세월이 지나면서 사이가 나빠지고 益富益貧한 상태로 가고 있었다.[88]

북방 농촌사회의 이러한 분화는 이제 이 지역의 개척이 궤도에 오르고 있음을 전한다. 차후 한광지의 개간과 경작은, 후술하듯이 이 지역의 농업개발과 병행하여, 여건이 한층 안정되고 공고하여진 가운데서 진행될 수 있었다. 성종대의 사민사업이 끝난 후 여러 차례 사민이 논의되고 시행되기도 하지만 지금까지와 같이 일관된 조직과 계획을 갖

『成宗實錄』 48, 成宗 5년 10월 庚戌, 9冊, p.161.

84. 『睿宗實錄』 5, 睿宗 원년 5월 乙巳, 8冊, p.381.
『成宗實錄』 161, 成宗 14년 12월 辛巳, 10冊, p.554.

85. 『成宗實錄』 130, 成宗 12년 6월 丙辰, 10冊, p.228.
『成宗實錄』 184, 成宗 16년 10월 丙午, 11冊, p.67.
『成宗實錄』 217, 成宗 19년 6월 乙巳, 11冊, p.349.

86. 주 84의 하단.

87. 『成宗實錄』 48, 成宗 5년 10월 庚戌, 9冊, p.160.

88. 『成宗實錄』 217, 成宗 19년 6월 丙申, 11冊, p.345.

추고 대규모로 추진되지는 않았다. 평안도의 경우 성종 중엽에도 그간의 개간진척에도 불구하고 한광지는 여전히 많았다.[89] 이는 해당 官衙이나 鎭에서 또는 지주층 농민층 개별활동에 의한 개간으로 넘겨져 갔다.

3) 墾田의 耕種과 常耕熟治問題

북방개척은 단순한 개간사업이 아니었다. 농업개발을 동반하면서 수행되었다. 개간은 농지를 숙치하여 熟田·常耕田으로 경영하는 것으로 마무리짓는 것인데 북방 兩界의 墾田에서는 이 문제가 이러한 일반원칙을 넘어서 특히 요청되었다. 이 지역은 대개 토질이 척박하고 혹은 地廣人稀하여 농지의 歲易이 관행이라고 할 만큼 광범하였다.[90] 매년 常耕하는 토지도 적지 않았으나[91] 세역 농작은 관습이고 통례였다. 북방이 경기이남에 비해 농법상 粗放性이 심하고 더구나 평탄하고 비옥한 곳에서까지 농지를 세역을 하고 있음은 농업생산상 커다란 문제가 아닐 수 없었다. 정부는 이런 상태를 타개하고자 사민사업을 통해 비옥한 한광지의 개발을 시도하고 있지만, 이는 농사작법상으로 熟治·集約을 독려하고 촉구하는 농업개발을 기반으로 하지 않으면 안 되는 것이었다. 태종조의 農書제작, 특히 세종조 『農事直說』의 편찬과 보급은 목표가 여기에도 있었다.[92]

세종정부는 북방 농토의 常耕田化를 권농책의 핵심으로 삼고 정력적

---

89. 주 77과 同.
90. 『世宗實錄』 76, 世宗 19년 2월 乙亥, 4冊, p.147.
『世祖實錄』 7, 世祖 3년 5월 辛卯, 7冊, p.200.
91. 『世祖實錄』 1, 世祖 원년 7월 乙未, 7冊, p.73.
92. 『世宗實錄』 76, 世宗 19년 2월 乙亥, 4冊, p.55.
『世宗實錄』 55, 世宗 14년 정월 丁卯, 3冊, p.367.

으로 추진하여 나갔다. 그 가운데서도 함경도 旱田에까지 시도한 麥作의 보급 권장은 하나의 큰 상징이었다. 조선은 이 사업을 이미 太宗 9년(1409)부터 왕명으로 감사·수령에게 시달하여 착수하고 있었다. 麥은 春窮을 넘기는 데 불가결한 곡물이나 이 지역에서는 별로 보리·밀을 재배하지 않아 늘 큰 어려움을 겪었다.[93] 그런데 이러한 麥이 경작되려면 농지가 熟田 곧 正田이어야 했다. 稻나 旱田의 旱穀도 모두 사정이 같았다.[94] 진황전의 숙치는, 整地·施肥 등에 직결되는 부면이지만, 궁극으로는 숙치된 농지에 경종할 수 있는 작물을 재배하는 데 있으므로 개간과 함께 이에 적절한 곡물을 경종하는 노력이 수반되지 않으면 안 되었다. 조선정부가 북방에 맥작재배를 적극 권장한 것은 농가양식의 확보를 위한 시책이면서 아울러 농지의 숙치를 도모하여 농사의 조방성을 벗어나고 세역전을 熟田化하고 常耕田化하려는 정책이었다.

태종 9년(1409) 이후 맥작의 북방보급을 위해 정부는 매년 함경·평안도에 종자를 이송하여 경작을 권려하였다. 자주 失農하는 까닭이었다.[95] 그리하여 세종조 중반에 들어설 무렵에는 이미 咸興 이남에서 점차 小麥이 재배되고 있었고 그 이북에도 보급시키고자 종자를 계속 이송하였다.[96] 그러나 兩界에 맥작을 보급하는 일은 수월하지 않았다. 맥은 秋耕을 하고 越冬을 하여야 하는 곡물이어서 高燥寒冷이 심한 지대에서는 재배할 수 없었다. 조선 초 함경도 지역까지 맥작이 보급되고 또 이를 권장하는 노력은 당시 우리의 旱田農法이 도달하고 있던 最先進性을 상징하는 지표였다. 양계에서 麥作은 꾸준히 장기간에 걸쳐 보급되고 장려되었으며 그 종류도 풍토상 남부와는 달리 小麥이나 春麰가

---

93. 『太宗實錄』 17, 太宗 9년 4월 乙未, 1冊, p.482.
94. 『宣祖實錄』 46, 宣祖 26년 12월 己丑, 22冊, p.187.
『成宗實錄』 21, 成宗 3년 8월 甲子, 8冊, p.677.
95. 『太宗實錄』 22, 太宗 11년 7월 庚寅, 1冊, p.596.
96. 『世宗實錄』 68, 世宗 17년 6월 戊申, 3冊, p.634.

주종이었다.

정부는 黍粟의 재배법 및 품종의 개량에도 크게 유의하고 또 힘썼다. 서속은 북방 한전작물의 주종이었고 경기 이남에서도 보리 다음으로 널리 재배하고 있을 만큼 중요한 작물이었다. 그러므로 여러 품종과 재배법을 상세히 소개하고,[97] 새로운 품종도 개발하였다. 세종조에 1년에 두 번 성숙하는 早黍, 낟알 하나에 알갱이가 두 개 드는 秬黍를 시험 재배한 후 그 종자를 황해 이남의 각 도에 분급하였다.[98] 함경·평안도는 기후풍토상 적절하지 않았던 듯하다.

麥作이나 黍粟作 등 熟治·常耕農地 작물의 재배권장은 이미 이 지역에서 기후풍토가 적당한 곳에서는 농지를 집약 이용하여 再耕하는 작법이 보급되어 있었으므로 조정에선 자신을 가지고 시도하는 것이기도 하였다. 세종대에 양계 사민에게 대여한 원거민의 正田이 그것으로 여기서는 早穀과 晩穀을 1년 2작하고 있었다.[99] 물론 정전의 존재 자체는 고려 이전으로 소급될 것이다.[100] 그러나 양계에는 後作物을 再耕할 수 있는 곳이 많지는 않았다. 지역에 따라 다소 차이는 있지만 대개 邊方으로 갈수록 농사 절기가 늦고 서리가 일찍 내리는 관계로 농사는 晩種하고 早穫하여야 했다. 따라서 晩穀이나 晩種早熟하는 곡종은 재경을 할 수 있는 곳이거나 없는 곳이거나 북방 한전농사에서는 매우 요긴하였다. 세종 17년(1435) 평안·황해도 각 고을이 失農하자 국왕은 晩種早

97. 『農事直說』, 種黍粟.

98. 『世宗實錄』 77, 世宗 19년 6월 辛亥, 4册, p.77.
『世宗實錄』 84, 世宗 21년 2월 丁亥, 4册, p.190.
『世宗實錄』 22, 世宗 5년 7월 辛丑, 2册, p.550.
『世宗實錄』 27, 世宗 7년 2월 己巳, 2册, p.658.

99. 『世宗實錄』 96, 世宗 24년 6월 癸卯, 4册, p.415.
『世宗實錄』 88, 世宗 22년 3월 乙巳, 4册, pp.272~273.

100. 拙稿, 「高麗前期의 平田과 山田」, 『李元淳敎授華甲紀念 史學論叢』, 敎學社, 1986.
『世宗實錄』 95, 世宗 24년 정월 丁卯, 4册, p.390.

熟하는 곡종을 상세히 조사시켜 이를 경종하도록 이르고 있다.[101] 晩穀은 콩[菽]·피[稷]·메밀[蕎麥] 등이고 粟 중에서도 占勿谷 등 靑粱類가 이에 해당하였으며 이 모두는 荒地에서도 잘 숙성하는 작물이었다. 『농사직설』에서 이런 점을 특별히 열거하여 설명하고 있는 것은[102] 이러한 북방의 사정도 배려한 것으로 사료된다.

또한 黍粟을 위시한 이상의 곡물의 재배와 결부해서 장려한 것은 交種·雜種法이었다. 위의 곡물은 水旱에 따라 豐歉이 각기 달라 單作을 하면 失農할 위험이 컸다. 특히 북방은 다른 지역보다 가뭄, 홍수, 서리의 피해가 더욱 많았다. 旱稻와 稷과 小豆, 黍 혹은 粟과 水荏子[들깨], 白胡麻와 晩小豆, 胡麻[참깨]와 菉豆 등을 섞어 파종함으로써 한 가지 작물만 재배하는 데서 오는 失農의 위험을 덜 수 있었다.[103] 세종 10년(1428)에 하삼도에서 이미 일찍부터 관행하던 농작법을 양계에 보급시킬 목적으로 채록하였으며[104] 다시 『농사직설』에도 수록하였다.

정부가 북방에 보급을 장려하던 旱田作物로 또 하나 주목되는 것은 木花였다. 목화는 의료작물이고 교역작물이어서 농민이나 정부 모두 이의 재배·생산에 노력하고 있었으나, 하삼도에서 신속하게 보급된 것과는 달리, 세종 초까지도 북방은 풍토가 달라 재배가 극히 부진하였다. 그러므로 세종정부는 북방개척의 일환으로 개간사업과 상관없이도 특별히 목화재배를 장려하였다. 세종 17년(1435) 旱田穀作에만 힘쓰고 있는 함경도 각 고을에 하삼도에서 木棉種子를 취하여 보내고 시험 재배하도록 하되 경작법대로 할 것을 특별히 지시하고 뒤이어 평안도에도 같은 시책을 폈다.[105]

---

101. 『世宗實錄』 68, 世宗 17년 5월 乙未, 3冊, p.630.
102. 『農事直說』, 種黍粟, 種稷, 種大豆·小豆·菉豆, 種胡麻, 種蕎麥.
103. 同上.
104. 『世宗實錄』 40, 世宗 10년 윤4월 甲午, 3冊, p.129.
 『世宗實錄』 40, 世宗 10년 7월 癸巳, 3冊, p.138.

그러나 실제 목화재배의 보급은 저조하여 세종 28년(1446)에는 하삼도에서 이사하여 온 민인의 재배경험을 수집하여 이에 따라 경종하도록 하고 원거민에게도 이를 傳習하게 하였다.[106] 북방 풍토에 맞는 경종법을 개발하도록 하는 것이었다. 더구나 『농사직설』에서는 곡물재배만 취급하고 있었고 풍토가 다른 북방에서 아직 개발의 여지도 많은 하삼도의 綿作法이 곧바로 성공하기는 어려웠을 것이다. 목면재배가 북방에서 점점 보급되는 것은 세종조를 넘고 세조조를 지나 성종조 이후에 들어와서였고 끝내 함경도는 부진한 채 평안도·황해도에 그쳤다. 이러한 보급의 배후에는 優良 목화종자의 개량과 새로운 재배기술의 개발이 자리 잡고 있었다. 『農事直說』 이후 간행되는 여러 농서에서 모두 이에 관해 증보하고 있음은 단적인 예겠다.[107]

북방개척에 따르는 농업개발에서 괄목할 사항은 旱田의 常耕熟治와 그 농작물의 재배 보급에 머무는 것이 아니었다. 이와 함께 水田開發을 촉구하고 있었다. 조정은 대단한 열의를 가지고 이를 권장하고 독려하였다. 그 정성은 맥작이나 면작의 보급노력을 훨씬 넘어섰다. 이 시기 水田의 개발·확대는 전국에 걸치는 농업과제여서 이를 북방 개척과 결부시켜 추진함은 당연하였다. 최종 개발대상 지역은 역시 함경도였다. 당시 북방에는 논이 극히 적거나 전혀 없는 곳이 허다하였고 함경도에서는 민인 자신도 風土가 논농사에 부적합하다고 단정하고 있었다.[108] 반면 정부는 풍토보다는 민인의 풍속이 농사에 소홀하고 수전경작에 따르는 노고를 꺼리는 데 있다고 보고 있었고,[109] 米가 소출·교환·조

---

105. 『世宗實錄』 68, 世宗 17년 9월 庚辰, 3冊, p.651.
    『世宗實錄』 71, 世宗 18년 정월 壬申, 3冊, p.663.
106. 『世宗實錄』 113, 世宗 28년 8월 壬寅, 4冊, p.697.
107. 金容燮, 『신정 증보판 朝鮮後期農學史研究』 1장 5절, 지식산업사, 2009.
108. 『世宗實錄』 65, 世宗 16년 7월 戊子, 3冊, p.580.
    『世宗實錄』 69, 世宗 17년 9월 庚辰, 3冊, p.651.
109. 同上.

세 등 여러 면에서 소용이 으뜸이고, 더욱이 旱田이 절대다수인 북방에서는 水災를 당하면 모든 농사가 失農하는 위험이 있어 수전보급과 수리개발을 적극 권장하는 것이었다.[110] 북방에서 수전개발 역시 그 농법상 당연히 농지의 집약과 그 숙치·상경을 동반하는 것임은 물론이었다.[111]

水田의 北方普及과 그 권장은 木棉栽培를 장려하던 때보다 일찍 시작되었다. 세종 17년(1435) 국왕은 목면재배의 성공 가능성을 수전의 보급에 견주어, 오직 한전만 경작하던 함경도에서 그간 수령의 권농으로 수전농사가 행하여져 이 무렵에는 水田을 경종하는 고을이 심히 많아졌음에 자신을 가졌다.[112] 이런 추세에 따라 세종 22년(1440) 3월에는 吉州 이북에 대해서는 수전개발과 연관하여 300결 이상 실적이 있는 고을의 수령에게는 資級을 올려 주고 그 농지는 3년 면세하며 10결 이상 개발한 농가는 復戶하는 등 혜택도 마련하며 독려하였고,[113] 아울러 정부도 솔선하여 會寧·慶源·鍾城·穩城 등 연변 4진에 屯田을 광대하게 개척하여 수전으로 경작함으로써 그 보급에 커다란 효과를 올렸다. 평안도 역시 세종 26년(1444)에 오면 수전개간이 점차 풍조를 이루었다.[114] 이 지역도 『농사직설』이 頒給되면서 비로소 수전농업이 알려졌다고 할 만큼 이전에는 수전이 드물었다. 세종조 중반에 양계의 수전규모는 함경도 약 7,000여 결, 평안도 약 3만 6,000여 결로 추산하고 있다.[115] 이 수치는 아마 태종 13년(1413)에 있은 양계양전의 결과에 근거한 액수에

110. 『文宗實錄』 10, 文宗 원년 11월 乙巳, 壬子, 6冊, p.452, 454.
111. 金容燮, 『신정 증보판 朝鮮後期農業史研究』[II] 1장, 지식산업사, 2007, pp.21~22.
112. 『世宗實錄』 69, 世宗 17년 9월 庚辰, 3冊, p.651.
113. 『世宗實錄』 88, 世宗 22년 3월 丁未, 4冊, p.273.
114. 『世宗實錄』92, 世宗 23년 5월 丁酉, 4冊, p.341.
『世宗實錄』 106, 世宗 26년 10월 丙申, 4冊, p.558.
115. 『世宗實錄』 154·155, 地理志, 咸吉道, 平安道, 5冊, pp.682~701.

다소 증감이 가해진 면적일 것이다.

세종조의 수전보급 노력은 이후에도 열성껏 지속되었다. 文宗代에는 특히 水利와 川防을 수축하여 수전 개발지를 확보하는 시책을 펴고 많이 개발한 이에겐 조세를 5년 동안 면제 혹은 감면하는 혜택도 제공하였다.[116] 그리하여 성종조에 평안도의 近海지역은 수전이 잘 개발됨에 이르렀고 이후도 꾸준히 증가·확대되어 江界처럼 수전이 전혀 없던 곳에서조차 논농사가 지어졌다.[117] 양계에서 수전은 남쪽 지방에서 같이 성행할 수는 없었지만 개발이 가능한 곳에서는 급속히 보급되어 갔다.

북방에서 수전개발을 주도하고 성공시킨 주역은 하삼도에서 온 徙民이었다. 원거민도 차츰 이를 본받았다. 농사의 성과도 하삼도와 다를 것이 없다는 표현이 나올 만큼 컸다.[118] 수전의 경작은 수리의 여건이 좋은 곳에선 水播로 이루어졌다. 그렇지 못한 곳에서는 乾播도 이용하였으며 이에 의한 벼농사의 보급도 비중이 컸을 것이다. 水稻의 건파재배는 旱地農法의 재배원리를 잘 살리고 있는 농작법으로서 治田에 人力을 집중시켜 협동하고 반드시 농우를 사용하면서 개발 보급되고 발달하였을 것이다.[119] 수전개간이 확산되어 가는 가운데 새로운 稻種도 개발 개량되고 세종조 이후는 바람을 타지 않는 벼종자의 재배를 권장할 수 있었다.[120]

물론 북방의 개척과 농업개발은 기후풍토와 인력 형편상 짧은 세월

---

116. 『文宗實錄』 4, 文宗 즉위년 11월 壬戌, 6冊, p.319.
『文宗實錄』 10, 文宗 원년 11월 乙巳, 丙午, 6冊, p.452.

117. 『成宗實錄』 176, 成宗 17년 10월 己卯, 11冊, p.147.
『燕山君日記』 49, 燕山君 9년 3월 己卯, 13冊, p.551.

118. 『世宗實錄』 106, 世宗 26년 10월 丙申, 4冊, p.588.
『文宗實錄』 10, 文宗 원년 11월 壬子, 6冊, p.454.

119. 金容燮, 주 107의 논저, V장 2절.

120. 『世宗實錄』 21, 世宗 19년 11월 乙卯, 4冊, p.117.

에 뜻대로 진행되기는 힘들었다. 더구나 농업개발의 지표를 경기 이남의 하삼도 특히 慶尙道의 농법을 위주로 삼아 수행하고 있었다. 그러나 가장 큰 사정은 북방은 북방대로 본디 이용하여 오는 전통 농작법이 있고 이에 입각하여 새롭고 적합한 농법을 개발하여 나가고 있던 점이었다.[121] 성과는 당장에는 열의와 기대에 비해선 적었다. 비옥한 한광지의 숙전·상경전화는 이런 여건 속에서 이루어져 갔고 여건이 좋은 곳에서는 2년 3작 혹은 1년 2작의 농작까지 운영되었다.

농지의 熟治·常耕은 우리 中世의 농업이 완수해야 할 큰 과제로서 고래로부터 추구하여 오고 있었다. 그리하여 조선 초 이 시기에는 북방개척과 더불어 양계지방이 최종대상이었다. 세종조는 6진·4군의 개척과 함께 徙民에 의한 인력동원, 한광지의 규모 있는 배분, 각종 물자의 지원과 부세혜택을 통해 그리고 하삼도의 농법을 기준 지표로 하여 나라가 정력적으로 구상하고 착수하여 감으로써, 土地와 人丁에 기반을 둔 조선국가의 체제를 확고히 하였고 또 이후의 朝廷은 이 사업을 더욱 착실히 추진할 수 있는 능력을 발휘하고 계승할 수 있었다.

3. 六道改量田과 兩界量田

토지제도의 운영이 궤도에 오르기 위해서는 각종 토지의 경리·운용, 농지개간, 농업개발과 더불어 또 하나의 중대한 과제가 있었다. 토지의 파악과 조세의 징수에 합리성을 갖추도록 하는 일이었다. 곧 量田制와 結負制의 정비였다. 우리나라는 上古 때부터 토지파악과 조세수취를 양전제와 결부제로써 수행하는 가운데서 토지와 조세를 하나로

121. 『文宗實錄』 5, 文宗 원년 정월 癸亥, 6冊, p.350.
『中宗實錄』 94, 中宗 36년 2월 戊午, 18冊, p.440.

일치시켜 田結로서 파악해 왔다. 조선 초 이 시기에도 이 제도 자체에는 변함이 없었다. 다만 양전제와 결부제는 시대의 여건 역사발전의 단계에 따라 내용과 기준 그리고 운영방법에 변화가 있어 왔듯이, 새 왕조 조선의 건설과정 및 그 기반구축과 관련하여 양전문제 그리고 결부제의 정비는 어느 시기보다도 중대한 사안이었다. 고려 말 토지제도 문란의 큰 원인이 이의 不實에도 있었다. 그 가운데서 우선 시급한 것은 토지파악 곧 量田이었다.

1) 六道改量田

古來로 양전은 단순한 토지측량이 아니었다. 양전은 結負制에 입각하여 농지의 실제면적과 그 농지에서 생산되는 소출을 동시에 표현하면서, 아울러 토지의 所有權者를 확인하여 그 권리를 보장해 주고 그에 대한 租稅를 공평하고 정확하게 부과하는 데 있어서 기초작업이고 우선 사업이었다. 특히 조선전기까지는 양반 관료에게 수조권을 수조지로서 절급하고 있어 더욱 그러하였다. 양전과정에서는 토지의 소유주, 토지의 비척, 토지의 구역과 형태, 양전척에 의한 실면적 및 그 결부수 등을 일일이 조사하고 이를 바탕으로 일정 결수를 收租單位로 묶어 이로써 국가재정, 각급 기관 및 왕실·양반 등 통치기구와 그 참여층에게 배분하고 할급하여 수조하게 하는 田丁이 작성되는 것[作丁]이었다.[1] 양전은 토지파악, 조세경리, 토지분급의 선행작업으로서 불가결한 것이어서 철저하고 정확할 것이 요청되는 것이었다.

그러나 量田은 이런 원칙·당위에 비해 어느 시기에나 늘 부정확과 불균등으로 논란이 심하였다. 특히 조선에서는 건국 초부터 고려 말의

---

1. 金容燮, 「高麗時期의 量田制」, 『韓國中世農業史研究』, 지식산업사, 2000.
拙稿, 「高麗時期의 作丁制와 祖業田」, 『李元淳教授停年紀念 歷史學論叢』, 教學社, 1991.

양전에 따른 폐단이 수다하다는 여론이 들끓었다. 실제 조정은 전국 토지에 대해 정확한 규모를 알 수 없었고 따라서 田結에 대한 분명한 파악을 제대로 못하고 있었다. 그럴 만한 사정이 두 가지 있었다. 하나는 고려 최말에 있었던 소위 己巳量田이 방법과 지역에서 매우 미흡하였던 것이고, 다른 하나는 兩界지방이 양전 대상에서 누락·방치되어 있던 점이다. 국가체제의 정립에 전력하는 조선으로서 통치강역 내에 있는 토지에 대한 정확한 조사는 커다란 숙제이고 시급한 과제였다.

기사양전은 禑王 14년(1388) 昌王 즉위 8월부터 경기 등 6도에서 시행되었던 양전이었다. 이 양전 결과 實田 62만 3,097결, 荒遠田 17만 5,030결 총 79만 8,127결을 얻었다.[2] 그러나 양전과정 자체에서 算術이 미숙하였고 기한에 쫓겨 서둘러서 결부책정에 輕重을 잃고 또 적지 않은 토지를 유루시켰다. 이뿐이 아니었다. 더 큰 문제가 있었다. 濱海의 고을은 타량하지 못하였다.[3] 당시 연해 각 고을이 양전에서 제외되었던 것은 다름 아니라 수십 년에 걸쳐 연속하는 倭寇의 창궐과 이의 격퇴 전투 때문이었다. 기사양전은 주된 목표가 私田의 혁파와 그 전조의 3년간 국가 수용에 두고 착수된 것으로[4] 우리나라 西南의 연안 고을 곳곳에서 왜구의 노략과 분탕이 극성하는 가운데 서둘러 거행한 것이었다.[5]

양전이 끝나고 과전제도를 시행할 때, 정부는 이에 대한 보완책으로 이들 지방에 대해 별도의 조치를 세웠다. 타량하지 못한 濱海·海島田은 脫漏田, 餘剩田 그리고 新墾田과 함께 각 도의 관찰사가 매년 즉시즉시 관원을 뽑아 보내어 답험해서 作丁한 후 양전대장에 연속하여 적도록 하고 이를 주무 담당관에게 보고하여 軍需에 충당하고 사람들이 멋

---

2. 『高麗史』 78, 食貨 1, 田制, 祿科田, 恭讓王 3년 5월, 給科田法, 中冊, p.723.
3. 『太祖實錄』 14, 太祖 7년 7월 己亥, 1冊, p.129.
4. 拙稿, 「高麗末의 私田捄弊策과 科田法」 주 67의 논저, pp.83~89.
5. 『高麗史』, 『高麗史節要』의 辛禑 13~14년의 기사 참조.

대로 점거하지 못하도록 하였다.[6] 이런 상태에서 이들 지역은 새로운 量案이 작성되어 있지 않으므로 그 조세는 관습과 눈짐작으로 책정하여 부과하였다.[7]

빈해 지역 여러 고을의 양전은 시급하였다. 太祖 7년(1398) 7월 給田司의 요청에 따라 이 지역에 대한 양전이 확정되었다.[8] 그러나 곧이어 발생한 왕자의 난과 태조의 퇴위사태로 시행에 옮겨지지 못하였다. 太宗 원년(1401) 7월에도 양전의 명령이 하달되었으나 전국 각 도의 안렴사들이 실무작업에 착수하지 않음으로써 역시 실행되지 않았다.[9] 政情의 불안은 이만큼 심각하였다. 이 지역의 양전이 달성된 것은 태종 5년(1405) 乙酉量田 때였다.

양전 결과 상당한 액수의 田結이 새로 증가하였다. 양계를 제외한 경기 등 6도에서 거행된 이 양전으로 총 96만 결을 획득하였으며 이 가운데 改量으로 얻은 剩田이 무려 30여 만 결이었다.[10] 이전까지 조선정부가 파악하고 있던 전결수는 고려 말 기사양전 때의 것과 대동소이한 80만 결 안팎이었다.[11] 을유양전으로 파악된 96만여 결은 實田數만인 듯하다. 개량 후 얻은 剩得田이 30여 만 결임을 보면 이전까지 나라에서 파악하고 있던 실전은 66만여 결인 셈이고 이는 고려 말의 실전수 62만 결에 비해 4만여 결 정도 더 증가한 폭이다. 새로 취득한 농지가 30여 만 결임은 대단한 증가액이었다. 거의 半이 늘어난 것이다. 여

6. 주 2의 中册, p.725.

7. 『太宗實錄』 10, 太宗 5년 9월 丁酉, 1册, p.335.

8. 주 3과 同.

9. 『太宗實錄』 2, 太宗 원년 7월 庚戌, 戊寅, 1册, p.210.
『太宗實錄』 4, 太宗 2년 6월 庚申, 1册, p.236.
『太宗實錄』 4, 太宗 2년 7월 戊子, 辛丑, 1册, pp.241~242.

10. 『太宗實錄』 11, 太宗 6년 5월 壬辰, 1册, p.356.

11. 『太宗實錄』 3, 太宗 2년 2월 戊午, 1册, p.225.
『太宗實錄』 7, 太宗 4년 4월 乙未, 1册, p.294.

기에는 기사양전 이후 새로 개간한 농지나 이 양전 당시 사업 소홀로 감췄거나 빠졌던 토지가 대부분이었을 것이고 또 그리고 내륙의 고을에서 새로 얻은 전토도 상당하였을 것이다. 예컨대 청주는 元田 1만 3,980결에 加剩田 5,070결, 충주는 원전 1만 6,170결에 가잉전 4,570결이었다.[12] 그러나 대부분은 연해 고을의 농지를 타량하여 얻은 것이었다.[13] 연해 고을의 양전은 고려 忠肅王 원년(1314) 甲寅量田 이후[14] 거의 90여 년 만에 거행한 셈이었다. 조선의 재정기초는 고려 말에 비해 현저히 확대되고 이는 동북면·서북면 양계지방에 대한 양전이 실행되면서 한층 증가하고 공고해졌다.

2) 兩界의 量田

양계지방의 양전 역시 조선왕조로서는 매우 중요한 사업이었다. 西北面·東北面이 고려로 재편입된 것은 각각 忠烈王 때와 恭愍王 때였다. 그러나 아직 국가의 토지파악에서는 벗어나 있었다. 충숙왕대의 갑인양전에서나 창왕대에 착수된 기사양전에서 제외되었다.[15] 세가 및 토호등에 의해 호구나 토지가 장악되고 군사요지여서 토지는 屯田式 민호는 屯田兵式으로 파악하고 그 세입은 이곳의 군자로 충당하게 하는 까닭에 토지파악과 수세는 관습에 따라 烟戶나 日耕을 기준으로 행하도록 방임함으로써 결부제식 양전의 외곽에 놓였다. 조선은 이 지역에 대한 양전과 結負式 파악을 과제로 안고 있었다. 이들 지역을 국방상의 영토만이

12. 『太宗實錄』 13, 太宗 7년 정월 庚申, 1冊, p.382.
13. 주 10과 同.
14. 『高麗史』 78, 食貨 1, 田制, 貢賦, 忠肅王 원년 2월, 中冊, p.730.
15. 同上.
『高麗史』 78, 食貨 1, 田制, 經理, 辛禑 14년 8월, 中冊, p.707.
『高麗史節要』 33, 辛禑 14년 8월, p.833.

아니라 祖宗封疆으로 확실히 하려면 세가와 토호의 세력을 억누르고 토지와 인민에 대해 직접 파악함을 도모하지 않으면 안 되었다. 특히 이를 위해 장차 北方開拓을 구상하고 있었으므로 그 기초공사로서도 이 지역에 대한 양전은 반드시 필요하였다.[16]

고려 말 조선 초, 서북면은 日耕制[날갈이]로 동북면은 煙戶制로 토지를 파악하고 조세제도도 그에 입각하여 운영하고 있었다. 전자는 소[牛] 한 마리의 하루갈이 면적을 1日耕으로 하여 이를 기준으로 토지면적을 산출하고 조세를 징수하는 것이고, 후자는 戶를 大小에 따라 大・中・小戶로 구분하여 수조하는 것이었다.[17] 이곳에서는 농민의 관습과 지역의 관례에 입각한 토지・조세파악방식이 그대로 국가의 제도로 자리 잡고 있는 것이었다. 고려 말 과전법에서는 겨우 행정기구에 필요한 公衙祿田 및 站夫立馬田을 타량하여 절급하는 데 그쳤다.[18] 다만 정부는 4日耕을 1결로 환산하여 수조액의 기준을 작정해 놓고 있었다.[19] 고려 공민왕 때 1결에서 1石을 징수하도록 시달하고 있음이 그런 것이다.[20] 연호제도, 옛 高句麗에서처럼, 호등에 따라 일정 액수를 정해 놓고 운영하고 있었을 것이다.[21] 이러한 관행이, 결부제를 토지・조세제도의 기본으로 삼고 있는 고려・조선 초의 정부에서, 공식으로 운영되고 있던 데는 토호를 주축으로 한 屯田式, 屯田兵式에 입각한 향촌운영 및 군사편제 이

---

16. 金榮勳, 「朝鮮初期 兩界地方의 量田과 收租問題」, 서울大學校 碩士學位論文, 2000.
이해철, 『세종시대의 국토방어』, 세종대왕기념사업회, 1985.

17. 『太祖實錄』 1, 總說, 辛禑 9년 8월, 1册, p.9.
『太祖實錄』 6, 太祖 3년 9월 丙辰, 1册, p.70.

18. 『太宗實錄』 1, 太宗 원년 7월 庚戌, 1册, p.210.

19. 董越, 『朝鮮賦』, 도서출판 까치, 1995(紹修書院本 영인, p.13).

20. 『高麗史』 78, 食貨 1, 田制, 租稅, 恭愍王 5년, 中册, p.728.

21. 『隋書』 49, 列傳 46, 東夷, 高麗 참조.
拙稿, 『韓國 古代・中世初期 土地制度史－古朝鮮～新羅・渤海』, 서울대학교출판부, 2005, pp.89～91.

외에 이 지역의 독특한 농업환경 곧 地廣人稀한 데다가 토지가 대개 척박하며 밭이 다수이고 논이 적은 까닭에 주로 歲易으로 농지를 경영하는 사정도 있었다.[22]

조선에 와서도 이러한 여러 사정상 兩界 모두에서 일거에 결부식 양전을 집행하기는 심히 힘들었다. 정부는 우선 太祖 3년(1394) 동북면의 토지파악과 수세방식을 서북면과 같이 日耕으로써 답험하여 수조하도록 하여[23] 양계에서나마 일경제로 통일하여 파악하는 조처를 취하였다. 이렇게 하면 결부로 환산하는 일도 수월하였다. 연호제에 비할 바가 아니었을 것이다. 그러나 이 일경제에 의한 답험과 수조는 여전히 문제가 많았다. 日耕制에 의한 수조는 답험과정이 반드시 전제되어야 하는데 이를 시행하는 이들이 적고,[24] 토지의 비척도 조사되어 있지 않으며 作丁도 되어 있지 않은 상태의 前籍에만 그저 의존하여 수세하는 것이 일반이었다.[25]

양계지방의 양전이 본격 계획되는 때는 태종조로 들어오면서였다. 太宗 원년(1401) 5월 답험손실을 분명히 하고 그에 따라 수조할 것을 시달하고, 7월에는 마침내 결부식 양전의 추진을 왕명으로 작정하였다.[26] 그러나 바로 착수할 수 있는 실정은 아니었다. 당시는 경기와 5도의 양전명령도 집행되지 못하고 있는 터였다.[27] 토호·민인의 반발이 큰 양계에서 양전이 어려움은 명약관화하였다.[28] 조정에선 찬반·가부의 논의가 무성하였다. 이런 가운데 東北面 安邊府使 趙思義의 난까지 발발함

---

22. 拙稿, 「朝鮮初期의 北方開拓과 農業開發」, 『朝鮮前期 土地制度研究』[II], 지식산업사, 1998.
23. 주 17과 同.
24. 『太祖實錄』 14, 太祖 7년 7월 己亥, 1冊, p.129.
25. 『太宗實錄』 1, 太宗 원년 5월 己酉, 1冊, p.204.
26. 同上 및 주 18.
27. 주 25와 同.
28. 『太宗實錄』 4, 太宗 2년 8월 己巳, 1冊, p.244.

으로써 계획은 중단되었다.[29] 이 난은 한 달간 지속되었는데 양전시도로 인해 불만이 고조된 토호·민인이 가세하였을 것이다.[30] 그 후 태종 5년(1405) 경기·6도의 양전이 거행되고 여섯 해가 지나 11년(1411)에 재차 양계 양전시행령의 하달을 거쳐[31] 13년(1413) 정월에 와서 착수할 수 있었다.[32]

정부는 이 지역 양전을 이 해 정월에 시작하고 농사 때는 잠시 중지하다가 추수가 끝난 9월에 다시 시작하는 등 적극 진행하였다. 그리고 양전 경차관 52인을 양계로 나누어 보내 정확한 양전을 위해 미리 1日耕(하루갈이)은 몇 負, 그 파종량은 몇 斗, 소출은 풍년과 평년에 몇 석, 조세는 몇 斗 등을 상세히 살펴 보고하게 하였다.[33] 일경제를 결부제로 전환할 때 발생하는 民怨을 다소나마 진정하는 길도 이러한 조사를 정확히 하는 데 있었다. 양전은 계획대로 끝났다.

田結은 엄청난 수가 조사되었다. 이 당시의 전결 수를 옮겨 적은 것으로 추측되는 세종대의 기록에 의하면 평안도 30만 8,751결, 함경도 13만 413결이었다.[34] 수조액도 증대하였다. 평안도의 경우 종래 日耕收租때 하루갈이에 7두씩 내던 것이 양전으로 인해 1석으로 늘어났다.[35] 이는 결당 28斗(4일경=1결)에 상당하는 액수로서 과전제도상 1결 수조액 30두에 버금하는 양이었다. 조세액 급증에 대한 양계 민인의 불만은 대

29. 『太宗實錄』 4, 太宗 2년 8월 癸丑, 1冊, p.243.
『太宗實錄』 4, 太宗 2년 9월 辛卯, 1冊, p.245.

30. 『太宗實錄』 4, 太宗 2년 11월 甲申, 1冊, p.250.
『太宗實錄』 4, 太宗 2년 12월 辛亥, 1冊, p.250.

31. 『太宗實錄』 22, 太宗 11년 12월 丁酉, 1冊, p.613.

32. 『太宗實錄』 25, 太宗 13년 정월 丁亥, 1冊, p.659.

33. 同上.

34. 『世宗實錄』地理志, 各道 總論.
李載龒, 「16세기의 量田과 陳田收稅」, 『조선전기 경제구조연구』, 崇實大學校出版部, 1999.

35. 『太宗實錄』 26, 太宗 13년 11월 壬寅, 1冊, p.698.

단히 컸고 소요로 이어질 우려마저 있었다. 정부도 조세과징을 인정하여 양전을 종료한 지 1년 후 결당 20두로 恒式을 삼는 방침을 수립하였다.[36] 일반 전조에 비해 1/3을 감면한 것이며 이는 그대로 법제로 되었다.[37] 양계 양전 종료 직후 전라도 濟州 지역의 양전이 착수됨으로써[38] 조선왕조의 전국 8도에 대한 토지파악은 완전히 일단락되었다.

전국 규모에 걸친 철저한 양전의 완료는 조선왕조의 집권권력의 강력성을 과시하는 지대한 성과로서 나라의 경제기초가 그만큼 확대 강화되었다. 재정수입도 급속히 현저하게 증대하여 애초 국가비축이 거의 없었던 데서 태종 13년(1413)에 오면 국가 보유곡은 총 356만 8,700석에 이르고[39] 17년(1417)에는 양계를 제외한 경상·전라 등 5개도의 창고에 저축한 곡식만 415만 5,401석에 달하였다.[40]

국초의 토지파악이, 이와 같이 전국 범위의 철저한 양전의 완료로 일단락되었지만, 이로써 완성되고 정비된 것은 아니었다. 양전은 조세의 부과와 징수를 위한 전제작업이었다. 토지파악은 조세제도로서 완비되어야 하는 것이었다. 조세제도의 조정은 조세부과를 공정성과 현실성을 갖추는 방향으로 정리하도록 하는 것이었으며 그 내용은 結負制의 재조정 및 田稅制의 개편이었다. 건국 후 고려 말의 결부제와 전품제 그리고 전세제를 그대로 받아 이로써 토지제도 및 경제제도를 운영하고 있었던 조선은 위와 같이 토지의 田結을 파악할 수 있게 되고 그 규모를 확인하게 된 이상 이제는 이 결부제·전세제의 개선·개혁에 착수할 차례였다. 이 과제는 世宗朝에 가서 장기간의 농업·물산에 관한 각종 조사와 검토를 동반하면서 타개된다.

---

36. 『太宗實錄』 29, 太宗 15년 정월 乙卯, 2冊, p.50.
37. 『經國大典』 2, 戶典, 收稅.
38. 『太宗實錄』 26, 太宗 13년 7월 己丑, 1冊, p.677.
39. 『太宗實錄』 26, 太宗 13년 8월 壬子, 1冊, p.680.
40. 『太宗實錄』 34, 太宗 17년 7월 癸酉, 2冊, p.179.

4. 井田制의 檢討와 結負租稅制의 確立

건국 후 조선왕조가 취한 각종 토지에 대한 정비는 국가 재정의 일원화를 지향하고 수조지·수조권의 축소와 약화를 주축으로 하였다. 특히 세종조 이후 토지정책은 현실의 토지제도 곧 사적 토지소유를 전제로 하고 이 위에서 문제를 개선하고 사태를 수습하는 곧 조세제도 차원의 노선이었다. 세종조는 조세제도의 확립이 있기까지 두 단계로 대책을 구상하고 시책을 결정하였다. 첫 단계는 國田·王臣의 이념을 전면에 내세워 井田·限田制 등을 통해 토지소유의 균등과 이에 의한 소농민 경영을 통해 농업생산을 안정시켜 본다는 궁리이고, 둘째단계는 이것이 현실상 시행할 수 없다고 결론을 내린 후 조세제도의 폐해를 제거하고 개선하여 이로써 소유관계의 불균형에서 오는 빈부의 차 및 농업생산의 관계를 조정하려는 시도였다. 전자는 井田制의 실험, 井田制下의 稅法 검토가 그것이고, 후자는 전자의 연속 속에서, 그러나 정전제하의 세법 검토에서 벗어나서 지금까지 운영되어 오던 조세법을 원리상 배제하고 소위 貢法의 제정과정에서 새로 확립하는 結負租稅制가 그것이었다. 전자와 후자는 서로 깊이 연관되고 후자는 그간 있어 온 조선왕조의 토지정책을 조세제도상에서 마무리하는 단계이기도 하였다.

1) 井田制의 檢討

고려 말 조선 초, 토지소유의 불균과 그 가속화 그리고 농민몰락의 추세를 조정에서는 늘 수습해야 할 과제로 인식하여 왔다. 비록 수조권 차원의 개혁이지만 고려 말 과전제도의 명분이 均田에 있었고, 경영관계에 대한 제약시도였지만 조선 태종조의 並作禁令(Ⅲ편 2장 참조)도 목표는 소농민의 안정이었다. 조선의 농업현실은 시간이 갈수록 토지균분의 시행요구가 틈만 있으면 제기될 그럴 상황이 성숙하여 갔다. 더욱

이 토지균분을 통해서 사적 소유와 그 노동이 제거되는 가운데 강화되는 것은 국가 통치력이고 그 주도층의 권력이여서 국왕이나 새로운 집권세력으로선 할 수만 있다면 극히 유리하였다. 실제 세종 3년(1421) 5월 영의정 柳廷顯은 戶牌法의 復行과 함께 限田·均田의 제도를 수립할 것을 요청하고 있고 세종은 가을에 다시 보고하라고 하여 유보시킨 적도 있었다.[1]

세종 초 이 限田·均田의 시행제안은 그저 단순하게 제기된 안이 아니었다. 당시 세종정부는 井田制를 특정 지역에서 시범으로 실시도 하였다. 세종 원년(1419) 2월부터 전라도 古阜의 訥堤를 수축한 후 그 아래 1만여 결의 가경지를 井田什一法에 따라 經界를 작성하여 私田 9결을 한 단위로 묶어 이들로써 公田 1결을 함께 耕養하게 하고 있음이 그것이었다.[2] 정전제는 上古의 田制로서 그 실시 여부와 내용의 정비여부에 관해서는 여러 긍정 부정의 논란이 있지만, 이와는 상관없이 일찍부터 均田·限田制와 함께 토지균분, 농민안정, 국가안녕의 이상과 이념으로서 늘 흠모되어 왔다.[3]

私的 소유지를 국가권력이 소유규모에서 강제로 조정하고 정리하겠다는 구상은 통치관념의 소산이고 동시에 이에 즉한 토지관념 곧 '國田' 이념의 발현이었다. 전국의 土田과 人民이 國田이고 國民임은 흔히 王土·王臣論으로 대변된다. 국전의 이념은 왕조국가가 갖는 집권관료체제에 근거하고 있었다. 조선은 토지와 민인을 각각 田結과 人丁으로 파

1. 『世宗實錄』 12, 世宗 3년 5월 壬申, 2冊, p.432.
2. 『世宗實錄』 3, 世宗 원년 2월 乙未, 2冊, p.303
『世宗實錄』 11, 世宗 3년 정월 己卯, 2冊, p.421.
3. 鄭在覺, 「井田問題의 新展開」, 『史叢』 1, 1955.
李成珪, 「井田制研究의 諸問題」, 『東洋史學研究』 21, 1985.
金容燮, 「土地制度의 史的 推移」, 『韓國中世農業史研究』, 지식산업사, 2000.
拙稿, 「朝鮮前期의 土地改革論議」, 『朝鮮前期土地制度研究』[II], 지식산업사, 1998.
金泰永, 「朝鮮前期의 均田·限田論」, 『國史館論叢』 5, 1989.
『陜溪太氏族譜』, 渤海國王世略史.

악하는 위에서 수립하고 있는 국가였다. 국왕은 이의 최고 권력자이며 통치자였고 왕권은 그 정점이고 표상이었다. 국왕·국가는 전결과 인정을 부세제도를 통해 지배·파악하고 租·調·庸의 형태로 토지 생산물과 노동력을 징수 징발함으로써 존립하고 있었다. 그리고 이러한 부세제도는 토지소유관계와 직결된 身分階級制와 연계시켜 운영하고 있어 이 속에서 민인 일반은 구조적으로 국민으로 존재하는 것이었다.

토지는 국유가 아니고 사유이고, 人·戶는 인격적 소유주가 있는 노예·농노가 아닌 公民이고, 田租는 地代가 아니라 국가권력의 실현형태로서의 수취 즉 公土·公民에 부과하는 公租인 까닭에 강역 안의 사적 소유지는 '國田'이 아닐 수 없었다. 국전사상은 民에 대한 국왕·국가의 통치가 이들 민인이 소유하고 있는 토지에 대한 지배로 이어지는 것, 이 사실관계의 관념이고 이념이었다. 국왕·국가가 민에 대해 행사하는 물리적 강제행위로서의 권력개념과 정치적 지배행위로서의 통치개념이 그 대상체에 대한 관리관념으로 확장되어 이 3자가 중복 일치한 사유형태였다.[4] 그런 만큼 國田觀念은 조선에서 그 기반인 집권왕조국가의 사적 소유권에 관한 이해관계, 지주적 토지소유와 농민적 토지소유의 병존관계 속에서 항상 그 조정의 명분이었다. 신왕조의 체제수립기에는 더욱 그러하였다. 세종조의 井田制 검토도 이러한 제도와 구조에서 있게 되는 것이었다.

세종은 스스로 일찍이 정전제를 검토하였다. 세종은 즉위 후 28년(1446) 6월 공법시행과 관련하여 종래 시행해 온 踏驗損實의 법을 말하여 자신이 어렸을 때 이 법이 殷의 徹法, 周의 井田制와 같다고 생각하였다고 술회하고 있다.[5] 당시 세종은 조선의 토지제도도 정전제로 개혁할 수 있는지를 깊이 궁리하였던 듯하다.[6] 古阜 訥堤에서 정전제식 농

4. 拙稿, 「朝鮮前期 土地의 私的 所有問題」, 同上書, pp.186~191.

5. 『世宗實錄』 112, 世宗 28년 6월 甲寅, 4冊, p.680.

지 배분과 경영을 행하였던 것도 이 실험작업의 하나로 사료된다. 그리고 차츰 차츰 정전제는 실행이 곤란한 것으로 결론을 내려간 듯하다. 세종 3년(1421)에 정전에서 한 걸음 물러선 限田·均田의 시행요청안을 유보시키고 다시 가을에 논의하기로 한 것, 그리고 좀 더 직접적으로는 세종 9년(1427) 3월에 있은 科試의 策問에서 '制田之法'의 방략을 정전제하의 助法과 徹法, 균전제하의 租·庸·調와 관련해서 묻고 또 한편으로 답험손실의 폐단을 제거하려면 마땅히 貢에서 구해야 한다고 하면서 피력한 견해, 즉 助法은 반드시 정전을 한 후 시행할 수 있는데 역대 중국에서도 오히려 할 수 없었고 하물며 우리나라에는 山川이 준험하고 原隰이 回互하여 틀림없이 불가하다. 그리고 周도 助였으나 鄕遂에선 貢을 썼다. 그러나 다만 貢은 몇 년 간 農形을 참작하여 그 中[평균치]으로써 해마다 일정 稅額을 수납하는 제도이므로 좋지 않다고 하는 데 공법을 쓰되 결점을 없앨 수 있는 방도는 어디에 있는가라고 묻고 있는 것에서[7] 짐작할 수 있다. 세종은 당시 시행하던 우리의 조세법은 徹法이라고 여겼다.[8] 什一稅였기 때문이다.

세종은 오랜 연구와 궁리 끝에 우리는 풍토나 현실에서 정전제는 시행할 수 없고 따라서 그 세법인 助나 徹도 실행할 수 없는데 그럼에도 불구하고 그 기반이 없이 다만 徹을 쓰고 있으니 폐단이 크다고 결정내리고 있었다. 따라서 세종으로서 소위 夏의 貢, 殷의 助, 周의 徹 3대의 田制 가운데서,[9] 井田制를 시행할 수 없는 이상, 이념상 택할 수 있는 것은 夏의 貢 즉 定額稅制였다. 그리고 그럴 경우 세종이 취할 방향은

---

6. 『世宗實錄』 40, 世宗 윤10년 4월 辛巳, 3冊, p.126
   拙稿, 주 3의 논고, pp.649~471.
   池斗煥, 「朝鮮初期 井田論 論議」, 『東洋學』 28, 1998, pp.251~252.
7. 『世宗實錄』 35, 世宗 9년 3월 甲辰, 3冊, p.65.
8. 『世宗實錄』 18, 世宗 4년 11월 乙亥, 2冊, p.512.
9. 『孟子』(朱子集註本), 滕文公 上.

조세제도를 정비하고 개정하는 길이었다. 조세제도의 정비는 현 토지제도 안에서 사태를 개선하고 각종 토지를 정비하는 정책과도 관련하여, 그리고 정전 및 균전·한전의 균등정신을 조세제도의 정액제화를 통해 구현하겠다는 이념과도 연관하여, 실제로는 지금까지 시행해 온 結負制의 개정을 동반하지 않으면 아니 되는 것이었다. 세종과 세종정부는 이 문제에 관하여 장구한 기간 검토에 검토를 거치고 여론에 묻고 또 물으며 수정에 수정을 거쳐 세종 26년(1444) 이른바 貢法의 제정으로 마무리 지었다.[10] 이 과정에서 조선식 전세제도의 본체가 확립되었다.

2) 結負租稅制의 推進과 그 段落

토지의 겸병과 상실, 농민층의 유리·몰락 등 토지소유 규모의 다양성과 연계된 정치·경제·사회상의 문제를 조세제도의 개선을 통해 수습하고자 한 세종정부는 이를 貢法의 이름으로 추구하였다. 이것은 定額稅制의 강구로서 구체적으로는 고려와 조선에서 지금까지 시행하여 오는 收租法이 踏驗損實의 절차를 통해 隨損給損의 방식으로 전조액수를 산정하는 제도의 폐단 곧 답험손실의 폐해를 배격하는 데서 출발한 것이었다. 그러나 이 공법 즉 정액세제가 작정되기 위해서는 고려 말

---

10. 朴時亨, 「李朝 田稅制度의 成立過程」, 『震檀學報』 14, 1941.
金泰永, 「朝鮮前期 貢法의 성립과 그 전개」, 『朝鮮前期土地制度史研究』, 지식산업사, 1983.
李載龒, 「朝鮮初期 田稅制度 研究」, 『韓國史學』 4, 1983(同, 『朝鮮初期 社會構造研究』 수록, 一潮閣, 1984).
李淑京, 「朝鮮 世宗朝 貢法制定에 대한 贊反論의 검토」, 『高麗末·朝鮮初 土地制度史의 諸問題』, 西江大學校 人文科學研究所, 1987.
崔潤晤, 「世宗朝 貢法의 原理와 그 性格」, 『韓國史研究』 106, 1999.
金容燮, 「結負制의 展開過程」, 주 3의 논저, pp.234~258.
姜制勳, 『朝鮮初期 田稅制度研究』, 高大民族文化研究院, 2002.

조선 초에 도달한 농업생산력의 수준과 지역적 편차를 이제는 모순과 폐단이 심해져 실질에서 반영하고 포괄하지 못하고 있는 결부제를 다시 제대로 기능하는 새로운 제도로 변혁함이 반드시 필요하였다.

踏驗損實法은 고려 및 조선 초의 수조율 1/10의 실제 집행 시 매년 農形에 따라 실 수확량을 산정하여 세액을 작정하는 것으로 이 작업은 각 고을 수령의 책임 하에 진행하게 되어 있었다. 공전은 물론이고 태종 17년(1417)부터는 私田도 그러하였다.[11] 구체과정은 각 고을의 田畓을 筆地마다 답사하면서 농사의 損實을 참작하여 수조액을 책정하는데, 답험의 실제에서나 전조액의 계산에서나 실무는 모두 鄕愿·邑吏가 수행하였고 후에는 品官士族을 委官으로 참가시켰다. 폐단은 여기서 유발되었고 크게 두 방면에서 야기되었다.[12] 하나는 답험관이 損分을 많이 하고 實數를 적게 하는 것이었다.[13] 객관적 기준이 미약한 속에서 답험은 실제와 괴리가 크게 진행되었다. 태종 2년(1402) 敬差官을 파견하였으나 마찬가지였다.[14] 또 하나는 委官이 답험과정이나 계산과정에서 손실을 이해득실과 私情으로 편파적으로 혹은 損이 많게 왜곡 조정하여 농사의 실제대로 집행하지 못하고 있는 점이었다.[15] 답험손실로 인하여 국가 세입은 막대한 양이 줄고 있고 소농민 피지배층은 심각한 침해를 보고 있는 것이다. 세종은 공법시행의 이유를 여기에 두었다.[16]

---

11. 『高麗史』 78, 田制, 踏驗損實, 中冊, p.726.
『太宗實錄』 33, 太宗 17년 윤5월 甲子, 2冊, p.166.
12. 金泰永, 주 10의 논고.
13. 『世宗實錄』 101, 世宗 25년 7월 壬午, 4冊, p.499.
14. 『太宗實錄』 4, 太宗 2년 9월 乙亥, 1冊, p.246.
15. 『太宗實錄』 12, 太宗 6년 윤7월 癸亥, 1冊, p.366.
『世宗實錄』 49, 世宗 12년 8월 戊寅, 3冊, p.250.
『世宗實錄』 75, 世宗 18년 10월 丁卯, 4冊, p.33.
16. 『世宗實錄』 90, 世宗 22년 7월 丁巳, 4冊, p.300.
金泰永, 「科田法上의 踏驗損實과 收租」, 주 10의 논저.

결부제 역시 고려 말의 것을 그대로 이용하고 있었다. 당시 결부제는 고려전기의 同一實積에 의한 差等收租에서 差等實積에 의한 同科收租로 바꾸어져 있었으며 그런 가운데 量田尺의 길이를 축소하여 結의 實積은 근 1/4로 축소되어 있었고, 이로써 고려전기 이래 결부제가 지닌 불합리와 수조권 분급제의 불균형을 시정하고, 수취도 강화하여 국가재정도 충실을 기하고, 농업생산력 발전에 따라 소농경제를 제도상 다소 안정시킬 수 있었다.[17] 그러나 시대적 정치적 제약으로 이 개편은 현실조건에 비해 매우 과도하여 고려 말에 이르면 권세가의 토지겸병이 수조지·소유지 모두에서 극성하고 그로 인한 이해대립이 극악해지고 있었고, 수탈의 격심으로 농민층과 중소지주층, 戶長層까지 租賦를 감당하지 못하여 유리 도산하고, 지주경영은 더욱 만연하여 큰 병폐가 야기되고 있었다. 조선왕조는 과전법을 통해 革命은 하였으나 고려국가를 파멸시킨 결부제·조세제도는 그대로 이어받고 이 위에서 양전을 하고 수세하고 있었으므로 명실상부한 조세의 공정한 부과는 어려웠다. 이 양전제는 '1結 方33步', '上·中·下 3등의 수등이척제'를 원칙으로 하는 것인데,[18] 근본적으로 3등 양전척 간의 길이의 차이는 균일하였으나 그 실적의 차이는 매우 불균할 뿐만 아니라 田品等分이 단지 3등으로만 구분되고 그 간격이 밭아서 肥瘠의 차이 및 분포가 극심한 우리나라 전국 농지의 전품을 통일적으로 공평하게 파악하는 데는 항상 어려움과 한계가 있었다.[19]

---

17. 金容燮, 「結負制의 展開過程」, 주 3의 논저, pp.223~232.
______, 「高麗時期의 量田制」, 同上書.

18. 『世宗實錄』 41, 世宗 10년 8월 丁酉, 甲辰, 乙巳, 3冊, p.141.
『世宗實錄』 41, 世宗 10년 9월 癸卯, 3冊, p.145.
『世宗實錄』 45, 世宗 11년 8월 癸卯, 3冊, p.196.
『世宗實錄』 58, 世宗 14년 10월 壬子, 3冊, p.423.

19. 『世宗實錄』 49, 世宗 12년 8월 戊寅, 3冊, p.252.
『世宗實錄』 102, 世宗 25년 11월 癸丑, 4冊, p.520.
『龍飛御天歌』 8, 제73장.

세종조 조세제도의 개혁은 이상과 같은 답험손실의 제도와 결부양전제를 하나의 문제로서 동시에 개편하는 작업이 될 수밖에 없었다. 그 과정은 두 단계를 거쳤다. 제1단계는 답험손실제는 정액제로서의 貢法制로 전면 조정하고, 결부양전제는 貢法 시행을 전제로 한 단일 양전척의 頃畝 量田制로 전면 변혁하는 정책 전환을 시도하였다. 이는 세종 10년(1428)부터 여러 차례의 토론을 거치고 그 사이 반대의견과 거부여론도 상당하였으나 여러 가지 시범운영을 통하여 25년(1443) 11월에 실시하는 단계에 이르렀다.[20] 국왕은 공법이 중간수탈을 제거하여 국가재정은 늘이고 농민수탈은 줄일 수 있는 제도라고 보고 거의 주도적으로 이의 제정과 실시를 이끌었다.[21] 그 골자는 전품등분은 결부 양전제의 3등전품을 頃畝 양전제의 5등전품으로 개정하고 이를 종전의 中等田을 陞等 혹은 降等시키거나 또는 下等田과 山田의 전품을 대폭 상향시켜 조정하면서 새로운 전품제에서는 1·2등전이 늘어나게 하고 있는 점, 아울러 量田尺은 종래 상·중·하 3등의 양전척(指尺 20·25·30指) 6尺=1步의 원칙을 단일 양전척 周尺 5尺=1步의 원칙으로 개정하고, 면적 方 33보 1결의 준칙을 方 1보(方 5주척=積 25주척)=1보(넓이), 240보=1畝, 100무=1頃, 5頃=1字丁 규칙으로 변경한 점이다. 후자는 중국의 경무법과는 내용이 다른 것으로 우리의 결부양전제의 양전척을 수정하여 조선의 경무단위를 참조하여 제정한 것이었다. 1경의 면적은 약 7,262坪(周尺 약 20cm) 혹은 7,229~9,687坪(주척 약 19.91~23.1cm)이 된다. 처음에는 종래의 양전제로 파악한 양안상의 결부수를 경무수로 환산함으로써 새로운 양안을 작성하도록 하였고 실제 頃畝式 量田은 경기도 安山에서 착수하였다.[22] 이러한 일련의 사업을 담당한 주무기관으로 田制詳定所

---

20. 『世宗實錄』 102, 世宗 25년 11월 甲子, 4冊, p.524.
21. 주 10의 논고.
22. 『世宗實錄』 102, 世宗 25년 11월 乙丑, 4冊, p.524.

를 설치하였다.[23]

이러한 전환은 농업정책상의 대변동 대혼란을 수반하는 것이었고 따라서 그만큼 개혁의 의미가 큰 것이었다. 그러나 이 시도는 제도로 정착하기 전에 커다란 반대에 봉착하였다. 반발의 큰 줄거리는 종래 3등전품을 5등전품으로 재조정하는 과정에서 하향 조정된 전답도 많았으나 상향 조정된 것이 적지 않아 전체로서 국가가 조세수취를 강화하고자 전품분등을 高重하게 한 것으로 보인다는 점이었다. 특히 비옥한 농지를 많이 소유하고 있어서 당초 공법시행을 찬성하던 富民들이 실제 결과는 1등전이 과다하고 1・2등전이 종래 상등전에 비해 많아져서 자신들의 농지가 조세를 많이 납부하게 되어 이 여론을 주도하였다. 또한 정부의 租稅・科田・出軍・賦役 등의 경제운영, 부세수취의 모든 행정체계는 결부와 연계되어 있는데 民・官 모두 경무단위로 새로 작성・운영하여야 함이 미숙한 까닭에 불편여론이 고조되는 점이었다.[24] 이 두 여론을 바탕으로 세종 26년(1444) 정월부터 조정에선 재차 토론을 하였다. 결국 공법은 그대로 시행하되 경무법은 폐기하고 관습에 익숙한 결부제로 복귀하며 양전은 주척을 기준척으로 하고 田品은 5등전에서 6등전으로 확대 조정하며, 조세는 실적이 다른 6개 등전에 同科收租함으로써 경무법 및 5등전품에서 오는 폐단을 제거하자는 등의 의견이 대다수여서 국왕은 아쉬운 상태에서 이 절충안에 따름으로써 재조정하였다.[25]

조세제도의 개혁은 제2단계로 접어들고 여기서 貢法으로서의 結負租稅制度, 즉 조선식 전세제도가 확정되었다. 절충안에 찬성한 세종은 결부제로 복귀할 때 그 결부제가 종래의 것이어서는 안 되고 폐단을 수습

---

23. 주 20과 同.

24. 주 10의 논고.

25. 『世宗實錄』 103, 世宗 26년 정월 庚申, 4冊, p.535.
『世宗實錄』 104, 世宗 26년 5월 丁巳, 4冊, p.555.

하는 새로운 결부 양전제를 확립하여 이를 기초로 삼아 공법제를 운영해야 할 것으로 방향을 작정하였고 이를 과제로 지시하였다.[26] 田制詳定所는 이에 따라 6등전의 소출상황을 현지에서 조사하고 결부, 전품, 연분의 고하를 분간해서 수세하는 결부제의 量田事目類 15개 항을 시안으로 제출하였다.[27] 그 내용은 아래와 같이 크게 네 방면이다.[28]

① 전품은 1등전에서 6등전에 이르는 6개 등급으로 구분하고 양전척은 1등전의 길이를 주척 4.775尺로 하고 등급에 따라 점점 늘려서 6등전척의 경우 9.55尺이 되도록 함으로써 그 사이에 2배차가 나도록 하였고[隨等異尺], 결의 실적은 1등전은 38무로 하고 역시 등급에 따라 늘려서 6등전에 이르면 152무가 되게 함으로써 그 사이 4배차가 나도록 하였다. 이는 결부제를 기준으로 조세를 貢法으로 동일하게 내도록 하기 위한 것[同科收租]으로 1등전 실적은 약 2,759.58坪, 6등전은 약 1만 1,038.12坪이 된다.

② 이와 같은 규정은 57畝의 농지(고려 결부제에서 하등전의 실적)가 1등전일 경우 그 소출은 80석[米 40석 = 600두], 6등전일 경우 20석[米 10석 = 150두]이 된다는 점을 기준으로 삼아 작정한 것이었다. 각 등급 간에는 12석의 차이를 두었으며, 이러한 소출에서 年分九等, 二十分稅一로 1등전에서 米 30斗 징수함을 원칙으로 하였다. 이 소출액은 전제상정소에서 정부의 문무양반과 동 상정소 別監의 의견을 듣고, 지방 각 수령으로 하여금 事理를 아는 品官을 방문하고 屯田의 5년간 수확상황을 보고받으며, 정부 3대신이 충청도 淸安에서 실제 농작형편을 親審해서 정한 바를 기초로 하고 그 후 다시 충청도 淸安·庇仁, 경상도의 咸安·高靈, 전라도의 高山·光陽 등지에서 조사한 바를 기초로 하여 보완함으로써

26. 『世宗實錄』 104, 世宗 26년 6월 甲申, 4冊, p.561.

27. 『世宗實錄』 106, 世宗 26년 11월 戊子, 4冊, p.593.

28. 金容燮, 주 17의 「結負制의 展開過程」.

작정한 것이었다.

③ 米 40석의 소출을 전제로 한 농지를 위 아래로 밀고 늘려서 1등전에서 6등전까지의 실적을 ①과 같이 38畝(57무의 2/3)에서 152무(38무의 4배)로 조정하면서, 양전척은 각 등전의 실적을 開方하여 그 한 변을 100 등분하고 그 하나를 양전척 1척이 되게 하였고, 아울러 1등전의 소출을 米 400두, 조세는 그 1/20인 米 20두로 조정하고 나머지 각 등전의 세액도 이와 동액으로 하였다. 그리고 이러한 세액은 다시 年分 9등의 원칙에 따라 상상년 20두, 하하년 4두를 걷도록 하고 각 年分마다 차이는 2두씩 나게 하였다.

④ 灾結에 대해서는 규제를 강하게 하여, 正田 내에서 경작할 수 있는 농지를 많이 갖고 서로 바꾸어 가며 묵히는 것은 모두 수세하며, 災傷田은 片段의 재상전은 제외하고 누구나 다 아는 連伏 10결 이상의 농지가 全損하였을 경우에 조사하여 조세를 감면하도록 하였다. 이는 정액세제를 전제한 것이긴 하지만 실제 운영에서는 불합리한 규정이어서 수다한 논란을 야기하고 다소 수정된다.[29]

세종 26년의 이 공법이 조세제도로 정착하는 데는 많은 시간이 소요되었다. 이 결부조세제도가 정착하고 실행되자면 전국 규모로 양전이 시행되고 완료되어야 하는데 양전사업은 부진하였다. 세종 30년(1448) 10월 전라도에서 田品分等을 완료하고 32년(1450) 종전 양안을 새로운 6등 전품제에 의거하는 새로운 전결로 고쳐 공법에 의한 수세를 하였고,[30] 世祖 7년(1461)에 와서 경기도, 8년에 충청·전라도, 9년에 경상도의 양전을 비로소 수행하였다.[31] 이 사이 경기·충청·경상도는 공법을 수정·운영하였고 나머지 각 도는 종래의 손실법으로 수세하고 있었다. 그

---

29. 金雙圭, 「朝鮮前期의 陳田收租問題」, 『歷史教育』 66, 1998.

30. 『世宗實錄』 121, 世宗 30년 7월 乙丑, 5冊, p.102.
『世宗實錄』 127, 世宗 32년 2월 乙酉, 5冊, p.172.

31. 『成宗實錄』 241, 成宗 21년 6월 丁未, 11冊, p.609.

후 성종 2년(1471)에 황해도의 양전과 공법시행, 동왕 7년(1476) 강원도 양전과 9년경 공법시행, 동왕 17년 평안도(1486) 양전과 이듬해 공법시행, 성종 19~20년(1488~1489) 함경도의 양전과 공법시행이 차례로 수행되었다.[32]

3) 結負租稅制의 特徵과 實體

이와 같은 양전의 시행과 공법의 정착을 둘러싸고 조정에서는 양전방식, 전품분등, 年분등제를 중심으로 격렬한 토론이 항상 있었고, 이 과정에서 施案은 조금씩 조정되고 새로운 규정도 첨가되면서 조선의 결부제는 완성을 봄에 이르렀다. 당시 결부의 조세·양전제를 '田制儀注'로서 제정하자는 요청도 이 일환이었고, 이후 조정에서 『遵守册』(『田制詳定所遵守條劃』)을 편찬한 것도 그 하나였다. 이에 의하면 고려시기 및 공법확정 이전 때와 다른 변동사정과 특징이 잘 나타나며 이로써 세종조에 정비된 조선왕조 결부조세 및 양전제의 실체가 몇 가지 점에서 분명해진다.

첫째, 이전에 비하여 田品等第가 더욱 세분화되고 있는 점이다. 고려시기의 지역차가 전제된 上·中·下의 3등 전품은 실제 차등이 적고 또 정확하지 못하여 구분하는 의미가 적었고 조세부과 또한 합리적이지 못한 면이 많았다. 또한 3등 전품만으로는 전국의 농지를 균일하게 파악할 수 없어서 실제 운영은 지역단위 道別로만 적용하는 한계가 있었다.[33] 전제상정소에서는 이러한 불합리와 문제점을 전국 규모로 균일하게 체계성을 갖추도록 개편하고자, 하삼도의 水田은 비옥지가 많고 척

---

32. 金泰永, 주 10의 논고.

33. 『世宗實錄』 49, 世宗 12년 8월 戊寅, 3册, p.252.
『遵守册』, 序.
『龍飛御天歌』 8, 제73장.
『世宗實錄』 106, 世宗 26년 11월 壬子, 4册, p.593.

박지가 적으며 경기·황해는 비옥과 척박이 반반이며 강원·평안·함경도는 척박지가 많다는 전제 속에서 전품을 1등전에서 6등전 6개 등급으로 세분하고, 아울러 전품 간의 결당 넓이를 넓게 작정하여 6등전(152畝, 1만 1,038.12坪)이 1등전(38畝, 2,759.53坪)의 4배가 되게 하였다. 그리고 山田은 6개 전품 모두를 기준으로 하여 그에 상당하는 전품으로 분등하였다.[34] 이때 새로 정한 6개 전품은 고려시기의 3등전품과 산전을 그 세분하고 조정하는 규정·원칙으로 삼고 있었다. 旱田도 물론 그러하였다.[35] 재조정의 폭이 특히 넓었던 것은 하등전이었다. 상등전은 1등전으로, 중등전은 2등전으로 하되 혹 1등, 3등으로 陞降하는 정도였으나, 하등전은 1등전에서 6등전 모든 등급에 걸쳤고 水根이 있는 곳을 예외로 하고는 모두 5·6등전으로 제정하였다.[36]

둘째, 전품등제에 따라 길이가 다른 6개의 量田尺을 새 기준에서 마련하고 각 등전의 結實積을 크게 조정한 점이다. 고려시기의 결부 양전제가 步尺을 통해 地積을 파악하고 그 수치를 통해 結負를 산출하는 계산법이었음(方33步=1結)에 대해 조선은 周尺을 기초로 마련한 양전척으로 지적을 파악하되, 그 지적이 곧바로 결부(100尺=1面, 10,000尺=1結)가 되도록 하였다.[37] 이는 충청도 淸安에서 현지조사를 통해 1등전 57畝의 농지 소출이 80石(米 40石)임을 전제로 하고 충청도 淸安·庇仁, 경상도 咸安·高靈, 전라도 高山·光陽 등 6개 고을에서 시험을 거쳐 6등 각전의 소출(결당 皮穀 800斗)·조액(결당 米 20斗)이 동일하고 실적은 고르게 차이를 갖도록 조정한 후, 각 등전의 실적을 開方하여 그 한 변의 周尺 길이를 산출하고 이것을 100등분하여 그 하나를 각 등전의 양전척 길이로

---

34. 『遵守册』, 等第田品.

35. 『世宗實錄』 102, 世宗 25년 11월 丙辰, 分田品事目, 4册, p.521.

36. 주 34 및 同上.

37. 『遵守册』, 序.
『龍飛御天歌』 8, 제73장.

한 것이다.[38] 隨等異尺에 差等實積 그리고 同科收租의 원칙이 여기서 수립되었다.

셋째, 수등이척은 양전의 원칙으로만 삼고 실제 각 등전의 농지를 打量할 때는 1등 양전척(周尺 4.775尺)만으로 '量繩'을 써서 한다는 점이다. 이는 6개 양전척을 모두 사용하여 양전하면 번잡하고 착오도 발생하고 폐단도 야기되는 점을 해결하기 위함이었다.[39] 각등의 결부산정은 准定結負의 表를 작성해 주고 이에 의해 2~6등의 결부를 편하게 찾게 하였고, 후에는 양전의 준칙으로 삼았고 법제화하였다.[40] 이는 결부양전제하에서 농지의 실제 면적을 그 조세부담과 상관하여 명백히 해야 한다는 시대적 요청의 소산이었다.[41]

넷째, 당시 結의 실적과 조세액이 고려 말에 비교하여 커다란 차이와 현저한 변동이 있다. 고려 말년 상등전 1결은 실적이 25畝4分(1,846.51평), 하등전은 57畝6分(4,184.49평)이었고, 租額은 결당 소출 米 300斗를 전제로 그 1/10인 糙米 30斗였는데, 이때의 1등전 1결은 실적이 38무(2,759.53평), 6등전 152무(1만 1,038.12평)이고 조액은 결당 소출 皮穀 800두(米 400두)를 전제로 그 1/20인 米 20斗였다. 결의 실적은 크게 늘어나고 租率과 租額은 현격하게 줄어든 것이다. 고려 말기의 결부는 고려전기에 비해서도 실적은 축소된 가운데서 조세는 대폭 증가되어 있었던 셈이다.[42]

이상의 내용을 정리하면 다음 [표 6], [표 7]과 같다.[43]

---

38. 同上 및 『世宗實錄』 106, 世宗 26년 11월 戊子, 4冊, p.594.
39. 『遵守册』, 打量田地.
40. 『遵守册』, 准定結負.
『續大典』 2, 戶典, 量田.
李榮薰, 「田制詳定所遵守條劃의 制定年度」, 『古文書硏究』 9·10, 1996.
41. 金容燮, 주 17의 「結負制의 展開過程」 pp.252~255.
42. 同上.
43. 同上, p.245 및 252에서 轉載.

[表 6] 田品과 量田尺(隨等異尺), 結 實積, 所出, 租額

田品			1等田	2等田	3等田	4等田	5等田	6等田
量田尺	周尺		4.775尺	5.179尺	5.703尺	6.43尺	7.550尺	9.550尺
		(m)	95.50cm	103.58cm	114.06cm	128.68cm	151.0cm	191.0cm
把實積	量田尺	(面)	1尺	1尺	1尺	1尺	1尺	1尺
		(積)	1尺	1尺	1尺	1尺	1尺	1尺
	周尺	(積)	22.80尺	26.82尺	32.52尺	41.39尺	57.00尺	91.20尺
負實積	量田尺	(面)	10尺	10尺	10尺	10尺	10尺	10尺
		(積)	100尺	100尺	100尺	100尺	100尺	100尺
	周尺	(積)	2,280尺	2,682尺	3,252尺	4,139尺	5,700尺	9,120尺
結實積	量田尺	(面)	100尺	100尺	100尺	100尺	100尺	100尺
		(積)	10,000尺	10,000尺	10,000尺	10,000尺	10,000尺	10,000尺
	周尺	(積)	228,006尺	268,220尺	325,242尺	413,963尺	570,025尺	912,025尺
	頃畝		38畝	44畝7分	54畝2分	69畝	95畝	152畝
	(結當坪	約)	2,759.53	3,246.23	3,936.36	5,010.14	6,898.94	11,038.2
	(畝當坪	約)	72.619	72.622	72.626	72.610	72.620	72.619
結 所出(皮穀)			800斗	800斗	800斗	800斗	800斗	800斗
結 租額(米-1/20稅)			20斗	20斗	20斗	20斗	20斗	20斗

[表 7] 田品과 1等田 單一量田尺에 기준한 准定結負(解負法)

田品		1等田	2等田	3等田	4等田	5等田	6等田
量田尺 (m)		周尺 4.775尺 95.50cm	4.775尺 95.50cm	4.775尺 95.50cm	4.775尺 95.50cm	4.775尺 95.50cm	4.775尺 95.50cm
准定結負	把	1束 …	8把 …	7把 …	5把 …	4把 …	2把 …
		4束 …	3束4把 …	2束8把 …	2束2把 …	1束6把 …	1束 …
	負	1負 …	8束5把 …	7束 …	5束5把 …	4束 …	2束5把 …
		4負 …	3負4束 …	2負8束 …	2負2束 …	1負6束 …	1負 …
	結	1結 (實績 2,759.53坪)	85負01把 2,759.53坪	70負1束1把 2,759.53坪	55負07把 2,759.53坪	40負 2,759.53坪	25負 2,759.53坪
結 實積		2,759.53坪	3,246.12坪	3,936.00坪	5,010.94坪	6,898.82坪	11,038.12坪

* 田品等第에 따르는 准定結負는, 各田品 간의 遞減數가 1等田에서 6等田을 減한 數를 5等分한 數가 되어야 하지만, 把 단위의 結負에서는 각 田品 간의 遞減數가 均一하지 못한데, 이는 각 田品의 結負數에서 소수점 이하를 버린 까닭이고, 結 단위의 2, 3, 4等田의 경우 그 結負數整數가 되지 못하고, 따라서 각 田品 간의 遞減數가 均一하지 못한 것은, 애초에 그 量田尺의 길이를 정할 때 미세한 편차가 있었던 까닭이다. 여기서 結實積은 各等田의 結負가 파악되었을 때, 그 實積은 얼마나 되는지를 표시한 것이다.

세종 때 결부제의 개혁상황은 국가·국왕이 수조권자층을 견제하고 장차 그 권한을 약화시켜 나가면서 소유권자를 보호하고 그 권한을 안정시켜 토지의 소유권자, 자영소농층을 국가의 사회경제적 기반으로 삼아가고 있다는 점을 반영하는 것이며, 여기서도 왕실, 양반, 토호 등의 토지겸병과 지주전호제의 확대를 수반하게 하는 원인이 조성되고 있었다. 한 예로 결당 收租額 30두에서 20두 이하로 감소한 것은, 비록 結實積이 57무에서 38무로 감축됨과 연계되는 것이지만,[44] 科田 등 수조지·수조권의 축소·위축으로 작용하고 반면에 소유지·소유권 특히 대토지 소유자 지주층에게는 수입증대로 이어지는 것이었다. 고려 말 田制改革운동의 연장 속에서 진행된 왕조교체 및 새 왕조의 집권체제 강화, 민심의 수습 등의 사태가 반영되어 있다. 세종조의 貢法收稅와 結負量田制의 개편은 고려 말의 사정과 비교하면, 결의 실적이나 조세의 액수에서 생산증대의 여건을 조성하고 농민의 부담을 크게 경감하여 주는 것이어서 이로써 그간의 어려웠던 농업사정을 다소 완화시킬 수 있었을 것이다. 그러나 전품등분의 분간은 여전히 정확을 기하기 어려운 여건인데다, 개간농지 및 正田과 진황농지 및 閑地를 구분하지 않고 양전하는 등 수세책정은 무리하게 이루어지고 있었다. 이러한 여러 문제는 이후 역대 조정이 수습해 나가야 할 과제였다.

44. 金鍾哲, 「朝鮮初期 徭役賦課方式의 推移와 役民式의 確立」, 『歷史敎育』 51, 1992, pp.58~60.

Ⅵ. 地主制의 展開와 農村市場

1. 地主層의 動態와 農民層의 成長

고려 말에 착수되어 조선 세종조에 골격이 확립되고(15세기 중반) 세조·성종조 연간에 마무리된(15세기 후반) 토지의 經理와 改修, 농지개간과 농업생산의 고양, 토지파악의 강화와 결부조세제도의 개선 등 여러 작업은 그간 토지의 소유관계 경영관계의 현실에 바탕을 두어 추진한 것이었으며 아울러 이의 발달과 변동을 촉진하였다. 정치제도, 군사조직, 군현편제, 신분직역 등의 정비도 이 작업과 함께 상관하여 이루어졌다. 조선의 집권체제는 한층 발달하였으며, 농업을 위시한 수공업 및 상업 등 산업 전반에 발전과 번영이 이루어졌고, 학술·과학·사상·문물이 번성하여 전체적으로 조선다운 우리나라 문화·문명을 구축하였다.

토지의 소유관계 경영관계의 발달·변동은 私的 所有의 안정과 大農經營 小農經營의 진전으로 집약되어 나타났다. 사적 토지소유의 안정은, 그 基底에는 농민층의 성장과 생산력 증진이 자리 잡고 있지만, 직접으로는 각종 절급 수조지의 감축 내지 폐지, 수조권[田主權]의 약화·소멸 및 소유권[佃客權]의 성장·안정, 役制와 토지소유의 일치관계의 弛緩과

괴리, 田稅額의 하락 등에서 서로 因果하는 것이었다. 이러한 위에서 소농경영이 진전하고 지주·대농의 활동이 대거 약진하면서 종전과는 다른 여러 특징을 동반하였다. 토지매득과 新田開發에 입각한 토지겸병의 성행, 佃戶關係 및 並作制에서 主奴的 성향의 퇴락, 농장의 발달, 농촌시장으로서 場市의 성립·확산 등은 두드러진 양상이었다. 지주제의 성행과 농업·농촌·농민문제는 16세기 조선사회를 구조적으로 조성하고 있었다. 朱子성리학의 정착, 士禍의 연발 등도 이와 연계되어 전개되는 사태였다.

1) 土地所有權의 安定

고려시기와 조선 초, 토지의 소유는 본질상 不完全한 소유였고 그 소유관계 또한 身分的 소유였다. 이 시기에는, 이 사적 토지의 封建的 所有로서 우리나라 中世式의 토지소유가 점차 여러 방면에서 불완전성과 신분성이 추세상 해소되고 퇴락되어 가고 있었다.[1]

우선 수조권의 授受 및 내용이 지속하여 변경되고 이 과정에서 그 권능은 쇠퇴하여 갔다. 太宗 말·世宗 초에 경기 내 私田의 1/3이 하삼도로 옮겨져 지급되고 병행해서 전조액 책정에 앞서 시행하는 農形踏驗의 주체가 정부로 바뀌고(官踏驗), 과전절급도 옹체되고 그나마 주로 閑曠地로 이루어졌다.[2] 世祖 말·成宗 초에는 과전이 폐지되고 職田으로 대치되었으며 收租도 官收官給으로 변경되어 수조권의 世祿性은 부정되고 田主의 직접수조가 봉쇄되었다. 이러한 직전마저 제대로 분급되지 못하

---

1. 拙稿, 「朝鮮前期 土地의 私的 所有問題」, 『朝鮮前期土地制度硏究』[II], 지식산업사, 1998. 본서 Ⅲ편 2장.
2. 拙稿, 「科田制度의 運營과 그 變動」, 『朝鮮前期土地制度硏究－土地分給制와 農民支配』, 一潮閣, 1986, pp.169～240.
본서 Ⅳ편 4장.

였다.[3] 국가 수조지도 같은 길을 걸었다. 세종 27년(1445) 國用田 제도의 실시를 통해 倉庫宮司田·軍資位田 및 豊儲倉位田·廣與倉位田 그리고 各司位田 등 중앙 각급 기구 소속의 수조지를 폐지하고 그 전세는 일괄 수납하여 各司의 定額에 따라 지출하였다.[4] 중앙 각 사의 독자적인 수조권이 혁파된 것이다. 더욱이 年分等第가 下降되어 成宗조 이후는 대개 下下年 혹은 下中年으로 책정됨이 관례로 되어 전조액은 통상 1결당 4斗나 6斗가 일반이었다.[5] 수조지 소지자에게는 불리하나 소유지의 집적자에게는 유리한 상황이었다. 아울러 貢納, 身役의 賦稅制는 농업생산물의 자유로운 교역·처분 등 교환경제의 발달을 배경으로 收布·代納을 통해 운영되어 갔다.[6]

이 모두는 소유권의 안정으로 歸一되는 요소였다. 실제 이점을 보장하고 강조하는 여러 법적 조처가 수반되었다. 세종 6년(1424) 분급 사전의 설정처인 경기도에서 시행하던 토지의 임의 매매에 대한 통제가 폐기되었으며[7] 성종 초에는 驛田을 통한 사유지의 任意占耕도 금지되었다.[8] 소유권의 안정 그 완전성이 전형으로 구현되는 것은 陳荒田에서였

---

3. 拙稿, 「職田制의 施行과 그 推移」, 同上書, pp.241~279.
본서 Ⅶ편 1장.

4. 朴定子, 「李朝初期 公田一民田의 財政節次에 대하여」, 『淑大史論』 6·7, 1971·1972.
安秉佑, 「高麗末·朝鮮初의 公廨田」, 『國史館論叢』 5, 1989.
吳定燮, 「高麗末·朝鮮初 各司位田을 통해 본 中央財政」, 『韓國史論』 27, 서울대, 1992.
李章雨, 「朝鮮初期의 國用田」, 『震檀學報』 73, 1992.
______, 「朝鮮初期 衙祿田과 公須田」, 『李基白敎授古稀紀念 韓國史學論叢』(下), 一潮閣, 1994.

5. 『成宗實錄』 184, 成宗 16년 10월 乙酉, 11冊, p.60.
『成宗實錄』 196, 成宗 17년 10월 己卯, 11冊, p.148.

6. 田川孝三, 『李朝貢納制의 硏究』, 東洋文庫, 1964.
李泰鎭, 「軍役의 變動과 納布制의 實施」, 『韓國軍制史－近世朝鮮前期篇』, 陸軍本部, 1968.
尹用出, 『조선후기의 요역제와 고용노동』 1장 1절, 서울대학교출판부, 1998.

7. 『世宗實錄』 23, 世宗 6년 3월 己亥, 2冊, p.589.
『成宗實錄』 77, 成宗 8년 윤2월, 戊申, 9冊, p.426.

다. 사적 소유권의 불완전성은 진황전의 소유권 이동에서 두드러졌었다. 有主陳田은 無主田과 자주 혼동되었고, 진황상태로 3년이 지나면 타인이 경작할 수 있었으며 그 경작이 5년이 경과하면 元田主의 소유권은 상실되는 것이 상례였다. 그러나 세종조 중반으로 넘어오면서 正田이면서 진황된 토지는 징세하는 방침이 세워져 소유자는 納租하는 한 소유권을 유지하게 되었다. 陳田과 연관해서 취한 耕作强制를 통해 收稅陳田이나 互相陳荒田은 다른 사람의 告耕對象에서 완전히 제외되었으며[9] 후에는 告耕의 경우도 영영 급여가 아니라 本主가 돌아올 때까지 잠시 경작하는 것으로 한하였다.[10] 진전은 元전주가 도망·流移하여 無主陳田이 되지 않은 이상 그 소유권은 항상 보호받게 되었다. 무주진전도 그 토지가 분쟁소지가 있으면 개간자에게 '假立案'을 발급함으로써 차후 元소유권자가 돌아왔을 때 피해가 없도록 하여[11] 개간 경작자의 소유권은 잠정으로만 인정하였다. 임진왜란을 겪고 난 17세기 전반 國家再造의 차원에서 公田制에 입각한 체제개혁을 구상하였던 磻溪는 당시의 토지소유를 말하여 온 나라의 농지가 모두 私有地가 되었다고 하였다.[12]

토지소유의 불완전성이 해소되어 감과 병행하여 완만하나마 신분성 역시 완화되어 갔다. 토지소유관계의 신분성은 토지의 사적 소유가 갖는 横的·水平의 원리가 신분·권력과 연계되어 작용함으로써 齎來한 성격이었다. 그러나 이 원리는 동시에 불완전성의 퇴락과 함께 토지소유관계의 부단한 변동을 유발하는 기본여건으로서 상층과 하층의 어느

---

8. 拙稿, 「朝鮮前期 驛田의 經營變動」, 주 1의 논저.
9. 『世宗實錄』 106, 世宗 26년 11월 戊子, 4册, pp.593~594.
『明宗實錄』 20, 明宗 11년 6월 丁未, 20册, p.346.
『經國大典記解』, 戶典, 田宅.
10. 『各司受敎』 漢城府受敎, 丙辰(明宗 11년, 1556) 8월 13일 承傳內.
11. 『成宗實錄』 239, 成宗 21년 4월 甲辰, 11册, p.589
『成宗實錄』 274, 成宗 24년 2월 己卯, 12册, p.277.
12. 『磻溪隨錄』 2, 田制下, 田制雜議附, p.46(古典刊行會 影印本, 1958).

신분을 막론하고 경제적 몰락과 함께 그 상승의 기회를 항시 부여하는 요소였다. 어느 시기에나 下層兩班 上層平民 上層奴婢가 존재하고 있었던 근본요인은 여기에 있었다. 평민이라 하여 모두가 소농·빈농은 아니었다. 대농·지주도 있었다. 노비도 전부 無田者·貧民은 아니었다. 有田者도 있었고 그 가운데에는 상당한 富力의 소유자도 있었다.[13] 이 형세는 사적 토지소유의 불완전성이 약화 쇠퇴하여 가면 더욱 촉진될 것이었다. 서인과 천인 가운데는 豪富함을 믿고 사대부를 능멸하는 이들마저 있었다.[14] 이러한 사정은 토지의 사적 소유 및 그 관계가 새롭게 변모하고 장차 토지소유의 봉건성으로는 地主와 佃戶의 경제관계 곧 계급관계가 전면에 부상하여 갈 조짐이었다.

토지 소유권의 성질변화 추세와 상관하여 토지 소유와 직결되어 운영되는 役制와 田稅制度에서도 소유권의 안정화 및 지주제의 확대를 초래하는 형세가 진행되었다. 본래 조선 초 役制는 戶等制, 奉足制를 축으로 하여 지주층 일반 및 小農上層을 중심으로 편제하고 있었다. 사적 토지의 소유규모 경영규모의 戶別差가 큰 농촌현실에서 국가는 이렇게 함으로써 토지와 人丁을 파악하고 그 지지기반인 대농·지주에게도 상급신분층으로서의 여유를 줄 수 있었다. 농촌분화 속에서 富實民·豪富民은 지주로서, 그리고 小戶·中戶·大戶로서, 노비의 역사 외에도 많은 殘殘戶와 貧農·無田農을 흡수하여 佃戶·率丁으로 거느리고 이 가운데서는 양반·토호로서의 지체도 유지하고 있는 이도 있다. 실제 國役에서 戶首와 奉足은 正丁과 助丁의 사이였지만 主奴관계, 地主佃戶관계와

13. 『世宗實錄』 64, 世宗 16년 4월 壬戌, 3冊, p.558.
『成宗實錄』 181, 成宗 16년 7월 丙子, 丁丑, 11冊, p.45.
『成宗實錄』 182, 成宗 16년 8월 庚辰, 乙未, 11冊, pp.46~48.
『成宗實錄』 182, 成宗 16년 8월 戊申, 11冊, p.50.
이정수·김희호, 「조선전기 노비의 토지소유와 성격」, 『조선시대 노비와 토지소유 방식』, 경북대학교출판부, 2006.

14. 『中宗實錄』 101, 中宗 39년 정월 庚子, 19冊, p.33.

일치될 조건은 항상 있었다. 2·3결 이하의 토지를 소유하는 빈약한 가호가 助丁戶로 되고 있는 사정이 이런 관계를 유발하고 있었다. 세력 있는 양반·토호는 양민을 수다하게 冒占하고 또 長籬을 쳐서 10數家·數10家를 1戶로 詐稱하면서 토지겸병과 民人私占에 전력하였다.[15] 지주제는 국역제도에 의해서 공식으로도 지원되고 있는 것이었다.

그러나 이런 사태의 가일층의 확산과 지주제의 발달은 戶等制 奉足制를 동요시키고 끝내는 더 이상 존립할 수 없는 형세로 몰고 갔다. 그리하여 군호편성의 기준이 당초 田結多寡에서 人丁多少만으로 바뀌었다.[16] 世祖末에 2丁1保를 기준으로 하는 새로운 軍戶制로서 이른바 保法을 제정 시행하고, 아울러 실행되지는 못했지만 '田五結 准一丁'[17]하는 准丁計田의 방식을 강구함은[18] 이의 타개책으로 구상한 것이었다. 保法은 호등제 군역제를 그간의 지주적 토지소유와의 연계관계에서 일단 격리·차단하려는 시도였다. 토지소유의 불완전성과 신분성은, 양반의 토지·농민지배를 제도상 약화시키는 職田制의 시행과 함께, 이를 통해서도 약화되어 갔다.

田稅制度에서도 국가의 토지파악은 토지 소유자 그리하여 대농·지주 위주였다. 전세는 형태상 토지에 부과되는 조세여서 토지의 소유규모에 따라 稅額의 다소가 있을 뿐, 소유주의 신분여하에 따른 부담의 불평등은 표면상으로는 있을 수 없었다. 그러나 田稅制度의 운영과 관련하여 田品의 査定에서 양반·토호의 田地는 低等으로 책정되고, 量案

---

15. 金鴻植, 『朝鮮時代 封建社會의 基本構造』, 博英社, 1981, p.93.
    拙稿, 주 1의 논고, pp.213~222.
16. 군호편성 기준의 이러한 推移에 관해서는 다음의 논고가 참고된다.
    金錫亨, 「李朝初期 國役編成의 基柢」, 『震檀學報』 14, 1941.
    閔賢九, 「社會構造와 軍役制度의 整備」, 『韓國軍制史—近世朝鮮前期編』, 1968.
    李載龒, 「朝鮮初期의 奉足制」, 『朝鮮初期社會構造硏究』, 一潮閣, 1984.
17. 『世祖實錄』 34, 世祖 10년 10월 乙未, 7冊, p.657.
18. 李泰鎭, 주 6의 논고.

에서 탈루 은루됨이 적지 않았다.[19] 답험손실도 소유자의 신분에 좌우됨이 보통이었다.[20] 전세제도의 성립 前提에서부터도 그러하였다. 1결은 米 300斗(세종조 공법시행 후 200斗) 정도의 소출지로 산정되어 그 1/10인 30두 정도를 田租로 징수할 수 있는 면적의 토지였다. 실제 전국 각지의 토질이나 기후·풍토는 제각기 다르고 차이가 커서 결당 소출이 50~60석, 많으면 70~80석에 이르는 肥沃地가 있는가 하면, 7~8석에 머무는 瘠薄地도 있었다.[21] 전자에선 田稅가 수확의 1/10을 훨씬 밑돌아 1/20~1/40에 그치나, 후자에선 1/5~1/4로서 法定租率을 부쩍 상회하였다. 그런데 비옥지는 대개 양반·토호의 토지였고 척박지는 통상 평민·노비 등 小民·殘民의 소유였다. 더구나 田稅가 稅政上 개인 개인의 사유지 하나하나를 단위로 수취되는 것도 아니었다. 국가는 사적 소유지를 20·15·10결 혹은 5결 등으로 단위를 지어 田丁으로 묶고 이를 단위로 하여 전세를 징수하였다. 나라에선 丁에서 납부할 전조의 총액만 파악하고 있으면 되는 것이었다. 전정 내부에서 납조자들 사이에 田稅配分을 어떻게 하든 상관하지 않았고 그럴 필요도 없었다.[22]

토지소유의 불완전성과 신분성이 점차 약화되어 감에 병행해서 농민층의 분화는 더욱 심해 가고 있었고 소농의 확보와 그 안정책은 갈수록 절박하게 요구되었다.[23]

---

19. 『成宗實錄』 260, 成宗 22년 12월 丁未, 12册, p.123.
    『成宗實錄』 57, 成宗 6년 7월 癸酉, 9册, p.247.
20. 『太宗實錄』 34, 太宗 17년 11월 丙子, 2册, p.193.
    『世宗實錄』 82, 世宗 20년 7월 壬辰, 4册, p.153.
21. 『世宗實錄』 49, 世宗 12년 8월 戊寅, 3册, pp.252~253.
22. 拙稿, 「科田의 占有와 그 原則」, 주 2의 논저, pp.112~120.
23. 拙稿, 「朝鮮前期의 土地改革論議」, 주 1의 논저.

2) 土地買得 및 新田開發의 加熱

조선전기 농업사회를 구성하는 기초원리의 하나는 地主制였다. 그 뚜렷한 현상의 하나는 토지소유 규모의 확대 즉 토지의 집중·집적이었다. 16세기 전반 中宗·明宗朝에 富者의 토지는 阡陌을 연하고 貧者는 송곳 꽂을 땅조차 없으며, 그리하여 益富益貧의 사태가 지금처럼 극심한 적이 없었다[24]고 할 지경이었고, 조정에서는 토지소유의 均分이나 制限을 주장하는 井田論·限田論·均田論까지 빈번히 논의되었다.[25] 당시 토지소유자 하면 으레 富商大賈나 士族만이라고 할 만큼[26] 다수의 토지가 양반가나 상인층에게 집중되어 소유되고 있었다. 토지집중은 賜田·開墾·寄進·强占·買得, 墓位地의 확대, 長利 등 방법이 수다하였다.[27] 이런 방법은 어느 시대에나 통용되고 있었지만, 이 시기에는 收租權의 약화와 소멸, 소유권의 불완전성과 신분성의 해소·약화, 사적 토지소유 관념의 완숙과 절대화[28]에 따라 개간·매득·장리 등이 주류를 이루었다.

買得을 통한 토지확대는 토지의 抵當과 賣買 등 자유로운 처분행위를 전제로 하는 것이었고, 애초 조선정부는 소농민 안정책의 일환으로 가능한 한 토지매매를 억제하고자 노력하였으나 다른 한편으론 원활한 조세수취를 위해서 농민층이 조세를 납부할 수 있는 종국의 방도 즉 토지의 抵當과 放賣를 인정할 수밖에 없었다.[29] 15세기 후반 성종대에 한

---

24. 『明宗實錄』 7, 明宗 3년 3월 癸卯, 19冊, p.579.
『中宗實錄』 32, 中宗 13년 2월 庚寅, 15冊, p.398.

25. 拙稿, 주 23의 논고.
본서 Ⅶ편 1장.

26. 『中宗實錄』 75, 中宗 28년 7월 乙卯, 17冊, p.447.

27. 周藤吉之, 「麗末鮮初의 농장에 대하여」, 『靑丘學叢』 7, 1934.

28. 朴秉濠, 「近世의 土地所有權에 관한 硏究」, 『韓國法制史攷』, 法文社, 1974.
拙稿, 주 1의 「朝鮮前期 土地의 私的 所有問題」.

관리의 時弊上疏에 의하면 조세나 부채의 압박이 농민층을 토지방매로 몰아가고, 富民은 이런 절박한 사정을 好機로 하여 헐값에 토지를 매입하였다.[30] 토지매득을 통해 지주로서 성장·발전하던 富民은 다양하였으나 그 전형은 각 지방의 富豪들이었다. 매득을 통한 토지집적은 대토지를 일시에 소유하는 것과 달랐다. 대부분 농민이 방매하는 片片의 토지를 하나하나 차츰 매입해 감으로써 이루어졌다. 농민소유의 토지에 대해 金融支配를 강행하고 이 과정에서 이들의 토지를 한 필지 두 필지씩 착실하게 매입해 겸병하여 갈 수 있는 층은 인근에 거주하는 富民이었다. 이들은 으레 富豪·閭右 혹은 豪右·豪俠 등으로 지칭되는 이들로서[31] 대개 재지양반이나 토호 등 토착세력이었다. 이 시기 토지매득의 高潮現象은 지방 재지지주층의 성장과 표리의 관계에 있었다.

농민층의 토지의 저당과 방매는 貧寒·納稅·喪債, 墓地의 負債, 婚需·負債報償·唱榜·獄中捕用·移買·移舍 등 여러 사정에서 연유하였다.[32] 부유민은 이런 농민의 토지를 직접 매득하거나 혹은 이를 담보로 하여 私債를 대여하고 후에 채무 상환을 위해 방매할 때 매입하기도 하였다. 직접 매득하는 경우도 대개는 抵當의 과정을 거쳐서 방매되는 토지였다. 私債貸與를 통한 토지집중은 부민의 지주활동의 중요한 국면이었다. 사채의 전형은 長利였다. 장리는 이식률이 연 50%에 달하는 高利貸付의 표본이었다.[33] 지주의 장리활동은 15세기 후반을 지나면서 활발하였다. 당시 형세는 이전과 비교되지 않을 만큼 왕성하였다.[34] 高官·

---

29. 『世宗實錄』 23, 世宗 6년 3월 己亥, 2冊, p.589.
『經國大典』, 戶典, 賣買.

30. 『成宗實錄』 130, 成宗 12년 6월 壬子, 9冊, p.226.

31. 주 35 및 『中宗實錄』 32, 中宗 13년 2월 庚寅, 15冊, p.398.

32. 周藤吉之, 「朝鮮後期의 田畓文記에 關한 硏究」, 『歷史學硏究』 7-7·8·9, 1937.
李在洙, 『朝鮮中期 田畓賣買硏究』, 集文堂, 2003.

33. 『成宗實錄』 148, 成宗 13년 11월 丙申, 10冊, p.405.
『增補文獻備考』 159, 財用考 6, 錢貨, 中冊, p.859(古典刊行會 影印本, 1959).

士族·商人·土豪·良人·奴婢 등 사회의 모든 계층이 참여하고 있었다. 수와 양에 多寡가 있을 뿐, 지주와 부민은 어느 신분층에나 있었다.[35] 지주층의 高率私債는 농촌으로 깊숙이 침투하고 농민을 경제로 지배함으로써 自生의 溫床을 만들어 나갔다. 中宗 때 柳敞이란 관리는 그 실정을 채무자인 농민은 米布를 생산하기 무섭게 채권자인 富家로 가져갔으며, 조세는 부가와 다름없이 납부하는 처지여서 빈부의 차는 점점 현격하여진다고 개탄하였다.[36]

각급 민인이 토지를 매입하거나 사채를 대부하며 지주경영을 왕성히 진행시켜 간 데는 그럴 만한 사회경제적 여건이 있었다. 농민이 토지경작을 통해 生計를 유지하고, 정부에 납세하고, 그리고 나서 남는 剩餘部分이 고리대의 利息에 육박할 수 있는 농업생산력을 창출하고 있다는 점이었다. 즉 半分地代의 수취만으로써 단기간에 地價를 회수할 수 있다는 확실한 타산 아래 수행되는 행위였다. 그렇지 못하는 한, 토지매매는 일시 혹은 偶發로밖에는 일어날 수 없는 것이었다. 중종 때 관리 成夢井은 陳田발생과 軍役폐해의 원인을 농민층의 土地放賣와 관련시켜 보고하는 가운데서, 당시의 농촌실정을 한 마디로 국왕 즉위 10년 동안 民物이 흥성하였으나 향촌의 옛 동리에는 농민의 유망이 매우 많다고 하였다.[37] 농업생산의 증대와 이 증대된 생산력의 대부분이 지주제의 구조 속에서 대농·지주에게 집중됨으로써 일어나는 농촌분화의 한 양상을 전하는 것이다.

지주층은 매득 외에 새로 농지를 개간함으로써도 토지소유를 확대시켜 나갔다. 개간은 매득과 더불어 합법으로 토지를 소유할 수 있는 방

---

34. 『成宗實錄』 45, 成宗 5년 7월 己巳, 9册, p.130.
『成宗實錄』 44, 成宗 5년 윤6월 甲辰, 9册, p.122.

35. 『成宗實錄』 91, 成宗 9년 4월 己亥, 9册, pp.575~576.

36. 『中宗實錄』 12, 中宗 5년 9월 辛未, 14册, p.463.

37. 『中宗實錄』 25, 中宗 11년 6월 辛亥, 15册, p.185.

도였다. 더욱이 토지매매와 토지집중의 加熱化는 상대적으로 토지부족과 地價上昇을 유발하였다. 中宗 말년의 한 기록에선 농지값이 前日에 비해 10倍가 상승하였다고 하였다.[38] 이 시기 개간사업으로서 대표되는 것은 新田開發이었다. 신전개발은 방대한 原野에 관개시설을 개설하거나 沼澤 및 海澤 즉 강변이나 해안의 干潟地에 堤堰 혹은 防潮堤를 수축하여 대규모의 간척사업으로 수행되는 개간이었다. 신전개발이 지주층의 대토지 겸병의 일환으로 부각된 것은 世宗朝 중반에 와서였으나[39] 본격 대두하는 때는 토지의 부족과 소유불균이 크게 논란되던 16세기 특히 초반을 넘어선 中宗朝 이후였다. 이 시기가 되면 황해·충청도에서 高官이나 士族의 신전개발이 눈에 띄게 두드러지고 있으며,[40] 말엽인 宣祖대에 들어와서는 士族 사이의 能事로서 지적될 만큼 만연하였다.

新田의 개척은 상당한 財力과 勞力의 투자가 요구되는 사업이었다. 江水나 海水의 범람을 막고 견딜 방조제를 대규모로 축조하는 작업에 막대한 자금과 인력이 투여되는데다가 실제 방축할 수 있는 기술능력 즉 일정한 수준의 土木技術이 수반되어야 가능하였다.[41] 또한 방축된 干潟地의 토양에 배어 있는 鹽分을 제거하여 농경지로 만드는 데 대략 10년여의 노력은 기울여야 했다.[42] 그러자면 수리시설이 함께 개발되어야 했고 이는 堤堰으로써 가능하였다. 해안의 농지나 간척지의 수리문제는 洑나 川防으로 해결하기 힘들었다.[43] 그러므로 자금과 인력을 동원할

38. 『中宗實錄』 92, 中宗 34년 10월 戊寅, 18冊, p.343.
李在洙, 「16世紀 田畓賣買의 實態」, 『歷史教育論集』 9, 1986(同, 주 32의 논저 수록).
이정수·김희호, 「조선전기 토지가격의 변동」, 주 13의 논저.

39. 본서 V편 1장 2절의 주 53·54·55.

40. 『中宗實錄』 96, 中宗 36년 8월 壬午, 18冊, p.494.
『栗谷全書』 30, 經筵日記 3, 宣祖 13년 6월.
『宣祖實錄』 14, 宣祖 13년 5월 甲午, 21冊, p.362.

41. 『中宗實錄』 25, 中宗 11년 7월 庚子, 15冊, p.200.

42. 『成宗實錄』 274, 成宗 24년 2월 己酉, 12冊, p.275.

능력 외에도, 수년간은 재정 위협을 받지 않고 견딜 수 있는 財力의 소유자이거나 국가 행정력을 통해 권력으로 강행할 수 있는 인물이 아니고는 엄두를 내기 힘든 사업이었다. 신전개발은 왕족·관료·사족 가운데 재력과 권력이 넉넉한 이들에 의해 주도되었다. 아직 지방토착의 지주로서는 위험부담이 컸다.

지주층 특히 양반 사대부의 新田開發은 이러한 여러 사정에서, 서남해안 고을의 진황지 개간 그리고 북방의 개척과 그 농업개발 등이 일단락되어, 농지를 새로 개발하여야 하는 이 시기[44]에 이르러 대토지 소유의 한 방법으로 본격 진행되었다. 성종 말 淸風君 源의 數千頃에 달하는 仁川지방 閑曠地의 개간,[45] 연산군 당시 寵嬪 張淑容의 延安의 유명한 沼澤 南大池의 개간[46] 등은 구체 사례이다. 신전개발로서 가장 성행한 것은 역시 간척사업이었다. 중종 말 士族은 海澤을 다투어 점거하며 田園을 넓힌다는 형세였고,[47] 이는 이후 더욱 활발히 진행되었고 이에 따라 간척지 부근에 거주하는 인민이 받는 피해도 늘어갔다.[48] 사대부라면 으레 田莊을 경영하고 신전개간에 종사하여야 하는 것이 통념이라고 할 정도였다.[49] 明宗 초 三南地方의 干拓 가능지는 거의 개발되어 평안도로 확산되어 갔다. 이는 海路의 통행 즉 船運이 수월해짐으로써 본격 수행된 것이었다.[50] 교통과 운수에서 海運이나 水運은 원거리에 있는 농장

---

43. 拙稿, 「朝鮮初期의 農地開墾과 大農經營」, 주 1의 논저.
    李泰鎭, 「16세기 沿海地域의 堰田開發」, 『韓國社會史硏究』, 知識産業社, 1986.
44. 『成宗實錄』 161, 成宗 14년 12월 辛巳, 10冊, p.554.
45. 『成宗實錄』 273, 成宗 24년 정월 癸未, 12冊, p.271.
46. 『燕山君日記』 59, 燕山君 11년 9월 壬寅, 14冊, p.21.
47. 『中宗實錄』 90, 中宗 34년 5월 乙亥, 18冊, p.292.
48. 『明宗實錄』 25, 明宗 14년 2월 辛亥, 20冊, p.502.
    拙稿, 「朝鮮前期 地主層의 動向」, 주 1의 논저.
    李泰鎭, 「15~16세기 低平地·低濕地 개간동향」, 『의술과 인구 그리고 농업기술』, 태학사, 2002.
49. 주 17과 同.

의 作料를 도회에 거주하는 地主에게 운반하고 대규모의 물자를 원격지로 수송하여 시장과 연결시키는 불가결한 요소였다. 서울에서 뱃길로 평안도로 들어가려면 황해도 長淵 앞바다 長山串을 거쳐야 했는데, 이곳은 옛부터 험난한 바닷길로서 舟楫의 내왕이 힘들었었다. 이 險路가 지주·상인층의 끈질긴 활동과 海運術 발달로 이 무렵 통행이 수월해진 것이었다.[51] 평안도 지역은 지주와 상인의 新開拓地가 되었고 이미 간척활동은 이 지방의 최북단인 龍州·鐵山·宣州·肅州·永柔 등지까지 보급되었다.[52]

16세기 중엽 이후 신전개발은 우리나라 서해안 전 지역에 걸쳐 진행되었다. 신전개발은 토지매득과 함께 지주층 토지겸병의 주류였다. 宣祖 7년(1574) 趙憲 같은 이는 농지개간의 진전과 인구의 증가를 身分階級의 측면에서 지목하고 이에 연계하여 당시 큰 사회문제이던 良人의 감소 원인을 제기할 정도였다. 그는 전토가 개간되지 않은 바가 아니고 호구가 증가하지 않은 바가 아니나, 새로 개간한 농지에 새로 들어선 家戶를 살피면 모두 兩班과 私奴·內奴의 田土와 家戶이고 良人의 것은 날로 줄어 간다고 탄식하였다.[53] 양반층의 토지겸병과 그로 인한 양인농민의 토지상실과 가호몰락은 농입개발, 농업증진을 촉진하면서 정치·사회문제로 진전하였다.

3) 交換經濟와 關聯

지주층의 경영활동은 여러 방면에 걸쳤고[54] 그 가운데 하나는 市場機

50. 『明宗實錄』 16, 明宗 9년 5월 庚戌, 20冊, p.195.

51. 同上.

52. 同上 및 『明宗實錄』 23, 明宗 21년 12월 己丑, 21冊, p.135.

53. 『重峰集』 4, 擬上十六條疏(宣祖 7年).

54. 『明宗實錄』 15, 明宗 8년 10월 丙申, 20冊, p.168.

構 交換經濟에 참여였다. 사실 지주층의 토지소유의 목적은 생산보다는 貸與 즉 전호경영에 의한 지대의 수취와 수취된 作料를 시장과 연결시켜 처리함으로써 富의 재생산을 도모함에 있었다. 수백·수천 혹은 수만 석에 달하는 지주의 수입이 시장과 연결되어 처분되지 못한다면 토지집적은 아무 의미가 없었다.[55] 특히 지방 在地地主의 경우는 절대적이었다. 自家消費를 제외한 대부분의 수입은 상품으로서 시장에 투하하여 회전시켜야 했다. 지주제의 지속적인 발전도 이로써 확실해질 수 있고, 그리하여 농민지배를 지속할 수 있어 양반의 처신을 보전하여 갈 수 있는 것이었다. 이 시기 토지 겸병의 성행에는 이러한 시장기구의 발달이 전제되고 있었고, 지주층은 여러 부문에서 상인·교역과 연계를 갖고 이를 유도하여 나가고 있었다.

防納은 그 대표적인 교역기구의 하나였다. 방납은 貢納請負行爲였다. 방납 참여층은 관료와 士族에서 승려와 상인, 그리고 各司胥吏 및 奴隷에 이르기까지 다양하였다. 공납청부를 하려면 貢物分定에 직접 간여하고 방납을 합법으로 처리하는 권한을 가진 守令, 貢物輸送을 전담하는 貢吏와의 연결이 필요하였다. 그러자면 상인은 지방관을 움직일 수 있는 관료·사족의 지원이, 관료·사족은 실제 청부업무를 담당해 줄 商人·僧徒의 협력이 절대로 요구되었다.[56] 양반지주와 상인은 상호 연대 속에서 貢納制를 장악하고 代納의 利를 독점하여 분배하고 있었다. 지주층의 방납활동은 대토지소유가 성행하는 이 시기에 왕성하였고 16세기 후반에 접어들면서 절정에 달하였다.[57] 이 당시 財政問題, 租稅懸案

『明宗實錄』 25, 明宗 14년 10월 辛酉, 20冊, p.534.

55. 『成宗實錄』 182, 成宗 16년 8월 庚辰, 11冊, p.46.

56. 李智媛, 「16·17세기 전반 貢物防納의 構造와 流通經濟的 性格」, 『李載龔博士還曆紀念韓國史學論叢』, 한울, 1990.
田川孝三, 『李朝貢納制의 研究』, 東洋文庫, 1964.

57. 『明宗實錄』 6, 明宗 2년 8월 辛卯, 19冊, p.254.
『明宗實錄』 17, 明宗 9년 11월 乙卯, 20冊, p.246.

으로서 최대의 논란사항은 방납을 둘러싼 貢納制의 개편이었다. 방납에서 얻는 이득은 교역과정에서 元價의 몇 배 몇 십 배를 징수하는 데 있었는데 흉년이 자주 들고 교환경제가 발달하는 속에서 米價가 계속 상승하고 물가는 변동이 심하여 그 폭이 더욱 컸다.[58]

15세기 전반부터 이미 방납의 주도는 대개 宰相·勢家 등 權門勢室이 아니면 富商大賈였다.[59] 명종 때의 領中樞付事 李芑가 冒取屯田·濫占私件·奪人藏獲의 조목과 함께 防納牟利로써 兩司에 의해 防納과 納穀을 이용한 取利行爲로 탄핵된 것, 그리고 당대 국왕의 외척으로 田莊만도 '遍于列邑'하였던 권세가 尹元衡도 그의 富力蓄積의 일부가 방납행위에 있었던 것 등도 모두 표본이 되는 사례이다.[60] 방납 외에도 재상·관료·상인 가운데 대지주의 富는 국내의 市廛商이나 국외의 使行貿易을 통해서도 처분되었다.[61]

지주 특히 대지주 가운데서는 조선왕조의 財政體系나 交易組織을 이용하여 富의 재생산을 꾀하였다. 방납이라는 貢納請負는 부세제도 租·庸·調 가운데서 調의 수취과정 및 그 처분과정에 편승한 활동이었고, 시전상인과 연계한 교역은 조선정부의 교역 및 재정지원 세력과의 연

58. 李正守, 「朝鮮前期의 米價變動」, 『釜大史學』 17, 1993.

59. 『世宗實錄』 46, 世宗 14년 6월 丙午, 8冊, p.194.
曹申, 「謏聞瑣錄」, 『稗林』 5冊, p.8.

60. 『明宗實錄』 13, 明宗 7년 9월 壬午, 20冊, p.100.
『明宗實錄』 12, 明宗 6년 9월 癸卯, 20冊, p.42.
『明宗實錄』 31, 明宗 20년 8월 丁卯, 21冊, p.25.

61. 『明宗實錄』 31, 明宗 20년 8월 戊寅, 21冊, p.28.
『成宗實錄』 44, 成宗 5년 윤6월 甲辰, 9冊, p.122.
韓相權, 「16세기 對中國 私貿易의 展開」, 『金哲埈博士華甲紀念史學論叢』, 知識産業社, 1983, p.83.
李泰鎭, 「16세기 東아시아 경제변동과 정치·사회적 동향」, 『朝鮮儒敎社會史論』, 지식산업사, 1989.
朴平植, 「市廛의 整備와 都城商業」, 『朝鮮前期商業史研究』, 지식산업사, 1996.
______, 『朝鮮前期 交換經濟와 商人 研究』, 지식산업사, 2009.

결이었다. 使行貿易 역시 정부의 공적인 외교활동에 부수하여 수행되는 公私貿易이었다. 정부 자체의 재정기구나 유통조직을 이용하여 小作料나 財富를 처분하는 행위는 이전 어느 시기보다도 조직적이고 극성하였다.

이와 함께 이 시기에는 새로운 교역기구가 성장하고 등장하고 있었다. 私商人層과 場市였다. 사상인은 대개 私船으로 전국 각지를 船行하며 영업하던 船商이었다. 선상은 상업활동의 범위나 취급화물의 규모가 컸다. 이들은 함경도 五鎭(慶源, 會寧, 鍾城, 慶興, 穩城) 방면까지 가서 海産物을 가져다가 南道에 와서 綿布나 米穀과 교역을 했으며, 또한 서울을 중심으로 남으로는 전라·충청도 沿海, 북으로는 황해·평안도 등 서해안 전역에 걸쳐 水産物·米穀·布貨를 무역하였고, 이 밖에 강원도 楊口 등지의 山郡과 충청도 북부 山郡의 木材를 漢江의 수운을 이용하여 商販을 영위하는 상인까지도 있었다.[62] 선상은 상업역량이 우세하였고 이 가운데 특히 지주층의 米穀과 밀접하고 있던 이들로 대표되는 것은 서울의 京商이었다. 한 두 예를, 명종 2년(1547) 11월에 그간 해마다 계속된 흉황으로 정부는 賑恤廳을 통해 각 지방의 개인 소유의 米穀이나 서울에 거주하는 관료 소유의 農莊米穀을 해당지역의 관청에 헌납하게 하고 이로써 飢民을 구제하는 방안을 시행하고[63] 이는 이후에도 계속 하였는데, 이 納穀政策에 편승한 이들에게서 볼 수 있다.[64]

---

62. 田川孝三, 주 56의 논저, p.582.

63. 『明宗實錄』 6, 明宗 2년 11월 甲午, 19冊, p.547.

64. 예컨대 納穀代價을 기화로 京中의 상인이 重價를 받아 이득을 얻고자 外方에서 선박에 실려 서울로 들어오는 곡물을 중도에서 모두 매입하여 서울로 수입되지 못하도록 하고, 한편 서울 市中의 곡물을 구입한 뒤 서울 안 관료의 家奴로 假托하여 호조의 公文을 冒受하여 水陸의 輸運를 통해 米穀을 각 지방 관청에 납입하는가 하면, 다시 다량의 物貨를 싣고 各道로 분산해 다니며 일반농민의 升斗의 米穀과 교역하여 이를 私穀이라 칭하여 납입하는 등 여러 방법을 구사하고 이로 인하여 서울의 穀價는 등귀하여 1 升의 값이 布 3匹에 이르고 지방의 곡물 역시 탕갈되어 몇 달 안 지나 봄이 되면 市中에는 쌀 한 톨 없게 될 판국이라는 보고(『明宗實錄』 6, 明宗 2년 12월 癸亥, 19冊, p.552), 그리고

이들을 통해 상품화되던 米穀의 대부분은 지주의 미곡이었다. 지주층은 이들 독점상인과 교역상의 연결을 통해 경영에 원활을 기하여 나갈 수 있었다. 지주경영과 상인활동은 동반하여 발달하였다. 16세기 중엽 관서지방의 海路가 개통되어 서울과 연결되자, 在京兩班의 新田開拓이 이 지역에서 성행하였는데, 이에 따라 상인층의 진출도 왕성하였고 이 지역 일반 농민의 미곡도 상품화하고 있었다.[65]

지주층과 연계된 다른 하나의 새로운 시장기구는 場市였다. 장시는 농촌시장으로서 15세기 후반 무렵부터 성장 발달하고 있었다. 이는 여러 고을의 민인이 매달 정해진 날짜에 주기적으로 모여 물자를 매매 교역하는 공공장소로서 자급적 촌락사회를 각각 연결시키는 교역기구로서 지주제의 발달과 생산력 발전에 따른 농민 생산물의 잉여증가와 그 상품화의 소산이었다. 장시의 발달은 사적 토지소유권의 안정에 따른 생산물의 자유로운 처분, 농산물 상품화의 성숙, 농민층 일부의 상업에 투신 및 兼業의 증가, 그리고 상업이득의 상대적인 고액, 이에 따른 지주층의 참여 등과 인과관계에 있었다. 장시에서 상업행위는 매우 활발하였고 地價 또한 계속 상승하고 있어서 농민 가운데 토지를 방매하여 그 대금을 商業資金으로 전용하는 이들도 출현하였다. 유통물품은 대개 草笠·鍮器·皮革·魚鹽·襦衣·綿絮·農具 등이었고 주로 米·布로 교

富商大賈가 세가와 결탁하고 이들의 세력을 이용하여 전국 고을로 돌아다니며 各官의 미곡을 청구하거나 혹은 다른 물화를 가지고 飢民을 誘脅하며 곡물로 바꾼 후 납입하고 있어, 이에 1頃의 토지도 없는 자도 으레 農莊 소출의 곡물이라 詐稱하여 重價를 받으려 한다는 지적(『明宗實錄』 12, 明宗 6년 12월 癸酉, 20冊, p.65) 등이 그런 것이다.

65. 『明宗實錄』 31, 明宗 20년 12월 癸未, 21冊, p.55.
『明宗實錄』 33, 明宗 21년 12월 己丑, 21冊, p.135.
崔完基, 「朝鮮中期의 貿穀船商」, 『韓國學報』 30, 1983.
崔完基, 「朝鮮中期의 穀物去來와 그 類型」, 『韓國史硏究』 76, 1992.
朴平植, 주 61의 『朝鮮前期商業史硏究』 3·4장.
_______, 「朝鮮前期 兩界地方의 回換制와 穀物流通」, 『學林』 14, 延世大, 1992(同, wn 61의 『朝鮮前期 交換經濟와 商人硏究』 수록).

환되었다. 이 가운데 草笠·襦衣·綿絮·布 등은 모두 田作生産物이고 그 원료였다. 田作物의 加工産品이 상품화되고 있는 것이었다. 이는 미곡과 더불어 지주나 일반농민 어느 편이나 농업경영에 좀 더 적극적인 관심을 유도하는 요인이 되었다.[66] 이 시기 말엽으로 갈수록 농민층의 생산활동으로서 棉花栽培가 성황을 보였다.[67]

田作物 가공산품의 상품화 진전은 지주층의 경영확대에도 새로운 계기를 마련해 주었다. 田作栽培物의 독점을 목적으로 하는 새로운 토지집적의 대두였다. 명종 8년(1555) 8월 중앙에 보고된 황해도 黃州·安岳·鳳山·載寧 등지에 발달한 蘆田을 權勢家가 陳地를 칭하여 立案을 내고 자기 소유지로 한 뒤 사사로이 점유하여 갈대를 주민에게 팔아 큰 이득을 얻고 있는 행위는 전형이었다.[68] 이것은 토지소유를 통한 原料作物의 독점현상이고, 장시의 발달에 대응하여 이 시장기구를 지주제 속에 편입시켜 나가는 일환이었다.

장시의 성장은 船商 등 私商人層의 성장과 더불어 지주제의 발전에 새로운 여건을 제공하였다. 비단 蘆田獨占과 같은 새로운 토지집적 행위의 출현만이 아니라 買得을 통한 토지 확대에도 중대한 역할을 담당

---

66. 『中宗實錄』 38, 中宗 15년 3월 己酉, 15冊, p.635.
    『中宗實錄』 21, 中宗 9년 11월 癸酉, 15冊, p.42.
    『中宗實錄』 22, 中宗 10년 8월 甲子, 15冊, p.99.
    『中宗實錄』 27, 中宗 11년 12월 丙子, 15冊, p.241.
    『明宗實錄』 5, 明宗 2년 2월 乙丑, 19冊, p.482.
    『中宗實錄』 26, 中宗 11년 11월 壬寅, 15冊, p.240.
    『中宗實錄』 33, 中宗 13년 5월 丙寅, 15冊, p.446.
    李泰鎭, 주 61의 논고.
    拙稿, 「朝鮮前期 場市의 成立과 그 基盤」, 주 1의 논저.
    본편 3장 1절.
67. 高承濟, 『近世韓國産業史硏究』, 大東文化社, 1959, pp.34~73.
    金容燮, 『朝鮮後期農學史硏究』, 一潮閣, 1988, Ⅰ장 4절 참조.
68. 『明宗實錄』 15, 明宗 8년 8월 戊子, 20冊, p.153.
    『宣祖實錄』 26, 宣祖 25년 5월 辛酉, 21冊, p.484.

하였다. 지방에서 농민이 방매하는 토지를 한 필지 한 필지씩 사들이면서 지주로 성장하고 있던 이들로서는, 이런 시장기구나 교역조직의 존재는 우선 요구되는 조건이었다. 농지수익의 처리에서 관료·세가 등 재경지주나 巨商의 경우는 방납·시전상업·사행무역 등을 이용할 수 있었으나, 在地地主 특히 지주로서 성장과정에 처한 이에게 이런 교역기구의 이용은 거의 불가능하였다. 이들에게는 저런 것과는 다른 새로운 시장조건이 구비되어 있지 않으면 안 되었다. 船商과 場市는 이 여건을 제공하고 있었다. 이 상인과 시장을 통해 농민이 가진 升斗의 米穀이나 寸尺의 布도 상품으로 처리되고 있었으므로 매입을 통한 토지집중도 진행될 수 있었다. 양반지주는 노비나 상인을 통해 米나 布를 隔地의 場市에서 교역하고 이 과정에서도 이득을 취하였다.[69]

4) 佃戶關係와 經營强化

토지겸병의 진전은 광범한 並作制의 보급과 허다한 佃戶層의 배출을 수반하였다. 선조 말 李恒福의 극단 표현에 의하면 대토지소유자는 士族이고 民은 모두 저들의 토지를 借耕하는 並作佃戶였다.[70] 지주층의 부단한 성장, 土地集中의 지속에 수반하여 병작제는 광범히 보급되어 갔으며 아울러 良人인구의 私賤化 현상도 증대하여 갔다.[71] 그러면서도 병

---

69. 『中宗實錄』 26, 中宗 12년 8월 甲子, 15冊, p.320.
拙稿, 주 66의 논고.
본편 3장.

70. 『宣祖實錄』 140, 宣祖 34년 8월 戊寅, 24冊, p.285.

71. 『成宗實錄』 91, 成宗 9년 4월 己亥, 9冊, p.574.
中宗 13년(1518) 掌令 柳沃이 限田制·均田制의 실시를 제의하면서 동시에 奴婢所有의 數的 制限도 함께 건의하고 있던 것(『中宗實錄』 32, 中宗 13년 2월 庚寅, 15冊, p.398)도 이런 사태 때문이었다. 影占人과 投托人 사이에는 일종의 '보호'와 '피보호'의 관계가 수립되고 있었다. 그 생생한 사례 하나가 '參贊官 宋千喜曰……申公濟 前任綾城縣監時 有一人列書人名 而來告曰 此是公家奴婢 居于某處 請推尋 公濟曰 我素無奴婢 不受其言 其

작제의 전반적인 확대과정 속에서 지주층의 저러한 농장경영이나 佃戶關係는 초기에 보이는 신분적 上下關係, 貴賤關係에 규범 및 근거를 둔 인신지배적 요소가 점차 배제되고 실제 적용하기 힘든 상태로 진전하는 등 그 내부에서 변화를 동반하였다.

지주제의 이러한 변화와 진전은 이 시기 지방 在地地主勢力의 성장과 관련이 깊었다. 왕실이나 귀족 등 대지주가 아닌 지방 재지지주의 농지경영은 전형적인 並作佃戶의 노력에 의거하였다. 이들은 주로 지방 양반이나 토호·향리였다.[72] 세종 때 黃喜가 말하는 바 10결 이상 경작하는 豪富民[73]에 해당하는 층이었다. 이들 가운데 대부분은 노비노동만으로 농지를 경작할 만큼 많은 노비를 소유하거나 또는 할 수 있는 층이 못되었고, 수다한 양민을 壓良爲賤하거나 조정에 대항할 만한 세력도 못되었다. 사실 다수의 노비를 소유한 자는 사회 전체로 보아 수가 많은 편이 아니었다. 士族이라 하더라도 집안이 대대로 淸寒하면 노비를 소유한 자가 드물었다. 王室·勢家가 아니면 다수의 노비를 점유하지는 못하였다.[74]

재지 지주층 특히 지방 양반이나 토호의 농지경영은 主家나 農舍 근처 약간의 농지를 10戶 안팎의 노비가를 이용하여 그 노역을 직접 지휘하거나, 혹은 '作介' 및 '私耕'의 조건하에 家作하는 외에는 대부분 병작

人退而言曰 癡哉其員 如此空得奴婢 豈易乎 其後又有一人來告者 公濟亦不受之 令人逐出之 以此觀之 朝官若無廉介 則良民願爲奴婢 豈拒而不受乎 必如有壓良爲賤者矣'(『中宗實錄』 9, 中宗 4년 9월 戊午, 14冊, p.366)라는 기사이다. 良民 가운데 투탁을 원하는 자는 성명을 적어 중개인을 통해 양반관료에게 은근히 청탁함으로써 실행하였다. 이때 이들은 양반관료의 私奴婢로 假稱하게 되는 것이었다.

72. 『太宗實錄』 12, 太宗 6년 11월 己卯, 1冊, p.379.
『太宗實錄』 29, 太宗 15년 6월 庚寅, 2冊, p.73.
『世祖實錄』 9, 世祖 3년 10월 壬子, 7冊, p.231.

73. 『世宗實錄』 83, 世宗 20년 11월 庚子, 4冊, p.173.

74. 『端宗實錄』 9, 端宗 1년 11월 癸酉, 6冊, p.645.
『中宗實錄』 24, 中宗 11년 3월 戊申, 15冊, p.153.

제를 조건으로 인근 농민에 의존하는 전호노동을 위주로 수행되고 있었다. 이미 병작제 자체는 민간의 常事였다.[75] 특히 토지매득을 통해 지주로 성장하던 이들의 경우는 당초의 소유자이고 현재의 放賣者인 농민을 그대로 作人으로 사역할 공산이 컸다.[76] 재지지주층의 성장 속에서 일부 중소지주 가운데에는 대지주로 발전하는 부류도 등장하고 있었다. 대부분 品官·鄉吏였지만 庶人이나 賤人 가운데서도 있었다.[77] 지방의 대지주의 일부에는 토착기반이 강한 것을 이용하여 官에 항거하는 이들이 적지 않았고, 따라서 행정력의 침투를 어렵게 하고 있었다. 이들을 흔히 武斷鄕曲者니 豪强이니 하고 지칭하였다.[78]

지방 대지주의 농지경영은 인근 농민의 전호노동만으로는 부족하였다. 이들은, 왕실·세가 등이 외거노비나 몰락양민의 私賤化를 이용하여 농지를 경영하듯이, 또 다른 보완대책이 필요하였다. 이를 雇工制로써 타개해 나가고 있었다. 조선초기의 雇工은 주로 長期雇工으로서 조선후기에 허다하게 존재하는 日雇나 季雇 등 자유로운 농업 노동자와는 아직 거리가 있는 계층이었고, 머슴의 초기 형태였다. 대개는 債務·恤養 혹은 良賤交嫁 등을 계기로 주인에 직접 예속되는 노동계층이었다. 軍籍에 편입되지 않았고 노비와 마찬가지로 주인의 호적에 率丁으로 등록되었다. 노비와 奴主의 관계가 그렇듯이 雇工은 雇主와 관계에서 家長的 복속관계로 간주되었고 형법상의 지위나 처지도 노비와 비슷하였다.[79] 이들은 주로 良人家에서 사역되었다. 특히 自作農이나 並作農의

---

75. 본편 2장의 2절 주 16·17 논고.

76. 李之菡, 『土亭集』, 土亭先生遺稿 上, 莅芽山時陳弊上疏.

77. 『中宗實錄』 33, 中宗 13년 5월 乙丑, 15册, p.445.
『中宗實錄』 21, 中宗 9년 10월 壬寅, 15册, p.34.

78. 『明宗實錄』 4, 明宗 원년 12월 壬辰, 19册, p.470.
『中宗實錄』 51, 中宗 19년 8월 丙辰, 15册, p.334.

79. 朴成壽, 「雇工硏究」, 『史學硏究』 18, 1964.
宮原兎一, 「15·16世紀 朝鮮의 雇工에 대하여」, 『朝鮮學報』 11, 1957.

보조노동의 공급원이었다.[80]

고공제가 지주경영과 광범위하게 결합되는 것은 三南地方에서였고 16세기에 들어와서였다. 고공 배출의 사회적 기반은 기본적으로 농민층의 분화였지만 기근·채무·重役·避役 등 여러 사정이 직접 계기가 되고 있었다. 특히 避役은 가장 큰 요인이었다.[81] 양인의 노비화 현상과 그 기반과 계기에서 동일하였다. 토호나 재지 양반층의 일부는 이러한 사회 배경에서 양인을 자신의 지주경영에 흡수해 나가고 있었다.[82] 각 고을의 양인이나 그 자식이 5~6리 밖에 있는 부근의 士族이나 土豪에게 투탁하였다.[83] 豪强들은 이런 投托良人을 雇工·婢夫로 冒稱하여 사역하였다.[84] 지방의 사족과 토호의 良人私占은 엄청난 바가 있었다. 명종조에 尹元衡과 친분관계가 있던 德昌이란 자는 私占한 양민의 수가 40여 호나 되었다. 본래 고공은 1家에 2~3인이 넘는 경우는 거의 드물었다.[85] 수십 명에 달하는 양민이 1家의 고공일 때 대부분은 지방 士族 및 토호와 상관 속에서 지주와 전호로 결합되면서 외면상으로는 雇主·雇工의 관계로 표현되던 並作人이었다.[86]

이들은 종래 귀족·왕실·관료의 농장에서 경작노동에 종사하던 奴

---

80. 『中宗實錄』 66, 中宗 24년 8월 庚辰, 17冊, p.145.
    朴成壽, 同上論文.
81. 『燕山君日記』 44, 燕山君 8년 5월 癸未, 13冊, p.491.
    주 62의 상단.
    『中宗實錄』 22, 中宗 10년 6월 戊寅, 15冊, p.99.
82. 『中宗實錄』 9, 中宗 4년 9월 戊午, 14冊, p.366.
    『中宗實錄』 75, 中宗 28년 7월 乙卯, 17冊, p.447.
83. 同上의 하단.
84. 『中宗實錄』 9, 中宗 4년 閏9월 丁丑, 14冊, p.373.
    『中宗實錄』 96, 中宗 36년 11월 辛亥, 18冊, p.529.
85. 『明宗實錄』 29, 明宗 18년 10월 己酉, 20冊, p.670.
    同上의 상단.
86. 朴成壽, 주 79의 논고.

婢名目의 佃戶에 비해 人身 속박은 약하였다. 고공은 신분상 법적으로는 노비와 거의 동일한 규제를 받았으나 실제는 훨씬 자유로웠다. 雇主도 대개는 良人이거나 品官·土豪 등으로서 왕실·勢家 등보다는 하위 신분이었다. 더욱이 인근 주민이나 富實良民이 雇工으로 투탁하여 올 때 인신지배 정도는 노비에 비할 수 없었다. 양인이 私賤身分으로 佃戶化하는 큰 이유의 하나는, 토지·종자·농우·농구 등 일체의 생산수단이 없는 流離民일 경우, 지주 측에 이 모두를 의탁해야 하는 사정이었다. 그러나 投托良人이 생산수단의 전부 혹은 일부라도 소유한 정착 농민인 이상, 고공은 명목뿐이고 실제 신분 예속관계에 있는 佃戶이기는 어려웠다. 지주도 지주로서의 계산이 없을 수 없었다. 지주제적인 농업경영이 발달하는 정세에서, 가능한 한 농사일에 근면하고 作料 지불도 착실히 할 수 있는 농민을 전호로 택하였을 것이다. 이 조건을 갖춘 자들은 인근 지역에 정착해서 살고 있는 생활근거가 확실한 농민이었다.

지주층의 경영안정 움직임은 勢家·高官 등의 농장경영에서도 나타났다.[87] 農莊管理人에서 명료하게 드러난다. 이 시기 농장관리인으로 두드러지게 대두하는 이들은 伴人이었다. 농장관리는 초기에는 家臣·書題·管庄奴·幹僕 등이 담당하였다.[88] 반인은 伴倘이라고도 하여 원래 宗親·儀賓·功臣·宰相 등에게 頒給되었으며, 이들의 使喚이나 扈從人 같은 역할을 수행하고 있었던 듯한데, 각기 일정한 수가 규정되어 있었고, 遞兒職을 받고 祿俸도 지급받는 軍卒로서 賤人은 아니었다.[89] 그러

87. 주 84의 하단.

88. 周藤吉之, 주 27의 「麗末鮮初의 農莊에 대하여」.
李載龒, 「朝鮮前期의 農莊」, 『조선전기 경제구조 연구』, 崇實大學校出版部, 1999.

89. 『經國大典』, 兵典, 伴倘.
『世宗實錄』 133, 五禮·軍禮儀式, 吹角令, 5冊, p.364.
『文宗實錄』 14, 文宗 즉위년 10월 丁亥, 6冊, p.305.
『世祖實錄』 2, 世祖 원년 10월 辛酉, 7冊, p.91.
『中宗實錄』 14, 中宗 6년 12월 己丑, 14冊, p.546.
韓嬉淑, 「朝鮮初期의 伴倘」, 『歷史學報』 112, 1986.

나 농장경영과 관련되어 등장하는 반인은 이런 반인은 아니었다. 왕족이나 재상 등 세가들은 伴人을 가칭하여 良民을 農莊經營에 흡수하였다. 이는 私伴으로서 방법이 노비나 고공을 冒稱하는 행위와 동일하였다. 이런 현상은 15세기 후반 이후 표면화되는데, 성종대에 재상의 伴人所有가 定數를 초과하여 10인 내지 수십 인에 이르렀고, 이들은 모두 土田과 財物이 肥饒한 민인이었다.[90] 반인은 衣食이 有足한 富民이어야 가능하였다. 특히 지주경영이 여러모로 유리하여 宰相과 朝士의 田庄이 발달하던 경기 지방 일대에서는 일찍부터 富實良民의 私伴化가 성하였다.[91]

伴人私占의 행위는 당초에는 이들의 소유가 法認된 王族이나 宰相으로서나 가능한 일이었으나 16세기 중엽에 오면 재상만이 아니라 堂下官에서 生員·儒士 등에 이르기까지 양반층 전반에 걸쳐 벌써 널리 보급되어 있었다. 반인이 된 양인은 農舍의 守直人 즉 농장 관리인으로 입적되었으며 官役人 가운데서도 투속하는 이가 많았다.[92] 소유 반인의 수도 증가하였다. 중종 때 재상을 지낸 梁淵과 黃憲은 私伴이 50~60명이나 되었고, 명종조의 領中樞府事 李芑는 고을마다 반인이 있었으며 어떤 고을에는 10여 명씩 있어 그 총수가 몇 백에 달하였다.[93] 明宗朝 이후 황해·평안·함경 등 북부 지방에도 양반관료의 농장이 널리 설치되면서, 이 지방의 거주인으로서 반인이 되는 이도 증가하였다. 원래 이들 지역의 民人은 군사상 이유 때문에 반인으로 작정하는 것 자체가 금지되어 있었다.[94]

---

90. 『成宗實錄』 32, 成宗 4년 7월 己未, 9冊, p.46.
91. 『明宗實錄』 3, 明宗 3년 4월 丁未, 19冊, p.411.
    『成宗實錄』 44, 成宗 5년 윤6월 甲辰, 9冊, p.122.
92. 주 84의 하단.
93. 同上.
    『明宗實錄』 12, 明宗 6년 10월 己卯, 20冊, p.49.
94. 『明宗實錄』 10, 明宗 5년 2월 甲午, 19冊, p.677.

양반의 伴人은 각 지방에 산재하여 身貢을 납부하거나 농장을 중심으로 지주경영의 실무를 집행하였다. 농장관리는 물론이고 防納 등 조세청부업이나 개간사업도 직접 지휘하고 관장하였을 것이다. 지주층 특히 不在地主로서 전국 각지에 토지를 소유하고 있는 사람은 지주경영을 합리성 있게 하고, 그리하여 다른 지주 특히 지방의 土着地主와의 경쟁에서 낙후되지 않으려면 실무를 제대로 처리할 관리능력이 있는 인물이 필요하였고, 그러자면 財力이 튼튼한 그 지방의 중견층으로서 부실 양민으로 선택함이 첩경이었다. 양민으로서도 그런 조건만 구비하고 있다면 지주경영에 관리자의 한 사람으로 참여하는 행위는 신분을 높이는 활동의 하나였다. 더욱이 免役의 혜택과 權勢의 후광도 얻을 수 있었다.[95]

지주제의 보급은 신분계급상 양인인구의 감소와 천인인구의 증가를 초래하고 있으면서도 동시에 貴賤·上下의 규범으로서 신분적인 지주전호관계의 해이를 조성하여 나가고 있었다. 이는 一見 모순된 현상이긴 하지만 역사현실이었다. 지주전호관계의 형성과정에서 산출되는 노비 특히 雇工이나 伴人은 실은 거개가 冒稱과 假托에 의한 노비이고 고공이며 반인이었다. 그러므로 임진왜란 이진 선조소에 민인은 '皆並耕而食'[96]한다는 표현까지 나올 수 있었던 것이다. 이 같은 동태는 經過上 순수한 병작제의 점진적인 확대와 그 浮上의 과정이며 지주전호제의 새로운 발전과정이었다.

병작제의 일반화는 농민층 분화의 한 현상이었다. 양반·토호 등 지주층의 토지집중이나 일부 농민층의 농업경영에서의 성장 등에서 배출되는 流亡民이나 流亡 직전의 영세농은 勢家의 노비가 아니더라도 雇工

95. 韓嬉淑, 주 89의 논고.
李成妊, 「16세기 朝鮮 兩班官僚의 仕宦과 그에 따른 收入」, 『歷史學報』 145, 1995, pp.111~114.

96. 주 70과 同.

으로 정착하여 농업노동이나 전호노동에 참여할 수 있는 가능성의 확대, 지방의 중소지주나 이들에서 성장한 대지주도 거개가 실제 신분예속의 강제 없이 병작반수에 즉한 전호제를 채택하여 나가고 있었던 사실, 그리고 15세기 후반에 들어와 국둔전·관둔전 그리고 역전 등에서도 병작경영 자체가 공식으로 도입되고[97] 賦役制의 농지경작이 폐기되어 국가기관 스스로 지주화하고 지주경영을 시도하면서 토지소유 관계의 변동에 대응하여 가고 있었던 정황, 한편 대지주의 良民影占이나 壓良爲賤 행위에 대한 정부 측의 부단한 搜括事業 등, 신분 바로 그것에 입각한 관계가 약화되고 범위상 위축되는 데서 병작제·전호제가 광범하게 전개되고 있었던 것이 전체 사회의 추이였다. 富實良民이나 土着農民이 자진하여 왕실이나 세가·양반의 반인이나 고공이 되어 지주경영에 참여하는 행위도 이러한 여건의 성숙에서 가능한 것이었다.

사태를 더욱 촉진하고 있던 것은 市場 즉 교환경제의 성장이었다. 본래 양인은 '國家之所使'라 하듯이 公役關係에 있는 계층이었고, 私賤은 '代主之勞'[98]라 하듯이 私役關係에 얽힌 계층이었다. 양민은 공역의 과중에서 도산하거나 농민층 분화의 결과로 몰락하면서, 사역관계로 얽혀 있는 노비 혹은 고공 등으로 私賤化하여 살아갈 수밖에 없었다. 極言한다면 공역관계 아니면 사역관계의 어느 한쪽에 얽매일 수밖에 없는 처지였다. 도시 주변이나 지방 각지에 시장의 성립은 이러한 양자택일에 처하여 있는 농민에게 새로운 활로를 제공하고 있었다. 逃散과 沒落의 대표 현상은 避役과 竊盜였는데[99] 이 시기에는 이것이 장시

97. 李載龒, 「李朝初期 屯田考」, 『歷史學報』 29, 1965.
拙稿, 「朝鮮前期 屯田經營의 變動」 및 「朝鮮前期의 驛田經營과 그 變動」, 주 1의 논저.
본서 Ⅶ편 3·4장 참조.

98. 『明宗實錄』 12, 明宗 6년 10월 戊寅, 20冊, p.49.

99. 韓嬉淑, 「16세기 임꺽정 난의 성격」, 『韓國史硏究』 89, 1995.
李正守, 「16세기 도적발생과 그 사회·경제적 의미」, 『韓國史硏究』 92, 1996.

의 발달과 연계하여 성행하였다. 그리하여 으레 장시의 커다란 폐단으로 지적되고 있을 정도였다.[100] 명종 14년(1559)에서 17년(1562) 거의 4년 동안, 황해도 일대를 근거로 지속되었던 유명한 임꺽정의 亂 역시 이 場市 및 邑市나 都城商業과 밀접하게 연계되어 전개된 사건이었다.[101] 시장이 발달한 주변지역 특히 서울이나 開城 등 대도회에서는 농지를 팔거나 並作을 주면서 상업활동에 종사하는 사람이 증대하였다.[102]

시장의 발달과 관련된 농민층 전체의 이런 동향은, 지주들로서는 점차로 並作人의 확보가 이전처럼 용이하지 않게 되어 가는 정세의 성장이었다. 이 作人을 종전처럼 신분 그것과 일치시켜 사역하려는 것은 더욱 힘든 일이었다. 中宗朝 조정에서는 頑鈍하고 貧悴하여 他業을 감당하지 못할 자들이나 농사로 들어가 다른 사람의 전토를 빌려 갈아 먹는다는 탄식이 나올 지경이었다.[103] 지주 측은 독실한 전호의 획득이 전보다 더 절실하여지고 있었다. 양반 지주는 교환경제와 연계하여 농민을 지주제 속에 편입시켜 가고 있었지만, 동시에 이 때문에 佃戶支配의 조건을 완화해 나가는 방향을 걸어야 했다.

촉발요인은 전통적인 奴婢制의 동요에도 있었다. 背主하는 逃亡奴婢의 속출은 그 전형이었다. 노비의 背主 자체도 어느 때 어느 곳에서나 있어 오던 현상이었지만, 이 시기 특히 16세기 중엽 이후는 세태가 되고 있었다. 명종 때 조정에서는 근자에 나라가 貴賤의 분별, 綱常의 도

---

100. 『中宗實錄』 21, 中宗 9년 11월 癸酉, 15冊, p.42.
『中宗實錄』 88, 中宗 33년 9월 庚子, 18冊, p.212.
『明宗實錄』 3, 明宗 원년 2월 戊申, 19冊, p.393.

101. 『明宗實錄』 25, 明宗 14년 11월 庚寅, 20冊, p.535.
『明宗實錄』 26, 明宗 15년 10월 甲寅, 20冊, p.570.

102. 『中宗實錄』 52, 中宗 34년 10월 戊寅, 18冊, p.343.
『成宗實錄』 95, 成宗 9년 8월 壬辰, 9冊, p.636.

103. 『中宗實錄』 27, 中宗 12년 정월 丁亥, 15冊, p.251.

리가 문란해짐이 극심하다는 탄식,[104] 노비의 背主는 여태껏 보지 못하던 바로서 단지 父兄에게서 燕山朝에 이 폐가 있었다는 말만 들었을 뿐인데, 지금은 사헌부에 叛奴件으로 제기되는 奴主의 訴訟이 그칠 새 없이 紛紜하며 그 대상은 모두 權勢家 아니면 內需司라는 개탄이 그치질 않았다.[105] 노비의 背主行爲는 勢家·巨室의 奴婢廣占이, 그들의 토지겸병이 그러하듯이, 집중적으로 진행되는 속에서 이루어지면서 奴主之分이라는 父家長的 신분관계로 밀착되고 있던 上典과 奴의 지배예속의 義理는 해이되고 노비노동의 비능률성이 표면화되는 현상이었다. 奴主로서는 점차 노비에 대해 종래와 같은 지배력과 관계를 그대로 발휘하고 유지하기는 힘들어 갔다. 私賤 특히 노비신분을 매개로 한 佃戶에 대해 지주 특히 양반 사대부도 그 인신지배성을 완화시켜 나가지 않을 수 없었을 것이다.[106] 그러나 조선전기의 지주제는 아직 그 일면에 가지고 있는 田主自耕의 형식 곧 전호의 奴婢나 雇工 등 소위 私賤으로 분장한 外皮를 완전히 벗지는 못하였다.

2. 兩班의 農莊과 國家의 處地

지주층의 주축은 양반이었고 지주제 경영의 표본은 농장이었다. 양반과 농장은 서로 불가분의 관계에 있었으며 조선전기의 토지소유가

---

104. 『明宗實錄』 16, 明宗 9년 정월 庚申, 20冊, p.179.

105. 『明宗實錄』 17, 明宗 9년 8월 庚辰, 20冊, p.225.
『明宗實錄』 10, 明宗 5년 5월 甲子, 19冊, p.688.
『明宗實錄』 15, 明宗 8년 11월 壬子, 20冊, p.172.

106. 金錫亨, 『조선봉건시대 농민의 계급구성』, 과학원출판사, 1957(서울版, 新書院, 1993).
金鴻植, 「封建的 小農民經營의 成立」, 『朝鮮時代 封建社會의 基本構造』, 博英社, 1981.
金建泰, 「朝鮮前期 並作制의 性格」, 『李樹健敎授停年紀念 韓國中世史論叢』, 大明文化印刷所, 2000.

갖는 身分性과 階級性의 특징을 전형적으로 구현하고 있었다. 양반은 文武班에 出仕를 독점하는 사대부로서 그 처지를 지주적 토지소유로 실현하고 있는 까닭이었다. 양반에게 토지는, 노비와 함께, 門戶를 보존하고 유지하는 自給기반으로서 가치가 심대하였다. 그 규모의 大小는 이들의 세력과 권위의 강약을 상징하였고 따라서 항상 兼并 및 保持가 추구되었다.

農莊은 외형상 토지소유자가 奴婢 혹은 佃戶 등 피지배 신분층의 노동력을 이용하여 경영하는 大土地의 소유·경영 정도이지만, 여기에는 역사현실로서 양반의 토지소유 및 그것이 농장으로 조성되는 의미, 토지겸병의 표현인 농장의 확대와 이를 통한 농민지배 및 수취의 구조, 그리고 이에 대한 조선왕조의 자세, 양반관료의 갈등 등 양반의 地主로서의 처지, 地主制의 정치적 의미가 담겨 있다.

1) 兩班의 土地所有와 農莊

양반 사대부에게 토지는 노비와 더불어 門戶保全의 요소라는 점에서 중요성이 각별하였다. 나라에서는 田民訴訟을 해당 官司가 권세에 눌려 제대로 제때에 처리하지 못하여 少老·子孫에 이르기까지 抱冤이 쌓이므로 늘 소송결단을 특히 잘하도록 유의시켰다.[1] 양반가의 토지와 노비는 조상대부터 전래하는 祖業이 대부분이었다. 祖父가 子孫에게 이를 상속 증여할 때 그 문서에서 혈족 간에 상속되고 유지되도록 당부하는 등[2] 門閥의 부지를 기하고자 노력하였다.

士族이 문호를 세우고 보존하는 일은 쉬운 것이 아니었다. 많은 노력과 물자가 들었다. 양반의 門地는 규모 있는 각종 예식 및 행사와 상당

1. 『成宗實錄』 236, 成宗 21년 정월 丙子, 11冊, p.565.
2. 朴秉濠, 『韓國法制史攷』, 法文社, 1974, pp.147~161.

수의 族屬으로 유지되고 있어 그만한 살림 규모를 자급자족할 수 있는 토지와 노비가 필요하였다. 田園이 넉넉하고 使令이 풍족하여 祭祀·賓客·養老·慈幼 및 冠婚·慶弔의 준비를 모두 밖에서 구하지 않고 족히 꾸려가는 규모, 이것이 양반 집안의 살림이었다.[3] 양반 사대부 모두가 이러한 규모로 業을 가지지는 않았으나 그 소유자는 거개가 양반이었다. 양반 사대부 가문에서 토지의 廣占, 노비의 多占, 아울러 민인의 隷屬은 항상 필요한 바였다. 그러므로 양반의 토지소유는 대경리를 지향하였다. 이것이 農莊이었다. 농장의 경리는 治產하는 業農이어서 士로서 仕하는 양반 사대부에게는 '別業'이었다. 또 室家와 구별하여서 '別墅'였다.[4] 농장은 田土로 이루어지는 것이었다. 奴婢만 가지고는 농장일 수 없었다. 노비 등 人力은 가내 잡사나 농장관리 및 농토경작에 항상 소중한 것이지만, 그 개개인의 생계 나아가선 소가족 경영이 우선 보장되어야 하는 까닭에 이들의 扶持도 토지가 없으면 불가능하였다. 농장은 農舍·倉庫 등의 건물과 田畓을 위시하여 麻田·藥田 등의 농토를 갖춘 외에 林野 및 柴草地 등에서 柴炭을 비롯해 여러 물자를 조달하고 牛馬 등 가축을 사육하였고, 혹은 船舶을 소유하여 안팎의 곡물·물화를 운반 교역하는 곳도 있었다.[5] 농장은 양반사족이 자급할 수 있는 필수요소를 갖춘 생산활동 사회활동의 근거였다.

양반에게 토지소유는 그 門戶가 한 人格으로 존재하고 유지되는 특권을 부여하는 물적 조건이었다. 이런 점에서 權力的 토지소유였고 따라서 지주 양반은 土地權力者였다. 그것은 토지획득 과정에서도 적나라하게 나타난다. 양반의 토지획득은 買得·開墾·寄贈·投托·冒占 등 경로

---

3. 『新增東國輿地勝覽』 39, 全羅道 淳昌郡, 樓亭, 歸來亭.
4. 『世宗實錄』 37, 世宗 9년 8월 辛未, 乙亥, 3冊, p.87.
   『世宗實錄』 39, 世宗 10년 2월 丁卯, 3冊, p.115.
   『世宗實錄』 27, 世宗 7년 2월 丁卯, 2冊, p.658.
5. 周藤吉之, 「麗末鮮初의 農莊에 대하여」, 『青丘學叢』 17, 1934.

가 여러 가지였다. 이 가운데 매득은 형식상 일반 민인의 토지취득과 다를 것이 없이 조선의 법제 내에서 수행되는 것이었다. 다만 抑買가 수반되거나 벼슬이 깊이 관련되고 또 그 권세나 위력이 큰 배경으로 작용하기도 하였다.[6] 매득이 아닌 경우는 더 직접 그리고 절대로 작용하였다. 농장의 마련에는 많은 물력과 인력이 소요되었고 이의 조달은 대개 본인의 벼슬이나 위세, 감사·수령의 지원, 그리고 친인척의 협조가 얽혀 달성되었다. 그러므로 이미 成宗朝에 조정의 宰相 가운데 빈한했다가 부귀해져 積粟이 鉅萬인 이들이 부지기수라는 지적이 나오고 있었다.[7]

田庄의 경작과 관리, 양반가의 雜事에는 많은 노동인력이 필요하였다. 양반 사대부는 이들을 예속민으로서 사역하였는데 그 전형은 노비였다. 노비는 상전의 手足으로서 대대로 主家에 예속되어 노역에 종사하므로 어느 인력보다 소중하였다.[8] 이들은 상전가의 雜事에 동원되고 혹은 田地耕作에 역사되고 또는 納貢만 하는 등 역무가 다양하였으며, 양반은 이들이 없으면 常人과 같은 처지였다.[9] 그러나 노비는 자연증식을 통해서는 물화처럼 증대시킬 수 없었다. 더욱이 父祖傳來의 노비를 자손들이 상속할 때 각자의 몫은 현저히 줄어드는 것이 십상이었다. 토지겸병과 함께 他人奴婢를 탈취·은닉하거나 良人을 壓良爲賤하는 冒占行爲도 불사하였다. 奴婢爭訟은 가장 소란하고 번잡한 사안이었다. 農莊확대와 민인多占은 늘 병행하는 사태였다.[10]

---

6. 『成宗實錄』 169, 成宗 15년 8월 己未, 10冊, p.613.
   『中宗實錄』 28, 中宗 12년 6월 甲辰, 15冊, p.277.
   『中宗實錄』 34, 中宗 13년 11월 乙丑, 15冊, p.494.
   『中宗實錄』 29, 中宗 12년 8월 丙寅, 15冊, p.322.
7. 『成宗實錄』 93, 成宗 9년 6월 乙巳, 9冊, p.612.
8. 『三國遺事』 3, 興法 3, 原宗興法 厭髑滅身.
   成俔, 『慵齋叢話』 3.
9. 權鼈, 『海東雜錄』 3, 盧思愼(『大東野乘』 21).

노비·양민 등 民人의 冒占 및 그 규모 역시 당해 양반의 권세나 문벌에 좌우되었다. 이는 토지겸병에서보다 더 심하였다. 신분관계가 직접 작용하는 까닭이었다. 방식은 유망민의 招納, 민호의 影占, 逋亡人의 誘納 등 여러 가지였다. 양인이 豪勢家에 投屬함은 거개가 부역과중을 피하고자 함이었다. 투속은 대개 이를 원하는 양민의 人名을 한 중개자가 列書하여 보이고 그 거주처를 알려서 逃亡奴婢를 推尋하듯이 이루어졌다. 어지간한 양반가에서 이를 거절할 리가 없었다.[11] 이런 현상은 下三道 특히 전라도에서 심하였다. 하삼도는 국초에 벌써 朝士의 農莊·蒼赤이 반을 넘는다고 지목되는 곳이었다.[12] 최대의 民人影占者는 왕실이었다.[13] 雇工이나 婢夫로 농장에 투탁하고 노역하는 양민의 처지도 노비와 다를 것이 없었다. 양반가에서 이들을 사역하는 모습을 말할 때면 으레 '奴隸'같다고 하였다.[14]

2) 農莊의 經營과 耕作農民

양반가는 이렇게 聚集한 민인을 혹 家內나 농장의 雜事에 사역하기도 하고 자기 노비와 함께 농지경작에 투여하기도 하고[15] 아니면 身貢을 징수하였다. 농장의 경영은 主家가 직접 간여하면서 노비노동을 이용하

---

10. 『太宗實錄』 19, 太宗 10년 4월 丁巳, 1冊, p.544.
    『宣祖實錄』 3, 宣祖 2년 윤6월 乙巳, 21冊, p.214.
    池承鍾, 『朝鮮前期 奴婢身分研究』, 一潮閣, 1995.
11. 『中宗實錄』 9, 中宗 4년 9월 戊午, 14冊, p.366.
12. 同上.
    『世宗實錄』 124, 世宗 31년 4월 癸丑, 5冊, p.125.
13. 『成宗實錄』 52, 成宗 6년 2월 辛巳, 9冊, p.190.
    『成宗實錄』 222, 成宗 19년 11월 己卯, 11冊, p.402.
14. 『世宗實錄』 108, 世宗 27년 4월 甲寅, 4冊, p.616.
15. 『世祖實錄』 30, 世祖 9년 정월 甲辰, 7冊, p.563.
    『太宗實錄』 12, 太宗 6년 11월 己卯, 1冊, p.379.

거나 혹은 노비나 타인에게 대여하는 등 여러 형식으로 이루어졌다.

노비노력을 통한 농지경작도 유형은 여러 가지였다. 主家나 혹은 農舍 주위에 10호 안팎의 노비가를 배치하고 이들의 노력을 동원 지휘하며 家作하거나, 이들에게 노동력의 형편을 감안하여 作介로서 일정량의 토지를 분여하여 경작시키고 收納은 일정 액수 이상으로 정하여 하되, 그 대가로 私耕을 분급하여 소출을 해당 노비의 몫으로 삼게 하는 방식[I型],[16] 노비를 家內雜事에 역사시키면서 병작제에 의해 半打作이나 賭租로 경작하는 방식[II型], 혹은 병작하며 身貢을 수취하는 방식[III型] 등이 그런 것이었다. 첫째 I型의 예로 明宗 9년(1554)경 安氏 양반가에서는 11명의 노비 가운데 作介는 8명에게 대략 畓이면 1石落[20斗落], 田이면 2日耕[22斗落]을 기준으로 하여 균등하게 分定하고 있고, 노비가 家內身役을 부담하거나 가족수가 적은 경우는 절반 내외로 배정하고 있다. 그리고 私耕은 10명의 노비에게 분급하고 있고 규모는 5두락에서 27.3두락까지 다양하였는데, 작개 면적, 가족수, 노역의 종류 및 부담규모를 참작하여 平均分給한 것이었다. 양자를 합한 면적은 큰 규모가 대략 40두락 남짓하다. 1結 정도로서 보통 농민가족 1호가 경작할 수 있는 규모였다. 作介地에서 수취액은 20두락당 10석 이상으로 작정되어 있는데 實所出의 대부분에 해당하는 양이었다. 혹 소출이 이에 미치지 못하면 私耕地의 수확으로 보충하기도 하였을 것이다.

I・II형은 주로 主家 주변에서 농장주가 직접 관할하는 농지에 많았다.[17] 대부분의 농지는 타인에게 병작시켜 수확을 반분하거나 일정액을

---

16. 安承俊, 「1554년 在京士族의 農業經營文書」, 『季刊書誌學報』 8, 1992.
金建泰, 「16세기 양반가의 작개제」, 『역사와 현실』 9, 1993.
拙稿, 「朝鮮初期 屯田의 設置와 經營」, 『朝鮮前期土地制度硏究』[II], 지식산업사, 1998, p.40.
拙稿, 「高麗時期의 作丁制와 祖業田」, 『李元淳敎授停年紀念 歷史學論叢』, pp.195~196.

17. 金建泰, 同上論考.
______, 「朝鮮前期 並作制의 性格」, 『李樹健敎授停年紀念 韓國中世史論叢』, 2000.

징수하는 방식으로 경영되었다[Ⅳ型]. 여기에 혹 Ⅲ형이 섞이기도 하였다. 한 양반의 농장에서 主家에서 경영을 주관하며 노비노동을 사역하는 농지와 타인에게 借耕시켜 並作하는 농지의 비율은, 소유농지의 위치나 규모, 노동력의 형편에 따라 차이가 있었겠지만, 대략 경상도 在地 兩班家의 경우 1 대 3 혹은 1 대 4 정도로 추산하고 있다. 主家의 家作面積은 대략 2~3결 혹은 3~4결 정도에 그쳤을 것이다.[18] 在京 不在地主가 많은 지방의 경우 혹은 在地地主라도 大地主·巨大地主의 경우 후자의 비중은 훨씬 높았을 것이다. 在地 中小地主의 경우는 전자의 비중이 상대적으로 컸을 것이다. 조선전기 농장경영에서도 일반 농지경작처럼 分半打作의 並作制에 의한 지주제가 절대 우위였다. 양반가에서 소유노비가 많다 하여 모두 家內役使나 農耕에 동원하고 있던 것은 아니었다. 오히려 外方에 散居하는 노비 가운데에는 상전의 농지와 상관없이 생활하며 身貢만 납부하는 이들이 많았다. 壓良 혹은 投托으로 노비가 된 이들은 더욱 그러하였을 것이다. 이런 경우 身貢은 免役의 대가였겠다.

농장경영에서 Ⅰ·Ⅱ·Ⅲ형의 경작자 노비는 '農奴'[19]라고 불렀다. 이들 農耕奴婢는 농장주가 불완전 소유하는 처지에서 인격상 신분상에서 예속상태에 있었다. 명종조 安氏家의 농지 경영문서에서는 이 노비들의 과실 및 그 부모·형제 내지 족속들과의 不和를 위시하여 양반능욕, 전답소출의 은닉 등의 행위에 대해 治罪함을 法式으로 明記하고 있고,[20]

---

18. 李榮薰, 「古文書를 통해 본 朝鮮前期 奴婢의 經濟的 性格」, 『韓國史學』 9, 1987, p.115 및 144.
    金建泰, 「16세기 在地士族의 農業經營에 대하여」, 『成大史林』 7, 1991.
    金錫亨, 『조선봉건시대 농민의 계급구성』, 과학원 출판사, 1957(서울版, 新書苑, 1993, p.81).
    金容燮, 「朝鮮後期 兩班層의 農業生産」, 『신정증보판 朝鮮後期農業史硏究』[Ⅱ], 지식산업사, 2007, pp.242~243.
19. 『世宗實錄』 28, 世宗 7년 4월 癸亥, 2冊, p.666.
    李滉, 『陶山全書』 4, 內篇, 寄寓, p.219(韓國精神文化硏究院, 1980-以下同).

律令에서 그 세세한 의무사항과 위반 시의 처벌, 예컨대 上廳의 명령 및 舍音指示의 거역, 作介地 소출상납액의 부족, 柴木과 菜田 울타리용 荊木捧上의 부족, 墓山松木의 관리 부실, 除草·付種의 失時, 그리고 兩班凌辱, 隣里·兄弟 사이의 不和, 不孝 등 하나하나에 대해 杖 100에서 10까지 刑罰을 작정하여 놓고 있다.[21]

농노의 농경작업과 노력 곧 상전집의 각종 행사나 수확물이나 땔감의 운반 등 雜役을 검속하고 처리하는 실무는 舍音[마름]이 담당하였다. 舍音은 거의 奴가 담당하였으며 이들과 농노의 관계 역시 主從關係에 버금하였다. 安氏家에서는 법식의 첫째와 둘째 조항에 舍音은 上典이 해야 할 奴婢親檢을 대신하고자 정한 것이니 다른 노비와 上下의 분별이 있고 이들이 舍音을 능욕하거든 上典에게 알릴 것, 그리고 舍音奴는 戶內 일체 잡역 및 농사, 日常去就 등 무릇 노비의 모든 일에 검속하지 않는 바가 없으니 가볍게 부리지 말 것을 명시하고 있다.[22] 이들은 흔히 '幹事奴僕', '管庄奴' 혹은 '農所首奴'라고 부르고 또는 '庄主', '舍主'라고 칭하였다.[23] 舍音은 농장경영에 관계된 안팎의 일을 주관하고 처리하는 자질과 능력이 있는 이들이어야 했다. 그러므로 때로는 奴 외에 富實한 伴人이나 書題가 맡기도 하고 胥吏가 남당하는 예도 있었다. 또한 田庄의 分與 때는 管庄奴가 함께 따르기도 하였다.[24] 田庄의 田畓과 穀物도 管庄奴의 명의로 파악하고 있었다.[25]

---

20. 『安氏治家法制』, 法式.

21. 『安氏治家法制』, 法式, 律令.

22. 『安氏治家法制』, 法式.

23. 『太祖實錄』 1, 辛禑 14년 6월, 1冊, p.12.
『世祖實錄』 39, 世祖 12년 7월 戊辰, 8冊, p.28.
『明宗實錄』 31, 明宗 20년 2월 戊子, 21冊, p.7.
『太宗實錄』 2, 太宗 원년 10월 壬午, 1冊, p.216.
『大明律直解』, 戶律, 田宅, 功臣田土.

24. 『世祖實錄』 39, 世祖 12년 7월 戊辰, 8冊, p.28.

양반 사대부가 이러한 농장을 유지하고 경영하는 데 가장 큰 사안은 경작노비나 전호가 安堵할 수 있도록 보호하는 것이었다. 그 가운데서 불가결한 것은 이들 경작농민에 대한 官의 부세징수 특히 徭役收取를 차단시키는 것이었다. 요역은 戶가 아니라 田結을 단위로 부가되고 있어 더욱 그러하였다.[26] 이 점을 강구하고 있지 못하면 농장의 경작농민은 이산하게 되고, 뿐만 아니라 민인의 招納·投托도 불가하여[27] 농장경영이 위기에 봉착하고 심하면 해체되는 위험도 있었다.

양반 사대부는 권세나 위력을 배경으로 고을 田籍에서 自家 소유농지의 田結數를 축소시키기도 하고[28] 혹은 수령을 움직여 差役時에 면제하는 방도를 취하였다. 실제 세력 있는 양반의 농장과 그 소속 민호 특히 奴婢·雇工·婢夫에 대해서는 復戶 및 免役이 거의 관례였다.[29] 국가권력이 용인하고 혹은 배제되는 가운데 공적인 賦役을 빌미로 富勢家와 窮弱民 사이에는 使役關係로서의 지배예속관계가 형성되는 것이었다. 성종조 중엽에는 이러한 免役慣例가 문제되어 復戶의 내역을 분명히 하여 잡역만 면제하고 田稅貢賦 곧 田稅와 軍役은 부담하는 것이라는 점이 확정되었으나,[30] 오히려 內需司·大君 및 公主家 노비의 復戶만 법제로 공인한 폭이 되었고 투속인만 더욱 증가시켰다.[31] 선조 초에 대토지 소유자는 豪勢로서 부세를 拒納하는 이로 지목되었다.[32]

---

25. 『世祖實錄』 45, 世祖 14년 3월 庚辰, 8冊, p.170.
26. 尹用出, 「15·16세기의 요역제」, 『釜大史學』 10, 1986.
    金鍾哲, 「朝鮮初期 徭役賦課方式의 推移와 役民式의 確立」, 『歷史敎育』 51, 1992.
27. 『成宗實錄』 57, 成宗 6년 7월 癸酉, 9冊, p.247.
28. 同上.
29. 『世宗實錄』 57, 世宗 14년 7월 壬申, 3冊, p.402.
    『成宗實錄』 91, 成宗 9년 4월 己亥, 9冊, p.575.
30. 『成宗實錄』 232, 成宗 20년 9월 丙子, 11冊, p.519.
31. 『燕山君日記』 44, 燕山君 8년 5월 癸未, 13冊, p.491.
32. 『宣祖實錄』 7, 宣祖 6년 3월 丁酉, 21冊, p.258.

그러나 모든 양반 사대부가 권세와 위력이 있는 것은 아니었고 또 있다 하더라도 각처에 散在한 자기 소유의 농장을 모두 면역시킬 수 있는 이는 많지 않았다. 왕실이나 勢家高官으로서나 그럴 수 있었다.[33] 웬만한 양반 사대부가 아니면 그 권세나 신분위력이 本鄕에서 먼 타향에 그대로 미치기는 어려웠다.[34] 이런 경우 농장농지의 徭役은 농장 자체에서 마련하여 해결할 수밖에 없었다. 양반 사대부의 농장에서 경작농민의 요역면제는 토지경영, 민인지배 및 수취의 안정성을 보장함으로써 양반 토지소유의 특권성 신분성을 구현시키는 요소의 하나였다.

양반 사대부가의 농장경영은 치밀하였다. 특히 世家大族의 대농장에서는 더욱 그러하였다. 羅州 柳家 忠弘의 과부 許氏의 治家術을 전하는 일화에 보면, 허씨는 수십 명의 率居奴婢와 婢夫를 家內에 거느리며 엄격한 차별 속에 君臣과 같은 主從關係, 生死與奪의 형벌, 근엄한 儀禮로 기강을 세우며 그날그날 작업지시를 내림이 마치 '治家如治國'하였다.[35] 瑞興人 金宏弼의 家範 「居家儀」에서도 노비로서 몸가짐에서부터 집안일 하나하나에까지 해야 할 사항을 명기하고 지키도록 이르고 있다.[36] 이러한 검속은 紀綱의 수립으로서 양반가의 德目・規範으로 칭송받았다. 농경노비에 대한 신분지배와 인신강제는 엄하였고 이를 통해 農莊을 관리하고 운영하였다. '農奴' 일반은 본질상 농노였다.

농장주에 대한 作人의 예속은, 농노의 경우와는 정도에 차이는 있었

---

33. 同上.

34. 李樹健 編,『慶尙道古文書集成』, 金璡許與文記, 嶺南大學校出版部, 1984, p.171.
宣祖 10년(1577) 재지 양반지주 金璡은 慶尙道 青杞縣에 소재한 자기 소유농장의 田畓을 자녀에게 分給하지 않고 承重者 한 집에 專給하고 있는데, 그 까닭은 青杞縣이 他鄕이고 요역이 번중하여 이 농장을 여러 자녀에게 조금씩 나누어 주면 누구도 徭役價를 미리 마련하여 쉽사리 지급할 수 없는데다가, 이 고을의 부세징수는 성화 같고 요역공부를 제때에 납부하지 못하면 本數의 倍를 徵罰하므로 이곳에 사는 경작민이 홀로 이 고충을 당하여 불과 수삼 년이 지나지 않아 離散하는 사태가 우려되어서였다.

35. 柳夢寅,『於于野談』, 人倫篇, 孝烈(全南高興 萬宗齋, 1964).

36. 權鼈,『海東雜錄』2, 金宏弼(『大東野乘』20).

겠으나, 並作人에게서도 비슷하였을 것으로 추측된다. 더욱이 壓良이나 投托의 형식으로 招納流亡한 전호의 처지는 거의 노비에 방불하였을 것이다. 雇工·婢夫·奴妻나 債務貧民이 上典 및 債權主와 奴主의 처지에 있었고, 冒占良人의 사역을 가리켜 으레 奴隷와 같고 奴僕과 다름없다고 묘사하는 형편이었다.[37] 일반 良人作人의 처지도 양반가에 비해 그 비천한 신분, 열악한 위치와 토지의 借耕에서 오는 생활상의 의존이 얽혀 농장주와 상하관계로 묶이고, 그 기준은 奴主關係가 참작되었을 것이다. 한 예로 李滉家에서는 永川의 作人에게 土溪까지 곡식을 운반시키고 있었는데, 작인들이 싫어하고 꺼려 稅價를 제하고 작업시키는 방도를 강구하고 있다.[38] 主家 근처의 농지는 말할 것도 없고 隔地에 있는 농지의 곡식을 해당 佃戶가 보상 없이 운반함은 통상 강제된 관례였을 것이다. 농장 경작민의 생활은 고달팠다.[39]

양반 사대부가 治者로서, 士族으로서, 필요한 의례와 격식을 유지하고 마련하는 場도 여기서 가능하였다. 그러므로 임진왜란 당시 林川에서 타향살이를 하며 피란하던 居京士大夫 吳希文이 의탁할 농장 없는 자신의 처지를 그렇게도 애닯아 하였다.[40]

3) 農莊問題와 國家

농장의 확대는 자영소농의 몰락과 빈부의 심화를 초래하고 신분계급 간에 불화를 촉발시키며 국가에 재정압박과 통치력의 한계마저 안겨주

---

37. 『太祖實錄』 2, 太祖 원년 9월 己亥, 1冊, p.30
『世宗實錄』 36, 世宗 9년 6월 丁卯, 3冊, p.79.
『中宗實錄』 80, 中宗 30년 11월 癸亥, 17冊, p.618.
38. 李滉, 『陶山全書』 4, 內篇, 答寓, p.93.
39. 『成宗實錄』 91, 成宗 9년 4월 己亥, 9冊, p.575.
40. 吳希文, 『瑣尾錄』 2, 癸巳日錄, 宣祖 26년 10월 21일, 上冊, p.226(國史編纂委員會, 1971).

었다.[41] 農莊問題였다. 조정에서는 항시 이 문제로 논란이 일었고 때때로 농장확대를 억제하는 여러 시책을 직접 혹은 간접으로 강구하기도 하였다. 이 모두는 私的 所有의 원칙을 전제로 하고 또 양반 사대부의 존재를 존중하는 위에서 수행되었다.

조선정부가 농장확대와 직결하여 국초부터 취한 시책은 農舍欄園의 步數制限이었다. 이에 앞서 두 차례에 걸쳐 並作禁令을 발하여 경영방식에 제동을 걸어 간접으로 토지겸병을 억제하고자 하였으나 성과는 없었다.[42] 농사난원은, 농장이 田土와 더불어 農舍와 그 주변의 園으로 구성되는데, 이 구역의 園籬였다. 양반세가나 토호는 이를 통해 山野를 廣占하고 影占·投屬한 민인을 聚集하며 자신의 山場·柴場으로 삼아 독점하여 폐해가 컸다.[43] 태종 13년(1413) 農舍欄園은 1品을 方 100步로 하고 매 품마다 10보씩 감축하여 庶人은 10보로 함으로써 품계의 高下와 신분의 上下에 따라 上限에 제약을 두었다.[44] 나라는 이 조처를 山場·柴場의 私占을 금지하고 있는 國法에 근거하여 강제할 수 있었다.[45] 직접 계기는 貧乏人의 住居나 양반의 葬地 마련을 해결하려는 것이었으나 제대로 준수되면 농장 확대를 다소 억제할 수 있는 방도였다. 그러나 토지소유규모의 自由가 전제된 현실에서 성과는 클 수 없

---

41. 周藤吉之, 주 5의 논고.
金錫亨, 주 18의 논저 및 「량반론」, 『력사론문집』 3, 1959(서울版, 新書苑, 1993).
金鴻植, 『朝鮮時代 封建社會의 基本構造』, 博英社, 1981.
李載龒, 「朝鮮前期의 農莊」, 『조선전기 경제구조 연구』, 崇實大學校出版部, 1999.

42. 拙稿, 「朝鮮前期의 土地改革論議」, 주 16의 논저.
본서 Ⅲ편 2장.

43. 『太祖實錄』 11, 太祖 6년 5월 丁未, 1冊, p.105
『世宗實錄』 18, 世宗 4년 11월 癸亥, 2冊, p.510.
『成宗實錄』 40, 成宗 5년 3월 庚戌, 9冊, p.97.
『成宗實錄』 41, 成宗 6년 정월 己巳, 9冊, p.181.

44. 『太宗實錄』 26, 太宗 13년 11월 丁亥, 1 冊, p.694.

45. 김선경, 「朝鮮前期의 山林制度」, 『國史館論叢』 56, 1994.
본서 Ⅲ편 4장 참조.

었다.

다소 영향이 있던 조치는 民戶影占에 대한 조사, 그리고 그 금지와 위반행위에 대한 처벌이었다. 이는 고려 특히 그 후반부터 있어 온 奴婢辨正과 良賤辨別 사업의 연속이고 均賦均役의 일환으로 시행되는 정책이었는데,[46] 실제 대상은 주로 壓良이나 他奴婢의 容隱이 다수 행해지는 品官·鄕吏의 농장이 될 수밖에 없었다. 노비변정이 진행 중이던 태종 5년(1405) 9월 의정부는 民戶冒占者에 대해서는 職牒을 회수하고 杖80에 水軍에 보충하는 엄한 벌책을 제정하고 있었고,[47] 이에 앞서 정종 2년(1400) 7월에는 외방의 품관·향리 가운데 양민을 影占한 자는 이해 10월까지 자수하고 이행하지 않으면 중죄에 처한다는 엄명도 있었다.[48] 사실 『元·續六典』과 各年受敎 등 국초의 법전·법령에서부터 항상 流移를 금지하는 조항을 작정하고 있었고, 문종 원년(1451) 3월에는 하삼도의 감사에게 3년마다 한 차례씩 剛明한 수령을 택해서 本宮·諸宗親·駙馬家의 奴婢戶에서 容隱群聚한 公私賤口를 추쇄하고 良民을 元籍으로 돌리는 시책도 시달하였다.[49]

民人占匿에 대한 조사와 처벌은 특히 鄕吏에게 철저하였다. 정부는 宥旨·判旨·法典 등 곳곳에서 항상 향리의 農莊廣占과 民人容隱을 금지하는 규정을 두고 있었다. 향리라고 하여 그들의 토지집적을 직접 규제할 수 없었으므로 농장경영에 으레 동반되는 民戶私占을 문제 삼았다. 국초의 『元六典』에서는 이 점이 조문화되어 있었으며,[50] 이는 고려 말

---

46. 周藤吉之, 「鮮初에 奴婢의 辨正과 推刷에 대하여」, 『靑丘學叢』 22, 1935.
______, 「高麗末期에서 李朝初期에 이르는 奴婢의 硏究」, 『歷史學硏究』 9-1·2·3·4, 1939.
朴晋勳, 「麗末鮮初 奴婢政策 硏究」, 延世大學校 博士學位論文, 2005.
47. 『太宗實錄』 10, 太宗 5년 9월 戊戌, 1冊, p.335.
48. 『定宗實錄』 5, 定宗 2년 7월 乙丑, 1冊, p.181.
49. 『文宗實錄』 6, 文宗 원년 3월 壬戌, 6冊, p.370.
50. 『端宗實錄』 9, 端宗 원년 12월 丁未, 6冊, p.654.

昌王 즉위년(1388)에 작정한 判旨의 계승이었다.[51] 『經國大典』에서는 이런 이들을 특별히 元惡鄕吏로 지목하여 죄를 묻도록 하였다.[52] 실제 처벌받은 향리도 종종 있었고,[53] 守令이 제어하지 못하는 경우가 많아 品官과 校生의 고발도 병행시켰다.[54] 그러나 민호의 影占·投托이 정부의 뜻대로 예방되지 않았고 搜括 또한 쉽지 않았다. 수령이 법규를 文具보듯이 하고 威勢에 꺾이고,[55] 里正長은 감히 고소하지 못하였다.[56] 사세가 이러하여 勢家의 豪橫을 억압한 감사나 수령이 있으면 각별히 칭송되었다. 鄭甲孫이라는 관리가 세종조에 전라도 관찰사로 부임했을 때의 행적이 그런 것이다.[57]

농장억제책과 관련한 또 하나의 조처는 高利貸에 대한 제재였다. 富豪·地主家의 富를 회전 축적시켜 주는 고리대는 자영농민이나 빈농의 몰락·파산을 동반하였다.[58] 더욱이 고리대를 통해 형성되는 부자와 빈자 사이의 借貸關係는 으레 신분의 상하관계와 일치되고 있어 役使 등 인신적인 지배예속을 수반하는 데서 문제는 한층 심각하였다.[59] 고리대는 지주층의 농민지배를 직접 간접으로 실현시키는 것이었다. 왕실·양반 사대부의 농장은 특히 더하여 세종조 중반 왕실의 本宮長利만 벌써

---

51. 『世宗實錄』 10, 世宗 2년 11월 庚午, 2冊, p.415.
52. 『經國大典』 5, 刑典, 元惡鄕吏.
53. 『世宗實錄』 23, 世宗 6년 3월 丁亥, 2冊, p.586.
   주 50과 同.
54. 『世宗實錄』 80, 世宗 20년 3월 戊戌, 4冊, p.135.
55. 同上.
   『世祖實錄』 46, 世祖 14년 6월 丙午, 8冊, p.194.
56. 주 49와 同.
57. 『文宗實錄』 8, 文宗 원년 6월 癸巳, 6冊, p.406.
58. 『世宗實錄』 23, 世宗 6년 2월 丙午, 2冊, p.577.
   『世宗實錄』 78, 世宗 19년 9월 壬辰, 4冊, p.103.
   『世宗實錄』 125, 世宗 31년 8월 丁卯, 5冊, p.143.
59. 『太祖實錄』 15, 太祖 7년 12월 辛未, 1冊, p.142.
   『定宗實錄』 5, 定宗 2년 7월 乙丑, 1冊, p.180.

전국에 500여 곳이었고 곳곳마다 幾千石씩 元穀을 두고 이식을 늘렸고,[60] 양반의 경우 성종조에 오면 조정의 大小 사대부가 모두 장리를 가지고 있다고 할 정도로 만연하였다.[61]

정부는 국초부터 負債人을 사역하거나 노비로 삼는 행위를 통렬히 다스리도록 엄명하고,[62] 성종 원년(1470)에는 그간 田地·家産이 피탈되어 生業이 끊기는 일이 빈번하여지자 이를 금지시키고 위반자는 죄로 다스리도록 하고 內需司의 長利로서 세조 13년(1476) 이전 것으로 未收한 것은 탕감하는 방침을 시달하였다.[63] 왕실부터 솔선할 필요가 컸던 것이다. 한때 宰相의 長利만이라도 금지하자는 안도 제기되었으나, 단지 권세 있고 탐학하여 부채자의 家産·牛馬·田地 등을 장리를 빙자하여 탈취하는 일만 방지하면 된다는 여론이 거세어 논의에 그쳤다. 정부에서는 양반의 고리대를 농장경영으로 인한 民人生業의 침탈로서 문제삼고 있었다.[64]

농장문제에 관해 조선국가에서 취하였던 방책은 이런 정도였다. 이러한 시책조차 철저하고 항구성 있게 집행하는 데는 난관이 적지 않았다. 이 저변에는 양반 사대부의 토지소유와 농민지배를 전제로 하고 이를 긍정 보호해야 할 사정이 깊이 작용하고 있었다. 조선은 체제운영의 기간인 토지와 인민을 地主·大農의 농업경영을 주축으로 파악하고 있었다. 戶等制나 奉足制는 그 전형이었고 부세제의 운영 역시 그러하였다. 勸農策도 마찬가지였다.[65] 국가권력은 각 고을 각 촌락의 양반·토

60. 『世宗實錄』 107, 世宗 27년 9월 壬申, 4冊, p.636.

61. 『成宗實錄』 89, 成宗 9년 2월 庚申, 9冊, p.562.

62. 주 59 참조.

63. 『成宗實錄』 7, 成宗 원년 9월 丙子, 8冊, p.528.

64. 『成宗實錄』 44, 成宗 5년 윤6월 庚子, 9冊, p.119.
『成宗實錄』 45, 成宗 5년 7월 丙寅, 9冊, p.129.
『成宗實錄』 59, 成宗 6년 9월 甲寅, 9冊, p.258.
『成宗實錄』 44, 成宗 5년 윤6월 甲辰, 9冊, p.122.

호의 지원과 그 경제기반에 의존하여 성립하고 행사되는 것이었다. 가령 賦役徵發을 중앙에서 각 도 土田의 廣狹, 인구의 다소를 헤아려 필요한 액수를 差等分定하고 각 도는 州府郡縣 각 고을의 그것으로써 하면 각 고을에서는 수령이 各戶의 土田·人口로써 다시 分定하는 원칙에서 집행함과[66] 같이 각 고을의 협력 속에서 체제가 유지·운영되고 있었다. 조선왕조는 이들 지주·대농의 처지가 온존하고 이 속에서 빈농·무전농의 생존이 유지되도록 배려하면서 시책을 운영하여 오고 있었다. 세종 17년(1435) 文科試의 策問에서 戶籍法에 관해 漏戶·隱丁이 열에 여덟아홉인데 빠짐없이 刷出하면 민인이 여력이 없어지고 혹 괴로움이 생길 수 있으니 戶口도 實하고 勞逸도 균등한 좋은 대책이 없겠느냐는 물음[67]은 이런 고충의 반영이었고, 세조도 즉위 초에는 경상·전라 沿海郡縣의 양반·토호들이 1 門에 數家를 두고 있는 실정에 미쳐서는 1 籬內에 3戶 이상 모여 살고 있는 경우에 밝혀내도록 함으로써 3호 정도의 容匿은 묵인하는 여유를 두었다.[68]

유사시에는 조정이 양반의 농장에 의존하는 경우도 적지 않았다. 특히 흉년 때 賑恤事業에서 두드러졌다. 세종조에는 義倉을 양반의 農舍에 설립하도록 장려하였고, 성종대에는 경기도에서 水災로 種子不足이 극심하자 이 지방에 많이 살고 있는 朝士의 농장에서 穀種을 많이 비축하여 勸耕하게 하고 또 보리·밀[兩麥]을 다량 축적하여 민인에게 나누어 주도록 하고 그 대신 州倉米穀으로 값을 쳐서 바꾸어[貿換] 주었으며,

---

65. 拙稿, 「朝鮮前期 土地의 私的 所有問題」, 주 16의 논저.
_____, 「朝鮮初期의 農地開墾과 大農經營」 및 「朝鮮前期의 力農論」, 同上書.
金容燮, 「朝鮮初期의 勸農政策」, 『韓國中世農業史硏究』, 지식산업사, 2002.

66. 『太祖實錄』 15, 太祖 7년 9월 甲申, 1冊, p.137.

67. 『世宗實錄』 68, 世宗 17년 4월 戊午, 3冊, p.624.
『世宗實錄』 148, 地理志, 京畿, 5冊, p.615.

68. 『世祖實錄』 5, 世祖 3년 3월 戊寅, 7冊, p.186.
『世祖實錄』 5, 世祖 2년 9월 丁丑, 7冊, p.151.

명종 때는 계속된 흉작으로 飢民이 속출하여 賑恤廳을 통해 각 고을 개인 소유의 미곡이나 서울에 거주하는 관료의 농장미곡을 해당 고을의 관청에 헌납하게 하여 기근을 구제하는 동시에 이들 納穀者에게는 願에 좇아 銅·鐵·綿布 등으로 보상하였다.[69] 농장주인 양반지주의 지원과 협조를 얻어 救荒策을 펴고 있었다. 兩界地方의 軍需確保를 명목으로 하여 운영되던 穀物回換制도 양반의 농장을 바탕으로 한 교역이었다.[70]

4) 農莊의 擴散과 兩班의 分裂·對立

농장문제는 성종조 후반을 지나고 특히 중종 反正 이후에는 정치·경제의 문제를 넘어서서 政爭으로 확대되어 갔다. 양인농민의 몰락, 노비의 도망, 도적의 熾盛 등 민인의 동요와 항쟁이 점철하고 아울러 양반 사대부 사이에서도 빈부차가 격화되고 토지·노비의 소유분화가 심해짐으로써 갈등과 알력이 폭증하였다. 국가기반인 地主大農經營과 自耕小農經營의 균형은 파손되어 가고 이에 병행하여 유지되는 人的 상하구성의 平定關係는 몹시 요동하였다.[71] 사대부나 대농·지주 가운데 弱勢者 衰落者는 소농·빈농 등으로 전락하는 위협에 직면하여 압박감이 비등하고 불안이 고조하였으며, 지속되어 오는 나라 전체 농업생산의 파행과 국가재정의 궁핍화가 겹쳐 정치상의 위기감이 팽배하

69. 『世宗實錄』 88, 世宗 22년 3월 乙丑, 4冊, p.277.
『成宗實錄』 21, 成宗 3년 8월 甲子, 8冊, p.677.
『明宗實錄』 6, 明宗 2년 11월 甲午, 19冊, p.547.
『明宗實錄』 6, 明宗 2년 12월 癸亥, 19冊, p.552.
『明宗實錄』 6, 明宗 6년 12월 癸酉, 20冊, p.56.

70. 朴平植, 「朝鮮前期 兩界地方의 '回換制'와 穀物流通」, 『學林』 14, 延世大, 1992.

71. 拙稿, 「朝鮮前期 地主層의 動向」 및 「朝鮮前期의 土地改革論議」, 주 16의 논저.
韓嬉淑, 「16세기 임꺽정난의 성격」, 『韓國史研究』 89, 1995.
李泰鎭, 「朋黨政治 성립의 역사적 배경」, 『朝鮮儒敎社會史論』, 지식산업사, 1989.

여 갔다.

조정에서는 이와 같은 정황을 고려 말 國勢가 다급해지던 때에 비교하여 논란하였고, 대규모의 토지겸병이나 民人冒占의 사건이 발생하면 前朝의 풍조가 금일에 다시 일어난다는 悲憤이나 林堅味·廉興邦의 水精木公文이 요즘에 다시 일어나는 것이라고 慷慨가 폭발하였다.[72] 양반사대부 사이에서는 양반층·지주층 전체의 안정을 도모하려는 방향으로 여론이 일었다. 대지주·거대지주의 토지겸병 내지 民人濫占에 제도상 제동을 가하여야 한다는 것으로서 중종·명종조에 井田·均田·限田 등 토지균분이 논의되고 그 결과, 실효성은 없었지만, 50결 상한의 限田方案 및 開墾陳田에 대한 隨起隨稅 방침이 수립되고, 奴婢의 從父 혹 從母의 시행과 소유노비 수의 한정 등이 제안되었다.[73] 농장문제와 직결하여서는 田地廣占者, 民人多占者에 대한 비난이 비등하였다.

비난의 준거는 道理·廉恥였다. 대토지의 소유 내지 노비 등 민인의 多占을 부정하고 배격할 수 없는 상태에서 가장 큰 제동력으로 사대부의 존재·명분을 정면으로 거론하고 이를 절대화하고 있는 것이었다. 經史 속 士族의 治産과 淸廉에 관한 구절이 자주 원용되었다.[74] 이런 추세는 性理學 보급 및 성행과도 깊이 상관있었다. 양반 사대부로서 농장의 廣占, 長利, 민인의 聚使 등 治産은 민인과 利를 다투는 것으로 삼가야 하는 일로 지목되었고, 그런 행위는 도덕상의 是非에서 비평되고 인격상의 廉貪에서 논단되었다. 성종대에 大司諫 成俔은 사대부만이 아니라 巨室·大臣까지도 산업에 힘써 細民과 爭利한다고 비난하고 貪墨이

72. 『成宗實錄』 40, 成宗 5년 3월 癸丑, 9冊, p.98
『成宗實錄』 51, 成宗 6년 정월 己巳, 9冊, p.181.
『成宗實錄』 274, 成宗 24년 2월 甲寅, 12冊, p.276.

73. 拙稿, 주 71의 「朝鮮前期의 土地改革論議」.

74. 『成宗實錄』 75, 成宗 8년 정월 壬子, 9冊, p.410.
『成宗實錄』 69, 成宗 7년 7월 庚申, 9冊, p.360 및 주 143.

풍조를 이루고 廉恥가 도리를 잃었다고 비판하고,[75] 중종 말에 홍문관 副提學 崔輔漢 등은 禮義廉恥는 나라의 四維이고 이것이 펼쳐지지 않으면 國亡한다는 옛말을 인용하여 廣植田園하는 사대부의 세태가 극성함을 개탄하면서 德과 禮로써 貪汚한 습속을 쓸어내고 廉恥의 기풍을 장려하자고 강조하였다.[76] 이런 분위기가 고조되는 가운데 田園廣占으로 탄핵받거나 비난받는 관리가 종종 있었다.[77]

비난 측은 농장의 확대는 君子와 小人의 인격고하에 직결시켜 비리행위로 평가하였고 여기서 朝野의 議論을 조성하여 갔다. 그러나 이 의론이 正論일 수 없었다. 지주층 양반 사대부에게 농장의 소유 내지 그 확대는 몰염치한 행위이기보다는 오히려 도리와 의리의 수행을 위한 방편으로 간주되고 있는 것이었다.[78] 농장문제를 놓고 양반 사대부 사이의 갈등은 명분을 가르는 극심한 지경으로 치달았고, 중종·명종대 儒生層 公論 形成의[79] 사회적 배경이 되었다. 義理·仁政이 왕도정치의 최고 명분, 최상 덕목으로 추구되는 가운데 양반층 내에서 田多者와 田少者의 대립은 그 기저에 자기 처지의 絕對性을 극대화시키면서 전개되었고, 이것이 政爭으로 진전하여서는 士禍 같은 극렬한 사태로 발현되었다. 염치·도의의 명분과 이념이 관념상 심정상에선 절대였지만 그만큼 현실에서는 主觀이고 相對여서, 사회문제 경제폐해를 상대 세력의 廉恥

---

75. 『成宗實錄』 103, 成宗 10년 4월 乙卯, 10冊, p.10.

76. 『中宗實錄』 90, 中宗 34년 5월 己亥, 18冊, p.292.

77. 『成宗實錄』 89, 成宗 9년 2월 戊戌, 9冊, p.559.
『成宗實錄』 120, 成宗 15년 9월 己亥, 10冊, p.624.
『中宗實錄』 46, 中宗 17년 11월 丁巳, 16冊, p.174.
『明宗實錄』 10, 明宗 5년 6월 壬戌, 19冊, p.704.
『明宗實錄』 19, 明宗 10년 8월 壬申, 20冊, p.292.
『明宗實錄』 31, 明宗 20년 7월 己未, 21冊, p.24.
『中宗實錄』 66, 中宗 24년 8월 乙丑, 17冊, p.143.

78. 拙稿, 「朝鮮前期 兩班封建論과 土地所有」, 주 16의 논저.

79. 金燉, 『朝鮮前期 君臣權力關係研究』, 서울대학교 출판부, 1997.

의 부재로 인한 心性의 결함에서 오는 소치로 치부하게 되어 정치를 통한 조정능력은 미약할 수밖에 없었다. 훗날 尊君의 정치운영론이 토지개혁론과 결부되어 등장하고 부세개혁론과 연계된 기왕의 尊臣의 정치운영론에 대립하는 사정[80]도 여기서 배태하고 있었다.

16세기 중엽으로 가면서 지주와 전호농민, 유전자와 무전자 사이의 마찰이 심했고, 양반 사대부 사이에서는 농장의 有無와 大小가 격차가 현저해지면서 權力의 相爭을 야기할 만큼 심각한 문제로 자리 잡았다. 조선왕조의 처지는 농장문제와 상관한 양반 사대부의 존재와 그 의미에 깊이 좌우되고 있었다. 그것은 토지소유와 지주·대농경영을 통해 구현되는 양반의 封建性에서 연유하는 것이었다.

3. 場市의 普及과 地主·小農

농업생산의 증대, 토지소유권의 안정화, 지주제의 확산, 농민층의 성장과 분화 등 토지를 둘러싼 제반 변동은, 농업·농촌·농민의 변화와 함께, 교역처를 성립시키고 市場과 관련하여 진행하는 양상으로 진전하였다. 조선전기 우리나라 농촌사회의 내부에서는 小商品의 생산과 그 교역이 진행되고 있었다. 그것은 일정 권역을 범위로 하는 독자의 市場機構를 성립시키는 데까지 도달하였다. '場市'였다. 場市는 조선후기에 가면 전국 규모의 市場圈을 형성할 정도로 대대적으로 발달하는데, 이미 15세기 후반부터 출현하여 16세기에는 전국 각지에 확산·성립되었다. 장시는 농촌사회의 절대 구성원인 농민 그리고 수공업자 등 직접 생산자층에 의한 제품생산과 이들 서로 간의 직접 교역에 바탕을 둔 교환시장 곧 農村市場이었다. 장시의 출현과 성립 그리고 그 보급정도는

---

80. 金駿錫, 『朝鮮後期 政治思想史 研究』, 지식산업사, 2003.

당시 우리나라 농촌사회의 진전 단계와 이 속에서의 交換經濟의 발달을 보여 주고 있다.

1) 場市의 成立과 交易事情

장시는 처음에는 '場門'이라고 불렀다. 장시의 출현이 조정에서 공식으로 처음 거론되기는 成宗初였다. 지역은 全羅道 羅州·務安 등 여러 고을이었고 동기는 凶荒이었다. 성종 원년(1470)에 닥친 年事의 凶荒으로 이 지역의 인민이 서로 모여 市鋪를 열고 場門이라고 칭하였다. 開市處는 고을에 소재한 街路였다. 出市는 한 달에 2회씩이었다.[1]

나주·무안 등 여러 고을이 자리 잡고 있는 지역은 서남해안 지대이다. 榮山江을 가운데 끼고 羅州平野가 널찍하게 펼쳐져 있는 米穀地帶이며 서해와 연접하여 해산물도 풍부하다. 이 일대에는 羅州를 중심으로 동으로 南平·光山, 남으로 靈巖, 서로는 務安·咸平 등 여러 고을이 列碁하고 있다. 그 가운데서도 나주·광산·영암·함평 등은 특히 산물이 풍부하였다. 토질도 비옥하여 綿作이 성하고 秔稻가 넉넉하여 民物이 풍성하였다.[2] 당시 凶歉은 전년부터 계속되고 있어 이 해 벽두부터 삼남지방 전체에 큰 災難으로 화하더니,[3] 또다시 旱荒이 매우 심하게 들어 '八道皆歉'한 지경이 되어 버렸다.[4] 전라도가 혹심하였고 그 가운데

---

1. 『成宗實錄』 27, 成宗 4년 2월 壬申, 9冊, p.8.
   『成宗實錄』 20, 成宗 3년 7월 壬戌, 8冊, p.176.
   李泰鎭, 『韓國社會史研究』, 지식산업사, 1986.
   拙稿, 「朝鮮前期 場市의 成立과 그 基盤」, 『朝鮮前期土地制度研究』[II], 지식산업사, 1998.
2. 『新增東國輿地勝覽』 35, 全羅道, 羅州牧, 光山縣, 靈巖縣, 樓亭.
3. 『睿宗實錄』 3, 睿宗 원년 2월 癸丑, 8冊, p.333
   『成宗實錄』 6, 成宗 원년 6월 乙卯, 8冊, p.508.
4. 『成宗實錄』 6, 成宗 원년 6월 丁巳, 8冊, p.508.
   『成宗實錄』 9, 成宗 2년 3월 丙子, 8冊, p.557.

서도 나주·광주·무안·함평 등 20여 고을의 피해는 엄청났다.[5]

이와 같은 기근 속에서 이 고을의 민인은 糧食을 위시하여 여러 가지 필요한 생활물자를 購得하고자 他邑 심지어는 他道까지 멀리 내왕하였다. 海菜·魚鹽 등으로 혹 다른 물자와 교환함으로써 또는 米로써 綿布를 교역함으로써 荒歉을 넘길 수 있었다. 이들은 米를 가지고 雲峯을 넘어 慶尙道界까지 나가서 綿布를 매득하였다.[6] 무안·나주 등지의 민인은 市肆 등 기존의 교역기구와는 상관없이 별도로 交易處를 마련하여 매달 두 차례씩 필요물 즉 '有無'를 서로 교역하면서 흉년을 넘겼다. 장시 출현의 직접 동기가 이러하였으므로, 당시 전라도 관찰사였던 高台弼은 장시의 이 같은 기능을 인정하고 설립을 허락하였다.[7] 흉황 시 飢民賑恤은 方伯·守令의 중요 임무였다.

장시는 민인의 새로운 교환시장으로서 이전에는 없었던 유통기구였다.[8] 일단 출현하자 各邑·各道로 확산되고 보급되었다. 16세기 초반 중종 11년(1516) 충청도의 場市가 중앙에서 허락되고 곧 이어 경상도에서도 등장하였다.[9] 동왕 15년(1520)에는 이미 각 도에 모두 개설된 상태였다.[10] 아울러 도내에서도 수가 증가하여 坊坊曲曲에 없는 곳이 없다고 할 형편이었고, 전체로는 옛날보다 倍가 된다고 할 만큼 늘어 갔다.[11] 16세기 말에는 장시의 남설이 특히 금지된 경기지방에서도 여기저기

---

5. 『成宗實錄』 7, 成宗 원년 8월 甲辰, 8冊, p.520.
『成宗實錄』 9, 成宗 2년 3월 辛巳, 8冊, p.557.
6. 주 3의 상단.
7. 『中宗實錄』 8, 中宗 4년 6월 甲子, 14冊, p.338.
8. 『世宗實錄』 59, 世宗 15년 정월 壬申, 3冊, p.439.
주 7 및 주 1의 1단.
9. 『中宗實錄』 27, 中宗 11년 11월 丁未, 15冊, p.241.
『明宗實錄』 3, 明宗 원년 2월 戊申, 19冊, p.393.
10. 『中宗實錄』 38, 中宗 15년 3월 己酉, 15冊, p.635.
11. 『中宗實錄』 31, 中宗 13년 정월 壬子, 15冊, p.387.
『中宗實錄』 30, 中宗 12년 11월 戊戌, 15冊, p.363.

출현하였고 壬辰倭亂을 거친 뒤로는 부쩍 성하였다.[12]

場市의 확대와 증가가 모두 凶荒에서 誘發된 것이 아니었다. 동기는 그러하였으나 根因은 아니었다. 이 시기에는 장시를 이용하는 민인 사이에 작용하는 중요한 이해관계가 있었다. 농민이나 수공업자가 장시를 통하여 매득과 판매를 스스로 그들이 생산한 물품을 가지고 직접 수행할 수 있었다는 점이었다. 직접 생산자 사이에 필요물이 교역되는 것이었다.[13] 교역에서 상대적이긴 하나 그 對象物資는 서로 동일한 가치로 처분되었다. 직접 생산자는 자신의 판매물이나 필요로 하는 수요물을 상인을 통하는 것보다 고가로 판매하고 安價로 구득할 수 있었다. 예컨대 상인이 專利를 도모하고자 서로 結約하여 賣物을 공연히 탈취하고 그 값을 임의로 깎아 내리는 위험은 배제되어 있었다.[14] 서울을 위시하여 隔地間을 내왕하며 교환과정에서 利를 얻어야 하는 商人의 거래는 정도의 차이는 있지만 으레 이러하였다. 교역에 수반하여 얻어지는 이득도 민인에게 직접 귀속되고 있었다. 교역물자는 동일물이라 하더라도 생산에 소요되는 諸費用은 지역차 시간차에 따라 그리고 원료구입의 難易나 교통상의 便宜與否로 인하여 서로 상이할 수밖에 없는 것인데, 이러한 가치차가 장시에서는 고려되지 않음으로써 이득이 발생하고 이것이 매매자 사이에 오고갔다.[15]

이러한 물자의 교역과 그 원리는 농민·수공업자의 小商品 生産과 交易에서 오는 것이었고 농촌시장으로서 場市가 출현하게 되는 기본계기였다. 교역에 사용되는 가치척도 즉 화폐도 이들 중심으로 성립되어 갔

---

12. 『白沙集』 9, 陳時務一啓.
13. 주 8과 同.
14. 『燕山君日記』 44, 燕山君 8년 5월 辛卯, 13冊, p.493.
15. 주 6 참조.
吳希文, 『瑣尾錄』 2, 癸巳 4월 21일 및 5월 28일, 6월 1일, 上冊, p.160, pp.176~177(國史編纂委員會, 1971-以下同).

다. 당초 물자유통의 基準布貨는 5升正布[닷새(5升)삼베, 한새(1升)의 날은 18올. 오승정포는 중등품 정도의 베]였는데, 15세기 후반부터 이의 斷割使用이 부쩍 늘고 아울러 3升布 그리고 2升布가 거래에 통용되는 사태가 현저하였다.[16] 물품 자체로서는 사용가치가 없는 麤布가 교환수단으로서 적절히 기능하고 있었다. 물론 麤布 자체는 교역이 발생한 이래 일찍부터 사용되었겠고, 기록상 고려 전기에도 보인다.[17] 이 시기에는 場市의 보급에 짝하여 대단한 通用力을 가지고 광범하게 유통되었다. '麤布經濟'라고 불러도 좋을 만큼 布貨로서의 기능은 多大하였다.[18] 농민 사이의 거래가 소규모이면서도 恒常化하고 等價化되고 있는 교환시장에서는 가장 적합한 화폐였다. 더욱이 이 布는 농민의 손을 통해 직접 織造되고 그들 사이에 유통됨으로써 場市의 교역체제는 생산·교환은 물론 화폐에서도 이들에 의해 독립성 있게 편성되고 있는 셈이었다.

장시는 직접 생산자의 여러 이해관계를 바탕으로 하여 설립하고 있었으므로 매일 常設될 필요가 없었다. 물자의 구입·판매가 항상 있기는 하였지만 상설화해야 할 만큼 수요나 공급이 풍부하지는 않았다. 거래되는 물품은 농업생산을 보완하고 농민생활을 보충하는 데 필요한 것이 대부분이었다. 襦衣·綿絮·農器·酒肉·布·穀物·草笠·鍮器·皮鞋 등으로 모두 민간에 切用한 일용품이었다.[19] 즉 正木·木·麤布·苧布 등의 布木類와 木花·青苧, 租·米·中米·粗米 및 牟·皮牟 등의 穀物類, 牛肉·鷄·鷄兒, 柿·乾柿, 甘苔·藿과 葛魚·刀魚·葦魚·錢魚 등의 海産物 및 鹽, 海衣·簑衣·皮郎笠, 沙器, 炭, 黃臘, 鐵片·鐵·斫刀·

16. 宋在璇, 「16世紀 綿布의 貨幣機能」, 『邊太燮博士華甲紀念史學論叢』, 三英社, 1985.
17. 『高麗史』 79, 食貨 2, 貨幣·市估, 中冊, pp.736~740.
18. 方基中, 「17·18세기 前半 金納租稅의 成立과 展開」, 『東方學志』 45, 1984, pp.143~158.
19. 『成宗實錄』 181, 成宗 16년 7월 甲戌, 11冊, p.14.
주 10과 同.
『中宗實錄』 51, 中宗 19년 9월 辛未, 16冊, p.338.
『世宗實錄』 87, 世宗 21년 11월 乙卯, 4冊, p.251.

夾鐵・鼎・耒柄, 箕・篩 등이었다.[20]

이 가운데에는 米穀을 위시하여 생산물 그대로 거래되는 것도 있지만, 대개는 原料物이나 作物을 가공하여 제조되는 물품이었다. 또한 魚・鹽처럼 지역에 따라서는 구득이 어려운 물종도 있으나 대개 농촌 자체에서 생산되고 제조되는 품목이었다. 교역물의 성질이 이러하였으므로 농민이든 匠人이든 직접 생산자가 이 상품을 생산하는 데는 일정 시간이 소요되었다. 소비자 역시 매일 물자를 구입하여 살아갈 만큼 수요가 큰 것도 아니었다. 여기에 더하여 생산자나 소비자나 모두 직접 생산자여서 교역에서 歸家까지의 일정이 하루 안에 마무리 지어질 수 있어야 했다. 場市는 하루에 왕복할 수 있는 거리로서 대개 30里(30里=1息, 1里≒5.4km) 안팎으로 개설되었다.[21] 장시의 수요대상도 이 범위 안에서 한정되었다. 出市回數도 증가하였다. 16세기 중엽에 이르면 월 2차례는 물론 3차례씩 出市되는 곳도 있었다.[22] 열흘장도 생겨나고 있었다. 이런 場市는 물산이 풍부하고 교역도 활발하고 교통도 편리한 그런 지역에서 먼저 발달하였다. 이후 出市回數는 더욱더 늘어 선진지역에서는 닷새장이 운영되고,[23] 17세기로 넘어설 무렵에는 한 달 30일 가운데 場이 서지 않는 날이 없다고 할 정도였다.[24]

한 장시의 出市日은 주변 다른 장시의 출시일과 같은 경우도 있었고 다른 경우도 있었다. 출시일은 우선 해당 장시를 이용하는 각 고을 民人의 사정에 의해서 정해지고 혹은 官에서도 조정하고 있었다. 그러나 점차 하루 왕복거리 안에 있는 場市를 중심으로 하여 出市日이 달라지는 방향으로 나가고 있었다. 민인교역의 원활과 경제활동의 편의에 따

---

20. 吳希文, 『瑣尾錄』의 癸巳・甲午・乙未・丙申日錄 참조.
21. 拙稿, 주 1의 논고, p.125 참조.
22. 『明宗實錄』 3, 明宗 원년 2월 庚戌, 19冊, p.394.
23. 주 21과 同.
24. 『宣祖實錄』 212, 宣祖 40년 6월 乙卯, 25冊, p.345.

라 人爲로 조절되고 있었던 것이다. 특히 장시의 보급에 따라 小商人層이 증대하고 있었는데, 이들의 활동에는 場市의 출시일이 서로 상이할 것이 절실하였다. 장시가 하루 왕복 거리마다 定期로 날짜를 달리하여 出市되어야 이를 순회하면서 상품을 판매할 수 있었고, 그리하여 판매의 적정선을 유지하고 商業利潤을 획득하는 데 안정성도 기할 수 있었다.[25] 여기서 몇 개의 장시가 묶여 커다란 場市圈의 형성을 지향하여 나갔다. 그러나 16세기 말 장시는 30·40리 지점마다 설치되고 5일장으로 진전하고 있었으면서도[26] 아직은 數個의 장시가 완전히 하나의 場市圈으로 연결되지는 못하였다. 장시는 농촌시장으로서 성립하는 단계에 있었고, 여기에 부수하여 겨우 장시권이 형성되는 端初에 있었다.

장시를 통해 농민·수공업자의 小商品 생산과 교역은 활발하여지고 있었고 이들의 물자구득은 이에 의존하고 있었다. 장시에서 상행위는 생계유지의 직접 방편으로 취해지는 행위와 각 물품 간의 그리고 시기상의 가격차를 이용하여 이득을 취하는 행위가 섞여 있었다. 전업적인 상인은 물론 전문적인 수공업자의 참여도 적지 않았다. 장시가 농촌시장으로 성립하는 데서는 농촌 안에서 農·工·商의 자유로운 분리가 어느 정도 전제되어 있어야 함은 당연한 조건이기도 하였다. 물론 민인의 교역이 오로지 장시에만 의존하고 있던 것은 아니었다. 교통·운수의 조건이 좋은 지역 곧 해안이나 큰 강을 끼고 있는 지역의 장시에는 船商도 내왕하였다. 船商은 道와 道를 연결시키는 상인이었다. 이런 지역은 여러 곳이 있었겠지만 그러나 민인 교환시장의 중심은 어디까지나 場市였다. 船商이나 負褓商을 통한 물자취득은 민간의 직접 교역활동에 부수되고 이를 보충하여 주는 데 불과하였다.[27] 농민이 장시와

---

25. 주 22와 同.

26. 주 21과 同.

27. 吳希文, 『瑣尾錄』 4, 丙申 3월 29일 및 5월 16일, 下冊, p.26, 41.
______, 『瑣尾錄』 4, 乙未 3월 24일, 6월 21일, 上冊, p.449, 476.

불가분의 관련을 갖고 농업경영 또한 이와 깊은 관계를 맺어 감에 따라서 그만큼 농촌사회는 변동하고 있었고 정부의 農商政策에도 변화가 일었다.

2) 末業人口의 增加와 抑末策의 衰退

장시의 확산과 더불어 농민층의 생산활동은 이와 연계되는 정도가 깊어지고 商工人口도 늘어 갔다. 장시가 처음 출현하였을 때도 민인 가운데는 이익을 탐하여 本業인 농사를 버리고 末利를 좇는 이들이 다투어 나온다 하였고,[28] 中宗朝로 넘어오면서 농민의 동태나 농촌의 실태가 언급될 적에는 으레 농사에 힘쓰는 이는 적어지고 末業을 쫓는 이가 많아진다고 할 만큼 逐末趨勢는 성하였다.[29] 소를 팔고 말을 사서 다투어 行販에 나서는가 하면, 아예 田畓을 팔아 버리거나 타인에게 대여하여 병작시키면서 상업에 나서는 이들이 늘어 갔다. 서울 주변 여러 고을에서 그러하였고 지방에서도 마찬가지였다. 頑鈍하고 貧悴한 자나 농사를 짓는다는 탄식조차 나오고 있었다.[30] 농민 가운데는 行商 등 소상인으로 아예 전업하여 버리는 이의 수가 늘어 갔고, 그 가운데는 웬만한 농민보다 더 부유하게 살아가는 이들도 있게 되었다.

농민이 상업에 투신하는 추세나 겸업인구의 증가는, 상업이득이 상대적으로 高額이라는 점[31]과 함께, 여기서 연유하는 농민층 분화와 깊

______, 『瑣尾錄』 4, 丙申 10월 23일, 下冊, p.106.

28. 『成宗實錄』 72, 成宗 7년 10월 癸巳, 9冊, p.391.
29. 『中宗實錄』 8, 中宗 4년 6월, 甲子, 14冊, p.338.
『明宗實錄』 5, 明宗 2년 2월 己丑, 19冊, p.482.
30. 『中宗實錄』 21, 中宗 9년 10월 甲寅, 15冊, p.38.
『中宗實錄』 52, 中宗 19년 10월 癸巳, 16冊, p.342.
『中宗實錄』 27, 中宗 12년 정월 丁亥, 15冊, p.251.
31. 『中宗實錄』 33, 中宗 13년 5월 丙寅, 15冊, p.445.

은 인과관계에 있었다. 장시를 통해 직접 생산자가 이득을 취하게 되는 속에서 농촌사회 내부에서는 장시와 관련해서 물품을 생산하는 추세가 진전되어 갔다. 아울러 각기 좀 더 이득을 얻고자 점차 原料作物의 재배를 전문화하고 물품생산의 규모를 증대시키는 방향에서 경영을 추진해 가는 이들이 늘어 갔다. 양상이 점차 경쟁으로 진행되어 가면서 직접생산자 사이의 분화도 갈수록 커져 가고 이를 배경으로 아예 상업으로 전신하는 이도 더욱더 배출되어 갔다. 이른바 末業人口의 증가이다.

애초 이런 현상을 정부는 심히 우려할 사태로 받아들였다. 이런 점은 성종 3년(1472) 7월 두 해 전에 처음 발생한 장시를 戶曹의 주장에 따라 폐지하기로 결정하였을 때부터 확연히 드러났다. 이유는 비록 장시가 有無를 교역한다고 하나 이는 捨本逐末이고 物價騰踴의 폐가 있어 利는 적고 害만 많다는 것이었다.[32] 조선은 왕조의 존립기반을 농업·토지에 두고 생산자 농민을 여기에 고착시켜 정치 신분상에서 지배하고 수취하고 있었으므로 농민의 末業趨勢는 원리상 환영할 바 아니었다. 이러한 이해관계는 末業論으로서 粉飾되어[33] 抑末論 抑末策이 관념상 정책상 수립하여 있었는데 이것이 이 시기 상시문제와 결부되어 강하게 주창되었다. 物價騰踴의 폐단이란 것 또한 억말론과 내면에서 불가분의 관계로 얽혀 있는 문제였다. 억말론 억말책은 단순히 모든 상업활동 일체를 부정함을 뜻하는 것이 아니었다. 農 곧 농민의 工·商에의 자유로운 투신이나 임의로운 교역을 제어한다는 의미에서 抑末이었다. 工商을 나라에서 파악하여 관장하고 따라서 무역활동 교환경제도 그렇게 하던 데서 나오는 立論이고, 다른 한편으로는 공·상이 농가에 있는 모든 것을 거두어 간다고 봄으로써[34] 小農民의 생활이 불안하여져 나라기반에

32. 주 1의 하단과 同.

33. 『中宗實錄』 25, 中宗 11년 5월 壬辰, 15冊, p.170.
朴平植, 「麗末鮮初의 商業認識과 抑末策」, 『朝鮮前期商業史研究』, 지식산업사, 1999.

위협으로 간주하는 데서 제기되는 정책이었다. 특히 서울 등 大都會 부근에서 야기되는 이런 사태는 더욱 심각하게 받아들여졌다. 국가의 核心部인 王都에서 이런 현상은 어느 지역의 경우보다도 유의하여야 할 것이다.[35]

그러므로 장시는 초반에는 禁令대로 일단 폐지되었으나 잠시였다.[36] 장시는 행정명령이나 금지조치로 사라져 버릴 교역기구가 아니었다. 조정에서도 점차 이런 점을 인식하게 되고 나아가서 그 필요성을 부분으로 인정하게끔 되었다. 場市 출현 18년 후 성종 18년(1487) 무렵에 오면 폐해보다는 오히려 凶荒에 유익하고 有無를 교역한다는 기능을 더 중시하는 데로 태도가 바뀌었다. 이제는 장시의 폐단으로서 盜賊의 성행을 더욱 절실하게 여겼다.[37] 정부의 장시에 대한 인식이 새롭게 변화하고 있는 데는 凶荒에 도움이 된다는 점만이 작용하고 있는 것이 아니었다. 場市와 地主制의 연계가 있었다. 장시는 소농민의 생산과 교역을 바탕으로 성립하고 있는 까닭에 유통물화는 결국 지주・대농층의 지대나 수입이 중심이 되어 이들의 이해가 배후에 작용하고 있으면서, 동시에 이들의 토지겸병으로 농민의 몰락과 도산이 가속화하여지면서 도적도 성행하고 피역농민도 증대하고 있었는데, 이들 몰락유민이 장시를 새로운 활동처로 삼고 있는 점, 그리고 이런 사태에 대해 여러 가지 방책이 제기되고 있는 朝廷의 분위기와 관련되어 나타나는 바였다. 이 시기 지주제로 인한 농민분화 농촌분화의 문제는 토지의 소유・경영에서만이 아니고 場市를 통해서도 발현되고 있는 것이었다.

逃散農民 沒落農民은 장시로 차츰 몰렸고 갈수록 형세는 심해 갔다. 서울이나 지방이나 한가지였다. 逃賦者 避役者 가운데선 장시에 나가

34. 주 9의 상단과 同.

35. 『中宗實錄』 31, 中宗 13년 정월 壬子, 15冊, p.387.

36. 주 28과 同.

37. 『成宗實錄』 204, 成宗 18년 6월 戊子, 11冊, p.226.

장사에 종사하거나 혹은 攘奪·偷竊하는 도적이 되어 물자를 판매하면서 생계를 꾸려 나갔다. 장시에는 富를 쌓고 利를 도모하려는 이들이 몰릴 뿐만 아니라 의탁할 데도 없고 토지도 없는 처지에서 連命하고자 몰리는 이도 적지 않았다. 실제 도적을 잡고 보면 避逃하고 失業하지 않은 자가 없다고 할 정도였다.[38] 농민의 도산은 어느 때 어느 곳에서나 나타나는 바였지만 이 무렵에는 그 계기와 관련하여 갈수록 매우 심각한 지경으로 치닫고 있었다. 정부에서는 한편으로는 場市禁止의 방책을 논란하면서도 이와 병행하여 혹은 별도로 減租蠲賦하는 시책을 펴기도 하였다.[39]

장시문제를 놓고 정부는 난국이었다. 농민의 逃散이나 도적문제만 생각한다면 장시를 폐지하면 그만이었다. 그러나 폐지한다고 폐지되는 것도 아니었고 무작정 폐지할 수도 없었다. 정부는 장시가 민인의 생계유지의 장소로 활용되고 있는 현실을 무시할 수 없었다. 오히려 폐지할 경우 더 큰 寃悶과 동요가 일어날 것이 걱정이었다.[40] 장시 금지책은 뒷전으로 밀렸다. 다만 盜賊의 증가, 避役者의 성행에 대한 대책의 하나로 논란되었다. 그나마도 관료 가운데에는 도적이나 피역민의 성행이 場市로 인해서라기보다는 守令의 탐학이나 賦役의 과중에 더 큰 원인이 있다고 하는 지적도 나오고 있었다. 여기에 場市有益論까지 대두하고 있었다.[41]

조선정부의 장시 금지책은 제대로 집행되지 못한 채 贊反의 논란만 일으키고 있었다. 특히 中宗朝에는 여러 가지 견해가 제기되었는데 농

---

38. 『中宗實錄』 21, 中宗 9년 11월 癸酉, 15冊, p.42.
『中宗實錄』 25, 中宗 11년 5월 壬辰, 15冊, p.170.
『中宗實錄』 88, 中宗 33년 9월 庚子, 18冊, p.212.

39. 同上의 상단 및 주 31.

40. 주 38의 상단 및 주 35, 10.

41. 주 37, 31.
『明宗實錄』 68, 明宗 2년 9월 乙亥, 19冊, p.532.

업·농민 문제와 장시와의 관련을 이해하는 데 따른 차이였다. 농민의 逃散과 避役, 도적의 성행, 凶荒 등 농업·농촌의 여러 피폐현상의 원인을 궁극에는 農業과 場市 어느 쪽에 두느냐에서 異見은 나오고 있었다.[42] 정부는 장시를 묵인하는 방향으로 상당히 기울어 있었다.[43] 한편, 이 무렵에는 농업 황폐와 장시 성행의 연관은 이해하되 이를 末業의 증가나 本業의 쇠퇴가 단순히 양자 사이의 相互因果에 있다기보다는 어느 것이나 모두 力農의 부족, 勸農의 부진에서 연유한다고 하는 의견도 매우 강력하였다. 정부의 장시에 대한 저러한 자세변화도 실은 이와 밀접한 관계가 있는 것이었다.[44]

중종조의 장시문제 즉, 억말책은 力農정책 속에서 다루어지고 있었다. 당시 농촌문제는 매우 심각한 지경에 이르고 있었다. 災害까지 연속 들이닥쳐 凶荒도 극심하던 때였다. 이 무렵 정부는 혹심한 재정고갈로 인하여 職田·功臣田·賜田 등 양반점유 사전의 田租까지 公收하여

---

42. 주 30, 38의 상단.
『中宗實錄』 52, 中宗 19년 10월 癸巳, 16冊, p.342.

43. 중종 9년(1514) 새로 들어선 장시만이라도 금지하자는 안이 제의되었으나 이를 특별히 법으로 제정할 일은 아니라는 의견에 밀렸고, 11년(1516) 11월에 가면 戶曹에서 스스로 각 도에 모두 場市를 개설하자고 제안할 정도였다(『中宗實錄』 21, 中宗 9년 11월 癸酉, 15冊, p.42). 이유는 救荒이었으며, 마침 충청도 관찰사 權敏手라는 이가 道내에 장시를 개설하겠다고 허락을 구하는 上啓를 전해 받은 뒤 나온 제의였다. 호조의 요구는 당장에는 채택되지 않았고 충청도만이 허락되었지만(주 9의 상단), 이제는 미온이나마 틈틈이 반복되던 정부의 抑末방침마저도 쇠퇴하여 갔다. 4~5년 뒤 장시는 여러 도에 확산되어 있었다(주 10과 同).

44. 이는 내용상 두 계통으로 대립되어 제시되었다. 하나는 장시 이 자체는 末業으로서 문제이긴 하지만 그보다는 力農을 할 수 있는 조건의 조성 곧 농업정책이 다시 수립되고 시행되어야 이 문제도 해소될 것이라는 주장이고(『中宗實錄』 22, 中宗 10년 8월 甲子, 15冊, p.99; 『中宗實錄』 26, 中宗 11년 11월 壬寅, 15冊, p.240; 주 30의 하단), 다른 하나는 역농이 근본문제이나 그러기 위해서라도 장시 자체가 폐지되어야 한다는 것으로서 대책만으로는 지금까지의 場市廢止論과 맥을 함께하는 의견이었다(주 11의 하단 ; 『中宗實錄』 56, 中宗 21년 정월 癸卯, 16冊, p.494). 이 두 견해는 力農과 勸農에 제일의 목표를 두고 있음에서는 모두 같았다. 그러면서도 실제의 중점을 전자는 역농에 후자는 장시 폐지에 두고 있어 대상에선 거리가 있었고 때로는 간격도 컸다.

이에 충당하고 있을 정도였다.[45] 중종 12년(1517)과 13년(1518)에 연속하여 勸農敎書를 8도에 내려 유시하였다. 교서 내용은 世宗의 권농교서에 末業弊害의 제거도 農政의 충실에 달려 있다고 강조함을 첨가한 것이었다.[46] 그러나 역농·권농의 勵行을 통한 농촌사회의 안정은 말처럼 간단한 것이 아니었다. 농촌사회에서 소유규모의 분화와 경영규모의 격차는 현저하여 갔고 자연재해까지 덮치면 慘狀은 극악한 데로 치달았다. 더욱이 이 속에선 賑恤策도 기능을 발휘하지 못하였다. 오히려 진휼기구인 義倉마저 財政補充의 수단으로 변하여 가고 있었다. 還上[환자]가 국가의 殖利事業으로 변모하고 있었던 것이다.[47] 정부의 賑恤穀 마련의 방식마저 바뀌었다. 환곡이 기능을 잃어 가면서 明宗朝 초반에 納粟策이 등장하고 있음이 그 한 예였다. 凶荒에 어쩔 도리가 없었던 정부는 富實者나 官人에게 미곡을 정부에 납부하게 하고 대신 納粟者의 願에 따라 銅·鐵·綿布 등으로 代償하는 방식을 세워 구황책을 마련하고 있었다.[48] 力農振作의 방안은 권농독려론에 머물지 않고 현재의 토지소유 상황에 대한 조정론·개편론으로 뻗었다. 중종 10년(1515)부터 명종 3년(1548)에 걸쳐 간헐로 지속하여 논의되는 井田論·均田論·限田論 등이었다.[49] 이 방안은 상시에 대한 대책이란 점에서 보면 장시를 우선 일체 금지시키자는 측의 務農方策과는 상당히 거리가 있었다. 이에 의하면 民의 곤궁은 장시에 있는 게 아니라 바로 토지겸병의 성행

45. 拙稿, 「職田制의 施行과 그 推移」, 『朝鮮前期土地制度硏究－土地分給制와 農民支配』, 一潮閣, 1986, pp.273～274.

46. 『中宗實錄』 27, 中宗 12년 2월 壬申, 15冊, p.261.
『中宗實錄』 32, 中宗 13년 3월 丙午, 15冊, p.405.

47. 宋贊植, 「李朝時代 還上取耗補用考」, 『歷史學報』 27, 1965.
金勳植, 『朝鮮初期義倉制度硏究』, 서울大學校 博士學位論文, 1993.

48. 拙稿, 「朝鮮前期 地主層의 動向」, 주 1의 논저, pp.158～159.

49. 拙稿, 「朝鮮前期의 土地改革論議」, 주 1의 논저.
본서 Ⅷ편 1장.

에 있었다. 장시는 도적만 熾盛하지 않으면 오히려 유익하다고 보았다.[50]

이후 장시금지안은 盜賊熾盛의 폐단과 결부되어 논의되었다. 농촌의 분화는 더욱 심해졌고 도적 또한 한층 극성하는 것이다. 명종 원년(1546) 2월, 院相 李彦迪은 도적은 湖南과 嶺南에 특히 심하고 明火賊까지 출몰하고 있으며 이는 모두 場市를 금지하지 않는 때문이니 일절 금지하자고 제의하고, 전라도는 이미 폐지가 불가능하나 장시가 늦게 출현한 경상도·충청도에서만이라도 금하자고 요구하였다.[51] 정부로서는 장시를 폐지하기 어렵다 하여 무작정 방치할 수도 없었다. 고을수령마다 장시 금지여부에 대한 처사도 각각이었다.[52] 明宗·宣祖朝에 도적이 성행하는 까닭은 장시의 出市日이 서로 다른 데 있다고 보고 한 달에 2·3번 出市回數를 정하여 고을마다 같은 날짜에 일제히 개시하도록 하라는 방침이 수차 세우기도 하였으나 그때마다 방안으로 그쳤다. 실효가 없었다.[53] 장시를 모두 일제히 같은 날짜에 出市하게 한다는 방침은 장시 일체를 금지하겠다는 구상만큼이나 실현하기 어려운 일이었다. 장시는 계속 出市日을 달리하여 갔고 날로 확대되었다. 抑末策은 쇠퇴하고 抑末論은 무력하였다. 국가와 양반층에 의한 교환경제의 독점과 이의 표현인 務本抑末策 속에서 장시는 출현하고 성장하면서 이 울타리를 넘어서고 있는 것이었다.

---

50. 주 31과 同.
51. 『明宗實錄』 3, 明宗 원년 2월 戊申, 19冊, p.393.
『明宗實錄』 3, 明宗 원년 2월 丁巳, 19冊, p.397.
52. 同上의 下段.
53. 주 12, 22, 24와 同.

3) 場市의 土地關係的 基盤

조선전기에 장시는 농민·수공업자가 자기 생산물의 일부를 임의로 자유롭게 서로 처분할 수 있는 조건 아래서, 농촌의 분화 곧 大農·小農·貧農·佃戶·遊手者·商人·雇工·盜賊 등 여러 사회층이 확대되는 현실을 바탕으로 하여 출현하고 성장하는 교역기구였다. 전자의 조건은 직접 생산자가 자기 노동생산물에 대해 종전과는 달리 좀더 직접적으로 私有의 권리를 강화하고 행사할 수 있게 된 기반에서 마련되는 것이었으며, 후자의 현실은 이러한 생산물의 생산 및 교환·배분이 私的으로 이루어질 수 있게 하는 배경이었다. 이러한 여건은, 장시에서 교역되는 물품이 土地經濟에 입각한 생산물이나 그 가공품이라는 점과 함께, 이 시기에 와서 농민의 교역이 이렇게 될 수 있을 만큼 소유관계가 조성되어 있었던 데서 형성되는 바였다. 토지소유관계의 변동 즉 직접생산자 농민의 토지에 대한 私的 所有의 권한이 한층 안정되고 강화되는 단계에서 조성된 것이다.

농민의 사적 토지소유 이 자체는 우리나라에서는 매우 일찍부터 있었고 지주전호제 또한 매우 오랜 생산형태였다. 고려시기도 이 점에서는 조선전기와 다를 것이 없었다. 그러므로 농민의 사사로운 교역도 매우 오래전부터 항상 있었으며, 이미 고려 초에 그 형세는 市로써 일반화되어 있었다.[54] 이 市 역시 居肆가 없이 하루 안에 開罷되고 米·布가 교역 매개물로 사용되었다. 그러나 아직 出市는 日中에 있었으며, 개시처는 도시 즉 州縣官衙 부근이었고, 관리·농민 등 上下層이 모두 참여하였다. 같은 교환시장이면서도 전자는 장시와 같은 성격을, 후자는 이

---

54. 白南雲, 「交換經濟의 諸關係」, 『朝鮮封建社會經濟史』 上, 改造社(東京), 1937, pp.726~808.
金東哲, 「고려 말의 流通構造와 商人」, 『釜大史學』 9, 1985.
金昌錫, 『삼국과 통일신라의 유통체계 연구』, 일조각, 2004.

와는 다른 특징을 보여 주고 있다. 이웃 宋人은 이러한 고려의 市를 자기 나라의 村市 즉 '墟'와 같은 것으로 보았다.[55] 고려시기에 농민의 교역은 조선전기의 장시처럼 市를 이루고 있으면서도 개시지역, 교역참여자, 출시일 등에 차이가 있었다.

고려에서 농민의 교역이나 교환시장의 형태가 이러함은 농민의 잉여물이 '公上'과는 별도로 또 한 계통의 流通網에 얽혀 교역되고 흡수되고 있는 데서 말미암는 것이었다. 王室, 寺院, 勢家 兩班 등이 농민의 잉여생산물을 교역을 명분으로 하여 사사로이 그리고 독점하여 수취하고 있는 사태였다. 이들은 農舍, 權勢, 郡縣官吏 등을 이용하고 여기에 실질가치는 떨어지고 명목가치만 높은 銀甁, 麤惡한 紙·布를 교역수단으로 강제하여 强賣·强買를 통해 米·布에서 각종 手工業品에 이르기까지 농민의 여러 잉여생산물을 吸入하고 있었다. 이것을 '反同'이라 하고 '互市'라고 하였다. 교역 가능한 온갖 물품이 反同·互市의 이름 속에 교역되었다. 貂皮·松子·人蔘·蜂密·黃蠟 등 珍異物도 抑買되고 있지만 米·斗 등도 사정은 마찬가지였다. 反同·互市는 습속과 관례였고 따라서 무수히 광범하게 행하여졌다.[56] 이러한 교역이 체제로서 존재하는 한, 민인의 교역은 日中에 有無를 교환하는 정도에 머물 수밖에 없었다. 스스로의 독자적인 시장기구를 형성하는 데까지 도달하기는 힘들었다.

유력층의 反同은 權勢·身分·物力 등을 배경으로 한 행위였지만, 이 기반은 이들의 농민에 대한 지배와 수취가 토지를 직접 매개로 하여 이루어지는 사실관계에 있었다. 실체는 收租權에 의한 토지지배였다. 이들 私田은 전국에 걸쳐 있었으며 민인의 사적 토지 소유는 佃客의

---

55. 拙稿, 주 1의 「朝鮮前期 場市의 成立과 그 基盤」, pp.149~154.
蔡雄錫, 「高麗後期 流通經濟의 조건과 양상」, 『韓國 古代·中世의 支配體制와 農民』, 지식산업사, 1997.
김창석, 「고려전기 '虛市'의 성립과 성격」, 『역사와 현실』 53, 2004.

56. 徐兢, 『宣和奉使高麗圖經』 19, 民庶.
주 55의 논고.

소유권으로서 소유 그 자체로서는 불완전한 소유였다.[57] 그러면서도 사적 소유인 까닭에 田租·穀草·輸納價 등이 무상으로 수취되는 데 그쳤다. 그 밖의 잉여물은 佃客의 소유이므로 田主가 이를 흡수하는 길은 교역 곧 매매의 형식을 통할 수밖에 없었다. 그리고 그 실제는 抑賣·抑買라 하여 그 부당성이 논란될 만큼 신분의 압박, 권력의 강제가 동반되어 집행되었다. 농민 잉여물의 교역은 양반층에 의해 직접 파악되고 있었던 것이다.[58] 田主的 强制에 의한 抑賣·抑買 곧 지배예속의 교역관계였다. 고려시기 상급신분층과 하위신분층, 田主와 佃客은 토지에서만이 아니라 교역에서도 얽혀 있었다. 忠宣王 때에는 有職人과 僧侶를 직접 지목하여 이들의 商行爲를 금지하는 명령을 내릴 지경이었다.[59] 佃客의 교역시장, 농민의 교환경제가 한 단계 더 발달하자면 수조권의 점유를 통한 田主의 직접 생산자 佃客에 대한 직접적인 간여는 제거되어야 했다. 고려 말 佃客의 對田主抗拒는 이런 점도 지향하고 있는 것이었다.

토지를 직접 매개로 한 양반층 田主의 농민지배는 과전제도의 시행을 통해서 해체의 계기를 맞았다. 과전제도는 전시과와 私田經理에서 큰 차이가 있었나. 私田이 경기 내에 집중되어 분급되고 있는 점으로서 교환경제의 발달에도 중요한 계기를 마련하여 주었다. 畿內를 제외한 외방의 私田佃客은 거개가 개별 田主의 직접 지배에서 벗어날 수 있었고, 국가의 公田佃客이 되면서 그만큼 사적 토지소유권은 안정될 수 있었다. 농민층, 토지소유자는 그동안 소유권의 안정·강화를 획득하면서, 이에 병행하여 자기의 잉여생산물을 임의로 처분할 수 있는 자유

57. 拙稿, 「朝鮮前期 土地의 私的 所有問題」, 주 1의 논저.
본서 Ⅲ편 2장.

58. 『高麗史』78, 食貨 1, 田制, 祿科田, 辛禑 14년 7월, 趙浚上書, 中册, p.716.
鄭道傳, 『三峯集』 7, 朝鮮經國典 上, 賦典, 經理.

59. 『高麗史』 85, 刑法 2, 禁令, 忠肅王 3년 3월, 中册, p.864.

곧 스스로에게 유리한 교환시장을 만들어 갈 수 있는 여건도 확보한 셈이다.[60]

사적 토지소유의 안정·강화는 지주층의 활동과 지주제의 발달도 한 층 더 보장하였다. 지주제는 田主佃客制 아래서도 발달하고 있었으며, 고려 말에는 이미 대단히 만연하였다. 鄭道傳 같은 이는 이의 보급을 富益富 貧益貧한 경제 양극분화의 主因으로 또한 농민 몰락의 眞因으로 들고, 이로 인하여 地主·佃戶·自營小農·游手者·末業者·盜賊 등 사회분화가 현저하다고 지적하였다.[61] 이러한 농민층 분화는 과전제도의 시행을 거치면서 더욱더 확대되고 심화되어 가면서 농촌시장이 등장할 수 있는 조건을 더욱 성숙시켜 가는 것이었다. 이후 지주제의 가일층 확대, 佃客權의 성장, 이에 입각한 국가의 집권화 추구가 부쩍 진행되었고, 마침내 職田制의 시행(세조 12년, 1466), 官收官給制의 실시(성종 원년, 1470)를 맞아 전주전객제는 사실상 기능을 상실하였다.

처지의 변화는 조선국가와 양반층에서도 일어났다. 이제 이들은 토지의 사적 소유가 일층 강화되고 이에 따라 직접 생산자의 자기노동 생산물에 대한 자유로운 처분권이 확대되어 가는 현실을 용인할 수밖에 없고, 그리하여 교환경제 또한 그렇게 되어 감을 묵인할 길밖에 없게 되었다. 토지에 대한 직접 占有를 매개로 한 農民剩餘物의 장악은 불가능하게 된 단계였다. 조선왕조로서는 모든 교역이 시간이 지날수록 사적으로 이루어지도록 하는 위에서 다만 이를 유통상에서 계속 파악하고 관리해 나갈 수 있는 쪽으로 방책을 강구하여 나갔으며, 양반층은 지주·대농층으로서 地代와 剩餘收入을 통해 유통에 참여하고 주도하는 방향을 걸었다. 전자의 현실은 농민의 사회적 처지의 성장을 뜻하는 것이며, 후자의 정책과 방향은 이에 대응하여 集權封建의 경제를 조정하

60. 拙稿, 주 45의 논저 3·4장 및 주 1의 논고.

61. 주 58의 하단.

고 새롭게 적응하여 감을 의미함이었다. 건국 초부터 조선왕조가 화폐의 통용을 빈번히 시도하고[62] 교역이나 收稅에서 5升正布의 준수를 강제하고 강화하여 나가던 시책은[63] 이런 방침의 한 소산이었다.

조선초기에 이미 관료 일부에선 각 州郡에 市를 열어 교역을 촉진시키자는 의견이 대두하고 있었다. 세종조의 申商이나 성종조 초 申叔舟 등에 의해 지방마다 開市하여 錢이 저절로 통용되도록 하자는 논의, 성종 원년에 출현한 전라도 지방의 場市를 폐지한 것은 千載一機를 잃은 것이었다고 탄식하면서 재차 市鋪를 개설하자는 제의가 나왔다.[64] 開市 제의는 화폐의 통용에 일차 목표가 있었지만, 그 방안이 이러하였음은 농촌사회에서 농민교역이 성장하고 물자유통이 활발하여지고 있던 데서 기인하는 것이었다. 특히 申叔舟는 市의 설치를 民心의 추세를 보아가며 그들의 情願에 맡기자고 하였는데 저와 같은 정부의 자세나 농민교역의 동태를 잘 반영하여 주는 발언이었다. 교역처를 강제로 개설하지 않고 임의로운 교역을 바탕으로 정황에 따라 開市하고 이 기반 위에서 화폐를 유통시키자는 구상이었다. 場市 출현 직후에 강력히 금지책으로 일관하던 조선정부가 成宗 후반부터는 미온책으로 전환하고, 오히려 관료층 일부에서 상시금지책을 강경하게 요구하고 있던 분위기에서도 그대로 방임하고 있던 것은 결국 이러한 사정에서 연유하는 것이었

---

62. 李能植, 「麗末鮮初의 貨幣制度」, 『震檀學報』 16, 1949.
李種英, 「朝鮮初期 貨幣制의 變遷」, 『人文科學』 7(延世大), 1962.
權仁赫, 「朝鮮初期 貨幣流通硏究」, 『歷史敎育』 32, 1982.
______, 「世宗代의 楮貨流通策」, 『濟州大論文集』 17, 1984.
______, 「世宗代의 銅錢流通策」, 『濟州大論文集』 19, 1984.
田壽炳, 「朝鮮太宗代의 貨幣政策－楮貨流通을 中心으로」, 『韓國史硏究』 40, 1983.

63. 李種英, 同上論考.
金柄夏, 「朝鮮前期의 貨幣流通－布貨流通을 中心으로」, 『慶熙史學』 2, 1970.
宋在璇, 주 16의 논고.

64. 『世宗實錄』 59, 世宗 15년 정월 壬申, 3冊, p.439.
『成宗實錄』 27, 成宗 4년 2월 壬申, 9冊, p.8.

다. 이 시기 갈수록 묵인되고 조장되던 田租·賦役·貢物 등 각종 賦稅의 代納도[65] 동일선상에서 나오는 시책이었다.

場市는 토지의 사적 소유의 강화와 안정을 기반으로 하고 있음에서 그 확대와 보급에는 지주층의 참여와 간여를 동반하였다.[66] 농촌분화 역시 장시와 연계되어서도 진행되어 갔다. 조선후기에 토지소유의 분화가 한층 촉발됨과 함께 직접 생산자층의 농업경영에서의 분화가 새롭게 전개되는 사정도 그 端緖의 하나는 여기서 마련되고 있었다.

65. 李泰鎭, 「軍役의 變質과 納布制 實施」, 『韓國軍制史－近世朝鮮前期篇』, 1968.
金鐘哲, 「朝鮮初期 徭役賦課方式의 推移와 役民式의 確立」, 『歷史敎育』 52, 1992.
田川孝三, 『李朝貢納制의 硏究』, 1964.
李智媛, 「16·17세기 貢物防納의 構造와 流通經濟的 性格」, 『李載龒博士還曆紀念 韓國史學論叢』, 1990.
高錫珪, 「16·17세기 貢納制 개혁의 방향」, 『韓國史論』 12, 서울大, 1985.

66. 拙稿, 주 48의 논고.
본편 1장 3절.

Ⅶ. 土地의 制度·經營變動과 王室庄土問題

1. 職田制의 置廢

조선 초 토지의 經理와 改修는 국가의 토지·조세체계와 상관하여 토지제도를 다시 정리하는 것이었다. 그 방향은 중앙 및 지방의 각급 기관의 각종 절급 수조지는 가능한 한 폐지하고 國用田으로 일원화하여 재정체계에 단일화를 기하는 것, 그리고 寺社田을 감축하고 科田·功臣田 등 개인 수조지의 占有가 갖고 있는 시간적 永代性과 공간적 不變性에 대해 여러 제약과 통제를 가하여 田主의 恣意性을 제어하는 것으로서 토지소유 위주의 경제제도 수립 등의 목표에 이어지는 것이었다. 전자의 국용전화는 世宗朝에 일단락되었으나 후자의 수조권에 대한 제재 강화는 지속되는 과제였다.

이 가운데 과전제도는 과전 총액의 한정과 축소 및 그 점유의 영대성, 전주전객 간의 지배와 수취를 토대로 하여 운영하는 까닭에 양반사대부 사이에 그리고 이들과 농민층 사이에 상충과 상반을 구조상 동반하고 있어 통제와 제약만으로 문제를 수습하는 것은 미봉이었다. 사태는, 당장 토지분급제를 폐기할 수 없는 이상, 파격적인 조처 즉 現 과전을 몰수하고 새로운 기준 하에서 관료 전체에게 재배분함으로써 해결될 수 있었다. 職田制 실시의 정치적 素地는 여기에 있었다.

1) 科田의 廢止와 職田의 設置

과전의 점유를 둘러싼 양반 관료층 내부의 대립·갈등에 대해 정부는 국초부터 陳告遞受法의 실시, 태종 말년 戶曹折給法의 시행, 세종대의 四等循給法의 채택 등 여러 시책을 시행하였으나 일시 방편에 그쳤다. 과전점유의 불균과 격차는 갈수록 확대되었고 기성관료와 신진관료 사이의 대립, 수전자와 미수전자와의 알력은 더욱 심화되었다. 국가의 給田方式에 대한 비난도 고조되고 문종·세조 초에는 田制를 바로잡자는 요구가 비등하였다.[1] 정부로서 과전점유를 고르게 하는 방도는 京畿私田의 원칙과 世祿의 원칙 가운데 후자, 즉 收租權의 世傳을 부정하는 길이었다. 京畿私田의 원칙을 폐기하면 私田이 갈수록 확대되어 국가는 재정기반과 농민관장의 영역을 그 만큼 상실하게 되므로 이 길을 택할 수는 없었다. 세조 12년(1466) 8월 과전의 폐지와 職田의 실시는 그 실제 작업이었다.[2] 세조정부는 현존하는 과전, 그중에서도 수급자의 妻子가 전수하고 있는 守信田·恤養田의 존재를 부정하고 몰수하여 職田이라는 이름으로 관료에게 재분급하였다.[3]

과전의 몰수와 직전으로 재분배는 정부로서는 私田의 확대를 초래하지 않고도 관료 사이의 수조지 점유의 불균과 격차를 일단 해소할 수 있는 유일한 길이었다. 이 조치는 그 입안과정과 실행과정에서, 과전점

---

1. 본서 Ⅳ편 4장 1, 3절.
   『文宗實錄』 3, 文宗 즉위년 8월 壬午, 6冊, p.270.
   『世祖實錄』 1, 世祖 원년 7월 戊寅, 7冊, p.69.
2. 『世祖實錄』 39, 世祖 12년 8월 甲子, 8冊, p.37.
3. 『成宗實錄』 249, 成宗 22년 정월 壬午, 11冊, p.680.
   拙稿, 「職田制의 施行과 그 推移」, 『朝鮮前期土地制度硏究－土地分給制와 農民支配』, 一潮閣, 1986.

유자 그 가운데서도 科田傳受者의 반발이 엄청났다. 세조정부는 폭력으로 수립된 정권이었으며, 세조 자신은 세종 25년(1443) 大君 시절에 田制詳定所의 提調를 맡을 만큼 토지·재정문제에 안목이 있었다.[4] 세조정부는 직전분급에 앞서 守信田·恤養田에 대해 조사하였다. 설치 4년 전인 세조 8년(1462) 6월 호조에 의해 田案을 改正하는 때에 수신전·휼양전의 불법점유자는 일정 기간 내에 자진하여 신고하게 하고, 이 전토를 받아야 할 자는 서울은 호조에 신고하고 경기는 수령이 그 眞僞를 살펴보게 하되 이에 응하지 않는 자는 타인의 신고를 받아 법대로 처벌하고 그 토지는 신고한 자에게 주며 아직 受田을 못한 자에게는 처벌에 따라 추징된 米豆로 보상하는 조처를 취했다.[5] 田案의 개정이란 세조 7년 경기도, 8년 충청·전라도, 9년 경상도에 貢法에 의한 量田이 시행되어 세조 11년 초에 모두 마무리 되었는데,[6] 이때를 당하여 量案을 재작성하고 그에 따라 수조지도 字號가 변경되어 수조권리증인 田關도 다시 작성해야 하는 사정이었다. 이 개정을 맞아 모든 과전 점유자의 실태를 총괄하여 파악하고 동시에 수조지의 점유상태를 재조정하는 것이었다. 다음 해 세조 11년(1465) 12월, 직전제 시행 8개월 전 호조는 이 조치의 구체 일정을 제시하여 서울은 이듬해(1466) 정월까지 경기는, 그해 2월 말까지 窮推하여 成籍해서 戶曹에 수송하게 하였다.[7] 과전의 폐지와 직전의 재분급은 이와 같은 기초조사에서 얻어진 근거를 바탕으로 수행한 것으로 사료된다.

職田의 실시로 과전이 과전으로서 가지는 성질, 즉 世祿性은 소멸되

---

4. 『世祖實錄』 1, 總書, 7冊, p.56.
5. 『世祖實錄』 28, 世祖 8년 6월 辛酉, 7冊, p.538.
6. 『世祖實錄』 24, 世祖 7년 4월 乙酉, 7冊, p.459.
『世祖實錄』 33, 世祖 10년 4월 丁酉, 7冊, p.620.
『世祖實錄』 35, 世祖 11년 2월 壬午, 7冊, p.671.
『成宗實錄』 10, 成宗 2년 4월 辛未, 8冊, p.568.
7. 『世祖實錄』 37, 世祖 11년 12월 己丑, 7冊, p.716.

었다. 수신전·휼양전은 과전이 세록의 의미로 관료에게 분급되는 데서 존재하던 토지였다.[8] 직전은 現職者 곧 직임을 보유하는 관료에 한하여 분급하였다. 家系身分과 土地占有의 일치관계는 폐기되었다. 지급액도 현저히 감축하였다([表 8] 참조). 正1品은 40결이, 從1品에서 從3品까지는 20결씩, 正·從4品은 15결씩, 正·從5品은 10결이 감축되고 6品 이하의 나머지 하급관료는 모두 5결씩 감축하였다. 그리고 종래 17과에 속하여 10결씩 받던 正·雜의 權務職과 18과로서 5결씩 받던 令同正·學生은 지급 대상에서 제외하였다. 현직주의의 원칙이었다.

王子職田에도 조정과 감축은 있었다. 우선 국왕의 수조지가 없었다. 국용전 제도와 현직관료위주의 직전제하에서는 당연하였다. 大君·君 등 종친의 직전도 세종대의 王子科田法에 비해 각기 25·20결씩 감소하였다. 이들은 無品으로서 그 직전은 관료의 직전 감축이 최고 50결임에 비하면 그 반액만 감소한 것이다. 정1품 관료의 직전 110결의 2배를 상회한다. 駙馬의 경우 그의 품계에 따라 직전을 지급함으로써 종전 왕자 과전법에 비해 절반가량이 감축되었다.[9] 다만 관료의 직전과 달리 성종 초까지 부마사망 후에 公主·翁主가 그 직전을 전수받을 수 있었다.[10]

직전의 분급은 매년 10월 말일 이전에 職을 받은 자에 한하였고 遞兒職은 제외하였다. 다만, 기한 전 50일 이내에 遭喪하거나 혹은 본인이 사망하였을 때, 기한이 되어도 아직 관직이 교차되지 않은 자, 그리고 기한 후라도 遭喪 혹은 본인이 사망한 경우에도 지급하였다.[11] 직전은

---

8. 『成宗實錄』 261, 成宗 23년 정월 癸巳, 12冊, p.137.
9. 『經國大典』 1, 吏典, 京官職 및 戶典, 諸田.
10. 『睿宗實錄』 1, 睿宗 즉위년 10월 己酉, 8冊, p.284.
『睿宗實錄』 8, 睿宗 원년 10월 壬子, 8冊, p.420.
『成宗實錄』 2, 成宗 원년 정월 戊子, 8冊, p.453.
『經國大典』 2, 戶典, 祿科.
11. 『睿宗實錄』 1, 睿宗 즉위년 10월 己亥, 8冊, p.282.

[表 8] 科田·職田의 各科別 折給 對象 및 結數

科田[1]			職田[2]		差額結數
科	對象	結數	對象	結數	
1	正1品	150	大君	225	(25)[3]
2	正1品	125	君	180	(20)
3	正2品	115	1品正	110	40
4	正2品	105	〃從	105	20
5	正3品(大司成)	85	2品正	95	20
6	正3品	80	〃從	58	20
7	正3品	75	3品堂上官	65	20
8	正4品	65	〃正	60	20
9	正4品	60	〃從	55	20
10	正5品	50	4品正	50	15
11	正5品	45	〃從	45	15
12	正6品	35	5品正	40	10
13	正6品	30	〃從	35	10
14	正·從7品	25	6品正	30	5
15	正·從8品	20	〃從	25	5
16	正·從9品	15	7品正·從	20	5
17	正·雜權務	10	8品正·從	15	5
18	令同正·學生	5	9品正·從	10	5

備考: 1) 과전절급은 太祖 3년(1394)에 조정된 규정으로『龍飛御天歌』8, 제72장에 의함.
2) 직전절급은『경국대전』, 戶典, 諸田條에 의함.
3) 大君·君의 差額結數는『세종실록』91, 세종 22년(1440) 10월 甲申條의 王子科田法과 비교하여 나온 것임. 이에 의하면 王子大君 250결, 諸君 200결, 尙公主駙馬 200결, 其餘諸君은 准科하도록 되어 있다.

수조권에서 世傳性을 제거한 점에 특징이 있었다. 그러므로 토지의 명호도 職田일 수 있는 것이었다.

직전의 시행은 모든 관료가 일단 수조지를 취득할 수 있게 된 점에

『經國大典』2, 戶典, 職田.

서는 성과가 있었다.[12] 그러나 퇴직 후의 生計나 그의 死後 가족에 대한 생활보장은 상실되었다.[13] 致仕한 관리나 사대부의 자손은 1결의 땅도 가지지 못하게 되어 일반민과 동일한 처지에 놓이게 됨으로써 과전의 수수·점유상으로 설정되어 있던 士와 農의 구분은 무너졌다.[14]

관료들은 世祿의 복구 즉 수조권의 세전을 다시 회복시킬 것을 요구하고 나섰다. 과거 수신전·휼양전의 점유자로서는 절대사항이었다. 세조 사후부터 조정에서는 직전의 폐지와 과전의 복설 구체적으로는 수신전·휼양전의 복구 논의가 끊임없이 제기되고 논란되었다. 職田의 실시로 인하여 兩班官僚는 퇴직 후나 사망 뒤 家計가 어려워지고 守信과 孝親을 할 수 없게 되었다는 애로와 불평,[15] 과전은 '世祿養士'의 의미뿐만 아니라 '化民成俗'의 도리에도 보탬이 됨이 적지 않다는 강조, 아예 守信者에 대한 국가의 물적 보장의 폐기는 再嫁女의 자손을 敍用하지 않는 법례와 어긋난다는 공박 등이 줄을 이었다.[16]

과전복구론의 논거는 士大夫가 가문을 유지하려면 生活保障이 되어야 하고, 그런 후에야 婦人의 守節과 子孫의 孝行이 지켜질 수 있으며 국가의 世臣도 나올 수 있다는 것이었다. 그러나 과전의 복구는 매우 어려운 일이었다. 관료 가운데서도 난처함을 표하는 이가 적지 않았다. 과

---

12. 『成宗實錄』 32, 成宗 4년 7월 己未, 9冊, p.44.
『成宗實錄』 75, 成宗 8년 정월 壬子, 9冊, p.409.
『成宗實錄』 130, 成宗 12년 6월 壬子, 10冊, p.226.

13. 同上의 上段.

14. 『訥齋集』 1, 奏議, 軍國便宜十事, 丙戌十一月 初二日.
『世祖實錄』 40, 世祖 12년 11월 庚午, 8冊, p.46.

15. 주 12의 상단 및 하단.
『成宗實錄』 203, 成宗 18년 5월 己酉, 11冊, p.211.
『成宗實錄』 249, 成宗 22년 정월 壬午, 11冊, p.680.

16. 주 12의 상단 및 하단.
『成宗實錄』 4, 成宗 원년 4월 辛未, 8冊, p.490.
『成宗實錄』 117, 成宗 11년 5월 戊戌, 10冊, p.127.

전을 복설하려면 현재 관료가 소지하고 있는 직전을 몰수하여 無職者에게 주어야 하는데 이는 실행하기 어렵다는 것, 과전은 본래 제정 당초부터 폐지하려던 것이 조정의 뜻이었다는 것, 그 후 不均虐民의 폐까지 있어 세종대에 폐지하려다가 大事가 겹쳐 실행하지 못하였던 것인데 이제 다시 복구함은 어렵다는 것이다.[17] 반대하는 관료는 대개 정부의 高官이었다. 이들은 功臣田·別賜田 등을 점유하고 있을 뿐 아니라 農莊을 소유한 대토지소유자였다. 과전의 복설논의는 성종대에 치열하였다. 그러나 곧 이어 職田田租의 지급중지, 職田分給의 중단이 빈번히 일어나면서 이 논의는 자취를 감추었다. 수조권의 永代的 소지의 가능성은 소멸되었다.

2) 田租의 濫收와 官收官給

과전제도는, 占有不均을 둘러싼 갈등과 더불어, 양반전주의 과도한 田租收取와 이에 반발하는 전객농민의 항거가 항상 있었다. 정부는 국초부터 여러 규정과 대책을 마련하여 양자의 대립을 완화하고 조정해 왔다. 대책은, 소유권자에 대해서도 취해지고 있었지만, 과전 전주의 收租權 행사에 대한 제한과 제약이 대부분이었다. 과전법 제정시, 公私田租를 1결당 30斗로 고정한 것부터 이의 반영이고, 그 후에도 收租人馬數의 정한, 斗斛의 檢印, 佃客의 租穀量槩, 田租濫收者의 처벌강화 등이 강조되고 있었으며, 태종 말 사전 일부의 下三道 이급, 특히 田主踏驗의 폐지와 官踏驗의 시행으로 전주권은 크게 약화되고 있었다.[18] 그러나 수조권자의 과도한 佃客收取가 완전 중단되기는 어려웠다.

전주에 따라선 田租濫徵은 직전이 설치된 이후 한층 도가 심하였다.

---

17. 주 12의 상단 및 주 14의 중단.
18. 拙稿, 「科田制度의 運營과 그 變動」, 주 3의 논저.

수조권이 재직기간에만 허여된 까닭이다. 功臣田·別賜田 등 私田 전체에 공통된 형세였다.[19] 전객농민의 반발도 그만큼 거세었다. 직전을 강행한 정부는 이 문제를 방치하고는 직전 시행의 성과마저도 기대할 수 없었다. 더욱이 전조의 濫收가 과전의 복설을 주장하는 관료에게는 職田廢止案의 논거로서 이용되고 있었다.[20]

직전 설치 후 2년 반쯤 지난 睿宗 원년(1469) 2월, 정부는 전조의 남수자를 佃夫가 司憲府에 고소하게 하고 남수한 물건과 전조를 관에서 몰수하되, 이때 혹 田主가 불응할 경우는 그 전조와 전지를 압류하는 규정을 세웠다. 田租濫收者에 대해선 職田의 몰수까지도 不辭한다는 방침이었다. 과전법의 경우 동일한 죄목을 贓論으로 처벌하던 것에 비하면 법제만으로도 전주권에 대한 큰 제약이었다.[21] 10월에는 田主의 收租節次에 대해서도 종래 수조증서인 職田關文을 전주가 각기 私藏하며 수조해 오던 방식을 이후부터는 수조 후 2월 말까지 본인이 소속해 있는 관청에 반납하였다가 10월에 가서 환급받아 수조하도록 하였다. 이때에도 반드시 호조를 거쳐 확인을 받은 뒤에 수조해야 했다.[22] 전주는 수조증서를 소지할 권리조차 상실당한 것이다.

그러나 이런 규정이 가진 구속력은 사전 전주의 直接收租를 전제로 한 범위 내에서 작용하는 것이어서 전조수취의 恣意性이 근절될 수는 없었다. 田租의 濫收는 여전하였고 전객농민의 반발 또한 소란하였다. 과전으로 복귀주장도 거세었다. 직전 설치 이후 5년이 지난 성종 1년(1470) 4월 정부는 직전전조를 官에서 직접 수취하여 田主에게 지급하

19. 본서 Ⅳ편 4장 2절.
『成宗實錄』 4, 成宗 원년 4월 己巳, 8冊, p.490.
『睿宗實錄』 3, 睿宗 원년 2월 甲寅, 8冊, p.334.

20. 同上의 上段 및 주 23의 상단.

21. 『睿宗實錄』 3, 睿宗 원년 2월 戊戌, 8冊, p.329.
『高麗史』 78, 食貨 1, 田制, 祿科田, 恭讓王 3년 5월, 給科田法, 中冊, p.723.

22. 『睿宗實錄』 8, 睿宗 원년 10월 丁巳, 8冊, p.422.

는 정책을 확정하였다.[23] 이른바 官收官給制이다. 직전전조는 전객이 직접 京倉에 납부하고, 정부는 녹봉 지급 때에 수조권자에게 수납한 田租를 지급하였다.[24] 수조권은 토지점유권의 또 하나의 커다란 근거를 잃었다.

규제는 납조자인 佃客에게도 가하였다. 이는 納租期間과 관련해서 취해졌다. 전객의 직전전조 납부기간의 下限은 3월 10일까지였다. 관수관급제가 시행된 지 2년 후인 성종 3년(1472)부터 생긴 규정이었다. 직전 시행 초에는 春分까지였다. 납조자가 체납하면 나라에선 그의 소유지를 몰수하였고 해당 고을의 수령을 '收糧違限律'로 처벌하였다. 과전법 제정 당시에는 없었던 규정으로서 직전 수조권의 보장책으로 마련한 것이다. 납조기한이 늘어난 이유는 전주의 직접 수조가 중지되면서 春分까지도 그 징수가 가능했던 것이 관수관급제 이후에는 전객이 京倉에 直納하게 됨으로써 전처럼 조세를 督責하기가 어려워졌기 때문이다.[25]

그러나 국가의 私田 수조지에 대한 지배력에는 아무 변함이 없었다. 국가가 전주에게서 수조지 1결당 징수하는 稅 2두는 여전하였다. 더욱이 직전 설치 초부터 성종 2년(1471)까지 공신전·별사전·사원전까지 포함하여 한동안은 전주에게서 직접 稅를 징수하는 제도를 폐지하고 그 대신 각 사전마다 1결당 18부 3속씩을 별도로 떼어내어 이 토지[官收田]에서 나오는 田租를 관에서 직접 수취하여 사용하기도 하였다. 이는 稅 2斗를 中中年分의 租로 수취할 수 있는 면적규모였다.[26] 이 방식은 정부로선 직접적인 토지지배의 면에서는 양이 확장된 셈이지만 실수입

---

23. 『成宗實錄』 4, 成宗 원년 4월 戊辰, 8冊, p.490.
    주 19의 상단.
24. 『成宗實錄』 7, 成宗 원년 9월 戊寅, 8冊, p.530.
25. 『成宗實錄』 15, 成宗 3년 2월 辛未, 8冊, p.634.
26. 『成宗實錄』 10, 成宗 2년 4월 丁卯, 8冊, p.567.
    주 11의 상단.
    拙稿, 주 3의 논고.

의 면에서는 이득이 되는 것은 아니었다. 年事의 풍흉정도에 따라 수입에 감소가 생기고 심한 경우엔 全無한 상태에까지 이르고 더욱이 전조수취가 항례적으로 中下年에서 下下年 사이에 징수되는 추세에선 종래대로 직접 세를 징수하느니만 못하였다. 그러므로 성종 2년에 와서 예전 방식대로 환원하였다. 세액 즉 結當 2斗는, 과전제하에선 年分等第에 따라 증감하도록 되어 있었으나, 직전제 하에서는 고정액이었다.[27]

직전의 실시에 수반하여 전조수취상의 제 문제는 收租文書의 정부보관, 私田稅의 2斗로 고정, 田租의 관수관급 등 田主의 권한이 대폭 축소되고 제약되는 방향에서 처리되어 갔다. 이 가운데서 특히 전조의 관수관급은 전주권에 심각한 타격을 주는 것이었다. 그렇다 하여 수조권자의 직접적인 농민수취의 길이 완전 봉쇄된 것은 아니었다. 공신전·별사전이나 사사전 등에서는 여전히 전주의 直接收租가 행해졌고, 職田의 경우도 전주에 의한 전객수취의 과도성과 직접성이 발휘될 여지는 아직 남아 있었다. 草價의 징수였다.[28]

草價는 전객이 전주에게 납부하는 穀草의 價로서 草 1束당 米 1斗씩으로 계산하여 징수되었다. 이는, 종래 사전의 전주가 곡초의 징수기준을 實數 10負當 1束으로 하던 것에 견주면, 中下年의 1결 전조액 10斗와 같은 양이었으며 이마저 전주에 따라 차이가 있었다.[29] 그리하여 이로 인하여선 몇 년 안 가서 농토의 황폐와 농민의 이산이 심할 것이라고 우려가 높았다.[30] 성종 6년(1475) 정월에 우선 초가의 공정가를 정하였다. 平市署의 시가인 곡초 1束당 米 2升으로 확정하고, 위반자는 憲府에

---

27. 『世宗實錄』 23, 世宗 6년 3월 辛卯, 2册, p.587.
『經國大典』 2, 戶典, 諸田.
28. 『成宗實錄』 13, 成宗 2년 12월 壬申, 8册, p.616.
29. 拙稿, 「科田의 占有와 그 原則」 주 3의 논저.
『成宗實錄』 51, 成宗 6년 정월 甲寅, 9册, p.177.
30. 『睿宗實錄』 6, 睿宗 원년 6월 辛巳, 8册, p.394.

서 엄히 다스리도록 하였다.[31] 종전에 비해 1/5로 감소시킨 것이었다. 전주는 초가징수에서도 제약을 받게 되었다.

직전에서 전조의 징수가 관수관급으로 변경되고 초가의 조정도 행해지는 속에서, 전객농민은 직전만이 아니라 공신전·별사전 등 일체의 사전에서도 전조의 관수관급을 주장하고 있었고 草價 역시 그렇게 할 것을 요구하고 나섰다. 반면에 양반전주는 전객의 이러한 요구에 대해 반대하고 직전에서 전조의 自收까지도 주장하였다. 전객 측으로서는 自納이냐 他收냐의 문제였고 전주 측으로서는 수조권의 포기냐 고수냐의 문제였다.

성종 9년(1475) 5월 국왕은 이 문제를 경기 관찰사를 통해 직접 경기민인에게 私田田租의 自納與否를 묻는 방식을 택하여, 직전은 물론 공신전·별사전의 전조와 초가 모두 佃客 자신이 京倉에 납부하게끔 왕권으로 일단락지었다.[32] 물론 전객농민의 田租自納이 곧바로 농민부담의 일방적 감소는 아니었다. 전객 가운데는 운반에 3, 4일이 소요되고 경창에 수납시 橫費가 전조의 倍나 들어 차라리 전주에게 수납하고자 하는 이들이 적지 않았다. 당초 경기의 전객이 원하던 자납은 州倉에 輸納이었다. 그러나 州倉에 自納은 이루어지지 않았다. 나라가 다시 京倉까지 운반해야 하는 불편과 수고가 따르게 되는 까닭이다.[33]

수조권과 소유권의 대립, 양반관료와 경작농민의 相爭을 기반으로 장기간에 걸쳐 진행되어 오던 전조의 수취는 官收 즉 佃客의 自納으로 전환되었다. 성종 12년(1481) 10월에 가서는 私田 소지자의 田租受得의 기간까지도 규제하였다. 매년 3월 10일까지였고 기한을 넘기면 지급을 중

31. 주 27의 상단.

32. 『成宗實錄』 92, 成宗 9년 5월 壬午, 6冊, p.607.
『成宗實錄』 94, 成宗 9년 7월 己卯, 9冊, p.631.

33. 『成宗實錄』 111, 成宗 10년 11월 戊戌, 10冊, p.85.
『經國大典』 2, 戶典, 諸田.

단하였다.[34] 사전 전주의 권한은 철저히 억제되었다. 한편 寺社田 가운데 수조지도 성종 22년(1491)에 와서 관수관급제로 변경되었다.[35] 이 역시 전객농민의 요망으로 인한 것이었지만 여기선 관료의 요구가 강하게 작용하였다. 모든 私田에서 수조권의 권한은 부정되었다. 사전전조의 관수관급은 그 성과가 컸다. 과도한 수취가 봉쇄되고 백성의 폐해가 구제되었다는 보고를 관료 자신들이 내고 있었다.[36] 이미 관료들로선 수조지의 점유에 대한 鄕愁는 사라져 버린 지 오래였다. 이렇게 약화된 수조권마저 지급이 중단되어 가고 있었던 것이다.

3) 田租分給의 中斷과 職田折給의 廢止

직전의 시행과 그 전조의 관수관급으로 佃客農民은 전주의 직접 지배에서 벗어나 소경전의 소유권을 일층 강화시켜 갈 수 있었고, 兩班田主는 수조권이 가진 세전과 직접 수조의 권능을 상실하게 됨으로써 전주권이 현저히 약화되었다. 그리고 국가는 관료의 개별 수조지를 사실상 公田으로 전환시키는 동시에 양반 전주의 토지·농민에 대한 개별 및 직접 지배를 배제할 수 있었다. 이러한 직전제마저 그 본체가 토지분급제임에서 항구적일 수 없었다. 운영 면에서 체계가 흔들렸다. 직전의 부족현상, 직전세 지급의 빈번한 중지, 그리고 직전분급의 중단과 폐지 등의 사태가 연속하였다.

직전의 부족현상은 성종 초부터 중앙에서 큰 문제로 대두하였다. 성종 6년(1475) 5월 호조에서는 당시 3년상이 끝난 宗親·官僚에게 새로 지급하여야 할 직전의 총 액수가 1, 470여 결인데 경기의 餘田은 1,030

34. 『成宗實錄』 134, 成宗 12년 10월 辛丑, 10冊, p.269.

35. 『成宗實錄』 251, 成宗 22년 3월 庚寅, 12冊, p.3.

36. 同上.
『中宗實錄』 22, 中宗 12년 6월 庚辰, 15冊, p.90.

결로서 440결 정도가 부족하며, 더구나 이 가운데 이미 왕명으로 공신·종친·귀화인에게 賜給된 토지도 있어 실제 부족액은 615결에 달한다고 보고하고 있고, 2년 후(1477) 7월에는 종친수가 계속 증가하여 직전이 부족해지니 寺社田을 몰수하여 직전에 충당하자는 의견을 내기도 하였다.[37] 직전부족의 현상은 官僚數의 증가에 의해서만 아니라 宗親數의 증가로 인해서도 유발되었다. 사정은 심각해져 갔다. 사사전 몰수의 제안이 있은 지 두 달쯤 뒤, 9월에 각 도의 觀察使·兵馬節度使·水軍節度使·都事·評事 등에게 지급하여야 할 직전이 1,505결인데 당시 餘田은 530결뿐으로 975결이나 부족하자 6品 이상의 관료가 소지하고 있는 職田을 감축시켜 부족액을 충당하였다.[38] 宗親의 경우는 그럴 수 있는 형편도 못 되었다. 정부는 軍資米를 절급해 줌으로써 해결해 나갔다.[39]

이러한 사태나 조치는 아직은 관료나 왕실에게 수조지를 분급한다는 기본원칙이 존속하고 있는 데서 발생되고 시행되는 것이었다. 얼마 후 이 원칙 자체를 무너뜨리는 상황이 발생하였다. 관료에 대한 職田田租의 지급 자체가 중지되는 사태였다. 직접 원인은 연속되는 흉년과 계속되는 재정궁핍이었다. 정부는 種子확보나 財政보충을 위한 대책으로서 寺社田을 제외한 관료의 직전을 위시하여 공신전·별사전의 전조를 감축하여 지급하거나 전면 중지하는 방침을 수립하고 시행하여 나갔다. 이는 私田田租의 公收였다. 이 조치는 성종 중엽부터 명종 초까지 전후 6, 7차에 걸쳐 논의되고 혹은 시행되었다. 그 시행은 연속이 아니고 간헐이었으나 직전분급 자체가 중단될 때까지 계속되었다.

첫 조치가 취해진 때는 성종 15년(1484)이었다. 직전 설치 18년 후였

---

37. 『成宗實錄』 55, 成宗 6년 5월 甲子, 9冊, p.226.
『成宗實錄』 82, 成宗 8년 7월 丁卯, 9冊, p.469.

38. 『成宗實錄』 84, 成宗 8년 9월 丁亥, 9冊, p.511.

39. 『成宗實錄』 96, 成宗 9년 9월 丁巳, 9冊, p.647.

고 관수관급제가 시행된 후부터 14년이 지난 때였다. 실행에 이르기까지의 과정은 다음과 같다. 전년도 12월부터, 연속되는 凶年으로 재정이 심히 고갈되어 世祖 당시 100만 석에 달하던 軍資穀·國用穀이 60만 석으로 감축되어 그 타개책을 놓고, 이듬해 5월까지 職田을 감축하고 功臣田租의 半을 公收하자는 안, 職田·寺社田의 전조를 官用에 사용하고 공신전·별사전은 잠시 동안만 그 전조의 半만 公收하여 역시 官衙의 비용에 충당하자는 안, 아예 私田 자체의 폐지와 함께 伴倘·遞兒職의 감축이나 폐지까지도 검토하자는 안, 私田田租의 公收에 宗親의 伴倘·遞兒·祿俸도 함께 폐지하는 안 등이 重臣會議에서 제기·논란되어[40] 결국 직전은 전조 전액을 공신전·별사전은 반액을 國用에 충당하고 功臣 및 宗親·儀賓의 伴倘·遞兒는 혁파하였다. 논의과정에서 거론되던 寺社田은 대상에서 제외되었고 녹봉의 폐지안도 채택되지 않았다. 이후 한동안 사사전의 제외를 놓고 국왕과 관료 사이에서 격심한 논쟁이 야기되었다.[41]

이 시책은 5년간 계속되었고 성종 20년(1489)에 가서 철회되었으나[42] 이후 하나의 관례가 되었다.[43] 이런 형편에 新進官僚나 昇級官吏에 대한 직전의 分給이나 加給 역시 제대로 이루어질 수 없었다. 특히 연산조를 거치고 난 중종 초에 와서는 직전의 부족은 상례로 되어 버렸다. 중종 원년(1506) 反正功臣에게 절급할 공신전의 변통책으로 寺社田의 혁파 혹

---

40. 『成宗實錄』 161, 成宗 14년 12월 戊寅, 10册, p.552.
『成宗實錄』 162, 成宗 15년 정월 壬辰, 10册, p.550.
『成宗實錄』 162, 成宗 15년 정월 乙卯, 10册, p.562.
『成宗實錄』 165, 成宗 15년 4월 甲戌, 10册, p.585.
『成宗實錄』 165, 成宗 15년 4월 辛巳, 10册, p.587.
『成宗實錄』 166, 成宗 15년 5월 戊子, 10册, p.589.
41. 본편 2장 4절 참조.
42. 『成宗實錄』 215, 成宗 19년 4월 辛卯, 11册, p.322.
43. 『成宗實錄』 261, 成宗 23년 정월 壬辰·癸巳, 12册, pp.136~137.

은 職田의 감축안이 제기되는데 배후에는 반정공신과 신진관료 사이에 수조지 취득의 여부를 둘러싼 갈등이 있었다.[44]

중종 7년(1512) 6월, 이러한 논란이 있은 지 3년 뒤, 그간 계속되는 흉년으로 財政이 한층 궁핍하여지자 중앙에서 다시 직전·공신전의 감축이, 녹봉의 감축 및 독서당의 폐지안과 더불어 한 안으로 제의되어 다음 해 정월 공신전·별사전·직전의 田租支給을 중단하였다.[45] 이는 이 해 1년 만 시행되었으나,[46] 다시 2년이 지난 중종 10년에 재차 같은 이유에서 큰 물의 없이 시행되어 5년간 지속하였다.[47] 다만 공신전은 功臣子孫의 生計保護를 위해 처음 한 해에만 적용한 채 다음 해부터는 제외하였다.[48] 직전의 전조가 다시 관료에게 지급되기 시작한 것은 중종 15년(1520)이었다. 그 후 5년이 지난 동왕 20년(1525) 11월에 경기지방의 種穀不足으로 인해 또다시 3개 私田의 전조로써 轉用하자는 의견이 三政丞에 의해 나오고, 윤 12월에는 호조에 의해 다시 제기되었다.[49] 이때에도 직전의 경우는 관료에게 祿俸이 있다 하여 별 반대가 없었으나 공신전의 경우는 반대가 컸다.[50] 사전전조의 轉用方針은 중종조에 와서는 상례로 거론되고 혹은 시행되었다. 그리고 직전은 그 대상에 포

---

44. 『中宗實錄』 1, 中宗 원년 10월 辛未, 14冊, p.91.
『中宗實錄』 7, 中宗 4년 정월 己亥, 14冊, p.301.
『中宗實錄』 7, 中宗 4년 정월 庚子, 14冊, pp.301~302.
『中宗實錄』 7, 中宗 4년 정월 癸卯, 14冊, p.303.
『中宗實錄』 7, 中宗 4년 정월 辛丑, 14冊, p.302.

45. 『中宗實錄』 16, 中宗 7년 6월 辛未, 14冊, p.597.
『中宗實錄』 17, 中宗 8년 정월 乙酉, 14冊, p.637.

46. 『中宗實錄』 22, 中宗 10년 5월 丁未, 15冊, p.81.

47. 『中宗實錄』 24, 中宗 11년 2월 乙亥, 15冊, p.147.

48. 『中宗實錄』 24, 中宗 11년 2월 癸亥, 15冊, p.144 및 同上條 참조.

49. 『中宗實錄』 55, 中宗 20년 11월 戊寅, 16冊, p.472.
『中宗實錄』 56, 中宗 20년 윤12월 癸酉, 16冊, p.486.

50. 『中宗實錄』 56, 中宗 20년 윤12월 乙亥, 16冊, p.487.
『中宗實錄』 56, 中宗 20년 윤12월 丙子, 16冊, p.487.

함되는 것이 당연시되었다. 공신전만이 功臣子孫의 생활방도가 폐절된다하여 논란이 일었다.

직전제의 존속을 어렵게 하는 사태는 직전의 分給이나 加給의 곤란, 그리고 전조 지급의 간헐적 중단뿐이 아니었다. 또 하나 절박한 문제가 있었다. 경기 내 직전의 總量이 감소한 것이었다. 예컨대 중종 20년(1525) 직전·공신전·별사전 등 3개 사전전조의 公收가 이해 1년 만에 끝나고 흐지부지되고 말았는데, 당시 사전총액이 엄청나게 감축되어 버린 까닭이었다. 호조의 책임관료들은 이 시책에 대하여 '別無實效'라고 탄식하였다. 사전전조의 총액은 겨우 3~4천 석에 지나지 않았다.[51] 3개 사전의 총면적은 年分을 下下年의 1결당 전조 수취액 4斗를 기준으로 할 경우 11,250~15,000여 결 정도이고, 下中年의 6斗로 계산하면 7,500~10,000여 결 안팎에 머물고 있는 셈이다. 이 시기 年分의 等第는 대체로 下下年 혹은 下中年으로 책정되고 있었다.[52]

16세기 전반 직전·공신전·별사전의 총액은 대략 1만 결 내외로 추산된다. 성종 15년(1484) 5월 당시 공신전·직전의 결수가 1만 결정도였다.[53] 성종 15년 이후 직전의 분급이나 가급을 하지 못한 것이다. 이 액수는 태종 초에 과전이 8만 4,100여 결, 공신전이 3만 1,200여 결로서 과전·공신전만 11만 5,340여 결이었던 것에 비해 근 1/12로, 세종대에 과전만 6만 8,000여 결이던 것[54]에 비해서도 근 1/7로 감소된 액수다. 사전의 총액은 집권관료제가 견실하여 감에 수반하여 감소하는 추세에 있었을 터이지만, 이 시기 이러한 액수는 私田의 소멸을 뜻하는 것이

---

51. 『中宗實錄』 56, 中宗 21년 정월 庚子, 16冊, p.492.
52. 『成宗實錄』 184, 成宗 16년 10월 乙酉, 11冊, p.60.
『成宗實錄』 196, 成宗 17년 10월 己卯, 11冊, p.148.
53. 『成宗實錄』 166, 成宗 15년 5월 癸巳, 10冊, p.589.
54. 『太宗實錄』 3, 太宗 2년 2월 戊午, 1冊, p.225.
『世宗實錄』 88, 世宗 22년 3월 癸亥, 4冊, p.276.

아닐 수 없다. 더욱이 이 1만 결 내에서 차지하는 직전의 액수는 매우 적었을 것이다. 명종 2년(1547) 사전전조의 公收가 다시 논의되었을 때 직전에 대해서는 아예 언급조차 없었다. 공신전·별사전만 거론되었다.[55]

이러한 처지에 있던 직전마저 명종 10년(1555)에 와서는 재정부족이 극심해져 긴축정책이 취해지면서 그 지급액 자체를 다시 감축하였다. 冗官의 폐지, 浮費의 절감, 그리고 祿俸의 감축과 아울러 職田의 감소가 행해졌다.[56] 직전전조의 지급을 일시 중단하여 오던 데서 직전의 축소로 더 나간 것이다. 이것조차도 잠시였다. 이듬해 6월에는 직전 자체를 폐지하였다.[57] 동기는 연속하여 닥치는 凶年, 여기에 덮친 邊境의 事變 즉 明宗 10, 11년에 걸쳐 일어난 소위 乙卯倭變과 北方蕃胡의 침입으로 인한 재정의 難局이었다.[58]

직전분급의 중지는 직접 원인이 이러하였다. 그러나 관료에게도 직전은 이미 물적 비중이 크지 않았다. 직전 1결당 전조액 4斗는 크게 집착할 액수가 못 되었다. 대지주인 경우 축적한 곡식이 일만여 석씩 되는 이들도 있는 형세에[59] 사전전조의 총액 3~4천 석은 큰 액수는 아니었다. 관료의 경제기반은 소유권의 집적을 통한 대토지 私有에 있었다. 이 4두에서 稅로서 국가가 수취하는 2두를 제외하면 실제 비중은 더욱 적었다. 이마저 제대로 분급되고 있지도 못하였다. 직전지급의 중단은 형태는 직전전조의 분급중지였으나 실제는 직전분급제의 폐기였다. 당장 재정상태가 회복되지 않는 한 再開될 전망은 희박하였다. 이후 사태는 호전되지 못하였고, 선조조에 壬辰倭亂(1592~1598)을 겪고 나서는

---

55. 『明宗實錄』 6, 明宗 2년 9월 戊申, 19冊, p.526.
56. 『明宗實錄』 19, 明宗 10년 11월 壬子, 20冊, p.306.
57. 『明宗實錄』 20, 明宗 11년 6월 丙申, 20冊, p.344.
58. 『明宗實錄』 20, 明宗 12년 2월 丁未, 20冊, p.394.
59. 『成宗實錄』 182, 成宗 16년 8월 庚辰, 11冊, p.46.

완전 폐기되었다.[60] 兩亂 이후, 職田은 팽배하는 토지절수 특히 王室庄土의 折受問題에 代案으로 한동안 復舊論議가 고조되나, 시대현실과 맞지 않아 折受定限의 채택에 참작되는 데 머문다.[61]

직전의 폐지는 과전제도 나아가서는 삼국시기 이래 장구한 세월 지속되어 오던 토지분급제의 소멸이었다. 과전제도로서의 토지·조세체계는 직전제의 시행에서 90여 년 간, 과전법 시행 후 160여 년 간 이상과 같은 곡절을 거치면서 존속하다가 사라졌다. 수조권에 입각한 토지점유와 그 제도 하에서 소유권상의 '田主'가 '佃戶' '佃客'으로 파악되던 우리나라 신분계급사회의 전형적인 토지소유관계는 止揚되었다. 所耕田의 田主는 법제상으로나 관념상으로나 완전한 田主였다. 토지에 대한 권한은 소유권만이 남고 토지소유관계도 이를 기반으로 한 것만이 남았다. 조선왕조의 토지파악이나 농민지배의 방식도 이를 바탕으로 재조정되어 나갔다.

2. 公·私處 折給田의 頹落 및 變遷

과전의 혁파와 직전의 置廢는 수조지 분급의 凋落, 수조권에 의한 토지·농민지배의 쇠퇴, 전주전객제의 해체 등 토지분급제 그것의 소멸양상이었다. 그러므로 이러한 사태가 관료의 절급전토에서만 발생하고 있지 않았다. 형세는 公處 및 私處에 절급한 각종 수조지 전반에 걸쳤다. 다만 절급전토에 따라 정도의 차이, 앞뒤의 차이가 있는 정도였다. 공처 절급토지 가운데 이미 세종조에 國用田으로 대치될 때 제외된 지방 官衙 및 驛에 절급한 公須田·衙祿田의 감축·퇴락, 성균관·향교에

60. 『國朝寶鑑』, 正祖 9년 8월.
『續大典』, 戶典, 諸田.

61. 拙稿, 「17世紀 土地折受制와 職田復舊論」, 『東方學志』 54·55·56 合輯(延世大), 1987.

절급한 學田의 감소·퇴폐 및 소유권·소유지에 근거한 書院田의 등장과 확대, 그리고 사처 절급지인 功臣田·別賜田의 정리와 收稅, 寺社田의 대감축 등은 두드러진 형상이다.

1) 衙祿田·公須田의 頹落

衙祿田 및 公須田은 각 고을 및 驛站 등 지방행정기구의 守令녹봉 내지 각종 경비를 마련하는 公廨田으로서, 세종조에 중앙 各司의 공해전을 폐지하는 방침과 달리, 규모 있게 정비하고 남은 것은 軍資田으로 삼았다.[1] 세종 8년(1426)경 아록전의 법정 총액은 약 2만 결 정도로 추산되고 『경국대전』 제정 이후 아록전은 1만 3,675결, 공수전은 5,000결 내외로 산정된다.[2] 아록전은 정비와 함께 감소하는 추세였다. 그 대신 이미 세조 초에 각 고을 官屯田의 한정액수를 세종조에 비해 2배 이상으로 증가시켰다.[3] 수령의 供給은 법제상 우선 아록전의 전조수입을 쓰고 부족하면 官屯田의 소출수익을 쓰고 그것도 부족하면 軍資穀을 쓰는 것이 순서였다.[4] 이와 같은 아록전·공수전은 16세기로 넘어오면서 거의 유명무실해지고 그 말기에 壬辰倭亂을 치룬 뒤에는 그나마 抛荒되어 버렸다. 그 원인은, 이를 전하는 직접 자료는 보지 못하였으나, 한두 가지 형세로서 추찰할 수 있다.

첫째, 아록전·공수전이 『경국대전』상의 법정액수대로 고을마다 설치되지 못했다는 점이다. 법전의 액수는 기준과 원칙일 뿐 실제 그만한

---

1. 『文宗實錄』 8, 文宗 원년 6월 己巳, 6冊, p.395.
   본서 Ⅳ편 2장 2, 3절.
2. 朴時亨, 『조선토지제도사』(중), 과학원 출판사, 1961, p.39(서울版, 신서원, 1994).
3. 拙稿, 「朝鮮初期 屯田의 設置와 經營」, 『朝鮮前期土地制度研究』(Ⅱ), 지식산업사, 1998, pp.352~356.
4. 『成宗實錄』 25, 成宗 3년 12월 癸未, 8冊, p.699.
   『經國大典』 2, 戶典, 外官供給.

규모를 구비하지는 못하였다. 법전조차도, 이러한 규정과 함께, 아록의 경우 위에서 지적하였듯이 아록전의 수입이 부족하면 둔전의 수입을 그것도 부족하면 군자를 사용하도록 하는 원칙을 동시에 수록하고 있다. 이는 각 고을 및 驛站의 아록전이 법정 액수를 제대로 갖추지 않고 있거나 아예 갖추지 못한 곳이 적지 않은 현실을 반영하며 용인하는 규정이었다. 그나마 이와 같은 예비경리, 보충재원을 보장해 두고 있는 것은 사안이 수령의 祿俸에 직결되기 때문이었다.

수익을 관아의 공공경비에 사용하도록 되어 있는 公須田의 부실은 더하였다. 16세기 후반 宣祖 중엽에 오면 이미 관리들조차 아록전과 함께 民田의 '各自收稅'地인 공수전은 결부 수가 적어 '自耕無稅'의 公田 곧 국·관유지인 줄 오인하고 있었고 그리하여 이를 탈취함으로써 물의가 일었다.[5] 각 고을 수령은 관아경비는 으레 환자[還上, 還穀]의 耗穀을 사용하고 이에 덧붙여 생활비용도 염출하였다.[6] 명종조에 벌써 수령의 用度는 오직 耗米[費米]에 있다 하였다.[7] 모곡은 환자 회수 때 元穀의 1/10을 함께 부가하여 징수하는 것이다. 명목은 원곡의 耗損 즉 자연 감소분을 보충한다는 것이지만 실제는 利息으로서 지방관이 소요경비 보충책으로 사사롭게 조성한 것이 점차 관습이 되었다.[8] 이미 성종 초에 '耗米'라는 명칭으로 정식 법제화하자는 요청이 제기되고 있으며,[9] 명종 9년(1554)경엔 이미 법제로 정착하여 있었고 이를 전제로 모곡의 1/10을 떼어 '會錄'이라 하고 국가재정에 보태 쓰자는 논의가 일었다.[10] 관둔전

---

5. 『宣祖實錄』 15, 宣祖 14년 3월 丁亥, 21冊, p.374.
6. 『宣祖實錄』 162, 宣祖 36년 5월 己巳, 24冊, p.478.
7. 『明宗實錄』 16, 明宗 9년 5월 戊午, 20冊, p.199.
8. 宋贊植, 「李朝時代 還上取耗補用考」, 『歷史學報』 27, 1965.
9. 『成宗實錄』 49, 成宗 5년 11월 己巳, 9冊, p.166.
   『成宗實錄』 52, 成宗 6년 2월 癸巳, 9冊, p.198.
10. 주 7과 同.

수입 및 군자곡의 전용, 모곡의 수취 등으로 수령·관아의 녹봉과 용도가 충당되는 사태는 아록전·공수전이 처음부터 설치가 소략하였다는 점에서만 연유한 것은 아니었다.

둘째, 아록전·공수전은 운영 자체도 부실하였다. 이들 토지는 본래 개인 분급수조인 科田·功臣田처럼 민인의 所耕田인 민전을 각 고을 관아에 배분하여 소속시키고 그 전조를 수취하여 용도에 쓰게 한 수조지였다. 수조지는 田主가 그 토지관리 및 조세징수에 항상 관심을 쏟고 그에 따른 불편과 수고를 잘 감당해야 하는데, 田主가 官衙인 까닭에 과전·공신전 등 개인 수조지만큼 신경을 쓸 수 없었다. 그리고 전객 농민으로서는 자기 소유지가 관아의 수조지 公田에 소속되어 있어 私田에 비해 납세 및 그 과정에 수반하는 제반 역사가 헐거웠다. 전객의 납조태만도 심하고 관아의 전객통제 역시 허술하였다. 이런 양상은 수조지가 축소되고 수조권이 약화되는 추세 속에선 더욱 그러하였을 것이다. 뿐만 아니라 국고세입이 감소하고 탈세지가 증가하는 정세에서 정부는 관청 수조지를 대부분 軍資로 회수하였을 것이다. 지방 수령의 군자곡 사용, 모곡 수취는 더욱 일상 현상으로 되어 갈 수밖에 없는 것이었다.

壬辰·丙子의 兩亂을 치른 뒤, 大同法을 시행하면서 아록·공수는 지급할 아록전·공수전의 田結數에 즉하되 每 결당 일정 액수의 米를 작정하여 이로써 營·官需米를 작정하여 지급하였다.[11] 토지분급제 속의 고을 아록전·공수전은 사라져 갔다.

2) 學田折給의 不實과 書院田의 登場

학전은 서울의 成均館·四學 및 지방의 鄕校에 절급하여 그 수입으로

---

11. 『萬機要覽』, 財用編 2, 免稅, 免稅式, 廩田.

학교의 수요, 문묘의 제사, 유생의 양육에 소용되는 경비와 물자를 조달하게 한 토지다. 아록전·공수전과 성질이 같았다. 고려 말 대부분 폐허가 되어 버렸던 학교와 학전은 과전제도의 시행과 병행하여 다시 복구되고 조성되어 갔다. 학전은 학교가 복구되고 설치되는 데 따라 점차 절급되어 갔다. 먼저 태조 7년(1398) 조선의 최고 학부[大學]로서 生員·進士가 입학하는 정원 200의 성균관을 일차 낙성하고 學田을 두고 復戶하였다. 그 뒤 화재가 나서 태종 7년(1407)에 다시 건립한 후[12] 養賢庫를 설치하고 贍學田의 명의로 1,035결을 절급하고, 세종 13년(1431) 다시 965결을 더 지급하여 2,000결에 달하였다.[13] 양현고 소속 섬학전의 양은 방대하였다. 그 후 양현고는 內資寺·禮賓寺·司導寺·豊儲倉·廣興倉·昭格署 등의 各司와 함께 각 고을 田稅米豆를 수납하여 그 정해진 양을 충당하고 유생의 資養에 사용하였다.[14] 세종 27년(1445) 田制詳定 때 各司位田을 폐지하여 國用田으로 전환하면서 섬학전도 함께 폐지하였다.[15]

성종 15년(1484) 興學의 방략을 한층 조직적으로 추진하면서 성균관에 학전절급이 논의되고 곧이어 400결이 절급되었다. 이 400결의 학전은 양현고의 재정지원과 상관없이 별개로 사급한 '別賜學田'이었다. 관료 개인에게 사급하는 別賜田과 같았다. 이는 그대로 법문화되었다.[16] 이 밖에 柴場 30里를 주었는데, 중앙 관서 가운데 가장 많은 액수였다.[17] 성균관에 학전을 지급한 동기는 이곳 유생이 臨試期에 성균관에

---

12. 『增補文獻備考』 203, 學校考 2, 太學 2.
13. 『世宗實錄』 148, 地理志, 京都, 漢城府, 文廟, 5冊, p.613.
14. 『世宗實錄』 107, 世宗 27년 7월 乙酉, 4冊, pp.624~625.
『世宗實錄』 110, 世宗 27년 10월 壬寅, 4冊, p.639.
15. 『經國大典』 2, 戶典, 徭賦.
16. 『成宗實錄』 172, 成宗 15년 11월 己酉, 壬子, 10冊, p.645, 647.
『大典續錄』, 戶典, 諸田.
17. 『大典後續錄』, 工典, 柴場.

寄居하는 자가 많아 常餉 외의 용도에 충당하기 위함이었다. 통상 소용되는 會講儒生의 資廩은 여전히 언제나 양현고에서 담당하였다.[18] 성균관전 400결은 경기는 私田이 많아 피하고 충청, 경상 양도에 각각 200결씩 배정하고 收稅田으로 하되, '半收其稅'하는 곧 결당 稅額의 半은 그대로 官에서 취하고 반만 田主 즉 성균관에서 징수하였다. 수세물의 出納은 사헌부 監察의 감사를 받지 않고 本館이 관장하였다.[19] 처음 절급때 收稅田, 自耕田 어느 토지로 할 것인가 논의가 있었는데 수세전으로 하되 半收하는 방침으로 낙착되고,[20] 전세의 수납도 풍저창에서 하고 監察이 出納하게 할 것인지 성균관에서 바로 收納하게 할 것인지 논의가 있었으나 自收로 정하였다.[21] 아마 전자는 自耕田으로 할 경우 耕作民의 마련이 매우 어려운 까닭이겠고, 후자는 대상이 학교이고 그 관원이 識理者여서 우대한 것이었다. 성균관을 위시한 각급 학전의 관리에 대해 나라의 배려는 두터웠다.

성균관 학전은 燕山君 10년(1504) 국왕이 성균관을 없애 유흥장으로 만들면서 함께 폐지되었으나,[22] 中宗 즉위 후 성균관을 중수하면서 다시 복구되었고, 동왕 6년(1517)에는 100결을 特賜하였다.[23] 이 토지는 수세전이 아니고 자경전이었다. 후술하듯이 성종 초 鄕校學田을 수세전이 아니라 연고 없는 無主의 전토로서 마련하고 있는 데서 볼 수 있듯이 학전에서도 수조지의 쇠퇴는 현저하여지는 추세였다. 성균관 학전 100결은 본시 廢寺한 福泉寺라는 사찰의 소유지였다. 實田이었으므로

---

18. 『中宗實錄』 10, 中宗 4년 11월 辛巳, 14冊, p.396.

19. 『大典續錄』, 戶典, 諸田.

20. 『成宗實錄』 173, 成宗 15년 12월 丙子, 10冊, p.660.

21. 『成宗實錄』 173, 成宗 15년 12월 乙卯, 10冊, p.648.

22. 『燕山君日記』 54, 燕山君 10년 7월 戊戌, 己亥, 庚子, 13冊, pp.644~645.
『燃藜室記述』 6, 燕山朝故事本末, 燕山君.

23. 『增補文獻備考』 203, 太學 2, 中宗 원년.
『中宗實錄』 13, 中宗 6년 3월 辛酉, 14冊, p.500.

의당 경작민도 마련하여 주어야 했다. 경작민은 이 사찰의 노비로서 토지 근처에 거주하는 자를 조사하여 뽑아 토지와 함께 量給하였다.[24] 명종 2년(1547)에는 노비 15구와 함께 논밭 합하여 15결을 사여하였다.[25] 이 토지 역시 自耕田이었을 것이다. 수세전 분급은 더욱 어려워진 때이고 더욱이 奴婢 15인을 절급하고 있는 까닭이다. 동왕 9년(1554)엔 金浦 泥生地를 打量하여 절급하였다.[26]

성종조 이후 명종조까지 성균관의 학전 총액은 수세전과 자경전 합하여 대략 515결이 된다. 그러나 임진왜란을 치른 후 극도로 황폐화하고 다시 원래 전결수대로 복구할 때는 수세전이 아닌 자경전으로 바뀐 듯하다. 英祖 5년(1729) 7월 법전에 실려 있는 太學田畓 400결에 대해선 出稅하지 않도록 하는 조처가 취해지고,[27] 純祖 8년(1808)경엔 鄕校學田과 함께 免稅免賦의 토지로 되어 있다.[28] 성종조에 성균관 학전 400결은 수세전으로서 충청·경상도에만 설정하였었는데, 이 시기에 오면 各衙門의 면세결 4만 6,104결 97부 9속 가운데 성균관 학전이 531결 10부 1속으로 포함되어 있고 그 설정지 또한 경기 81결 6부 1속, 호서 255결 27부 4속, 호남 164결 34부 1속, 영남 30결 42부 5속 등으로 경기 및 하삼도에 분포되어 있는 것이다.[29] 성균관의 학전 총액은 조선 최말까지도 큰 증감 없이 대략 그대로 유지되었다. 순조조에는 531결 10부 1속으로서 16결 정도가 증가하여 있는데 명종 9년에 절급한 김포 泥生地의 결수가 이것이 아닐까 한다.

지방 각 고을 鄕校의 학전은 과전제도 시행 때는 고을에 따른 지급액

24. 『中宗實錄』 91, 中宗 12년 윤12월 己丑, 15冊, p.380.
25. 『明宗實錄』 6, 明宗 2년 10월 辛亥, 19冊, p.540.
26. 『明宗實錄』 16, 明宗 9년 5월 癸卯, 20冊, p.195.
27. 『英祖實錄』 23, 英祖 5년 7월 壬午, 42冊, p.142.
28. 『萬機要覽』, 財用編 1, 免稅, 學田.
29. 『萬機要覽』, 財用編 1, 免稅, 八道四都免稅田畓結數.

에 일정한 규례가 없었다. 태종 초에 마련하기 시작하여 그 후 몇 차례 조정을 거쳐 성종 중반에 확정하여 법제로 등록하였다. 태종 6년(1406) 각 고을 향교 生徒의 정원 및 田地의 차등을 정하여, 생도는 留守官 50, 大都護府·牧官 40, 都護府 40, 知官 30, 縣令·監務 15인으로 하고, 전토는 祭田과 廩田을 분간하여 제전은 유수관·대도호부·목관 모두 6결씩, 도호부, 지관 모두 4결씩, 현령·감무는 모두 2결씩으로 늠전은 敎授官이 파견되는 고을로서 유수관 50결, 대도호부관 40결, 부관·지관 30결, 교수관이 없는 부관 이하의 각 고을은 10결씩으로 하였다.[30] 그 후 세종 27년(1445) 田制詳定 때 제전과 늠전의 구분을 없애고 학전으로 일괄하였으며 액수도 감축하였다. 점유의 다과가 고르지 않던 향교의 학전 결수를 참작하여 開城府 20결, 유수부 15결, 목·대도호부 10결, 도호부·지관 4결, 현관 2결씩으로 개정하였다.[31] 다시 성종 15년(1484)에는 주·목·대도호부·부 각 10결, 군 7결, 현 5결로 정돈하고 『大典續錄』에 등록하였다. 收稅出納은 수령이 점검하였다.[32]

鄕校學田의 설정과 개정은 다른 절급전지에 비하여 큰 특징이 있었다. 여기에는 토지분급제의 한계와 특성이 작용하고 있다. 첫째, 개정 횟수가 빈번하고 그때마다 액수가 대폭 혹은 소폭으로 감축하고 있는 점, 둘째, 『經國大典』 반포 뒤인 성종조 후반에 법전에 등록하고 있는 점이다. 여기에는 크게 두세 가지 사유가 있었다. ① 향교가 군현제의 정비에 따라 시설 규모가 정리되고 설치 고을도 증가해 감에 반하여 당초 정한 학전 액수대로 이 모두를 수조지로 절급하기 어려웠다는 점이다. 300여 곳에 달하는 고을에 1字(5結)씩만 준다 하여도 총 300여 자[1,500결]나 되며 또한 군자전으로 절급해야 하는데 그러면 군자에 손해

30. 『太宗實錄』 12, 太宗 6년 7월 乙酉, 丁丑, 1冊, p.362, 367.
31. 『世宗實錄』 109, 世宗 27년 7월 乙酉, 4冊, pp.624~625.
32. 『大典續錄』, 戶典, 諸田.

가 컸다.[33] ② 이런 점과 상관하여 고을 등급별로 액수만 정해 놓고 그때그때 교육여건이 조성된 지역부터 향교를 설치해 가면서 마련하여 주고 興學을 유도하는 것이었다. 성종조의 흥학시책은 이런 방향을 확고히 하고 본격 추진한 것으로 경기에 하삼도 위주로 하고 강원을 포함하는 선에서 강구하였다.[34] ③ 성종조의 향교 학전의 절급구상과 고을 단위의 액수작정은 ①·②의 事由에서 절급규모를 축소하지 않을 수 없었고 더욱 주목할 것은 종전처럼 收租地를 전제로 한 것이 아니었다. 職田制가 시행되고 재정이 부족하고 收稅田에 여분이 없는 형편에 학전만 새삼스럽게 종전대로 절급할 수 없었다. 成均館 학전 400결조차 '半收田' 즉 결당 田租額의 半만 징수하는 조건으로 겨우 절급하고 있는 형편이었다.[35]

이러한 사정에서 향교의 학전은 성균관 학전과 달리 출발부터 無主田의 절급을 원칙으로 하여 그 마련을 논의하였다.[36] 각 고을 定限 밖의 數外屯田, 廢止屯田, 逃亡·死亡한 絕戶田, 廢寺社田 등이었다.[37] 그러나 무주전이 흔할 리 없었다. 이상의 토지는 개간 또는 겸병의 대상이었다. 또 대부분 연고가 있었다. 그리하여 종종 소유분쟁을 동반하였다. 특히 廢寺社田을 절급받은 경우에 심하였다.[38] 혹 향교 자체에서 殖穀을 운영하기도 하고 아예 토지를 매득하기도 했으며,[39] 廢牧場을 절급받기도 하였다.[40] 燕山朝부터 寺社田을 혁파하여 학전으로 삼자는 주장이 강력하고 줄기찼다. 中宗朝에 오면 屬公된 사사전 및 둔전을 학전으로 절

33. 『成宗實錄』 173, 成宗 15년 12월 乙卯, 10冊, p.648.
34. 『成宗實錄』 116, 成宗 11년 4월 丙寅, 10冊, p.119.
35. 주 20과 同.
36. 『成宗實錄』 172, 成宗 15년 11월 己酉, 10冊, p.645.
37. 『成宗實錄』 173, 成宗 15년 12월 乙卯, 丙子, 10冊, p.648, 660.
38. 『成宗實錄』 239, 成宗 21년 4월 乙未, 癸卯, 甲寅, 乙巳, 11冊, p.585, 587, 589.
39. 『成宗實錄』 262, 成宗 23년 2월 壬子, 12冊, p.146.
40. 『明宗實錄』 16, 明宗 9년 5월 癸卯, 20冊, p.195.

급함이 보통이었다.[41] 학전 없는 향교도 많았다.[42] 학전의 조성 및 흥성의 방책이 틈만 있으면 심각하게 논의되었으나 별 방도는 없었다.[43] 학전의 조성은 無主·屬公을 확정할 권한을 가진 해당 도 및 고을의 관찰사, 절도사 그리고 수령이 대상을 물색하여 정부에 稟議하는 절차로 이루어졌다. 壬辰倭亂을 거치면서 군현은 퇴락하고 향교는 거의 완전 황폐하고 학전도 그렇게 되었다.

지방 향교와 유사한 서울 四學에도 물론 학전을 절급하였다. 태종 12년(1412) 5部學堂을 신설하고 學田 100결을 사여한 것이 시초였다.[44] 후에 北學은 폐지하고 4學(中·東·南·西)만 운영하였다. 1개 학당에 평균 20결씩 배속시켰을 것이고 이 액수는 대략 지방 향교의 학전에 준한 것으로 추정된다. 태종 6년(1406)에 제정한 향교전 가운데 留守官(50결)과 府官·知官(15결)의 사이에 있던 두 번째 大都護府·牧官 40결의 반액에 해당하며,[45] 세종조 전제상정 때 향교학전 가운데 최고인 開城府 20결[46]과 동일하다. 이 4학의 학전 총액도 그대로 유지하지 못하고 성종 15년(1484) 학전 확정과 그 후 법제화하는 단계에서 향교 학전과 함께 마찬가지로 감축하였을 것이다. 조선후기 英祖朝『續大典』단계에서 주·부 향교전 7결, 군·현 향교전 5결에 4학은 각 10결이었다.[47] 조선 말 19세기 초 순조조에 4학의 학전은 면세결 39결 19부 1속으로서 호서에 5결 37부 3속, 호남에 33결 81부 8속씩 설정되어 있었다.[48] 이 4학의 학전 역시 임진왜란 이후 自耕田으로 변경된 토지였겠다.

41. 『中宗實錄』16, 中宗 7년 8월 乙卯, 14冊, p.606.
42. 『中宗實錄』33, 中宗 13년 6월 丁亥, 15冊, p.455.
43. 『中宗實錄』41, 中宗 15년 11월 戊午, 16冊, p.1.
44. 『太宗實錄』23, 太宗 12년 5월 己丑, 1冊, p.634.
45. 주 30과 同.
46. 주 31과 同.
47. 『續大典』2, 諸田, 學田.
48. 『萬機要覽』, 財用篇1, 免稅, 八道四都免稅田畓結數.

성종조 이후 향교는 한편으로는 정비 증설되면서도 한편으로는 학전의 마련이 이를 따르지 못하는 데서 흥륭하지는 못하였다. 소유지의 획득을 통해 학전이 조성되어야 하는 여건에서 국가가 지원하는 데는 한계가 있는 반면, 양반 토호를 위시한 지주층의 성장은 급속해지고 있었고 이들의 財力을 바탕으로 새로운 學校 새로운 學田이 설립되고 보급되어 갔다. 書院과 書院田이었다. 서원은 儒林의 제창에 의해 名賢을 尙德하고 敎學하는 私學으로서 성립하는 학교였다. 중종 36년(1541) 豊基郡守 周世鵬이 安裕[珦]의 舊宅址에 白雲洞 書院을 창설하였을 때 요청에 의해 屬公한 寺祀田 및 노비 약간을 지급한 것[49]이 서원전의 시작이다. 서원전은 출발부터 소유지로서 조성되었다. 이때 서원전은 속공한 사사전으로 조성된 토지이므로 免稅地였다. 그 뒤 명종 5년(1550) 풍기군수로 나간 李滉이 상소하여 토지·노비와 御筆扁額을 사여할 것을 요청하였고, 조정은 토지·노비는 더 주지 않았고 다만 이전의 것은 그대로 확보하도록 해 주고 賜額은 들어주어 '紹修'라고 하였다.[50] 이른바 賜額書院의 시초이다.

소수서원 이후 각 고을에 서원이 경쟁적으로 성하였다. 명종 9년(1554) 황해도 鄭夢周의 서원이 토전·노비와 함께 편액이 사여되고, 선조 원년(1568) 황해도 朱子서원이 건립되어 文會로 사액되고, 8년(1575) 陶山書院이 사액받았다.[51] 16세기 말 서원은 100여 곳에 달하였다. 이에 따라 서원전도 증가하였다. 서원전은 屬公田, 寺社位田, 免役田, 免稅田, 願納田, 買得田 등으로 조성되었다. 국가절급지의 대상이 되는 것은 屬公田 외에도 屯田, 籍沒田, 毁撤書院田, 相訟田 등이 있었다.[52] 이의 마련

---

49. 『增補文獻備考』 210, 學校考 9, 祠院總論.
『明宗實錄』 10, 明宗 5년 2월 丙午, 19冊, p.682.

50. 同上.

51. 『增補文獻備考』 209, 學校考 8, 鄕學 附 書院.

52. 崔元奎, 「조선후기 書院田의 구조와 경영」, 『孫寶基博士停年紀念韓國史學論叢』, 지식

은 조정이나 관찰사 및 수령이 하였다. 屬公田, 寺社田, 免役田, 免稅田 외에는 그리고 賜額 외에는 서원에서 立廟한 인물의 子弟와 그 家門 및 弟子·後學 등이 중심이 되어 유생 자신들이 마련하였다. 賜額書院의 서원전은 면세였고 후에 면역도 되었는데 그 한도는 늘 논란이 일었다. 景宗 원년(1721)에 3결로 한정하고 영조 때 법전에 등재하였다.[53] 비사액서원은 납세함이 원칙이었다. 이 밖에 收稅地가 절급되거나 혹은 조세면세 차원에서 免稅地가 사여되었다.[54] 수세지는 서원에 민전의 수세를 넘겨주는 것으로 대개는 寺社田이 대상이었고, 면세지는 서원의 소유지에 면세해 주는 것이었다. 서원전의 면세는 명분이 서원전은 學田임으로 官學의 學田과 같이 취급해야 한다는 것이었다.[55] 서원전은 대다수가 서원의 사유지이며 공유지다. 壬辰倭亂을 겪고 官學이 피폐한 위에서 서원의 팽창은 더욱 현저해졌고 서원전 또한 관학의 학전을 압도적으로 능가하였다.[56]

3) 功臣田·別賜田의 沈降

직전의 시행과 폐지 속에시 功臣田·別賜田 등 사전도 전주권 수조권에서 제약이 커져 갔고 그 액수도 축소되어 갔다. 공신전·별사전은 沈

산업사, 1988.
李樹煥, 「조선시대 書院의 經濟的 基盤」, 『韓國中世史論叢』(李樹健敎授停年紀念), 2000.

53. 『續大典』 2, 戶典, 諸田.
『萬機要覽』, 財用編 2, 免稅, 學田.

54. 崔元奎, 주 52의 논고.

55. 玉山書院, 『呈書謄錄』, 萬曆 17년 2월.
『孝宗實錄』 18, 孝宗 8년 6월 壬辰, 36冊, pp.100~101.

56. 鄭萬祚, 『朝鮮時代書院硏究』, 集文堂, 1997.
崔元奎, 주 52의 논고.
尹熙勉, 「朝鮮後期 書院田再論」, 『吉玄益敎授停年紀念史學論叢』, 1996.

降하고 있는 것이었다. 직전제의 시행 속에서 관료 일반의 처지로선 특정 개인에 대한 공신전·별사전의 절급 및 그 존속은 커다란 특혜이고 불편하였다.

공신전·별사전의 침강은 수조방식의 변경, 전조의 公收 및 전토 자체의 감축·폐지논의, 子孫傳授의 世代數와 그 액수에 대한 한정 등 여러 형태로 진행되었다. 우선 성종 9년(1478) 私田田租의 濫收폐단의 해소를 명분으로 職田과 함께 전조수취가 官收官給으로 바뀌어 전주의 직접 수조권한이 폐기되었다.[57] 이후 직전전조의 公收 및 직전의 감축·폐지가 거론될 때 으레 함께 포함되어 공신전·별사전 전조를 국가에서 半收 혹은 全收하자는 안, 아예 토지 자체를 혁파하거나 감축하자는 안이 그때그때 형편에 따라 동시에 혹은 번갈아 가며 논의되었다. 특히 성종 15년(1484)과 23년(1492)에는 집중하여 있었다.[58]

공신전의 자손전수 범위와 그 액수의 제한논란도 함께 일어났다. 『經國大典』에 공신전은 嫡子女는 全給하고 嫡室에 자손이 없으면 良妾子孫·賤妾子孫으로서 단지 承重者에게 祭田으로 30결만 지급하고 나머지는 屬公한다는 조항[59]을 놓고 제전 30결만의 절급에 良妾子도 포함한다는 의견과 賤妾子에만 해당한다고 하는 의견이 분분하였다.[60] 국왕의 개입으로 후자 쪽으로 귀결되었으나 중종조에 가서 또 재론되었다.[61] 이와 함께 같은 조항내 공신전은 자손에 전수하되 '代盡'하면 속공한다는 구절의 '代'가 祭代라는 측과 代盡이라는 측의 논란도 빚어졌다. 祭

---

57. 『成宗實錄』 94, 成宗 9년 7월 己卯, 9冊, p.631.
58. 『成宗實錄』 161, 成宗 14년 12월 戊寅, 10冊, p.552.
『成宗實錄』 162, 成宗 15년 1월 壬辰, 乙卯, 10冊, p.556, 562.
『成宗實錄』 165, 成宗 15년 4월 甲戌, 壬午, 10冊, p.585, 587.
『成宗實錄』 201, 成宗 23년 1월 壬辰, 癸巳, 12冊, p.136, 137.
59. 『經國大典』 2, 戶典, 田宅, 功臣田.
60. 『成宗實錄』 202, 成宗 18년 4월 甲申, 戊子, 己丑, 甲午, 戊戌, 11冊, pp.203~207.
61. 『中宗實錄』 24, 中宗 11년 2월 癸亥, 15冊, p.143.

代면 2·3대에는 나라에 반환해야 하고 代盡이면 子孫이 없을 때까지 전수하는 것이었다. 이 문제 역시 일단은 代盡으로 처리되었으나 확정은 아니었다.[62] 이러한 논란·논의는 공신전의 所持家에서 사정상 嫡子孫 및 子孫의 承重이 규정대로 따를 수 없는 형편이 되어 결국 공신전을 회수당해야 하는 경우가 적지 않게 발생하는 현실에서 야기되는 것이었다. 공신전의 위치는 불안하였다. 별사전은 더하였다.

燕山君 10년(1504) 5월 국왕은 開國功臣 이후 모든 공신전과 노비의 문건을 조사·보고하게 하고 이를 모두 조정으로 환수하였다. 宴樂에 들뜨고 內寵이 수다하고 용도가 절제 없고 노비·토지의 賞賜가 헤일 수 없고 나라의 재정이 탕갈된 데 대한 보충책이었지만,[63] 시책 자체는 저러한 공신전·별사전의 침강 추세 위에서 강구될 수 있는 것이었다. 시행과정에서부터 世臣大家는 커다란 혼란을 겪고 깊은 원한을 품었다. 2년 남짓 지나 국왕은 왕위에서 축출되었다. 중종이 즉위하면서(1506) 전왕의 공신전에 대한 조처는 일체 취소하였고, 아울러 신왕 즉위에 참가한 공로자는 靖國功臣으로 책봉하고 종전과 같이 土田과 奴婢를 위시하여 여러 償典을 폈다. 그러나 그 설정이 방만하고 액수도 지나치게 방대하여 즉위 이듬해(1507) 조정에신 功臣의 노비가 3,000여 구에 이르고 그 土田이 나라의 半에 차니 그대로 시행하면 큰 폐단이 되므로 조속히 개정하자는 안이 제기되었다. 이 여론은 비등하여 숱한 논란이 이어졌다.[64] 실제 새로 공신전으로 분급할 토지는 없었다. 그러므로 元結에 포함되지 않은 量外加耕田을 절급하기도 하고 아예 사급액의 일부만 지급하거나 혹은 사패사여 뒤 수 년, 십수 년 후에 지급하기도 하였

62. 『成宗實錄』 277, 成宗 24년 5월 癸未, 12冊, p.314.

63. 『燕山君日記』 53, 燕山君 10년 5월 丁酉, 己亥, 13冊, pp.623~624.

64. 『中宗實錄』 4, 中宗 2년 12월 丙子, 庚辰, 辛巳, 癸未, 甲申, 乙酉, 丙戌, 戊子, 庚寅, 14冊, pp.210~215.
『中宗實錄』 5, 中宗 3년 1월 癸卯, 14冊, pp.217~218.

다.[65]

이러한 형세에 중종 6년(1511) 이후 녹봉과 함께 공신전·별사전의 감축논의가 나오고,[66] 10년(1515) 이후부터는 일정 연한씩 수시로 그 전조를 국용에 충당하는 사태가 전개되었다.[67] 아울러 이 무렵엔 공신전의 전수대상과 액수가 더욱 제한되었다. 良賤妾子는 祭田명목으로 30결만 지급하고 나머지는 屬公하였다.[68] 그러나 이 모두는 수조지에 한하는 것이었다. 土田 즉 實田으로 절급된 것은 代盡屬公에 포함되지 않았다. 中宗朝 중반에 이르면 직전·공신전·별사전의 田稅는 모두 국용에 돌려도 그 액수가 3~4천 석에 불과하였다. 공신전·별사전의 총액은 현저히 감축되어 있었다.[69] 대부분 世代가 지나가면서 나라에 회수되어 간 것이다.

4) 寺社田의 大減縮과 王室에 接屬

양반 사대부의 수조지가 質量에서 위축·감소하고 국고는 궁핍을 더하여 가는 추세에서 寺社田의 처지는 더욱 흔들렸다. 직전제가 실시되면서는 특히 더하였다. 양반관료는 일제히 정면으로 이의 혁파를 거론하고 나섰으며 그 여론도 태종·세종조보다 훨씬 격렬하였다. 양반 사대부층과 거리를 두고 있고 사원, 사원경제와는 연계가 견고한 국왕·

---

65. 金玉根,『韓國土地制度史硏究』, 大旺社, 1980, pp.260~261.
66. 『中宗實錄』 14, 中宗 6년 9월 丁丑, 14冊, p.532.
    『中宗實錄』 16, 中宗 7년 7월 壬申, 14冊, p.597.
67. 『中宗實錄』 22, 中宗 10년 5월 丁未, 15冊, p.81.
    『中宗實錄』 35, 中宗 14년 3월 丙申, 15冊, pp.512~513.
    『中宗實錄』 55, 中宗 20년 11월 己卯, 16冊, p.472.
68. 주 61과 同.
    『經國大典註解』, 戶典, 功臣田.
69. 『中宗實錄』 56, 中宗 21년 1월 庚子, 16冊, p.492.
    『中宗實錄』 57, 中宗 21년 9월 甲申, 16冊, p.527.

왕실이 이 공세에 맞서 나갔다. 그 결과 사사전은 대대적으로 감축되면서도 대부분 관료의 당초 계산과는 달리 왕실 속으로 접속되었다.

寺社田의 革罷論議는 성종조 중반부터 극렬하였다. 성종 9년(1478) 당시 각 도 사사전은 총 1만 결 정도였다.[70] 혁파의 명분과 논거는 從仕無祿者의 녹봉지급, 守信・恤養의 田土 복구, 學田 마련 등 양반관료의 후생 및 교육기관의 육성, 혹은 國用・軍資 등 국가재정의 보충 등 여러 가지였다. 그때마다 국왕・왕실은 유래가 오래되고 先王 때부터 있었던 것이라고 허락하지 않았다. 관료들은 職田・功臣田・別賜田도 선왕이 제정한 것이라고 맞서기도 하였지만 허사였다.[71] 성종 15년(1484) 군자의 고갈이 극심하여 세조 때 100만 석이나 되던 것이 50만 석에 불과하다는 보고[72]와 함께 사사전의 처리 논의가 다시 비등하였다. 논의는 크게 두 방면이었다. 하나는 寺社田稅를 公收하여 국용에 보태자는 안으로서, 직전・공신전・별사전에선 이미 이렇게 하기로 확정한 것과 상관이 있었다.[73] 또 하나는 직전・공신전을 감축 혹은 폐지하면서 사사전도 포함하자는 것이었다. 두 방안은 내용이 다르고 방식도 전자는 구체적 현실적인 반면 후자는 통괄적 괴리적이나 실제 효과는 유사하여 서로 뒤섞여 제시되고 논란되었다. 그러나 국왕의 답변과 태도는 변함없

---

70. 『成宗實錄』 96, 成宗 9년 9월 辛酉, 9冊, p.647.
    본서 3장 3절의 2 참조.

71. 『成宗實錄』 91, 成宗 9년 4월 壬子, 9冊, p.583.
    『成宗實錄』 95, 成宗 9년 8월 甲寅, 9冊, p.646.
    『成宗實錄』 96, 成宗 9년 9월 辛酉, 壬戌, 戊寅, 壬午, 9冊, pp.647~652.
    『成宗實錄』 120, 成宗 11년 8월 戊午, 10冊, p.154.

72. 『成宗實錄』 165, 成宗 15년 4월 甲戌, 10冊, p.585.

73. 『成宗實錄』 161, 成宗 14년 12월 戊寅, 10冊, p.552.
    『成宗實錄』 162, 成宗 15년 1월 乙卯, 10冊, p.562.
    『成宗實錄』 167, 成宗 15년 6월 癸亥, 甲子, 戊辰, 壬申, 癸酉, 10冊, pp.598~600.
    『成宗實錄』 169, 成宗 15년 8월 戊午, 辛酉, 10冊, p.612, 614.
    『成宗實錄』 184, 成宗 16년 10월 甲辰, 11冊, p.66.

었다. 다만 전자의 주장과 관련하여 大慈寺・藏義寺・覺林寺 세 개 사찰의 전세만 2/3를 公收하도록 하였다.[74] 그리고 성종 22년(1491) 국왕 말년에 지금까지 직전・공신전・별사전과 달리 여전히 自收하던 사사전의 전세를 비로소 官收官給하였다.[75] 사사전 전세의 관수관급 요구는 일찍부터 대두하고 끈질기게 이어졌으나[76] 혁파론에 가려 있었다.

寺社田이 대변혁을 맞게 되는 때는 燕山朝에 와서부터였다. 연산군 원년(1495)부터 學田 혹은 王子君의 賜田으로 충당하자는 제안을 위시하여 여러 명목의 혁파안이 끊이지 않았다. 동왕 9년(1503) 그간 국고・내탕이 심히 고갈되어 대간의 요청에 따라 陵寢・內願堂 소속 사찰 외에 모든 사사의 토지와 노비를 몰수하도록 명하였으나 大妃의 반대로 이듬해(1504) 정월 철회하였다.[77] 공신전을 탈취하여 측근에게 別賜하는 조치가 착수된 때가 이 해 5월이었다.[78] 다시 이듬해(동왕 11년, 1505) 12월 국왕은 先王先后가 설치한 사사의 전지 곧 水陸・陵寢・內願堂 田畓을 포함한 모든 사사전의 혁파와 몰수를 명령하였으나[79] 곧 王位에서 축출(동왕 12년, 1506년 9월)됨으로써 실행되지 못하였다. 연산군의 사사전 혁

74. 『成宗實錄』 162, 成宗 15년 1월 壬辰, 10冊, p.556.
『成宗實錄』 165, 成宗 15년 4월 壬午, 10冊, p.587.
『成宗實錄』 166, 成宗 15년 5월 丙申, 己亥, 辛丑, 壬寅, 癸卯, 甲辰, 10冊, pp.590~591.
『成宗實錄』 183, 成宗 16년 9월 庚午, 11冊, p.55.

75. 『成宗實錄』 251, 成宗 22년 3월 庚寅, 12冊, p.3.
『成宗實錄』 272, 成宗 23년 12월 戊午, 12冊, p.261.

76. 『成宗實錄』 7, 成宗 원년 9월 戊寅, 8冊, p.530.
『成宗實錄』 10, 成宗 2년 4월 丁卯, 8冊, p.568.
『成宗實錄』 161, 成宗 14년 12월 戊寅, 10冊, p.552.
『成宗實錄』 167, 成宗 15년 6월 甲子, 壬申, 癸酉, 10冊, pp.599~600.
『成宗實錄』 169, 成宗 15년 8월 戊午, 10冊, p.612.

77. 『燕山君日記』 49, 燕山君 9년 4월 甲子, 13冊, p.560.
『燕山君日記』 49, 燕山君 9년 5월 甲戌, 13冊, p.561.
『燕山君日記』 52, 燕山君 10년 1월 戊辰, 13冊, p.588.

78. 주 63과 同.

79. 『燕山君日記』 60, 燕山君 11년 12월 乙丑, 14冊, p.31.

파시도는 집행단계에서 중지되었으나 그 길은 활짝 뚫은 것으로, 국왕을 폐위하고 신왕을 옹립한 양반관료들에게 연산의 이 조치는 '廢主의 美事'였다.[80]

中宗 원년(1506) 10월 신왕 즉위 직후 水陸·陵寢寺, 內願堂의 各寺位田을 제외한 사사전의 혁파·몰수가 시달되었다. 前王 때 혁파하였던 이 세 곳 소속의 사찰전토는 다시 환급되었다.[81] 관료들은 연산조 때와 마찬가지로 예외 없이 모든 사사전을 혁파·몰수하고 功臣田으로 충당해야 한다고 반대하였다. 그러나 본래 조치대로 집행되었다.[82] 사사전의 혁파는 명령 하나로 일거에 완료될 일이 아니었다. 사원전 전토 형성의 유래가 오래되고 문건으로만 확인되는 것만이 아니어서 그 혁파는 推刷作業을 동반하며 점차 수행되는 것이었다. 완료까지는 오랜 기간이 소요되었다. 중종조 초기에 폐지한 사사전은 주로 鄕校에 절급하여 學田으로 충당하였다.[83] 성균관에 學田 100결이 사급된 때도 이 무렵이었다.[84] 일부는 公主·王子君에 賜田으로 사여되기도 하였다.[85] 사사전 가운데 비옥한 곳은 宰相·朝士가 自占하여 사사로이 소유하기도 하였고 일반 민인도 耕食하였다.[86] 그러나 중종 11년(1516) 6월 왕실의 私藏問題로서 관료와 국왕 사이에 오랜 세월 공박논란을 빚던 內需司 長利를 忌晨祭와 함께 혁파하여 일단락 지은 뒤 사정이 바뀌었다. 內用의 보충책으로 8도의 사사전을 샅샅이 搜括하여 내수사로 소속시키고 매년 委差를 파견하여 소출을 거두어 官倉에 날라 들여 內間의 여러 供上

---

80. 『中宗實錄』 1, 中宗 원년 10월 庚午, 14冊, p.90.

81. 『中宗實錄』 1, 中宗 원년 10월 庚午, 丁卯, 庚午, 14冊, pp.88~91.

82. 『中宗實錄』 1, 中宗 원년 10월 庚午, 辛未, 14冊, p.91.
『中宗實錄』 1, 中宗 원년 11월 丙子, 戊寅, 甲申, 丁亥, 癸巳, 14冊, pp.92~97.

83. 『中宗實錄』 10, 中宗 5년 3월 壬申, 14冊, p.417.

84. 『中宗實錄』 13, 中宗 6년 3월 辛酉, 14冊, p.500.

85. 『中宗實錄』 19, 中宗 8년 11월 癸未, 14冊, p.697.

86. 『中宗實錄』 9, 中宗 4년 9월 丙辰, 14冊, p.365.

에 채비[差備]하는 것이었다.[87] 내수사로 사사전이 移屬되는 과정에서 그간 貢賦 외에 雜役免除의 혜택[88]을 노려 투탁해 있던 民田 곧 개인 사유지도 함께 내수사로 편입되는 폐단이 많아 물의가 컸다.[89]

중종 재위 40년간 사사전의 감축과 퇴락은 대세였다. 그러나 明宗이 즉위한 후 십수 년간 사사전은 다시 복구되고 흥성하였다. 궁중 안에서 文定大妃가 불교를 극력 숭상하고 승려 普雨를 중용하면서 그와 함께 사원과 사원전의 복구・신설을 열성껏 꾀하였다. 이는 왕실 특히 內需司를 기구로 하고 內願堂을 축으로 하여 진행하였다. 명종 4년(1549) 내수사의 佛事崇尙으로 인하여 減削되었던 寺社田民이 차츰 환급되고 여러 山寺의 住持處가 복구된 곳이 많으며 陵寢寺社에는 승도가 날마다 넘쳐난다는 비난이 공론으로 일었고[90] 寺社田民의 복구를 중단하라는 요구가 줄을 이었다. 내수사가 사사전의 복구를 위해 중종조와는 정반대 방향으로 사사전을 추쇄하는 과정에서 사사전을 칭탁하여 民田侵奪을 감행하는 사태가 수시로 발생하고 이로 말미암은 소유권 분쟁이 명종 8년(1553)경에는 내원당에 거의 400건이나 되었다.[91]

중종조・명종조 내수사의 民田奪占은 사사전의 폐지와 복구 어느 쪽도 기회가 되어 이루어졌다. 당시 中外의 巨刹은 내원당으로 지목되지 않은 곳이 없다 할 정도였다. 명종 5년(1550)에 벌써 79개소였던 것이 4년 뒤(명종 9년, 1554)에는 3～4천이라고 이를 만큼 엄청났다. 이 모두에는 禁標를 세워 여러 산에서 서로 바라보는 형세였고 內需司가 수호하였다.[92] 명종 5년에는 내원당 사찰을 지정함과 함께 오랫동안 폐지되었

---

87. 『中宗實錄』 25, 中宗 11년 6월 壬子, 15冊, p.185.

88. 『經國大典』 4, 兵典, 復戶.

89. 『中宗實錄』 31, 中宗 12년 윤12월 壬辰, 15冊, p.381.

90. 『明宗實錄』 9, 明宗 4년 8월 甲辰, 19冊, p.655.

91. 『明宗實錄』 14, 明宗 8년 3월 己卯, 辛巳, 戊戌, 20冊, pp.116～119.

92. 『中宗實錄』 10, 中宗 5년 3월 乙亥, 19冊, p.685.

던 兩宗을 복구시켜 奉恩寺를 禪宗, 奉先寺를 敎宗의 대본산으로 삼고,[93] 그리하여 2년 뒤 명종 7년(1552)에 가면 持音·住持를 파견한 사찰이 296寺가 늘어 당초 99寺와 합쳐 모두 395寺였다.[94] 이에 따라 수조지 혹은 토지가 다시 환급되거나 새로 절급되었다. 대부분은 과거 사사전이었다고 칭탁하여 민전을 탈취하여 지급하는 것이었다.[95]

폐지된 寺社 및 그 田民의 복구는 그 소속을 내원당 사찰로 함으로써 이루어지고 있었다. 명종 7년(1552) 당시, 본래부터 수조지를 가지고 있던 사찰은 陵寢寺 가운데 왕실 私財로 창건한 奉先寺·奉恩寺·正因寺 세 곳이었다.[96] 이 가운데 봉선·봉은 두 절의 전토는 각각 '田結 四十字' '水陸 十字'로서[97] 수조지는 40字(1字5結) 곧 200결씩 있었다. 그리고 선종과 교종 양종의 田稅는 別賜田의 예에 의해 公收 때에도 제외되어 그대로 사찰에 절급하였다.[98] 명종 11년(1556), 전년에 乙卯倭變을 거치고 이 해 직전이 폐지하고 관료의 신랄한 반대로 양종도 일시 폐지하게 된 여건에서, 능침사 소속 수조지의 혁파 주장은 일층 강렬해졌으나 수용되지 않았다. 왕실능침의 수호와 국가·왕실의 안녕을 위한 사찰의 것이므로 폐지할 수 없다는 이유였다.[99]

명종조 내원당 중심의 사사전 복구는 권세로 실현된 것이어서 권세로 폐기될 소지를 안고 있었다. 계기는 문정대비의 作故였다(1565). 명

『中宗實錄』 16, 中宗 9년 5월 戊午, 20冊, p.198.

93. 『明宗實錄』 10, 明宗 5년 12월 甲戌, 19冊, p.726.

94. 『明宗實錄』 13, 明宗 7년 1월 庚戌, 30冊, p.72.

95. 당시에 이런 형세가 심하여, 본래 寺社位田에는 永給處가 있고 民田收稅處가 있는데 수세하는 민전을 寺社의 永屬이라고 칭하여 내수사에 빼앗아 주는 것은 부당하니 양자를 분간이라도 하여야 한다는 지적까지 있었다(『明宗實錄』 10, 明宗 5년 9월 乙未, 19冊, p.718).

96. 『明宗實錄』 13, 明宗 7년 정월 辛亥, 20冊, p.72.

97. 『明宗實錄』 20, 明宗 11년 6월 丙申, 20冊, p.344.

98. 『明宗實錄』 25, 明宗 14년 12월 甲寅, 20冊, p.538.

99. 『明宗實錄』 20, 明宗 11년 6월 壬辰, 甲午, 丙申, 庚子, 20冊, pp.343~344.

종 21년(1566) 7월 호조는 양종이 이미 혁파되었으니 각 도 사찰의 位田 및 收稅田을 남김없이 추쇄하여 군자에 보충하자고 하였고, 국왕은 이에 대해 陵寢寺 및 仍屬內願堂寺刹을 제외한 나머지 사찰의 位田을 빠짐없이 추쇄하도록 명하였다.[100] 신료들은 有田寺刹로서 내원당에 속하지 않은 곳이 거의 없다하여 반대하고 모두 屬公하고자 하였으나,[101] 국왕은 중종 1·2년(1507·1508) 및 11·12년(1516·1517)에 있은 교지에 내수사에 소속시킨다는 방침이 있음을 참작하고 근거로 삼아 결국 능침사 소속의 토지는 그대로 남겨 두고 내원당의 전지는 내수사에 이속시켜 내수사 소관의 전토로 삼게 하였다.[102] 당시 史官은 이 점을 들어 사찰에서 거두어 내수에 들여 나라에 이익이 없는 것은 마찬가지라고 하였다.[103]

명종조의 사사전 복구와 폐지는 전국 중요 사찰 대다수를 內願堂에 망라하고 이곳에 민전침탈도 동반하며 막대한 사사전을 다시 복구하여 주었다가 말년에 다시 혁파하면서 내수사전으로 삼아 왕실 토지로 점거한 과정인 셈이었다. 사사전의 복구 및 혁파는 왕실 소유지의 팽창이고 그 귀결이었다. 성종조에서 명종조에 걸친 근 100여 년 간 왕실과 관료 사이에 야기된 사사전 분쟁은 이렇게 종결되었다. 寺刹은 삼국초기 이래 고려를 거쳐 조선에 이르러선 특히 중종, 명종조에 와선 대체로 왕실의 능침을 수호하고 왕실의 안녕을 기원하는 데로 자리하고 그 전토의 총액도 현격히 감축되었다.

---

100. 『明宗實錄』 33, 明宗 21년 7월 庚子, 21冊, p.99.
101. 『明宗實錄』 33, 明宗 21년 7월 辛丑, 21冊, p.99.
102. 『明宗實錄』 33, 明宗 21년 7월 癸卯, 21冊, p.99.
103. 『明宗實錄』 33, 明宗 21년 7월 壬寅, 21冊, p.99.

3. 屯田·籍田의 經營變動과 民田化

토지제도의 변동은, 과전제도의 토지조세체계가 쇠퇴함과 함께, 國·官有地인 屯田 및 籍田에서도 일어났다. 토지분급제와 전주전객제 아래서 둔전·적전의 경작과 경영은 軍人 내지 奴婢·良人 등을 동원하여 이들의 軍役 및 身役·徭役 등 公役의 賦役勞動에 입각함이 定式이었으나, 전자가 폐지·해체됨에 병행하여 후자 역시 모순이 노정·심화하고 새로운 형태로 변모하여 가는 것이었다.

그 구체 양상과 연유는 여러 가지였으나 기본은 경작민의 반발과 토지겸병의 압박이었고, 궁극으로는 국가권력과 이에 의해 사역되는 부역노동과의 상관에서 이루어지는 경제적 사회관계의 해체와 지주제의 발달이었다. 둔전과 적전은 경작농민에 대한 국가의 직접 勞役收取가 한계에 이르고 있어 새로운 경영방식의 도입은 필연이었다. 둔전의 경영형태는 並作經營으로 전환되고 있었고 이와 함께 겸병의 대상이 되어 民田化하면서 쇠퇴하여 갔다. 종전대로 부역경작도 존속하였고 지역에 따라선 강화되는 것도 있었으나 대세는 아니었다. 적전 역시 상당 부분이 民田化하여 쇠락하고 남은 농지 역시 並作經營으로 변동하였다. 둔전·적전의 경영변동과 사유지화는 국가, 양반·토호, 생산자 농민 사이의 力關係가 지주제의 진전과정에서 표출되는 여러 양상의 집약이었다.

1) 屯田의 賦役耕作問題와 並作經營

世祖代에 둔전제가 일단 정비될 때까지 국둔전과 관둔전은 여러 차례 置廢를 반복하였다. 연유는 그때그때 여러 가지였으나 基底에는 항상 경작농민의 고충과 반발이 있었다. 각급 통치기관은 둔전경작에 필요한 노력을 國役體系를 이용하여 해결하고 있었다. 農牛·農器나 種子

등 경작에 소요되는 물자 역시 기관에서 준비하였다. 둔전은 公役 좀 더 정확히 말하면 賦役을 황무지 위에서 農業勞動으로 전환시켜 경영되는 점에서 국가권력과 부역노동의 관계를 기본전제로 하고 있는 토지였다.

國屯田의 경작에는 특히 軍人을 사역함이 원칙이었고 또 실제 대다수였다.[1] 鎭守軍 특히 船軍, 이 밖에 正兵, 破敵衛, 彭排, 攝六十, 次正軍, 守城軍, 雜色軍 등 거의 모든 병종이 동원되었다. 군인만이 아니었다. 公奴婢의 일부로서 太宗 6년(1406) 사찰의 토지·노비에 대한 정리로 획득한 革去寺社奴婢[2] 대략 8만 명 정도 가운데, 일부가 軍器監 등 중앙 각 관서에 分屬되고, 대부분은 典農寺에 소속되었다. 전농시에 소속된 혁거사사노비는 그대로 자기 거주지에 常住하면서 屯田耕作에 使役되었다.[3] 특히 동원할 군인이 없거나 부족한 內陸地方이나 둔전의 규모가 방대한 경우에 그러하였다.[4] 이밖에 중앙 각사에 소속된 外居奴婢도 동원하였다.[5] 그러나 국둔전의 경작이 부역노동에 의해서만 이루어지지는

---

1. 『經國大典』 2, 戶典, 屯田.
   李載龒, 「朝鮮前期의 水軍」, 『韓國史研究』 5, 1970(同, 『朝鮮初期社會構造研究』 수록, 一潮閣, 1984).
   『世宗實錄』 地理志에 의하면 당시 軍丁總額은 9만 6,259명이었는데, 이 가운데 船軍은 4만 9,337명으로서 나머지 全兵種의 수를 능가하고 있다.
   『世祖實錄』 40, 世祖 12년 12월 丁酉, 8冊, p.52.
   『世祖實錄』 39, 世祖 12년 8월 丙辰, 8冊, p.36.
   『世宗實錄』 98, 世宗 24년 12월 癸卯, 4冊, p.451.
   본서 Ⅳ편 1장 1절.
2. 韓㳓劤, 「麗末鮮初의 佛敎政策」, 『서울大論文集』 6, 1957(同, 『儒敎政治와 佛敎』 수록, 一潮閣, 1993).
   林英正, 「李朝初期 公賤에 대한 研究」, 『史學研究』 23, 1973.
   본서 Ⅳ편 3장 2절 참조.
3. 『太宗實錄』 11, 太宗 6년 4월 辛酉, 1冊, p.353.
4. 『太宗實錄』 16, 太宗 8년 9월 壬戌, 1冊, p.451.
   『太宗實錄』 35, 太宗 18년 정월 甲子, 2冊, p.200.
5. 『世宗實錄』 28, 世宗 7년 4월 癸亥, 2冊, p.666.

않았다. 국둔전의 경영은 국가에 의한 일종의 農莊經營이었다. 국둔전 설치지역에 사역할 만한 군인이나 노비가 없거나 혹 있다 해도 군사방어를 허술히 할 수 없는 지역에서는 農民勞力을 징발하였다.[6] 농민노력의 징발은 軍額把握의 불철저나 軍人使役이 현실상 불가능한 데서도 일어났다.

국둔전에서 군인·노비에 의한 경작이나 농민요역에 의한 경작이나 병폐가 항상 따랐다. 農力이 집중으로 투하되어야 할 耕墾·耘耔·收穫의 농사철에 둔전과 자기 농지를 이중으로 경작하여야 하는 과중한 부담 하에서, 군인이나 노비는 둔전경작에 우선 동원됨으로써 자기 농지는 廢農하게 되는 사태가 발생하고, 地方官은 이를 피하려고 民力을 동원하면 일반 농민이 같은 피해를 받는 것이었다.[7] 이는 기본적으로 국둔전의 경영이 兵農一致라는 軍役體系나 奴婢의 身役體系에 기반을 두고 있는 데서 나타나는 사태였다. 이러한 폐단은 부역노동을 농업노동으로 전환시키는 데서도 발생하고 있었고, 또 그러한 원칙을 넘어서서 농민노력의 사역하는 데서도 야기되고 있었다. 경작민의 반발과 항거는 심하였고 생산성은 저조하였다.[8]

주 1의 5단.
『世祖實錄』 36, 世祖 11년 5월 戊午, 7冊, p.685.

6. 『太宗實錄』 33, 太宗 17년 윤5월 辛巳, 2冊, p.170.
『世宗實錄』 23, 世宗 6년 정월 辛丑, 2冊, p.575.
『世宗實錄』 105, 世宗 26년 7월 辛酉, 4冊, p.570.

7. 주 1의 3단.
『世宗實錄』 30, 世宗 7년 11월 庚申, 2冊, p.523.
『世宗實錄』 92, 世宗 23년 5월 丁酉, 4冊, p.341.
『世宗實錄』 109, 世宗 27년 9월 戊寅, 4冊, p.637.
주 1의 5단.

8. 『世宗實錄』 23, 世宗 6년 정월 辛丑, 2冊, p.575.
『世宗實錄』 35, 世宗 9년 2월 丙戌, 3冊, p.64.
『文宗實錄』 2, 文宗 즉위년 6월 戊戌, 6冊, p.246.
주 1의 3단.

조선정부가 국둔전의 경영을 지속하여 가려면 경작노력의 조달 문제에 대한 새로운 해결방안을 모색하여야 했다. 구상은 世祖朝 『경국대전』이 완성된 직후부터 표면화되어 여러 방안이 제시되었는데, 어느 안이나 공통으로 제시한 것은 경작농민과의 대립 해소와 그 전제로서 국둔전 수익의 분배였다. ① 경작군인에 대해 수확의 반을 그 力役의 다소에 따라 論賞형식으로 분배하는 안,[9] ② 경작면적을 5·6石落 이하와 7·8石落 이상으로 구분하여 전자에는 人吏·日守·奴婢의 노력을 동원함으로써 船軍의 勞役을 감소시켜 보자는 안,[10] ③ 국둔전을 부근의 농민에게 量給하여 경작하게 하고 그 수확의 1/3을 징수하자는 안[11] 등이 그런 것이었다. 이 가운데 ③안은 부역노동에 의한 경작방식을 폐지하고 지주경영을 시도하여 1/3의 지대를 수취하는 佃戶制로 운영하자는 것으로서 당시 병작제가 널리 보급되고 있던 농촌현실을 감안한 것으로 보인다.

官屯田에서도 사정은 마찬가지였다. 관둔전은 각급 官廳에 직접 소속되어 있는 노역 곧 人吏·官奴婢로 경작함이 원칙이었다.[12] 특히 관노비의 비중이 절대적이었다. 정부는 각급 고을 관둔전의 면적을 定限함에 전후하여 각 고을에 官奴婢의 정원을 세웠으며, 문종 초에 그 수는 유수부 50명, 대도호부·목관·대도호부 40명, 지관 30명, 현관 20명씩이었다.[13] 관둔전 경작에서 관노비의 사역은 하나의 기본원칙이었다.[14] 世

9. 주 1의 4단.
10. 『世祖實錄』 36, 世祖 11년 7월 辛未, 7冊, p.696.
11. 同上.
12. 『經國大典』, 戶典, 務農.
『世祖實錄』 30, 世祖 9년 6월 癸亥, 7冊, p.576.
13. 『文宗實錄』 8, 文宗 원년 6월 戊辰, 6冊, p.394.
본서 Ⅳ편 1장 2절 참조.
14. 『世宗實錄』 26, 世宗 6년 10월 丁未, 2冊, p.626.
『世宗實錄』 30, 世宗 7년 11월 甲子, 2冊, p.703.

祖代는 이 관둔전의 상한이 2배로 증가되었는데 아마 관노비의 숫자도 늘어났을 것이다. 이 밖에 日守도 사역되었다.[15] 관둔전에서도 本役이 부과되어 있는 人吏·奴婢를 사역하여 怨咨가 생기고 끝내는 利得도 없게 되는 것, 자기농지도 경작하고 있는 자에게 관둔전의 경작이 큰 고통이 되는 것 등 국둔전과 마찬가지 문제를 야기하였다.[16] 해당 군영의 군인사역 특히 船軍의 노역이 압도적인[17] 州鎭의 관둔전 즉 浦鎭屯田에서도 경작문제는 컸다. 船軍은 1개월분의 식량까지 自擔하면서 갖은 雜役에 사역되고 있어 양식을 부담할지언정 둔전경작은 하지 않겠다고 하였다.[18] 더욱이 둔전의 수확은 수령에 의해 私取되었다.[19]

관둔전의 경영부실은 경작농민의 반발 그리고 이런 현실과 연관을 가지면서 민인 특히 위세 양반에 겸병되는 데서 연유하였다. 국둔전에서처럼 일반 농민의 사역도 빈번하였다. 관둔전에서 민력사역은 지방관의 貪虐에 의해서도 자행되었고 권세가가 수령과 협잡하여 私取한 경우에도 발생하였다.[20] 관둔전 제도는 世祖代에 정비되면서 곧 이어 並作經營論이 제의될 만큼 收益分配의 문제가 현안이었고,[21] 토지겸병으로

『文宗實錄』 2, 文宗 즉위년 7월 庚申, 6冊, p.260.

15. 『太宗實錄』 35, 太宗 18년 4월 壬午, 2冊, p.213.

16. 『文宗實錄』 13, 文宗 3년 2월 壬寅, 7冊, p.14.

17. 주 2의 하단.
『世宗實錄』 54, 世宗 13년 11월 己未, 3冊, p.352.
『世祖實錄』 19, 世祖 6년 2월 辛亥, 7冊, p.367.

18. 李載龒, 주 1의 논고.
『定宗實錄』 1, 定宗 원년 정월 戊寅, 1冊, p.143.
『太宗實錄』 11, 太宗 6년 4월 戊辰, 1冊, p.355.
『世宗實錄』 51, 世宗 13년 2월 庚申, 3冊, p.296.
『世宗實錄』 37, 世宗 9년 7월 辛亥, 3冊, p.84.

19. 『文宗實錄』 7, 文宗 원년 4월 丙戌, 6冊, p.301.

20. 『世宗實錄』 39, 世宗 10년 2월 壬戌, 3冊, p.114.
『世宗實錄』 52, 世宗 13년 6월 乙巳, 3冊, p.323.
『端宗實錄』 9, 端宗 원년 11월 丙辰, 6冊, p.638.

인해서는 定額에 아주 못 미치거나 전혀 없는 고을이 적지 않았다.[22]

둔전경영의 不實을 타개하기 위한 방안이 설정되어 정착을 본 것은 睿宗 원년(1469) 6월이었다. 제반 폐단의 근원이 경작민 노동의 무상수취와 관의 수확독점에 있으므로 屯田을 일반민에게 대여하여 경작하고 그 수확의 반을 대가로 지급한다는 방침이었다. 병작반수제의 도입안으로서 둔전을 병작제에 의한 지주경영으로 전환시켜 종래 노동력의 직접수취방식을 생산물의 간접수취형태로 이행시켜 해결하는 것이 핵심이었다. 이와 함께 船軍에 대해서는 他役에 동원함을 금지하고 오직 본 업무인 治船 및 防禦에 전력하게 하라는 시달이 뒤따랐다.[23]

둔전의 경영이 전환되는 근본원인은 경작농민의 반발과 생산성의 저조였다. 그리고 그 여건제공은 양반 관료층이나 토호의 대토지사유의 진전에 따른 지주제의 발달에 있었다. 사적 소유지 民田·農莊이 병작제에 입각하고 경작농민의 免役을 보장하면서 생산물의 일부를 수취하는 지주경영으로 성행하여 가고 있고,[24] 병작제의 보급은 농민층의 분화를 수반함으로써 이 기반을 흔들어 軍役·徭役에서 노동력의 직접수취라는 기본원칙은 무너져 가면서 代役制·布納制가 역부담자의 自意나 행정관의 便宜에 의해서 광범히 전개되어 가는[25] 실정에서 둔전의 부역

---

21. 『睿宗實錄』 6, 睿宗 원년 6월 辛酉, 8冊, p.386.

22. 『成宗實錄』 24, 成宗 3년 11월 丙申, 8冊, p.693.
『成宗實錄』 44, 成宗 5년 윤6월 辛丑, 9冊, p.121.
『成宗實錄』 104, 成宗 10년 5월 癸酉, 10冊, p.16.

23. 주 22와 同.
『睿宗實錄』 6, 睿宗 원년 6월 甲子, 8冊, p.388.

24. 金鴻植, 「李朝初期에 並作制成立의 歷史的 條件」, 『東洋史硏究』 33, 1974, pp.2~4.
周藤吉之, 「麗末鮮初의 農莊에 대하여」, 『靑丘學叢』 7, 1934.
拙稿, 「朝鮮前期 地主層의 動向」, 『朝鮮前期土地制度硏究』[II], 지식산업사, 1998.

25. 金錫亨, 「李朝初期 國役編成의 基柢」, 『震檀學報』 14, 1941.
金鴻植, 「李朝의 役制와 土地所有」, 『農林業問題硏究』 37, 1974.
李泰鎭, 「軍役의 變動과 納布制의 實施」, 『韓國軍制史－近世朝鮮前期篇』, 陸軍本部 1968.

제 경영원칙은 고수하기 어려웠다.

둔전이 並作半收制에 의해 경영됨에 따라 여러 새로운 양상과 문제가 발생하였다. 우선 관리·운영상에서 官廳의 직접 경영이 후퇴하였다. 둔전의 耕種·耘耔·收穫 등 모든 경작과정이 並作農民에 의해 주도됨으로써 각급 관청은 地主의 위치에 서게 되고 이 위에서 경영과 관리에 힘쓰게 된 것이었다. 그러나 각급 관아의 수령이나 그 예하의 衙前에게서 민전 지주지에서 이루어지는 地主經營과 같은 철저한 관리나 운영을 기대하기는 힘들었다. 이런 점은 관둔전에 비해 수령과 직접적인 이해관계가 없는 國屯田에서 더욱 심각하였다. 이 때문에 관찰사가 수령의 勸農勤慢을 검찰하고 매년 국둔전의 結負數와 收租額을 조정에 보고하게 하는 지침도 세웠다.[26]

물론 모든 둔전이 병작반수제로 경영되는 것은 아니었다. 둔전은 대개가 荒蕪地의 개간을 통하여 설치되는 토지여서 특별히 비옥한 땅을 제외하고는 생산성이 낮은 것이 보통이고, 그 가운데는 並作半分의 조건으로는 경작될 수 없는 척박지도 적지 않았다. 이런 여건의 둔전은 貧民에게 분급하여 收稅하는 조치도 취하였다.[27] 그러나 並作經營이 혹 가능하다 하여 무조건 병작으로 진환하고, 혹 불가능하다 하여 모두 貧民에게 할급할 수도 없었다. 토질은 비옥하나 地廣人稀하여 병작할 농민이 없는 지역이나 농민층의 분화가 미진하여 빈농이나 무전농민이 적은 지역에서는 부역노동에 의한 경작방식을 유지하였다. 실제 成宗代에 들어와 屯田開拓이 강화되면서[28] 평안도·함경도 지방의 둔전에서는 軍士勞動에 의한 경작이 계속되고 있었고,[29] 뿐만 아니라 남부 지방에서

---

26. 『睿宗實錄』 8, 睿宗 원년 10월 乙亥, 8冊, p.426.

27. 『睿宗實錄』 6, 睿宗 원년 7월 辛丑, 8冊, p.403.
『成宗實錄』 3, 成宗 원년 2월 癸酉, 8冊, p.472.
『經國大典』 2, 戶典, 官屯田.

28. 『成宗實錄』 184, 成宗 16년 10월 乙酉, 11冊, p.59.

도 토질이 비옥하여 수확이 甚多한 지역이나 군사 노동력이 다소 풍부한 지역의 둔전에서는 오히려 병작경영이 폐기되고 종전과 같이 軍人使役에 의한 경작으로 逆轉되는 사례도 있었다.[30]

賦役耕作이 지속되는 둔전은 특히 국둔전에서 많았다. 이곳에선 국초 이래 제기되어 오는 문제들 즉 군인사역의 불편과 이들의 반발, 그리고 민력동원의 폐해, 나아가 생산성의 저조 등이 恒存하고 있었으며 그리하여 조정에서도 기회가 있을 때마다 병작경영으로 전환하거나 빈민에 급여가 논의되었다.[31] 그러나 정부는 대개 부역노동에 의한 경영을 강화하는 시책을 폈다. 경작군인의 태만과 반발에 직접 대처하고자 둔전의 수입액을 미리 설정하여 놓고 실제의 수확이 이에 미달한 경우 부족액을 채우게 하는 방법을 구사하였다. 16세기 중엽 중종대에 평안도 沿邊 일대의 둔전, 경상도 守山堤屯田에선 이미 관례였다.[32] 또한 둔전수확의 다소로써 해당 지방관의 勤慢을 평가하고 賞罰까지 시행하였다.[33] 경작군인에 대한 소출액의 책임량 부과는 이들의 불만을 더욱 고조시켜 강행에는 한도가 있었다. 흉년에는 더욱 그러하였다.[34] 이런 가운데서 일반 민인의 징발도 여전하였다. 특히 屯田 수확곡의 舂精과 都會官 창고로 수송하는 작업은 이들이 전담하였다. 평안도 潼關軍營의 둔전, 安州의 국둔전에서는 이에 더하여 舂精時에 각 민호에서 규정보다 훨씬

---

29. 『中宗實錄』 21, 中宗 10년 2월 壬辰, 15冊, p.54.
『中宗實錄』 49, 中宗 18년 12월 丁未, 16冊, p.277.

30. 『成宗實錄』 217, 成宗 19년 6월 甲午, 11冊, p.343.
『成宗實錄』 232, 成宗 20년 9월 丙子, 11冊, p.518.

31. 拙稿, 「朝鮮前期 屯田經營의 變動」 주 24의 논저, pp.388~396.

32. 『中宗實錄』 6, 明宗 2년 7월 己巳, 19冊, p.520.
『明宗實錄』 26, 明宗 15년 12월 乙未, 20冊, p.575.

33. 『中宗實錄』 16, 中宗 7년 5월 己卯, 14冊, p.583.
『中宗實錄』 99, 中宗 37년 8월 壬寅, 18冊, p.618.

34. 주 32의 상단.

부족한 실제 舂精米를 규정대로 보충하거나 혹은 耗損되는 몫까지 계산하여 米穀을 加斂하였다.[35]

15세기 후반 이후 둔전의 경영방식은 병작반수제가 하나의 원칙이었고 대부분이긴 하였지만, 종래 부역노동에 의한 경작도 함께 존속하였다. 並作型과 賦役型이 병존하였다.

2) 土地兼并과 屯田의 衰退

15세기 후반 이후 屯田制는 並作半收의 도입이나 부역경작의 강화를 통하여 유지·운영되고 있었으나 또 하나의 난국에 봉착하고 있었다. 민인 주로 세력 있는 양반 및 토호의 屯田私占이었다. 이는 대개 권세양반과 수령의 결탁 속에서 일어났다. 특히 官屯田에서 광범하였다. 관둔전의 설치와 관리, 그 수입의 처분이 守令의 관할 하에 있었다. 국둔전은 사정이 달라 점탈이 수월하지 않았다. 屯田私占의 추세는 이미 成宗初 이후 심하였다.[36]

유력양반의 점탈로 인한 관둔전의 감축은 정부 측에서나 농민 측에서나 큰 문제였다. 국가재정의 손실이 심해지고 이로 말미암아 농민부담이 늘어나는 것이었다. 관둔전의 수입은 公須·衙祿의 부족분을 보충하고 관청의 잡비나 수령의 경비에 충당하는데, 둔전의 액수가 감소되면 결국 그 경비는 군자곡에서 소비하게 되고, 또한 정부의 屯田元額 查察에 대비하여 감축된 액수를 民田으로써 채우는 사태가 발생하는 것이었다.[37]

---

35. 『中宗實錄』 16, 中宗 7년 7월 乙酉, 14冊, p.599.
『中宗實錄』 21, 中宗 9년 11월 壬午, 15冊, p.44.
『中宗實錄』 60, 中宗 23년 2월 庚午, 16冊, p.638.
36. 『成宗實錄』 104, 成宗 10년 5월 癸酉, 10冊, p.16.
37. 『經國大典』 2, 戶典, 外官供給.

屯田私占과 이로 말미암는 폐단이 이와 같아서 정부는 일찍부터 수시로 여러 조치를 강구하고 있었다. 이미 세종·문종대에 數外屯田 문제와 함께 둔전사점이 거론되었고,[38] 세조 9년(1463) 6월에는 각 도의 관찰사가 관할 내의 諸邑·諸營의 屯田結負數 및 字號·四標를 기재한 田案을 작성하여 戶曹·監營·該邑에 1건씩 보관하게 하고 3년에 한 차례씩 改案하여 둔전액수의 증감을 감찰할 수 있도록 하고, 屯田의 減縮이 발각되면 관련 수령을 罷黜한다는 엄격한 규정까지 첨가하였다.[39] 『經國大典』에서는 數內屯田을 개인에게 증여하거나 薄田과 상환한 수령에 대한 처벌규정을 마련함과 함께, 數外屯田에 대해서는 빈민에게 분급하여 수세한다는 규정을 명문화시켰다.[40] 어느 규정이나 양반층의 관둔전 점탈을 방지하려는 의도였다. 그러나 일부 양반의 위세는 이러한 나라의 법제나 조치에 맞서고 있었다.

둔전의 私占은 守令이 관둔전을 사사로이 증여하고 척박지와 바꾸어 주고 人吏에게 떼어 주는[41] 등 임의처분, 관리 불철저에서, 그리고 관둔전이 양반층의 토지겸병의 한 표적이 되고 있는 데서 일어나는 것이었다. 둔전이 병작제로 운영됨에 따라 국가나 관청의 직접 경영에서 이탈하게 되어 지방관의 둔전에 대한 관심이 희박하여져 그 관리가 한층 부실하여지자 被奪은 더욱 증가하였다. 수령의 屯田私與는 그가 高官의 위세에 압박되어 또는 편승하여 행하는 것이었다.[42] 둔전사점의 주역은

『成宗實錄』 25, 成宗 3년 12월 癸未, 8冊, p.699.
『世祖實錄』 37, 世祖 11년 11월 戊戌, 7冊, p.710.

38. 『世宗實錄』 35, 世宗 9년 2월 壬申, 3冊, p.61.
『文宗實錄』 9, 文宗 9년 6월 癸丑, 6冊, p.436.

39. 『世祖實錄』 30, 世祖 9년 6월 癸亥, 7冊, p.576.
『世祖實錄』 37, 世祖 11년 11월 辛亥, 7冊, p.711.

40. 『經國大典』 2, 戶典, 雜令.

41. 『成宗實錄』 24, 成宗 3년 11월 丙申, 8冊, p.693.

42. 『成宗實錄』 44, 成宗 5년 6월 辛丑, 9冊, p.121.

수령을 움직여 관청 소유지를 탈점할 수 있는 權貴나 宰相 등 세력가였다. 관료 가운데는 守令의 屯田私與 행위를 놓고 수령은 公·國에 손해를 주고 등을 돌릴지언정 私·權門에는 그러지 못한다고 지탄하고 고을에서 비옥한 屯田은 公家에 있는 것이 하나도 없다고 개탄하는 이가 적지 않았다.[43]

성종정부는 관둔전의 극심한 피탈에 대해 각 도 觀察使에게 명령하여 그 휘하의 都事를 시켜 점탈된 관둔전을 年限에 구애 없이 刷出하도록 하였다. 그리고 쇄출 때 사실대로 보고하지 않은 수령이 있으면 파직하도록 하고, 추쇄작업에 불성실한 관찰사나 도사는 무겁게 다스리고, 혹 屯田私占의 사실을 陳告하는 자가 있으면 그 둔전으로 포상한다는 방침까지 수립하고 이를 수시로 강조하고 지시하였다.[44] 그러나 屯田推刷는 제대로 실행하기에는 난관이 있었다. 추쇄관의 능력과 성의는 고사하고라도 추쇄할 근거가 부실하였다. 세조대 관둔전을 본래의 액수대로 搜括할 수 있는 해당 관청의 둔전 元額數를 살필 田案을 구비하도록 하였으나 제대로 집행되지 않았다.[45]

그러나 정부로선 추쇄가 곤란하다 하여 그대로 방임할 수만도 없었다. 현존하는 둔전 자체의 액수라도 증대시킬 방안으로 둔전을 새로 개척하여 부족액을 보충해 나갔다. 성종 10년(1479) 5월 浦鎭屯田에 대하여 邊防의 방어문제와도 관련해서 觀察使가 『經國大典』에 규정되어 있는 官屯田의 定限數에 준하여 지방고을 안에서 角聲이 미치는 지역의 空閑地는 모두 刷出하여 충당하도록 지시를 내렸고,[46] 한때는 定額數에 구애 없이 角聲이 들리는 지역 안의 空閑地는 모두 조사하여 둔전에 편

『成宗實錄』 50, 成宗 5년 12월 壬辰, 9冊, p.172.

43. 同上.

44. 주 41 및 주 42의 상단.

45. 주 42의 하단.

46. 주 36과 同.

입시키고 그 결부수를 중앙에 보고하여 뒷날 憑考資料로 삼도록 하는 조처도 취하였다.[47] 둔전 元額數의 확보책인 동시에 사사로운 토지겸병의 틈을 봉쇄하려는 취지였다. 공한지는 양반관료나 토호층의 토지확대책이나 농민층의 경작지 확보책으로서 개간활동의 대상지였다. 이 조치는 후에 『大典續錄』에서 明文化되어 강조되었다.[48] 그러나 이러한 대응책도 성과로 이어지지만은 않았다. 둔전의 액수는 늘어날 수도 있었겠지만 이것은 다시 개인에게 증여 점유될 수 있는 둔전의 量을 증가시키는 결과가 되기도 하였다. 특히 數外屯田은 법제상으로도 貧民에게 지급하도록 되어 있어 양반관료에게 증여되기 십상이었다.[49] 屯田의 推刷作業을 어렵게 하던 것은 국왕에도 있었다. 屯田占奪에 대해 누구보다도 큰 우려를 표하고 있었던 국왕이었지만 실제 사건이 발생하면 규정대로 처리하지 않는 예가 허다하였다. 특히 私占者가 高官일수록 그러하였다.[50] 관둔전의 사점은 中宗·明宗代 이후에는 대단히 극성하였다. 이 시기에는 토지겸병이 매우 왕성하여 조정에서는 토지개혁론까지 빈번히 제기되고 논란되던 때였다.[51] 당시 둔전의 감축은 국가 통치체제의 기간인 각급 행정·군사기구의 폐퇴까지 초래하면서 국가재정을 감소시키고 농민수탈을 확장시키고 있었다.[52] 양반 사대부의 관둔전

---

47. 『成宗實錄』 106, 成宗 10년 7월 丙寅, 10冊, p.33.

48. 『大典續錄』 2, 戶典, 諸田.

49. 『中宗實錄』 98, 中宗 37년 4월 庚午, 18冊, p.572.

50. 『成宗實錄』 260, 成宗 22년 12월 乙卯, 12冊, p.124.
『燕山君日記』 12, 燕山君 2년 정월 乙酉, 13冊, p.62.
『燕山君日記』 14, 燕山君 2년 윤 3월 丁巳, 13冊 p.95.
『燕山君日記』 15, 燕山君 2년 6월 庚辰, 13冊, p.112.

51. 拙稿, 주 24의 논고.
______, 「朝鮮前期의 土地改革論議」, 주 24의 논저.

52. 『中宗實錄』 6, 中宗 3년 9월 壬戌, 14冊, p.279.
『中宗實錄』 7, 中宗 3년 11월 庚寅·辛卯·戊戌, 14冊, pp.285~286.
『中宗實錄』 20, 中宗 9년 6월 丁未, 15冊, p.17.
『中宗實錄』 93, 中宗 35년 9월 丙午, 18冊, p.412.

침탈이 상례화되어 있는데다가 이들이 왕권을 부지하고 왕조를 지탱하고 있는 터에 국왕이라 하여 무작정 처벌할 수 없었고 실제 힘들었다.

이런 속에서도 정부의 屯田推刷나 관둔전 私占에 대한 금지규정은 지속되었다. 성과가 별로 있는 것도 아니었지만 그렇다고 폐기할 수도 없었다. 명종 6년(1551)에도 司憲府의 요청에 의해 屯田私占에 대한 엄한 처벌 조처를 작정하였다. 占奪이 특히 심한 경상·전라도 및 兩界는 監軍御史가, 나머지 道는 都事가 刷括하게 하고, 혹 쇄괄에 응하지 않는 자, 숨기고 내놓지 않는 자, 환급했다고 사칭하고 그대로 私相授受하는 자, 쇄괄에 열성을 보이지 않는 자는 모두 처벌하도록 하였다.[53] 실효는 제한적이었다. 領中樞府事였던 李芑 같은 이는 황해도 黃州·鳳山 및 전라도 충청도에 소재하고 있는 軍營의 屯田을 거의 점유하고 있었고 다른 지역의 것도 일일이 거론할 수 없을 정도여서 이 때문에 해당 邑과 鎭이 凋弊하여 지탱할 수 없다 할 지경이었지만 무사하였다.[54] 동왕 11년(1561) 10월 경기도 水營屯田이, 成宗朝에 이곳의 水營이 폐지되어 둔전이 타인에게 절급되었었는데, 이때에 와서 다시 水營이 복설되어 둔전을 환수받으려 하자 折受者가 呈訴함으로써 문제가 되어 사간원에서는 屯田으로 회수할 것을 누차 주장하였으나 명종은 '先王朝折受事'라 하여 끝내 응하지 않았다.[55] 軍營이나 郡邑의 폐지 및 이동을 통해서도 둔전은 私占되었다.

둔전의 私占化는 곧 民田化로서 둔전제의 쇠퇴과정이었다. 양반관료는 자신의 권세와 지위를 배경으로 둔전의 舊案이 없음을 奇貨로 토지겸병의 대상을 관둔전에서도 찾아가고 있었다. 그들은 수령을 통해서나 때로는 직접 자신이 立案을 작성하여 소지함으로써 사유지임을 증명

『明宗實錄』 12, 明宗 6년 8월 戊午, 20冊, p.34.

53. 同上의 하단.

54. 『明宗實錄』 12, 明宗 6년 10월 己卯, 20冊, p.49.

55. 『明宗實錄』 21, 明宗 11년 10월 乙巳, 20冊, p.369.

하고 있었고 혹 문제가 발생하였을 때도 이로써 대항하였다. 立案을 손쉽게 받을 수 있는 토지는 荒蕪地였다. 조선에서는 황무지의 개간장려책으로 개간자에게 입안을 발급하여 줌으로써 그 소유권을 증명할 수 있도록 하고 있었다. 이 정책을 관둔전의 占奪者는 유효하게 이용하였다.[56]

관둔전의 감축은 수령에게나 경작민에게나 직접 피해가 오는 것도 아니었다. 수령은 부족한 경비를 軍資穀에서 충당하거나 농민들에게서 加徵하면 되었다. 경작민의 경우 수령의 加斂에 봉착하게 되지만 이는 지역 내의 모든 농민에게 미치는 것이어서 그들로서 피해는 간접일 뿐 즉각 닥치는 것이 아니었다. 둔전의 병작농민은 일차로 현재의 토지 소유자인 지주와 관계를 맺고 있었으므로 자신이 경작하는 토지가 누구에 의해 소유되던 상관할 바가 아니었다. 하물며 부역노동을 제공하던 군인이나 노비에게 있어서는 더욱 문제될 바 없었다. 관둔전의 퇴락으로 곤란에 처한 것은 조선왕조 나라 자체였다. 軍資穀이 수령의 경비로 소모되어 재정상의 손실이 초래되고, 각급 통치기구가 피폐함으로써 통치체제의 약화가 齎來되기 때문이었다. 그러므로 屯田推刷가 기회 있을 때마다 거론되고 있는 것이었다.

관둔전의 私占에 대해 일단의 정리가 내려진 것은 宣祖 7년(1574) 3월이었다. 정부는 선조 즉위년(1567) 이후에 사점된 둔전에 대해서 몰수한다는 방침을 수립하였다.[57] 이 조치는 결국 선조 즉위년 이전까지 사사롭게 점유된 관둔전은 그 추쇄·회수가 곤란하다는 점을 시인한 것이고 이 점을 기정사실로 인정할 수밖에 없는 고충에서 구상된 궁여지책이었다. 그만큼 선조 즉위 이후로도 관둔전의 점탈이 다대하였다.

조선왕조는 둔전경영의 부진을 병작제로 타개하면서 지주제의 발달

---

56. 주 60의 中宗 3년 11월 및 明宗 6년 8월 기사.

57. 『宣祖實錄』 8, 宣祖 7년 3월 壬午, 21冊, p.296.

추이에 맞추어 가고 있지만, 이 시기의 둔전제는 기본적으로 양반층의 지주경영에 부수하는 위치에서 그리고 그것에 압도되고 제약받는 한계 내에서 존속하였다. 둔전제는 倭軍의 우리나라 침략으로 개시된 壬辰倭亂, 이 7년간 장기간에 걸친 전쟁을 겪으면서 折受制를 통해 營·衙門·王室을 주축으로 다시 발달하여 간다.

3) 籍田의 民田化 및 並作轉換

籍田 역시 國田, 즉 국가 소유지이며 부역제에 의해 경작하는 점이 둔전과 같았다.[58] 그러므로 과전법의 토지조세체계가 해체되어 가고 부역제가 力役 대신 物力으로 이동하고 있음과 상관하여 변동이 일어나고 있었으며 양상 또한 동일하였다. 적전의 私占과 그 民田化, 부역경작에서 병작반수제로 경영전환 등이 그것이었다. 다만 둔전에 비해 설정 규모가 작고 粢盛의 공급, 勸農의 표상 등 地目이 갖는 명분과 원칙이 확고하여 경영전환은 다소 늦었다.

적전의 私占이 큰 문제로 논란되고 경영전환이 결정되는 때는 中宗朝 초반을 지나갈 무렵이었다. 중종 8년(1513) 11월 조정에선 奉常寺 소속의 적전을 근처의 경작자가 盜耕割占하여 사유지로 넓히고 있다고 거론하면서, 대책으로 戶曹·奉常寺가 開城府와 함께 審驗하여 經界를 바르게 한정하는 조치를 취하고 있다. 사점은 특히 西籍田에서 심하였다. 서적전은 본시 고려 때 하늘과 땅에 제사하는 郊采公田으로서 평소 기름지다고 이름이 났었는데 말기에 林堅味·廉興邦의 전답으로 되어 있던 것을 몰수하여 속공한 토지로 마련한 것이었다.[59] 추측하건대 이 해

58. 본서 Ⅳ편 1장 4절 참조.

59. 『中宗實錄』 19, 中宗 8년 11월 乙丑, 14冊, p.693.
『增補文獻備考』 143, 田賦考 3, 籍田, 西籍田, p.647.
拙稿, 『韓國 中世 土地制度史－高麗』, 서울대학교출판부, 2011, pp.168～170.

8월 경기·충청에 量田이 결정되었는데,[60] 그 착수 및 점검과정에서 이런 사정이 드러난 듯하다.

사점된 적전을 양전하여 搜括하는 일은 수월하지 않았다. 두 가지 난국이 서로 상충하고 있었다. 우선 ① 태종조 액수가 300결이던 서적전이 세종조에 단지 70결이었다는 점이다.[61] 이 70결은 세종 10년(1428) 양전이 착수되어 14년(1432) 경기도가 완료되면서[62] 이때 파악한 결수였겠고, 이 사실이 앞서 말한 바처럼 중종조 양전 때 거론되어 문제가 된 것이다. 정부로선 나라 땅 그것도 적전을 200여 결이나 漏失당한 셈이고 그리하여 기필코 다시 회수하겠다고 나선 것이다. 그러나 사태는 단순하지 않았다. 조정의 방침을 그대로 관철시킬 수만은 없는 사정이 도사리고 있었다. 그것은 ② 적전을 일반 민인이 사점하고 耕食한 것은 벌써 累世에 걸쳐 온 일이라는 점이다. 정부의 屬公조치에 해당 민인의 반발은 충천하였다. 祖父 때부터 전해 오면서 경작하던 농지를 '國田'이라고 지칭하고 100여 년 이상 갈아 먹고 있는 토지를 하루아침에 '公田'이라 하여 탈취한다고 반발하며 '祖業所耕田'의 연고를 들어 반발하는 것이었다. ①은 국왕과 호조가, ②는 臺諫 및 관료가 각기 논점의 중심이었다. 국왕·호조의 견해는 적전은 公田이며 더구나 粢盛에 이바지하는 것이니 마땅히 회수하고 四標를 분간하여 경계를 바로잡아야 한다는 것이고, 대간 및 관료의 논의는 20여 년 사이(태종조에서 세종조)에 200결씩이나 민인이 경작하고 있음은 盜耕일 리 없으니 우선 그 사유를 살펴야 한다는 것, 설혹 공전이라 하더라도 貧民에겐 나누어 주어야 하는 형편인데 탈취까지 할 수는 없다는 것이었다. 만약 屬公하면 민인의 流

---

60. 『中宗實錄』 18, 中宗 8년 8월 甲子, 14冊, p.673.
『增補文獻備考』 141, 田賦考 1, 經界 1, 中冊, p.628.

61. 『中宗實錄』 20, 中宗 9년 4월 丁巳, 15冊, p.13.

62. 『世宗實錄』 41, 世宗 10년 8월 丙戌, 3冊, p.140.
『世宗實錄』 57, 世宗 14년 9월 丁丑, 3冊, p.418.

離가 심하고 원성이 드높아진다고 하였다. 그러나 호조에선 누실된 적전은 貧窮民의 전토로 되어 있지 않고 대개 朝士 및 開城府 舊居民의 전토로 되어 있다는 점을 들어 도산·유망은 거의 없을 것이라고 맞섰다.[63]

논란과 대립은 5개월 남짓 지속되면서 처리의 가닥이 잡혔다. 이 사이 사태의 진상이 어느 정도 드러나고 이해관계도 정돈된 것이다. 중종 9년(1514) 9월 요체는 두 가지로 낙착되었다. 東西籍田은 세종 14년(1432) 打量後 점차 民田으로 되었으며 田籍이 없어 그 연유는 살필 수 없다는 것, 그리고 사안을 조정에서 僉議하여 처리한다는 것이었다.[64] 첨의에서 重臣의 의견은 두 계열로 모아져 피력되었다. 하나는 서적전은 이미 民田이 되어 몇 세대에 걸쳐 서로 전하고 돌려가며 매매하여 屬公은 어려우니 종전의 130결을 적전의 定數로 삼고 민전으로 된 토지는 推刷하지 말자는 안, 또 하나는 서적전의 田案을 보고 打量하여 누실된 것을 다시 환수한 액수가 194결에 이르는데 文案이 없어 살필 수 없다고 할 수만은 없는 것이며, 다만 侵占盜耕은 햇수가 쌓였으니 연유는 추궁하지 말고 속공하자는 안이었다. 논의는 국왕의 단안으로 첫째 안으로 처리되어 다시 민인에게 환급하는 것으로 마무리되었다. 백성의 失業과 怨聲을 염려한다는 이유였다.[65] 東西籍田의 定數는 130결로 다시 확정되었다. 이 액수는 동·서적전 모두 합친 규모로 사료된다. 조선말 서적전은 65결 99부 9속, 동적전은 37결 59부 3속으로서 등록되어 있음을 보면[66] 적전 100여 결 남짓 규모는 그대로 지속되어 온 듯하다.

---

63. 『中宗實錄』 20, 中宗 9년 4월 丁巳, 15冊, p.13.
『中宗實錄』 20, 中宗 9년 8월 戊申, 己酉, 15冊, p.23.

64. 『中宗實錄』 20, 中宗 9년 9월 辛未, 15冊, p.24.

65. 『中宗實錄』 20, 中宗 9년 9월 癸酉, 15冊, p.25.
『中宗實錄』 22, 中宗 10년 7월 己丑, 15冊, p.92.

66. 『萬機要覽』, 財用編 1, 籍田.

다만 30여 결 정도가 임진왜란을 거친 후 漏失됐겠고 이는 주로 동적전에서 발생한 부문으로 추정된다.

이상의 논의와 처리결과로 보면, 籍田私占의 요인은 정부기관의 관리부실도 있겠으나, 그보다는 적전 설치부터 이미 노비의 사역이 힘들어 곧 農軍의 부역경작으로 대치하였으나 고통과 반발은 여전히 심하여 300결에 달하는 농지를 그대로 부지하기는 불가능하였던 데서 민인의 潛耕이 늘고 관아도 묵인하였을 것으로 생각되며, 겹쳐서 민전화의 주체가 일반 빈민과 함께 朝士 및 개성부 舊居民인 점을 주목하면 혹 이들 가운데 상당수는 사점으로 지목된 토지에 실제로는 오랜 연고를 가지고 있어 屬公조치에 불만을 품고 그대로 경작하고 있던 것으로 추정된다.

실제 西籍田 70여 결조차 농군의 부역경작이 감당하는 데는 폐단이 많고 문제도 컸다. 서적전은 長湍의 서쪽 그리고 開城과 豊德의 중앙에 있었는데 풍덕 고을민만 농군의 역을 맡아 폐해를 집중하여 받았다. 본시 농군은 1결마다 1夫씩 내며 따라서 10결의 소유경작자라면 10夫를 내야 하였고, 耕耘·收穫 때 집을 비우고 모두 耕籍役力에 나가야 하고 아니면 傭人으로 대신 充立하였다. 적전 부근의 민인은 그래도 형편이 나은 편이었으나 遠居人은 양식을 지고 숙박하며 노역을 수행함으로써 고충이 萬倍나 된다고 하였다. 그러므로 성종 13년(1482) 정월에 이런 폐단이 거론되면서 3개 고을의 민인이 해를 바꿔가며 경작하게 하던가, 이것이 불가하면 3개 고을에서 각각 적전에 가까운 지점의 민인을 招定하여 경작하자는 안이 제기될 정도였다.[67] 적전의 경작을 농군의 부역동원에만 의거하여 수행하는 것은 벌써 큰 한계에 봉착해 있었다.

이 문제는 사점된 서적전의 민전화를 승인하고 난 지 몇 개월 뒤에 가서야 타개책이 강구되었다. 중종 10년(1515) 10월 동·서적전의 경작

67. 『成宗實錄』 137, 成宗 13년 1월 癸未, 10冊, p.288.

민이 모두 근처 거주민이 아니고 2·3息(1息=30里, 1里≒5.4m) 거리에 있어 적전을 스스로 경작하지 못하고 남의 人力을 빌려 경작하는 까닭에 모두 도산할 판이라는 점, 그러나 적전의 수확은 粢盛에 쓰는 것인 만큼 농군의 완전 폐기는 어렵다는 점, 粢盛에 드는 액수는 1,000여 석에 불과하고 나머지는 雜用에 사용한다는 점 등 세 가지 사항이 지적되었고, 대책으로 자성에 소요되는 액수 정도를 산출하는 면적만 근처 민인을 농군으로 동원하여 경작하고 나머지는 並作하는 방식이 마련되었다.[68] 적전의 병작경영은 그대로 집행되었다. 다만 처음 착수 때에는 旁近居民에 勸給도 수반함으로써 이들이 몹시 고통스러워하였다.[69] 병작은 적전의 농군경작이 안고 있는 근본문제, 곧 自家의 경작노동과 籍田의 부역노동이 시간과 공간에서 분리되는 데서 야기되는 각종 폐단을 적전 일부로 국한시켰다.

그 후 宣祖 중반 임진왜란을 겪고 나선 농군경작의 적전부문도 황폐되자 並作으로 바꾸었다. 그러나 병작에 따른 문제가 있었다. 정부나 해당 관아로선 병작은 농군사역에 비해 농작이 계획적이고 조직적일 수 없었다. 한 예로 병작한 후 거둔 곡식은 不精하여 粢盛에 마땅치 않았다. 그리하여 삼시 각 고을의 田稅穀과 바꾸어서 조달하기도 했으나 宗廟의 祭享粢盛은 따로 農作해서 마련한다는 원칙은 복구시켜야 했다. 정부는 병작경영은 그대로 두되 비옥지부터 먼저 耕墾하고 種子를 각별히 선택하여 지급하는 등 운영에 철저를 기하고 이를 감독할 監農官을 따로 두어 관리를 무겁게 하였다.[70]

---

68. 『中宗實錄』 23, 中宗 10년 10월 丁卯, 甲戌, 15册, pp.116~117.

69. 『中宗實錄』 25, 中宗 11년 5월 戊戌, 15册, p.173.

70. 『宣祖實錄』 134, 宣祖 34년 2월 甲戌, 24册, p.192.
『宣祖實錄』 162, 宣祖 36년 5월 辛巳, 24册, p.485.

4. 驛田의 經營轉換

驛田에서도 경영변화는 두드러졌다. 역전은 토지분급제의 일환으로 人位田·口分田·馬位田 및 公須田 등 여러 부문으로 구성되어 절급되었으며 驛吏·驛奴 등이 직접 경작하게 되어 있는 토지였다. 둔전과 같이 '自耕無稅'의 토지이되 설정처가 驛이었다. 驛役의 세습담당자와 토지경작을 일치시켜 驛이라는 특별 기관에서 役·身分·土地占有가 유기적으로 얽혀 구현되는 토지의 한 형태였다.

여기서 역전은 두 가지 큰 문제를 야기하고 있었다. 이는 역전이 토지분급제의 일환으로 民田으로서 절급되는 점은 일반 수조지와 같았으나, 역토를 역리가 임의로 區處하여 설정하고 역리·역노를 편호하여 그 戶首가 직접 경작하게 하는 것에서 연유하였다. 하나는 민전의 탈점·탈경을 동반함으로써 역리와 민전농민 사이에 대립이 팽배하고 농민의 반발은 고조되고 쟁송마저 번다하여 정부로서도 커다란 고충이고 수습해야 할 큰 과제라는 것이고, 또 하나는 역리·역졸의 驛役이 고되고 무거워 역전의 친경을 제대로 하지 못함으로써 自耕原則이 무너지고 있는 것이었다. 이 두 사태는 서로 얽혀서 역전의 설정방식 및 경영형식을 변동시켜 나갔다. 인위전을 위시한 구분전·공수전의 '各自收稅'化, 마위전의 並作經營化는 그 구체양상이었다. 역전 역시 둔전·적전 등과 변동궤도를 같이하는 것이었다. 그 단계는 職田制에 의해 토지분급제가 변경되는 시점이었다.

1) 人位田의 收稅地化

역전의 설치 및 경작은 민전농민, 역리, 국가 3자의 이해가 얽혀 있는 문제였다. 세종 19년(1437) 오랜 관습인 역리의 民田奪耕에 대해 어렵게 마련한 금지령이 이듬해 다시 번복된 것은 문제의 복잡성과 난국을 잘 드러내는 사태였다.[1] 그러므로 계속해서 종래 방침이 고수되기는 쉽지 않았다. 민인의 반발을 무시하기는 어려웠다. 특히 역이 새로 설치되거나 다시 정비되는 경우에는 이 문제가 매우 절실하게 대두하였다. 世宗 22년(1440) 濟州에 역을 설치할 때 평민의 농지에서 租만 징수하는 방침으로 낙착시킨 것,[2] 역시 세종대에 평안도의 각 역은 인·마위전 및 구분전을 수조에 그치도록 하고 있던 것[3] 등은 이런 이유에서였다. 물론 이런 처사는 驛吏의 불만을 샀고 때로는 반발이 커서 철회되기도 하였다.[4] 기존 역전에서도 분쟁은 그치지 않았다.[5] 역리의 역전 임의구처는 평탄하지 못하였다. 세종 29년(1447) 5월에는, 결말은 지워지지 않았지만, 世子(文宗)가 9년 전에 있던 번복처사에 이의를 제기하고 의정부·육조·집현전·대간에 다시 의논시킬 정도였다.[6]

이 대립문제가 일단 타결된 것은 세조 12년(1466) 職田制의 실시, 성종 원년(1470) 私田田租의 官收官給制가 시행되는 등 일련의 토지제도 개편작업에 병행해서 『經國大典』의 최종정비가 행해지는 성종 원년에서 5년 사이였다.[7] 과전의 세록성이 부정되고 수조권자인 田主의 佃客에 대한 직접지배가 차단되고 소경전의 소유권이 유일한 토지소유권으로 승인되어 기던 이 무렵, 성종정부는 驛의 인위전 및 공수전에 대해서도 지금까지의 奪耕의 관례를 금지하고 그 소유권을 본 소유주에게 넘겨주어 이들 토지를 단순 수세지 곧 民田임을 천명함으로써 문제해

1. 본서 Ⅳ편 1장 3절 참조.
2. 『世宗實錄』 90, 世宗 22년 8월 己卯, 4册, p.311.
3. 『世宗實錄』 59, 世宗 15년 2월 壬辰, 3册, p.442.
4. 同上.
5. 『世祖實錄』 35, 世祖 11년 3월 甲寅, 7册, p.675.
6. 『世宗實錄』 116, 世宗 29년 5월 乙未, 5册, p.20.
7. 주 5와 同.
『成宗實錄』 53, 成宗 6년 3월 癸亥, 9册, p.209.
『經國大典』 2, 戶典 諸田.

결의 실마리를 풀어 갔다. 세종 19년(1437)에 마련되고 다음 해에 번복된 備馬와 직접 상관없는 역전의 驛吏濫奪에 대한 금지령이 이 단계에 와서야 확정되었다. 민인의 사적 소유권은 이에 대해 가장 강하게 제약하던 驛田에서도 승인되었다. 『經國大典註解』 속에 '각자수세는 모두 民田인데 세를 官에 납부하지 않고 응당 取食할 사람이 각기 스스로 거두게 한 것'[8]이라는 간결한 귀절은 그 소산이고 법적 구현이었다. 그러나 실제는 人位田 등 각자수세지가 종전처럼 자경무세지로 처리되는 경우도 있었다. 이는 역리와 관리 사이의 협잡으로 그렇게 되는 것으로 보인다.[9]

역전 가운데 '自耕無稅'의 토지 곧 역리의 自耕은 馬位田에서만 남았다. 이후 역전이라 하면 곧 마위전을 지칭하는 게 되었다. 아마 驛制 자체와 이에 따른 備馬가 불가결한 형편에선 이 역토마저 수세지로 하여 驛村에서 공동으로 마련하는 전통 관례를 폐기할 수는 없었을 것이다. 그러나 새로운 제재가 가해졌다. 먼저 지급결수를 睿宗 원년(1469)에 大·中·小馬마다 1匹當 9결·7결·5결이었던 데서 7결·5결 50부·4결로 감축하였고 이후 법적 규준으로 삼았다.[10] 아울러 奪耕을 용인하지 않았다. 규정 결수에 미달하는 마위전의 부족액은 다만 인위전에 소속된 토지 가운데서, 구체 기준은 알 수 없으나, 역리의 執耕年限을 살펴 충당하였다.[11] 역전은 역전으로써 충당하는 것이었다.

그러나 인위전의 收稅地化가 확정된 상태에서 이런 방식도 언제까지 유지될 수 없었다. 소유자 민인의 반발은 馬位田에서는 그대로 지속되

---

8. 『世宗實錄』 83, 世宗 20년 10월 丁丑, 4冊, p.169.
『經國大典註解』, 戶典, 諸田.
'各自收稅 皆民田也 民田而稅不納於官 使應食之人 各自收之也'.

9. 『宣祖實錄』 15, 宣祖 14년 3월 丁亥, 12冊, p.374.

10. 『睿宗實錄』 4, 睿宗 원년 2월 己卯, 8冊, p.344.
『經國大典』 2, 戶典, 廩田.

11. 『成宗實錄』 53, 成宗 6년 3월 癸亥, 9冊, p.209.

고 있었고 형세는 더욱 완강하였다. 관련 민인들은 마위전도 인위전처럼 本主가 경작하고 납세만 하는 방향으로 전환할 것을 요구하였으며, 중앙의 高官 가운데서도 같은 주장이 나올 정도였다.[12] 마위전은 自耕無稅의 토지로 그대로 남아 있었지만 종전과 같이 민전을 占耕하는 방식으로는 설치하지 못하였고 이는 얼마 후에 법제로 확정하였다. 그리고 기왕의 마위전 가운데 覆沙飜川 등으로 영영 耕食할 수 없게 된 토지의 충급은 廢寺田이나 屬公田으로 하도록 했다.[13] 국가에 의한 마위전의 절급은 제도상 폐기되는 것이었다. 이후 마위전은 해당 역이 설치되어 있는 지방에서 자체로 마련할 도리밖에 없게 되었다. 임진왜란 후 仁祖朝에 경상도 玆仁縣에 역이 신설될 때 鄕民이 공동으로 마련하였고,[14] 시기가 좀 내려와 英祖 28년(1752)에 충청도 成歡驛의 馬位田畓 가운데 川反浦落된 곳을 買入을 통해 충당하고 있다.[15] 역리의 驛田占耕은 역전은 해당 역에서 마련한다는 전제에서 정당화되는 행위였는데, 전자가 부정되면서 후자는 실제 조달방법으로까지 되어 버린 것이다.

2) 馬位田의 並作經營 및 賣買

마위전에서 民田奪占이 금지되면서 역리의 自耕權 이를테면 사용수익권으로서의 耕作權을 둘러싸고 광범한 경영변동이 일어났다.

본래 역리에 의한 역전의 自耕은 역전이 驛 곧 국가 행정기관의 소유지인 公田으로 간주되고 있는 점과도 결부되어 수립되는 원칙이었다. 국가소유로서 公田의 경작은 둔전·적전처럼 해당기관 소속의 國役 부담자의 노동력에 의해 이루어지는 것이었다. 모두 自耕無稅地였고, 軍人

12. 『燕山君日記』 37, 燕山君 6년 5월 戊申, 13冊, p.411.
13. 『大典後續錄』 2, 戶典, 雜令.
14. 『度支志』 19, 外編, 郵驛, 事實, 仁祖 19년 7월.
15. 同上, 英祖 28년.

勞動이나 人吏·官奴婢의 노동 그리고 農軍의 사역 등 부역경작을 통해 경영함이 규준이었다. 역전이 역리나 역노, 혹은 軍人·鄕吏·補充軍 등으로 편성된 館軍 및 館夫에 의해 경작하게 되어 있음은 같은 원리였다.[16] 그러나 경작자는 각기 처지가 달랐다. 역리 등 역전의 自耕者는 자신의 노력을 통해 수확한 생산물 전액을 자기 몫으로 한다는 조건 위에 있었으나 屯田의 경작자는 자기 노동을 부역을 통해 무상으로 제공하였다. 이에 비하면 역리는 역전경작에서 자유로웠다. 自耕의 원칙도 둔전과는 달리 강제사항일 수는 없었다.

역전의 驛吏自耕은 그대로 지켜질 수 없었고 또 반드시 그럴 필요도 없었다. 15세기 후반 이후 마위전에서 광범하게 일어나는 경영변동은 여기에 단서가 있었다. 경영변동은 우선 경작형태에서부터 그리고 초기부터 이미 있었다. 역리들은, 역전을 직접 경작할 수 없는 경우, 元소유주나 타인에게 대여하여 並作半收하거나 아예 收稅만 하는 조건으로 역전을 운영하였다. 세종 초에 경기·충청·평안도의 각역의 경우 인위전 마위전을 역에서 먼 곳에 받음으로써, 게다가 役事의 번중함까지 겹쳐서, 혹은 立馬를 1·2년 서로 번갈아가며 하게 됨으로써, 여러 이유에서 이미 그러하였다.[17] 이런 사정은 고려시기도 마찬가지였을 것이다. 부득이한 여건에서 역전경작은 이런 방식 이외에는 다른 도리가 없었으나, 15세기 후반으로 넘어가면서 이런 조건은 만연되었고 따라서 경영변동 또한 폭넓게 일어났다. 경영변동은 두 가지 사태에서 직접 연유하고 있었다. 하나는 자기 소유지를 역토에 편입당하는 민인의 반발 및 저항 증가 그리고 이를 무마하는 과정과 결부해서였고, 다른 하나는 驛

---

16. 拙稿, 「朝鮮前期의 驛田經營과 그 變動」, 『朝鮮前期土地制度硏究』(II), 지식산업사, 1998.
    본서 IV편 1장 3절.
17. 『世宗實錄』 27, 世宗 7년 2월 乙丑, 2冊, p.657.
    『世宗實錄』 41, 世宗 10년 7월 辛亥, 3冊, p.136.

役의 번잡과 고통으로 인해 驛吏의 도산과 몰락이 갈수록 심각해짐과 상관해서였다.

역민과 역리 사이의 분쟁이 격증하는 속에서 역리는 民田奪耕을, 그것이 비록 오랜 관례이고 관습이라 하더라도 그리고 국가가 이를 허용하고 있다 하더라도, 이제는 무작정 강행할 수만은 없었겠다. 역리 가운데는 奪耕을 포기하고 단지 전조만 취득하는 조건으로 그대로 元소유주에게 경작을 보장하여 주거나, 아니면 좀 더 욕심을 내어 借耕을 조건으로 수익을 일정 몫으로 나누는 이들이 늘어 갔을 것이다. 더욱이 역전의 마련이 역 구역 내에서 자체로 행하여져야 하는 조건 속에서는 분쟁도 자체에서 수습하는 게 일반이었겠고, 그 방식은 이 두 가지 가운데서 어느 하나가 될 수밖에 없는 게 상례였을 것이다. 사실 역전을 역리가 任意區處한다 함도 이런 내용까지 포함하고 있었을 것이다.

驛務의 번잡, 立馬의 과중 역시 역리의 驛田自耕을 어렵게 하는 직접 요인이었다. 여러 가지 사정 가운데서 일반 痛弊 몇 가지가 있었다. 우선 驛役 자체가 賤役으로 간주될 만큼 과중한 점이었다. 官物·進上物의 輸轉이나[18] 使臣 및 관료의 來往迎送에 따르는 노역제공 비용조달[19]은 매우 큰 부담이었다. 여기에 察訪·驛丞의 驛吏收奪까지 겹쳤다. 驛馬買入時 협잡을 통한 모리행위,[20] 驛公須田租의 私用,[21] 官屯田耕作을 빙자한 取利[22] 등이 있었다. 양반관료·토호 등의 사사로운 驛馬利用도 立馬

18. 『中宗實錄』 75, 中宗 28년 8월 壬午, 17冊, p.460.

19. 『世宗實錄』 30, 世宗 7년 11월 戊戌, 2冊, p.698
『世宗實錄』 21, 世宗 10년 7월 辛亥, 3冊, p.136.
『中宗實錄』 21, 中宗 9년 12월 丙申, 15책, p 46.
『中宗實錄』 98, 中宗 37년 5월 壬午, 18冊, p.574.

20. 『燕山君日記』 48, 燕山君 9년 2월 庚申, 13冊, p.547.
『中宗實錄』 25, 中宗 11년 7월 甲午, 15冊, p.199.

21. 『中宗實錄』 8, 中宗 4년 5월 辛卯, 14冊, p.332.

22. 『世祖實錄』 6, 世祖 3년 정월 甲午, 7冊, p.174.

의 의무를 어렵게 하였다.[23] 뿐만 아니라 역리가 立馬를 위해 사사로이 거느리고 있었던 挾戶 및 挾馬位田의 혁파 역시 이들의 立馬役을 곤란하게 한 큰 이유였다.[24] 驛役의 苦重은 갈수록 더하였다. 역리의 유리도산이 빈번하고 驛路의 凋殘도 깊어 갔다. 양상은 16세기 초 중종조에 들어서면 近年에 부쩍 심하다고 강조될 정도로 심각하였다. 逃散驛吏 가운데는 勢家의 노비로 들어가는 자도 적지 않았다.[25] 驛奴의 도망 역시 마찬가지 형세였다.[26] 역리의 만성화된 도산은 殘餘 역리의 부담을 더욱 가중시켜 갔다.[27]

역리와 역노의 처지가 이런 형편에서 立馬 또한 규정대로 지켜질 리가 없었다. 이미 세조조에 不立馬者가 10에 3·4나 되고 그나마도 中等馬를 上等馬로 下等馬를 中等馬로 한다는 개탄이 나올 정도였다.[28] 馬等을 기만하는 행위는 立馬의 책임을 면하려 함이었으나 아울러 마위전을 그대로 확보하기 위함이기도 하였다. 마위전은 驛馬의 등급에 따라 지급결수에 차이가 있었다. 立馬가 이와 같이 부실한 터에 역전의 自耕은 더욱 힘들었다.[29]

경영변동은 경작형태에서만 일어나고 있지는 않았다. 驛吏의 몰락과

---

23. 『成宗實錄』 174, 成宗 16년 정월 己亥, 10冊, p.671.
『中宗實錄』 4, 中宗 2년 12월 甲午, 14冊, p.216.
『成宗實錄』 105, 成宗 11년 3월 己丑, 10冊, p.115.
24. 『成宗實錄』 171, 成宗 15년 10월 壬午, 10冊, p.637.
25. 『中宗實錄』 1. 中宗 원년 12월 丁未, 14冊, p.100.
『中宗實錄』 3, 中宗 2년 8월 甲申, 14冊, p.170.
『世祖實錄』 18, 世祖 5년 10월 癸亥, 7冊, p.351.
『中宗實錄』 56, 中宗 21년 정월 辛丑, 16冊, p.493.
주 18과 同.
26. 『成宗實錄』 258, 成宗 22년 10월 庚午, 12冊, p.108.
27. 주 25의 『世祖實錄』 18, 世祖 5년 10월.
28. 『世祖實錄』 34, 世祖 10년 12월 甲午, 7冊, p.663.
29. 同上.

도산이 확대됨에 따라서는 이 役을 타인이 대신하고 마위전도 이들에 의해 경작되는 추세가 대두·증대하였다. 平民層도 역리의 역을 대신하게 되고 마위전 경작의 주체로 참여하는 것이었다. 逃散이 심하여 지던 세조 초부터 정부는 逃亡驛吏의 추쇄를 강화하고 그 은닉자에 대해서도 양인·노비를 구별하여 엄한 체벌규정을 세우는 한편, 역리를 雜色軍에서 제외시키고 雜役도 면제하고[30] 후에는 이들의 사유지에 대해 면세조치를 취하는 등[31] 阜盛策을 시행하여 갔다. 그리고 별도로 부족한 역리·역노의 보충책도 꾀하였다. 革去寺社奴婢 및 官奴婢 등을 驛務에 助役하게 하던 종래의 방침을 지속 확대하는 동시에,[32] 나아가선 역리나 역노가 公賤과 交嫁하여 낳은 소생도 自願에 따라 立馬하게 하는 방식을 시행하고,[33] 병행해서 성종 원년(1470) 역리의 妹夫·女壻·雇工 및 驛里에 거주하는 平民으로서 無役者에게도 受田하고 立役하게 하는 제도가 수립되는 데까지 이르렀다.[34] 평민을 立馬者로 허용한 시책은 몰락농민을 토지에 안착시킨다는 조선국가의 農民政策의 하나이기도 하였다. 민인층 토지의 소유분화는 심화되어 가고 심각한 정치문제로까지 대두되고 있는 정세에 당면하여 驛路의 凋弊를 수습하면서 몰락농민도 구제한다는 두 가지 목적에서 강구한 것이다.[35]

立馬를 조건으로 평민이 역전경작에 참여하기 시작한 것은 세조 10년(1464) 하삼도에서 양전이 완료된 후 人位田 가운데 잉여부분으로 査

30. 『世祖實錄』 3, 世祖 2년 정월 丙申, 7冊, p.112.
『成宗實錄』 30, 成宗 4년 5월 庚子, 9冊, p.23.

31. 『中宗實錄』 42, 中宗 16년 9월 辛未 및 乙亥, 16冊, p.63.

32. 주 30과 同.

33. 『成宗實錄』 21, 成宗 3년 8월 辛未, 8冊, p.678.
『成宗實錄』 121, 成宗 11년 9월 己丑, 10冊, p.162.
『燕山君日記』 36, 燕山君 6년 정월 辛巳, 13冊, p.398.

34. 『成宗實錄』 6, 成宗 원년 7월 乙酉, 8冊, p.516.

35. 『燕山君日記』 43, 燕山君 8년 3월 甲申, 13冊, p.478.

出된 토지를 募人耕作하면서부터였다. 이어 잉여토지에 한한다는 제한도 폐지되고 대상도 馬位田으로 확대되었다. 이것을 제도로서 고정한 것은 동왕 11년(1465) 정월이었고 당시는 役의 유무에 관계없이 입마할 수 있었다.[36] 이후 驛路凋弊가 더욱 극심하여져 중종 28년(1583) 8월 驛子와 私賤의 소생까지도 立馬役에 충당시켰다.[37] 특정 국역의 세습담당자와 토지점유와의 일치관계는 무너지고 이제 정부로선 立馬에 차질이 없고 驛制만 제대로 운영된다면 마위전이 역리 및 역과 연계가 있으면 누구에 의해 또 어떻게 경작되건 상관없었다.

마위전은 경영변동과 함께 公田의 성격도 퇴색하여 갔다. 驛吏의 自耕權限이 사유화하여 馬位田의 賣買·轉買賣가 증가하였다. 成宗 7년(1476) 10월 마위전의 사사로운 賣買와 이로 인한 驛路의 피폐가 큰 문제로 논의되고 그 대책으로 매매금지와 전매된 토지의 환급 및 역리의 잡역면제를 조치하였다.[38] 마위전은 공전이면서 분급전지이며 역리가 立馬의 役을 제공하는 조건 아래 耕食만 허용될 뿐 매매할 수 없는 토지였다. 그러면서 역리가 驛役을 담당하는 한 경작과 관리는 어느 누구도 이에 간여할 수도 없었다. 여기서 驛吏의 마위전에 대한 자경원칙은 權利化하고 마위전을 점유로 간주하게 하였으며 여건이 조성되면 매매에까지 이르게 되는 것이었다.

마위전의 매매는 이의 경영이 병작제로 변동하고 立馬者도 평민이 등장하는 여건에서 성행할 수 있는 행위였다. 역리가 직접 경작하여야 하는 실정에서는 원칙상 이루어질 수 없었다. 賣渡者와 買入者 양측이 모두 역리이어야 하는데 마위전을 이미 자경하고 있는 역리가 다른 역

---

36. 『世祖實錄』 33, 世祖 10년 4월 丁酉, 7冊, p.620.
『世祖實錄』 35, 世祖 11년 정월 庚申, 7冊, p.667.
주 34와 同.
37. 주 18과 同.
38. 『成宗實錄』 72, 成宗 7년 10월 辛未, 9冊, p.383.

리의 마위전을 더 매입하여 자경한다는 것은 있기 힘든 일이었다. 역리는 驛役의 과중으로 자기 소관의 마위전조차 경작하기가 힘에 부쳤다. 마위전의 매매가 활발해지려면 실제 경작자가 따로 있는 경우, 즉 전호에 의해 경작되거나 혹은 평민의 立馬役이 허용되어 역리와 역전경작의 일체관계가 괴리되었어야만 하였다. 성종 초에 마위전의 私相轉買가 중앙에서 驛路凋弊의 한 원인으로 문제될 만큼 보급되고 있던 사정에는 이상의 경영변동이 그 조건을 부여하고 있는 것이었다.

그러나 마위전의 매매는 일반 민전과는 달리 소유권의 완전한 자유처분일 수는 없었다. 驛役부담이라는 조건에서 존재하는 토지여서 공전의 성격이 완전히 拂拭될 수 없었다. 매매는 자경권한 이를테면 使用收益權의 범위 안에서 이루어지는 것이 일반이었고 사사로이 행해지는 것이 특징이었다. 이런 유형의 매매는 조선 후기에 널리 보급되고 있는 賭地賣買이거나 退賭地賣買의 형태였다.[39] 즉 대개는 佃作權 또는 使用收益權의 期限付 預賣가 중심이었을 것이다. 혹 완전히 토지 자체로 매매되는 예도 있었겠으나 이는 이미 마위전이 공전이 아닌 私田으로 변모한 여건에서나 가능한 것이었다.

驛路의 안정을 꾀하는 정부로서 馬位田賣買에 대한 금지는 당연한 조처였다. 그러나 실효 또한 있을 리가 없었다. 마위전 매매는 계속되었고 조선후기 英祖 때 『續大典』에 가서는 법전으로 금지가 명문화될 정도였다.[40] 역리 등 立馬者는 苦重煩雜한 驛役과 이의 이행에 소요되는

---

39. 朴秉濠, 『韓國法制史特殊研究』, 韓國研究圖書館, 1960, pp.105~113(『韓國法制史攷』 수록, 法文社, 1974, pp.86~91).
慎庸廈, 「李朝末期의 '賭地權'과 日帝下의 '永小作'의 關係」, 『經濟論集』 6-1, 1967.
金容燮, 「續·量案의 研究」, 『증보판 朝鮮後期農業史研究』[Ⅰ], 지식산업사, 1995, pp.364~370.
______, 「朝鮮後期의 經營型 富農과 商業的 農業」, 『신정증보판 朝鮮後期農業史研究』[Ⅱ], 지식산업사, 2007, pp.333~341.
都珍淳, 「19세기 宮庄土에서의 中畓主와 抗租」, 『韓國史論』 13, 서울대, 1985.

40. 金容燮, 同上論考.

諸經費나 立馬費 마련으로 고통이 심하였고 이로 인하여 타인에게 빌려서 충당하기도 하고, 혹은 마위전을 耕食할 수 없는 처지에서 자기 재산까지 처분하다가 급기야 마위전은 물론 재산까지 모두 잃고 유망하는 경우가 늘어갔다.[41] 이런 형편에서 역리 등 立馬者는 최후 수단으로 마위전을 도지나 퇴도지로 豫賣하고 그 값으로 立馬 등의 경비를 마련하는 행위도 불사하는 것이었다. 마위전은 일반 사유지에 비하여 관리도 소홀하고 토질은 비옥하여 並作地로서나 退賭地로서나 조건도 좋았다.

마위전의 並作制 및 收稅方式에 의한 경작, 평민층에 의한 自耕, 그리고 경작권의 사유화로 인한 公田的 성격의 퇴색 등 변동이 가장 현저한 국면으로 접어들기는 16세기 최말, 특히 임진왜란을 겪으면서였다. 장기간에 걸친 전란으로 驛吏와 驛卒 그리고 驛馬는 거의 湮沒逃散하였고 驛路의 퇴폐는 참담하였다.[42] 역의 토지는 대부분 流離民 避亂民에 의해 경작되고 침탈되었고 그 가운데는 오래도록 推刷하지 못하여 영영 사유지로 되기도 하였다. 이들은 양반·토호·농민 등 驛務에 상관없는 이들이었다.[43]

終亂 후 조정에선 전후 복구책의 하나로 驛吏 및 驛奴에 대한 招集이 추진됨과 함께 驛田의 수괄작업에 착수하였다. 이는 量田事業으로 시작되었다. 당시 역전은 황폐되어 四標도 불분명하고 결부수도 알 수 없었으며 民田까지 침입하였다.[44] 정부는 역과 상관없는 이가 경작하고 있던 馬位田을 회수하여 立馬者에게 재분급하는 방침을 세웠다. 量田은 선조 36년(1603)부터 개시되었다(癸卯量田).[45] 그러나 역전의 수괄작업은

『續大典』 2, 戶典, 廩田.

41. 『成宗實錄』 6, 成宗 원년 7월 乙酉, 8冊, p.516.
『世祖實錄』 11, 世祖 4년 2월 己丑, 7冊, p.250.

42. 『宣祖實錄』 182, 宣祖 37년 12월 庚戌, 25冊, p.2.

43. 『光海軍日記』 22, 光海君 원년 11월 乙酉, 31冊, p.466.
『宣祖實錄』 134, 宣祖 34년 2월 庚午, 24冊, p.189.

44. 주 42와 同.

수월하지 않았다. 농지가 개간되지 못한 상태에서 양전만으로 일단락 될 수는 없었다. 이후에도 당분간 늘 같은 시책이 되풀이 하여 거론되고 시행되었다.[46] 驛田의 정비는 그간의 경영변동을 부인하지 않고 그대로 승인하는 선에서 시도하여 나갔다. 역전의 회수와 驛卒의 招集을 시도하는 한편, 역전경작의 또 하나의 방책으로서 민인을 모아 경작하고 수세하여 이로써 流民의 安集을 도모하는 시책을 폈다.[47] 이는 당시 조선국가 농지개간 정책의 기본방침이면서도[48] 역전에서는 종전의 방침 그대로의 계승이었다.

5. 王室庄土의 膨脹과 折受問題

토지제도의 변동은 토지분급제의 쇠퇴, 부세제 운영의 변모, 농업생산·교환경제의 진전, 지주전호제의 발달, 그리고 집권관료제의 강화 등이 서로 긴밀히 얽혀 야기되는 사태였다. 여러 신분층, 각급 계층은 이에 적응하는 정도에 따라 상승 혹은 몰락하면서 분화를 되풀이하고 있어 그 이해관계는 절실하였다. 王室도 마찬가지였다. 왕실은 최대의 수조지 점유자, 최대의 소유지 사유자였다. 왕실은 料物庫 및 5庫 7宮의 上供用 국왕 수조지, 그리고 王子·駙馬 등의 분급 수조지인 王子科田이 국용전 제도의 실시와 직전제의 시행으로 혁파·쇠락하면서 그 재정·경제의 기반을 殖利에 의존하고 소유지의 집적에 입각하여 구축하고 확대하여 갔다.

왕실토지의 팽창은 양반층의 토지겸병과 같은 궤도에 있으면서도 그

45. 『磻溪隨錄』 6, 田制攷說下, pp.124~126(古典刊行會 影印本, 1958).

46. 주 42와 43의 상단.

47. 주 43의 상단.

48. 拙稿, 「17세기 農地開墾과 地主制의 展開」, 『韓國史研究』 9, 1973.

진행은 커다란 특징을 지녔다. 왕실재정 관리기구로서 內需司를 공식 설치하고, 이곳에서 殖利와 토지관리를 주도하게 하며, 아울러 庄土의 형성에 折受라는 형식이 새롭게 등장하는 것이었다. 山林川澤의 折受問題는 이와 상관하여 등장하는 두드러진 사태였다.

1) 科田・職田制下의 王室私有地

집권왕조국가에서 국왕・왕실은 양반 사대부와 달리 최고의 公家 기구이면서 최상의 私家 신분이었다. 국가의 물적 보장 및 개개의 사적 경제기반도 이런 처지와 관련되어 이루어졌다. 전자와 관련해선 앞에서 설명하였듯이 조선은 고려와 마찬가지로 供上 담당의 倉庫宮司 운영과 이를 통한 물적 지원, 그리고 科田・職田의 별도 지급을 제도적으로 수행하였다.[1] 그리고 후자와 상관하여서는 사유지의 소유, 長利 운영, 奴婢身貢의 수취 등 재력의 집적이 추진되었다. 이는, 전자와는 별개로 그러나 긴밀히 연계는 가지고, 왕실적 배경에서 사사로이 진행되는 것이었다. 토지제도로서 주목되는 사항은, 倉庫宮司田 및 科田・職田과 더불어, 私有地의 소유와 그 확대이다.

왕실 소유지의 연원・기초는 太祖 李成桂 가문의 사유지였다. 국왕・왕실의 토지사유는 私的 소유에 근거하는 점에서 일반 민인 내지 양반・토호의 토지소유와 법제상 관습상 동일하였다. 이성계 집안은 東北面(함경도 및 강원도)의 토호로서 이 지역에 방대한 토지를 소유하였다. 태조 즉위년(1392) 장자 鎭安大君 芳雨 한 사람에게 朔方道의 咸州(咸興)와 高州(高原)에 있는 조상 전래의 토지 가운데 사급한 것만 畓 27石落, 田 62日耕이었다.[2] 均等分與에 따라 다른 子孫에게도 비슷한 규모를 배

---

1. 본서 Ⅳ편 3장 1절 참조.
2. 盧明鎬 외 編, 「太祖土地賜給文記」, 『韓國古代中世古文書硏究』(上), 서울대학교출판부, 2000, pp.134~137.

분하였을 것이므로 함경도 및 강원도에 소재한 토지는 막대하였을 것이다. 이 밖에 경기도 抱川에 滓甓洞田莊 鐵峴田莊도 있었다.[3] 태조·정종 그리고 태종·세종은 本宮(국왕 潛邸時의 家舍)에 私財를 관리하는 기구로 '私庫'를 운영하였다.[4] 태조는 해인사 大藏經의 印刊을 완성시키고자 동북면에 저축한 私財穀 콩과 조 540석을 내었다.[5] 본궁의 私財는 家臣이 관리하였으며[6] 국왕으로 즉위한 후엔 世子를 위시한 자손에게 배분하였다.[7] 토지 또한 이런 속에서 왕실 사유지로 분할되었다.

물론 왕실 사유지가 분여·상속토지만으로 구성되는 것은 아니었다. 이와 함께 開墾 및 買得, 그리고 籍沒田의 취득 등 여러 경로로 이루어졌다. 특히 국초에 개간할 곳은 많았다. 태종조에서 세종조에 걸쳐 대대적으로 진행된 서해·남해 연안 일대의 진전개간 신전개발과 세종조 특히 세조조 중반부터 본격 착수하는 北方開拓과 그 農業開發[8]은 왕실에겐 큰 기회였다. 세조는 특히 북방개척 장려책인 兩班의 墾田償職制를 정착시키고자 大君·君 및 宗親·駙馬가 앞장서도록 독려까지 하였다.[9] 買得의 경우도 사정은 마찬가지였다. 토지매매의 전제가 되는 放賣

---

3. 『太祖實錄』 1, 總序, 1冊, p.12.
4. 『太宗實錄』 4, 太宗 2년 7월 甲申, 1冊, p.241.
5. 『定宗實錄』 1, 定宗 원년 정월 庚辰, 1冊, p.143.
6. 『太宗實錄』 19, 太宗 10년 2월 壬戌, 1冊, p.531.
   『世宗實錄』 1, 世宗 즉위년 8월 丙午, 2冊, p.265.
7. 『太宗實錄』 36, 太宗 18년 7월 癸丑, 2冊, p.240.
8. 李泰鎭, 「16세기 沿海지역의 堰田개발」, 『韓國社會史硏究』, 지식산업사, 1986.
   ______, 「15~16세기의 低平地·低濕地 개간동향」, 『의술과 인구, 그리고 농업기술』, 태학사, 2002.
   拙稿, 「朝鮮初期 農地開墾과 大農經營」, 『朝鮮前期土地制度硏究』[II], 지식산업사, 1998.
   본서 V편 1장 참조.
9. 『世祖實錄』 18, 世祖 5년 12월 丙子, 7冊, p.360.
   『世祖實錄』 22, 世祖 6년 윤11월 乙巳, 7冊, p.434.
   『世祖實錄』 33, 世祖 10년 7월 丙辰, 7冊, p.634.

는 빈곤, 조세체납, 부채상환 등 궁박한 사정이 원인이었고 따라서 그에 앞서 대개 私債借用의 방편으로 抵當을 거치고 있었다. 주요 매득자는 고리대를 통해 금융적 지배를 할 수 있는 富力의 소유자였다.[10] 사채의 전형은 長利였고 여러 신분층이 운영하였다. 그 가운데서 왕실은 가장 규모가 방대하고 범위가 광대하였다.[11] 왕실로서 방매되는 토지의 매득여부는 취득할 가치의 多少와 그럴 의향의 여하에 달렸다.[12]

한편, 왕실의 籍沒田 취득은 개간·매득과 달리 왕실이 지닌 왕조국가의 宗本的 위치와 권위로서 특별히 사급받음으로써 이루어지는 것이었다. 이 규모는 컸다. 적몰전으로서 우선 들 수 있는 것은 前朝 고려의 국왕 및 왕실이 사적으로 소유하던 사유지이다. 고려 왕실은 장기간에 걸친 對蒙抗戰이 종식된 후 賜牌의 절급을 통해 황무지를 개간하고 또 이를 기화로 민전 및 각종 수조지를 점거하여 수다한 농지를 집적하여 오고 있었는데,[13] 고려 말의 政變과 왕조변혁으로 몰수되면서 그 가운데 상당수는 조선 왕실로 배분되었을 것이다. 그 뒤 적몰전토의 대규모 摘出은 단종의 폐위와 세조의 즉위과정에서 세조 2년(1456), 3년(1457)에 있었다. 당시 몰수한 大君·君 및 臣僚의 농장과 소유지는 일부를 新王 옹립에 공이 큰 신료 십수 명에 절급한 외에 나머지 상당수는 왕실의 大君·君·駙馬 주로 世宗의 왕자·부마에게 사급하였다.[14]

拙稿, 「朝鮮初期의 北方開拓과 農業開發」, 同上書.
본서 V편 2장 2절 참조.

10. 拙稿, 「朝鮮前期 地主層의 動向」, 同上書.

11. 宋洙煥, 「朝鮮前期의 王室長利」, 『朝鮮前期王室財政研究』, 集文堂, 2000.

12. 『成宗實錄』 3, 成宗 원년 2월 丁巳, 8冊, p.464.

13. 拙稿, 「高麗末期의 私田問題」, 『朝鮮前期土地制度研究』, 一潮閣, 1986.
朴京安, 「祿科田 및 賜田의 지급」, 『高麗後期土地制度研究』, 혜안, 1996.

14. 『世祖實錄』 3, 世祖 2년 3월 丁亥, 7冊, p.120.
『世祖實錄』 2, 世祖 3년 3월 丙戌, 7冊, pp.188~189.
宋洙煥, 「조선전기 王室私有地」, 주 11의 논저, pp.282~283.

한편 왕실 토지는 언제까지나 왕실의 소유로 남아 있을 수는 없었다. 왕자·부마에게 균등 分與된 국왕 소유지는 다음 세대의 자손에게 분할 전수되어 감으로써 세분화하고 宗枝에서 멀어짐으로써 民田化하였다. 평소 재산이 '累鉅萬'하다 할 만큼 부유하였던 錦城大君(세종의 6자)은 농장이 16개소에 이르고,[15] 孝寧大君(태종의 2자)은 세종에게서 사급받은 西江의 本宮農地만 40여 石落에 달하고,[16] 廣平大君(세종의 5자)은 총 140여 결이나 소유하는[17] 등 대지주, 거대지주도 있었지만, 이들도 상속농지는 일부이고 妻邊의 상속지나 개간·장리운용 등 자신의 殖産活動에 의한 것이 대부분이었다. 그리고 이 역시 자손에 분할 상속되어 개별 분산되었다. 왕실 농장은 대략 1~5石落 규모의 농지로 각지에 분산하여 존재하였고 경작은 노비노동에 의한 家作도 있었으나 중심은 並作半收였다.[18] 왕실 소유지는 점차 감소하고 凋落하여 2~3세대가 지나는 세종조 후반에 이르면 그 형편은 한층 심하였을 것으로 사료된다.[19] 문종조를 지나 단종조에 발생한 세조의 정변과 그에 수반한 적몰전지의 대량 적출과 배분은 새로운 왕실 소유지의 조성과정이기도 하다.

국왕·왕실로서 왕실 소유지의 끊임없는 분할·집적의 과정은 私財의 浮沈으로서 민인 일반의 형편과 처지가 같았다. 이런 점에서 늘 불안하였다. 아직 王子科田과 供上 등에 의해 국왕·왕실재정 자체는 보장되고 있었지만, 이는 점차 축소·해체되는 추세였다. 국왕·왕실은 집권체제가 견고해 가고 왕실의 권위도 공고해져 감에 따라 토지를 비롯한 국왕·왕실의 私財를 관리하고 증식하며 영구히 유지해 나갈 방도를 강구하였다. 그 방도는 집권관료제의 왕조국가에선 제도상 公式機關

15. 同上.
16. 『世宗實錄』 28, 世宗 7년 5월 壬午, 2冊, p.669.
17. 『成宗實錄』 11, 成宗 2년 9월 癸未, 8冊, p.597.
18. 宋洙煥, 주 14의 논고, pp.283~287.
19. 『世宗實錄』 109, 世宗 25년 7월 癸酉, 4冊, p.496.

을 설치하고 이를 통해 私財의 관리·증식을 도모함으로써 별도의 독립된 재원과 경영조직을 갖는 데 있었다. 세종 5년(1423), 태종 死後 태조의 私財 및 태종 本宮의 토지·노비가 왕실 소유로 이속됨을 계기로 그 재정관리를 위해 '內需所'를 설치함[20]은 첫 출발이었다. 내수소의 업무는 국왕의 錢穀을 관장하는 것이었다. 구체적으로 전곡의 수입원인 본궁 소속의 전토, 장리, 노비신공, 그리고 柴場·漁場의 관리·운영지침 등을 수립하고 지휘하는 사업이었다. 각종 사업의 실무는 書題·別座라고 칭하는 家臣이 遞兒職으로서 담당하였다. 그 수는 20명이었다가 15명으로 감축하였다.[21]

왕실재산의 관리소로 출발한 내수소는 세조 12년(1466) 대대적인 官制改革을 할 때 '內需司'로서 국가의 正式衙門으로 개편하여 완전 公共機構로 하였다. 正5品衙門으로서 吏曹의 屬衙門이었고 典需·副典需·典會·典穀·典貨, 書題·別座·別提의 정식 관원이 限品敍用에 입각하여 충당되었다.[22] 그러나 堂上官이 없는 아문에 당상관이 兼差하여 관아를 통솔하게 하는 제주[提調]는 설치하지 않았다.[23] 공식 아문이지만 국왕·왕실의 사유재산을 관장하고 소속 관원도 국왕의 가신이므로 제주를 둔다면 명분상 왕실 私務, 왕실 기구가 나라의 公務, 나라의 公府가 되어 사리에 맞지 않았다. 내수사의 업무보고는 통상 소속 관원이 국왕의 최측근인 환관을 통해 국왕에 直啓함으로써 이루어졌다. 세조 3년(1457)부터 국왕의 傳旨를 통해 업무를 시행하고 국왕에 대한 보고는

20. 『世宗實錄』 19, 世宗 5년 정월 己亥, 2冊, p.521.

21. 『世宗實錄』 73, 世宗 18년 윤6월 癸未, 4冊, p.18.
『文宗實錄』 8, 文宗 원년 7월 己酉, 6冊, p.410.

22. 『世祖實錄』 38, 世祖 12년 정월 戊午, 8冊, p.2.
『經國大典』 1, 吏典, 京官職, 內需司.
『成宗實錄』 10, 成宗 2년 5월 己酉, 8冊, p.580.
『成宗實錄』 137, 成宗 13년 3월 己未, 10冊, pp.309~310.

23. 『成宗實錄』 6, 成宗 원년 6월 庚申, 8冊, p.510.

승정원이나 승정환관을 통하도록 하는 규정을 정하였으나 지켜지지 않았다.[24]

내수소(사)의 운영·개편은 왕실재정 그리하여 그 일부인 왕실 사유지를 국왕·왕실이 왕조국가의 기구를 통해 조직적으로 조성하고 경영하여 가는 노선이고 그 실현이었다. 그러면서도 세조대까지 물의를 일으킬 정도로 사유지 확대는 꾀하지 않았다. 과전·직전제하에서 국왕·왕실은 아직 각종 收租地의 조세수입과 長利의 이식으로 재정수요를 감당할 수 있었던 것이다. 이 시기까지 국왕·왕실의 私財蓄積 행위로서 최악의 폐단 최대의 논란은 長利問題였다.[25]

2) 王室田土의 磨鍊과 折受問題의 擡頭

국왕 수조지가 폐기되고 왕자과전의 절급이 축소되고 그 수조권한마저 약화되는 속에서 왕실의 경비는 주로 내수사의 長利運營을 통해 조달하고 충당하였다. 왕실의 장리는 국초부터 '本宮長利'라는 이름으로 본궁(내수소·내수사) 소속의 書題와 奴婢가 운영하였다. 종종 牛馬·民田을 탈취하는 등 백성을 侵虐하는 폐해가 있어 이를 빌미로 조정에서 폐지를 주장하는 신료의 여론이 그치지 않았다.[26] 세종 25년(1443) 국왕은 이식률을 50%에서 30%로 낮추는 안을 내었다가 아예 환자[還上]의 예에 의하도록 하여 사실상 본궁 장리를 폐지하였다.[27] 환자는 耗損 외

24. 『世祖實錄』 9, 世祖 3년 9월 壬辰, 7冊, p.227.
『成宗實錄』 3, 成宗 원년 2월 辛未, 8冊, p.468.
『成宗實錄』 8, 成宗 원년 12월 戊午, 8冊, p.540.

25. 宋洙煥, 주 11의 논고.
梁擇寬, 「朝鮮前期 王室의 土地所有와 經營」, 『韓國史論』 53(서울대), 2007.

26. 『太宗實錄』 19, 太宗 10년 2월 壬戌, 1冊, p.531.
『世宗實錄』 10, 世宗 2년 11월 己巳, 2冊, p.414.
『世宗實錄』 98, 世宗 24년 10월 戊子, 4冊, p.440.

에 1石당 3升씩만 더 징수하고 있었다.[28] 이어 동왕 27년(1445) 國用田의 실시로 왕실 供上用의 수조지를 公屬化하면서 국왕은 왕실 재정의 확보책으로 장리의 復設을 검토하였으나 관료의 반대로 중단하고,[29] 30년(1448)에 가서 각 도 각 고을의 본궁 장리곡 13만 7,776석과 본궁 소속인 甘露寺와 檜岡寺의 革去寺社奴婢身貢 잡곡 886석을 소재 고을의 국고에 會錄하고 그 대신 軍資田에 假屬되어 있던 충청·전라도의 人吏位田 2,000결을 본궁으로 이속하는 선에서 마무리지었다.[30]

장리운영이 중단된 왕실의 재정은 前途가 밝지 않았다. 왕실 장리는 다시 복구될 소지를 안고 있었다. 세조 12년(1466) 내수소가 內需司로서 정식 아문이 됨과 함께 복구되었다. 세종조의 長利所 500여 곳이 다시 설치되었고 수는 점차 증가하였다.[31] 이후 장리운영에서 隣徵·族徵이나 家屋·田土·牛馬의 濫奪 등이 큰 피해로 지목되자 성종 3년(1472) 장리소 352개를 혁파하고 237개소를 남겼다.[32] 아마 당시 邑이 330여 곳이었음에서 중복하여 설치된 고을부터 1개소씩 폐지하였을 듯하다. 혁파한 몫으로 公廨田 3,000결을 내수사로 이속하였다.[33] 그러나 혁파한 장리소는 동왕 13년(1482) 大王大妃(세조비 貞熹王后 尹氏)의 명으로 다시 설립하였다. 동기는 성종 자손에 대한 備蓄과 3殿(세조비 尹氏, 덕종비

---

27. 『世宗實錄』 99, 世宗 25년 2월 己亥, 4冊, p.461.
『世宗實錄』 109, 世宗 25년 7월 癸酉, 4冊, p.496.
28. 『世宗實錄』 24, 世宗 6년 6월 辛亥, 2冊, p.599.
29. 『世宗實錄』 109, 세종 27년 9월 辛未, 壬申, 丙子, 4冊, pp.636~637.
30. 『世宗實錄』 122, 世宗 30년 12월 庚辰, 5冊, p.109.
『世宗實錄』 123, 世宗 31년 정월 丙午, 5冊, p.113.
『仁祖實錄』 24, 仁祖 9년 6월 丁卯, 34冊, p.434.
'會錄者 元會計之外 別備之謂也'.
31. 『世宗實錄』 109, 世宗 27년 9월 辛未, 4冊, p.636.
『燕山君日記』 21, 燕山君 3년 정월 丙午, 13冊, p.178.
32. 『成宗實錄』 14, 成宗 3년 정월 癸亥, 8冊, p.628.
33. 『成宗實錄』 148, 成宗 13년 11월 丙申, 10冊, p.405.

韓氏, 예종계비 韓氏)의 需用 때문이었고, 명분은 私債는 이식이 50%인데 내수사 장리는 이식이 30%여서 唐의 瓊林庫와 大盈庫에 비할 바 아니며 백성에 유리하다는 것이었다.[34] 이속한 공해전 3,000결은 반환되지 않았다.

內需司 長利는 양반 지주층의 장리와 경쟁적으로 운영되었고 연산조에는 무척 극성하였다. 公私長利가 확대되면서 義倉은 축소되어 갔다.[35] 중종이 즉위(1506)하면서 성종 22년(1491)에서 연산군 즉위년(1493)까지의 未收장리분을 탕감하면서 장리를 지속하여 나갈 정도였다.[36] 그러나 그만큼 관료 측의 내수사 장리 폐지요구는 강력하였다. 특히 동왕 4년(1509)부터는 고려 말 공민왕 때 先王先后의 명복을 비는 불교식 제사로서 출발하여 연산조 때 폐지하였다가 중종대에 복구한 忌晨祭의 혁파와 겹쳐서 더욱 거셌고 11년(1516)에는 극에 달하였다.[37] 결국 그간 있어온 비난 즉 국왕이 백성과 이익을 다툰다는 점, 내수사 官員과 典守奴의 횡포가 극심하다는 점 등에 중종 자신이 反正으로 즉위한 데다 관료의 세력이 증대하고 아울러 비난여론도 격렬하여짐이 겹쳐서 이 해 6월 내수사 장리와 기신제를 혁파하였다.[38] 여기서 내수사 장리의 신규대출이 영영 폐지되었다. 장리곡은 州倉에서 收入하여 회계에 기록하였다. 내수사의 요청으로 당분간 공주・옹주의 혼인[出閤]에 사급하고 내수사가 혁파 이전의 장리를 수납・관리하였으나 끝내 종말이었다.[39] 내수사 장리의 폐지로 왕실 內用의 중요 재원이 소멸하였고, 따라서 王子女가

---

34. 同上 및 『成宗實錄』 148, 成宗 13년 11월 乙未, 10冊, p.410.

35. 金勳埴, 「朝鮮初期義倉制度研究」, 서울大學校 博士學位論文, 1993.

36. 『中宗實錄』 1, 中宗 원년 10월 己巳, 14冊, p.90.
『中宗實錄』 2, 中宗 2년 2월 丙子, 14冊, p.124.

37. 宋洙煥, 주 11의 논고, pp.345~347.

38. 『中宗實錄』 25, 中宗 11년 6월 壬子, 15冊, p.185.

39. 『中宗實錄』 55, 中宗 20년 9월 辛巳, 16冊, p.455.
『中宗實錄』 90, 中宗 34년 5월 乙酉, 18冊, p.296.

혼인하면 장리를 賜與하여 田宅 마련에도 충당하도록 한 관례[40] 역시 중단되었다.

내수사 장리는 혁파되었지만 문제는 남았다. 장리사여에 대신할 새로운 물적 조치가 강구되어야 했다. 그 길은 田土의 사여뿐이었다. 실제 왕자·공주는 자신들에 대한 물적 保障策으로 田地의 사급을 요청하였고 국왕은 이에 응하였다. 그러나 수조지를 절급할 수 없는 여건에서 전토를 사급하려면 그 토지는 연고 없는 것이어야 했다. 방도는 하나였다. 우선 屬公田을 절급하는 것이고 이에 公田의 사급 내지 閑曠地를 위시한 山林川澤의 할급이 뒤따랐다. 이제 왕실의 토지소유는 내수사가 죄인의 籍沒田이나 公家로 이속된 寺社田 등 屬公田을 추쇄하여 마련하는 것,[41] 內願堂의 소속 전토를 창출하여 그 귀속으로 삼는 것,[42] 無主陳荒地, 혹은 牧場土나 官屯田 등 국유지를 할급받거나,[43] 民田을 未墾地 혹은 자기 所有地라고 덮어 씌워 立案을 내어 탈점[44]하는 것 등의 방식으로 조성하고 확대하였다. 왕자·공주의 경우도 마찬가지였다.

16세기 이후 왕실 사유지는 내수사와 왕자녀의 속공전·공전·민전의 私占과 사유화에 근거하여 번성하였다. 이와 함께 投托田·投托奴婢도 증가하였다. 세가양반·토호의 침탈을 피하고 면세 내지 면역의 혜택도 받을 수 있기 때문이었다. 내수사 소속의 전토는 免稅였고 노비는 徭役免除였다. 면세는 종전부터 있어 온 관례였겠으나 『經國大典』에서

---

40. 『燕山君日記』 36, 燕山君 6년 2월 辛卯, 13冊, p.400.
『燕山君日記』 49, 燕山君 9년 3월 戊辰, 13冊, p.549.

41. 『明宗實錄』 7, 明宗 3년 3월 丙戌, 19冊, p.575.

42. 본서 Ⅶ편 2장 4절 참조.

43. 『中宗實錄』 43, 中宗 16년 6월 壬午, 16冊, pp.64~65.
『中宗實錄』 73, 中宗 28년 2월 癸巳, 17冊, p.395.
『明宗實錄』 33, 明宗 21년 7월 壬午, 21冊, p.99.

44. 『明宗實錄』 10, 明宗 5년 9월 乙未, 19冊, p.718.
『明宗實錄』 14, 明宗 8년 3월 辛巳, 20冊, p.117.

명확히 법규로 작정한 것이고,[45] 면역은 성종 원년(1470) 貢賦 외는 雜役免除하라는 왕명이 내려져 확정되고 『大典續錄』에서 법제로 자리 잡은 것이었다.[46]

이와 같이 조정에서 왕실 소유지를 마련해 줄 수 있는 주요 방도는 속공전의 할급 내지 국유지의 절급이었다. 그러나 할급할 속공전이나 국유지가 흔할 수 없었다. 혹 無主의 토지로서 陳荒地·閑曠地의 '折受'가 있었다.[47] 절수는 '떼어 받는다'는 것이다. 그러나 토지부족이 심각하고 토지겸병이 성행하는 이때에 무주지도 흔하지 않았다. 그러므로 공전 및 진황지를 빙자한 민전탈점이 자주 발생하였다. 국왕·정부는 또 다른 재원도 탐색하였고 새로 착목한 것이 山林川澤이었다.

조선에서 산림천택은 국초부터 민인과 공동으로 用益하는 원칙하에 법제상 특정 개인이 私占하여 專利하는 행위는 엄히 금지하여 오고 있는 곳이었다.[48] 토지소유·토지집적에 참여할 수 있는 길은 소유권의 집적뿐인 이 시기 여건에서, 국왕·정부는 이제 양반 사대부에 대해서 부세제도의 운영에서 免役을 관례로 하여 주고 있었지만 왕실에 대해서는 이런 정도로는 부족하였다. 왕실·종친의 수는 늘어 가고 공식적인 토지분급의 제도는 마련하여 줄 수 없는 실정에서 강구할 수 있는 시책은, 토지 바로 그것은 아니나, 私的 소유주가 없는 그러나 수입원이 되는 財源으로서 柴場·鹽場·漁場 등을 취득하게 해 주는 것, 이른바 山林川澤의 折受였다. 발단시기는 성종 초였다. 그러나 관료의 반대가 항상 극성하여 늘 進退를 거듭하였다. 성종은 그의 여러 왕자·군·공주

---

45. 『經國大典』 2, 戶典, 諸田.
46. 『成宗實錄』 7, 成宗 원년 9월 己卯, 8冊, p.530.
『大典續錄』 2, 戶典, 徭賦.
47. 拙稿, 「17世紀 土地折受制와 職田復舊論」, 『東方學志』 54·55·56合輯, 1987, pp.447~448.
48. 본서 Ⅲ편 1장 4절 참조.

에게 柴場을 사여하였다.[49] 연산군은 이를 빌미로 계속하였으나 관료의 반대로 끝내 환급하였으며,[50] 중종조에도 같은 사태가 되풀이되었다.[51] 이러는 가운데서 절수 대상에 漁箭도 포함하였다.[52]

산림천택 절수의 배경은 이러하였지만, 국왕이고 왕실이라 하여 그리고 私的 점유지 내지 소유처가 아니라 하여 무작정 한 것은 아니었다. 명분과 명목이 있었다. 柴場·漁場의 절수는 田結·陳地·納穀 등의 代價라는 점이었다.[53] 즉 賜與田地의 대신이나 혹은 그 不足額 대신, 禁田구역이나 陳荒된 부분의 몫 대신, 그리고 흉년 때 官에 納粟한 값 대신으로 절수한다는 것이었다. 절수의 실체는 산림천택이지만 그 명분은 어디까지나 왕실 소유지의 마련이란 형식을 취하는 것이었다. 절수의 형태는 賜牌를 통하는 것과 立案을 통하는 것 두 가지였다.[54] 전자는 국왕이 대상지를 직접 사급하는 형식이고, 후자는 왕실이 대상지를 신청하여 얻어내는 형식이었다. 이른바 賜牌折受와 立案折受로서 효력과 권위는 당연히 전자가 월등하였다.[55]

왕실에 대한 산림천택의 절수가 증가하는 때는 16세기 특히 그 후반을 넘어서부터였다. 절수의 명목과 이유는 여러 가지였지만 근본사정은 토지분급이 없어지고 사유지는 떼어 줄 수 없는 현실이었다. 절수는 증가할 수밖에 없었다. 宣祖朝에 오면 큰 폐단으로 지목되었다. 王子·君은 산림천택을 多占하였고 해당 고을 민인이 받는 고통은 매우 컸다.

---

49. 『成宗實錄』 130, 成宗 12년 6월 壬戌, 10冊, p.231.
50. 『燕山君日記』 41, 燕山君 7년 8월 丙辰, 13冊, p.450.
『燕山君日記』 45, 燕山君 8년 8월 戊申, 13冊, p.508.
51. 『中宗實錄』 53, 中宗 20년 2월 戊午, 16冊, p.384.
『中宗實錄』 77, 中宗 29년 7월 乙酉, 17冊, p.524.
52. 『中宗實錄』 94, 中宗 36년 2월 丁丑, 15冊, p.444.
53. 『明宗實錄』 15, 明宗 8년 8월 乙酉, 20冊, p.153.
54. 『明宗實錄』 15, 明宗 8년 8월 乙酉, 20冊, p.153.
55. 拙稿, 주 47의 논고.

이로 인해 임진왜란 중에 민인의 叛亂이 일어나고 왕자 2명이 倭軍에게 捕縛까지 당하는 욕을 보았다.[56] 왜란을 거치면서 산림천택의 절수제는 한동안 관례로 정착하였다. 그리고 왜란이 종식된 후엔 無主陳荒地의 절수가 본격 이에 병행하였고 이는 동시에 戰後 복구책으로 등장・확대되는 屯田制의 일환을 이루어 恒式으로 되기에 이른다.[57] 왕실의 庄土, 宮房田은 16세기에 단서가 마련되고 그 발달은 이 선상에서 이루어지는 17세기의 산물이었다.

---

56. 『宣祖實錄』 26, 宣祖 25년 5월 辛酉, 21冊, p.484.
『宣祖實錄』 165, 宣祖 36년 8월 己丑, 24冊, p.510.

57. 拙稿, 「朝鮮後期 王室・營衙門의 柴場私占과 火田經營」, 『東方學志』 77・78・79 合輯, 1993 및 주 47의 논고.

Ⅷ. 土地·農業論

1. 農村問題와 土地改革論議

분급 수조지가 축소·쇠퇴하고 사적 토지소유관계가 발달하고 교환경제가 성장하는 가운데서 농촌에서 토지의 겸병과 상실, 농민층의 토지에서의 이탈도 갈수록 성하였다. 이와 함께 대소유자와 소소유자, 유전자와 무전자, 지주와 전호의 갈등이 촉발되고 나아가서 양반층의 相爭과 농민항쟁까지 격발되어 사회가 불안하고 정치가 혼란해지는 사태로 이어졌다.

그러므로 고려 말·조선 초 소농민의 안정을 목표로 하여 토지의 均分을 제기한 土地改革論(井田·均田·限田論)에, 이후 새로 야기되는 저와 같은 토지문제 농민문제가 겹쳐서, 16세기 전반 중종조에 오면 토지개혁을 놓고 그 당위와 방략을 둘러싼 논란이 대대적으로 일어났고 限田을 방침으로 수립하기에 이른다. 토지개혁의 방안은 그만큼 절박한 문제, 절실한 과제로 부상하였다. 그리고 지주제를 축으로 한 토지문제의 실태나 성격, 그리고 국왕·양반관료의 이에 대한 이해관계 및 인식정도에 따라 그 내용에 차이가 있었고 강약도 달랐다.

1) 農村問題와 井田·均田·限田論의 高調

이 시기 토지개혁 논의는 새로운 것은 아니었다. 고래로 오랜 전통을 가지고 있었고, 구상에 그쳤지만 가깝게는 고려 최말 禑王·昌王代 전제개혁 논란 때 소유관계를 '計民受田'의 원칙하에 均田式 限田制로 개편하고 이로써 수조지상의 私田問題까지 한꺼번에 수습하려는 안이 제기된 적이 있었으며,[1] 조선 태종조에 경영관계에 제약을 두어 겸병을 억제하고자 실효는 없었지만 並作禁令을 수립하기도 하였다.[2]

조선 초의 사회는 토지균분의 시행요구가 계기만 있으면 제기될 현실이었다. 더구나 조정에선 왕조건설에 따른 국가체제의 개선·개편을 철저히 그리고 용의주도하게 궁리하고 또 착수하던 때였다. 세종 3년(1421) 5월 限田·均田의 실시안이 戶牌法의 복구안과 함께 영의정 柳廷顯에 의해 제기되었다.[3] 이 제안에 대해 국왕은 가을에 가서 다시 啓達하도록 하여 보류시키고 있었지만, 자신도 이미 세자시절부터 井田·均田이나 限田의 시행가능 여부에 관해 깊이 검토하고 궁리하고 있었다.[4] 그리고 이 무렵에는 시행이 불가능하다는 쪽으로 판단을 내리고 있었으며 그 대안으로 租稅制度를 貢法의 이름 아래 什一稅法을 준수하는 방향에서 개정하고 운영하여 나감으로써 그 정신을 살리고자 하였다.[5]

소토지 소유 내지 소경영을 위주로 한 농촌사회 안정은 대토지 소유 및 대농경영의 현실과 이를 전제로 한 田稅제도의 개편 속에 부수하는 위치에 놓였다. 그러나 이 문제는 세조조를 지나 성종조에 다시 피력되

---

1. 본서 Ⅱ편 1장 1절 참조.
2. 본서 Ⅲ편 2장 참조.
3. 『世宗實錄』 12, 世宗 3년 5월 壬申, 2冊, p.432.
4. 『世宗實錄』 11, 世宗 3년 己卯, 2冊, p.421.
   『世宗實錄』 35, 世宗 9년 3월 甲辰, 3冊, p.65.
5. 본서 Ⅴ편 4장 1절 참조.

었다. 성종 3년(1472) 檢討官이던 成俔은 경연에서 농민의 곤궁이 심한데 이는 누적되는 채무와 豪强의 남징으로 농토를 巨室에 모두 들여 송곳 꽂을 땅도 없게 되는 까닭이라 하고, 해결책으로 옛 한전법에 따라 民田의 소유를 한정하고 사채 또한 그 수가 義倉의 대여곡수를 넘지 못하게 할 것, 그리고 전지와 재물을 겁탈하는 자가 있으면 강도로 논단하는 것 등을 역설하였다.[6] 그는 稅法의 조정이나 진휼책을 통해선 민생의 안정을 도모할 수 없다고 보았다.[7] 토지문제의 처리요구는 한층 현저하여 갈 事勢였다. 연산조 초에 田産所有에 대한 제한이 거론되고 농민안집책의 강구가 제기되었다.[8] 그리고 中宗朝 중반에 들어와서는 限田을 골격으로 하는 방안이 수립되기에 이르렀다. 이 무렵 농업문제는 장기간에 걸쳐 누적되어 온 것인 데다가 새로운 요인도 첨가되어 그대로 방치하기에는 매우 심각하였다.

우선, 토지겸병은 이미 커다란 潮流가 되어 있었다. 토지겸병을 주도하던 층은 王室, 勢家·兩班官僚, 富商大賈 및 品官·土豪 등이었다. 토지확대의 방법도 주로 私債貸借를 통한 高利貸의 압박이나 賣買 그리고 新田開發이었다. 축적된 부는 토지에도 재차 투자되었지만 일부는 방납·시전상·사행무역 등 조선왕조의 賦稅收取나 그 처분 과정을 직접 이용하거나 이에 편승하여 회전되었고 상인층이나 장시와도 연결되어 처리되었다. 토지의 가격 역시 상승일로를 걸었고 이는 다시 토지집적의 욕구와 행위를 더 한층 촉발시키고 농민의 몰락을 더 더욱 촉진시켜 나갔다.[9]

---

6. 『成宗實錄』 22, 成宗, 3년 9월 壬寅, 8冊, p.685.
7. 成俔, 「浮休子談論」 1, 雅言.
8. 『燕山君日記』 22, 燕山君 3년 4월 庚寅, 13冊, p.213.
   『燕山君日記』 33, 燕山君 5년 5월 丙子, 13冊, p.360.
9. 拙稿, 「朝鮮前期 地主層의 動向」, 『朝鮮前期土地制度硏究』(II), 지식산업사, 1998.
   李泰鎭, 「16세기 沿海地域의 堰田개발」, 『韓國社會史硏究』, 1986.
   李在洙, 「16世紀 田畓賣買의 實態」, 『歷史敎育論集』 9(1986).

부세부과의 과중과 편중 즉 賦稅不均 역시 병폐가 컸다. 부세불균의 사태는, 이것도 문제이지만, 토지겸병과도 긴밀하게 상관되어 일어나고 있어 폐단은 한층 심하여지는 것이었다. 토지의 집적과 상실이 반복되는 속에서 빈부의 격차는 懸絕하여지는데, 부세의 부과와 징수는 이와는 상관없이 진행되고 있는 까닭이었다. 민인들은 牛馬나 田宅을 放賣함으로써 모면하고 있었다.[10] 부세의 압박으로 中農은 小農으로 소농은 貧農·無田農으로 전락하는 사태가 되풀이 되었다.[11] 더하여 부세과중은 재차 부세불균의 폐를 일으켰다. 민인 가운데서는 勢家에 冒占·投托함으로써 그만큼 부세를 담당하는 인구는 감소하여 갔다. 형세는 대단하였다. 장차 온 나라 안에 良民은 하나도 없게 될 것이라는 우려가 곳곳에서 나왔다.[12] 부세는 여타 민인에게 轉加되었다. 이 과정에서도 토지겸병은 일어났다. 冒占되거나 投托한 良人은 대개 作人農民의 처지에서 投托家의 奴婢·雇工·婢夫 등을 가칭하거나 칭탁하여 부세대상에서 빠지고 있어서 토지는 저들에게 귀속되는 것이었다.

농촌의 동요, 농민의 逃散은 이 무렵 성장하고 보급되던 농촌시장 곧 場市와 연계되어 유발되고 촉진되기도 하였다. 도산하고 몰락하거나 그런 위기에 처한 농민은 타인의 노비·고공이나 전호만이 되는 것이 아니었다. 小商人으로도 투신하였다. 농촌의 피폐는 곧 농업의 위축이고 농민의 몰락인데 末業人口의 증가는 이를 더욱 촉진시키는 바가 아닐 수 없었다.[13]

본서 VI편 1, 2장.

10. 『中宗實錄』 25, 中宗 11년 6월 辛亥, 15冊, p.185.

11. 李之菡, 『土亭先生遺稿』 2(奎 570), 莅牙山陳弊上疏.
李之菡은 아예 토지집적의 성행과 지주전호제의 확산은 바로 이 부세압박에서 연유한다 하고, 그리하여 백성 가운데 有田者는 거의 없고 대부분 富人의 전토를 얻어 갈아서 分半打作으로 糊口를 이어간다고 개탄하였다.

12. 拙稿, 주 9의 논고, pp.291~298.

13. 拙稿, 「朝鮮前期 場市의 成立과 그 基盤」, 주 9의 논저.

농촌의 위기는 이에 그치지 않았다. 農民抗爭 또한 빈번히 일어났다. 民亂과 같은 대대적인 항쟁은 아니었으나 크고 작은 소란은 끊임없이 발발하고 있었다. 도산하고 몰락한 농민은 때때로 群聚作黨하여 群盜를 이루어 각처에서 할거하고 횡행하였다. 토지문제는 경제상의 문제를 넘어서고 있었다. 도적의 횡행은 이미 커다란 정치문제가 되어 있었고 장시의 보급에 짝하여 한층 熾盛하였다.[14]

중종정부는 농촌문제에 대해 두 방향에서 대책을 시도하여 갔다. 하나는 勸農次元에서였다. 국왕·조정의 권농의지를 널리 알리고자 務農敎書를 거듭 반포하였고, 務本抑末策의 일환으로 장시의 금지 내지 억제방침도 강구하였다.[15] 특히 강조하던 것은 守令의 권농임무였다. 농민이 務農을 하여도 勸農이 부진하고 賦稅行政이 순조롭고 고르지 못한 관계로 곤궁하여지고 몰락하게 되고 따라서 仁政이 실현되지 못한다고 보는 데서였다.[16] 조정은 농민의 곤궁이 농업생산에서 농민 자체에 결함이 있어 유래한다고 생각하지는 않았다. 仁政의 실현이 勸農勵行 등의 측면에서만 始終되어서는 농촌피폐는 해결을 기대하기 어려운 현실이라는 것과 농촌문제의 근본 요인이 토지겸병과 소유불균의 심화에 있음을 절실히 인식하고 있었다.[17]

본서 Ⅵ편 3장 2절.

14. 高承濟, 「16世紀 賤民叛亂의 社會經濟的 背景」, 『學術院論文集』 19, 1980.
韓嬉淑, 「16세기 임꺽정 난의 성격」, 『韓國史硏究』 89, 1995.
李正守, 「16세기 도적발생과 그 사회경제적 의미」, 『韓國史硏究』 92, 1996.

15. 주 13과 同.

16. 『中宗實錄』 21, 中宗 9년 11월 癸酉, 14冊, p.42.
『中宗實錄』 25, 中宗 11년 6월 辛亥, 15冊, p.185.
『中宗實錄』 26, 中宗 11년 11월 壬寅, 15冊, p.240.
『中宗實錄』 27, 中宗 12년 정월 丁亥, 15冊, p.251.
『中宗實錄』 32, 中宗 13년 5월 乙酉, 戊辰, 15冊, pp.445~446.

17. 同上의 中宗 13년 5월 戊辰.
『中宗實錄』 32, 中宗 13년 2월 庚寅, 15冊, p.398.

勸農督勵과 함께 토지겸병과 그 폐해를 억제하고 제거하는 방도를 모색하였다. 仁政이 經界의 정비 곧 토지소유의 균등에 있음은 이념상 儒者政治의 핵심이기도 하였다. 중종 10년(1515) 2월 左參贊이면서 經筵知事였던 申用漑는 이즈음 논란되던 함경도의 軍備虛疏와 儲粮困乏에 관해 우려하면서, 이어 양인수의 확보와 토지소유의 균일을 기함이 좋겠다고 제안하였다. 전자로선 良賤交嫁의 소생을 모두 賤으로 하는 법을 바꾸어 父와 母 어느 한 편만을 기준으로 천역을 지우고, 후자로선 옛날 井田 같은 제도는 행할 수 없겠으나 행여 액수를 한정하여 折給해서 균일하도록 하는 것 곧 限田에 의한 토지균분안을 제시하였다.[18] 양인의 확보와 토지소유의 균등은 당시에는 결국 하나의 문제라고 해도 좋을 만큼 긴밀히 결부되어 있는 사항이었다. 限田論議는 중종 12년(1517) 7월에 가서 대대적으로 진행되고, 이듬해 2월에서 5월까지 다시 계속되어 일단 결말을 지었다. 이 사이 조정에서는 限田制의 제안 목표 및 이유, 시행의 難易와 방법, 最終方案 등에 관해 갖가지 의견과 주장이 표명되었다.

限田의 실시를 주장하는 측의 요지는 토지겸병의 극성과 貧富의 懸絶한 형세가 지금처럼 심한 적이 없다는 것,[19] 이러한 현실은 儒家의 근본에 입각할 때 배치된다는 것,[20] 그리고 天地가 내는 財貨·百物은 모두 반드시 돌아갈 데가 있는 법인데, 한 고을의 토지가 3, 4인이나 5, 6집에 집중되는 사태는 있을 수 없는 일이라는 것[21]이었다. 이들이 생각하는 限田은 단순한 토지소유의 定限이 아니었다. 均田·井田의 효과 및

18. 『中宗實錄』 21, 中宗 10년 2월 庚子, 15冊, pp.57～58.

19. 『中宗實錄』 28, 中宗 12년 7월 癸卯, 15冊, p.300.
『中宗實錄』 32, 中宗 13년 2월 庚寅, 15冊, p.398.
『中宗實錄』 33, 中宗 13년 5월 乙丑, 15冊, p.445.

20. 주 16의 하단 및 同上의 하단.

21. 同上.

정신을 살리는 선상에서의 한전이었다.[22] 井田·均田의 실시는 여건상 할 수 없고 토지개혁은 하여야 한다면 실현가능한 제도로서 限田을 주장하고 있는 것이었다. 사실 한전은 토지개혁의 방안 가운데 자영소농 및 지주층의 반발이나 소란을 되도록 적게 할 수 있는 제도였다. 더군다나 한전론자들이 문제 삼고 있던 토지겸병은 농민의 영락·곤궁을 직접 초래하고 있는 그러한 토지겸병 요컨대 공사채나 부세의 압박 등으로 토지가 저당 잡히고 끝내는 방매되는 속에서 일어나는 토지집적이었다. 황무지의 개간이나 신전개발을 통한 토지확대는 문제 삼지 않았다.[23] 이런 목적에서도 한전은 가장 적합하고 폐단도 적었다.

한전론이 본격 검토된 것은 중종 12년(1517) 7월 朝講에서였다. 이때도 첫 발의자는 申用漑로서 한전시행의 어려움이 조정의 公論이 통일되지 않는 데 있는데 지금 임금치세에서는 의논이 일치될 수 있어 가능하다고 강조하였다. 여러 관료가 讚議하였다. 토지겸병은 방지하여야 하지만 限田을 통해 이를 수행한다는 데 대해서는 주저하여 난색을 표하는 측에 대해선 限田 후에 겸병이 없어지지 그렇지 않고는 겸병을 금지할 길이 어디 있느냐고 공박하였다.[24] 그러면서도 이를 실행하는 데는 급격한 개혁은 피하여야 할 것으로 생각하였다.[25]

한전론은 쉽게 可否가 결정되지 않았다. 均田하는 일이 쉽지 않으니 토지의 抑買라도 금지하여 겸병을 방지하자는 안도 나왔다.[26] 限田에 미온이거나 반대하는 측은 限田은 원칙에서 찬성하지만 議論이 확정되지 않고 형세도 어려워 시행은 힘들며, 현재의 대토지 소유자나 혹은

22. 『中宗實錄』 28, 中宗 12년 7월 癸卯, 8월 丙寅, 13년 2월 癸未·庚寅 및 5월 乙丑, 14년 7월 癸巳의 관계 기사 참조.

23. 주 19의 중단.

24. 『中宗實錄』 28, 中宗 12년 7월 癸卯, 15冊, p.300.

25. 同上 및 『中宗實錄』 32, 中宗 13년 2월 癸未, 15冊, p.398.

26. 『中宗實錄』 29, 中宗 12년 8월 丙寅, 15冊, p.322.

토지를 집적하려는 이들에게 손실과 제동을 함으로써 이들의 반발을 야기한다는 것,[27] 또 설사 限田을 하여 부자의 전지를 감축하여 빈자에게 분급하지만 부자의 자손이 만약 貧寒하여지면 다시 奪還할 수 없다는 것,[28] 그리고 貧民이 전토를 받는다 하여도 耕種을 할 수 없어 다시 豪富에게 방매하게 될 것이니 무익한 처사로서 自營小農의 확보가 토지개혁만으로는 어려운 일임도 지적하였다.[29] 그러나 한전론 측은 반대론 측의 이런 주장은 正論이 아닌 俗論이라고 척결하고 이들이 예시하는 폐단 역시 本弊가 아닌 末弊라고 단정하였다.[30] 그리하여 한결같이 국왕이 '大公'의 결단을 내림으로써 한전은 이루어져야 할 것임을 촉구하였다.[31]

한전논의가 再論에 재론을 거듭하고 있는 가운데 한전론자 가운데선 차선책으로 冒占良人을 搜括하고 그 행위를 금지하자는 방안, 혹은 奴婢從母의 시행과 소유 奴婢數의 限定을 제의하기도 하였다.[32] 대토지 소유자의 노동인력을 감축하여 토지겸병을 억제하자는 발상이었다.[33]

2) 限田方案과 그 후의 推移

토지소유의 不均事態는 관료층 내부에서도 절실한 문제였다. 관료 서로간의 대립 나아가서는 양반층 사이의 알력 역시 그만큼 격심하였다. 국왕이나 정부당국은 限田의 시행에 가부간 결정을 내려야 할 국면에

---

27. 주 7 및 주 19의 중・하단.
『中宗實錄』 36, 中宗 14년 7월 癸巳, 15冊, pp.550~551.
28. 주 19의 하단.
29. 同上.
30. 同上.
31. 주 7과 주 54의 하단.
32. 주 18, 23과 同.
33. 주 19의 下段.

있었다. 중종 13년(1518) 5월 국왕은 申用漑・朴遂良・柳成春・權撥 등의 限田 요구를 온종일 듣고 난 뒤 대신에게 의논하게 하였다.[34] 의논결과 限田의 시행이 확정되었다. 방안은 두 개의 사항이었다.[35] 하나는 앞으로 50결 이상 토지를 소유하고 있는 자가 토지를 더 加占함을 금지하며 이는 守令이 糾察한다는 것, 그리고 타인의 이름으로 暗綠하는 자는 법에 의해 엄금한다는 것이다. 限田의 상한은 50결로 하되, 시행 전까지의 소유규모는 문제 삼지 않는다는 요지이다. 다른 하나는 逃亡・絕戶한 이의 전지 가운데 경작하는 자가 있으면 단지 稅役만 부과하고 逋債는 징수하지 않으며, 경작되지 않고 있는 토지에 대해서는 起耕을 권려하고 隨起隨稅한다는 것이다. 陳田開墾을 장려함으로써 무전농민이 토지를 소유할 수 있도록 배려하는 誘引策으로서 앞의 방침에 부수하여 마련한 조치이다.

고려 일대와 조선 초에 걸쳐 장구한 세월 동안 틈틈이 그러나 꾸준히 제기되어 오던 限田論은 중종조 이 시기에 와서 이러한 내용으로 확정되어 수립되기에 이르렀다. 중종조의 限田방안은 이런 점에서 일단 의미가 있었다. 그러면서도 토지겸병을 억제하고 무전농 빈농층의 자영소농화라는 한전 본래의 제안목표에서 보면 소극적인 시책이었고 여기에 큰 특징이 있는 방안이었다. 현재의 소유관계에 어떠한 변화나 변혁도 가하지 않는 선에서, 그리고 上限結數가 50결이나 책정되고 그나마 下限結數는 설정되고 있지 않는 점에서 그러하였다. 또한 한 고을의 수령이 차후 50결 이상을 넘게 토지를 加占하는 자를 규찰하도록 되어 있으나 수령의 遵行能力 여부는 차치하고서도 겸병자가 다른 도 다른 고을에서 토지를 집적할 경우 이를 금지할 방도는 없었다.

한전 50결은 대단한 규모의 토지였다. 말이 한전이었다. 이만한 규모

---

34. 同上.

35. 同上.

의 토지를 소유한 자들은 당시에도 豪富 가운데 호부였다. 세종조 役制 편성 때 50결 이상 소유하고 있는 戶는 大戶에 속하였고 농촌현실에서는 10결 정도를 소유하면 豪富層에 속하였다.[36] 50결 정한의 한전은 대지주·거대지주의 팽창 확대 정도나 저지할 수 있는 안이었다. 결국 토지문제·농촌문제를 지주층 내부의 이해관계를 조정하는 선에서 처리한다는 토지정책인 셈이었다.

한 고을 안에서 대지주 및 거대지주의 존재나 그 성장은 벌써부터 큰 문제가 되어 오고 있었다. 성종대에 충청도 鎭川·忠州·林川 지방의 경우처럼 웬만한 고을이면 種穀이 巨萬하고 萬石에 이른다는 지주들이 있었다.[37] 이들은 왕실·척신 등 세가만이 아니었다. 品官·土豪 가운데 재지지주로서 흔히 豪强·豪右로 지칭되는 층에서도 많았다. 一家의 種穀이 만여 석에 달한다면 그 소유토지의 규모는 엄청난 것이었다. 만여 석 정도를 種穀하는 지주이려면 전지는 200여 섬지기[石落] 정도는 경영하고 있어야 했다.[38] 200여 섬지기는 平石으로 쳐서 3,000여 마지기[斗落]의 규모였다. 結數로 치면 거의 80여 결에서 100여 결에 해당하는 면적이었다. 1결은 대략 種稻로 따져 30두락 내지 40두락 정도였다.[39] 그러므로 한 고을에 이런 지주가 2, 3인만 있어도 다른 사람은 경작할 토지가 없다는 지적도 나오게 되는 것이었다.

한전책이 50결 상한으로 낙착된 것도 혹 事勢의 압박으로 인한 것이라 하더라도, 이나마 제대로 실행하면 中小地主의 大地主로의 성장을 한층 용이하게 하고 이들을 巨大地主나 이 규모로 성장하려는 大地主의

---

36. 『世宗實錄』 74, 世宗 18년 7월 壬寅, 4冊, p.22.
   江原道의 경우 道內 26개官의 총 民戶數는 1만 1,538이었는데 이 가운데 大戶는 10戶였다.
   『世宗實錄』 83, 世宗 20년 11월 庚子, 4冊, p.173.
37. 『成宗實錄』 182, 成宗 16년 8월 庚辰, 11冊, p.46.
38. 주 18과 同.
39. 趙翼, 『浦渚集』 2(奎 3251), 論宜惠廳疏.

토지겸병의 압박에서 보호하는 시책으로 작용할 것이었다. 한전 50결 정한은 지주층 사이에서 토지소유규모의 격차로 인하여 일어나는 사회 갈등을 조정함으로써 지주층 전체의 균형을 꾀하고 여기서 농촌사회의 안정을 도모하는 구상이라고 하겠다. 정부는 한전방침이 갖는 방향이 이러하였으므로 無田農·貧農의 토지소유를 보장하는 방도는 이에 부수하여 별도로 마련하였다. 50결 상한의 조처와 더불어 수립한 逃亡·絕戶人 전지의 耕墾獎勵策이 그것이다. 그러나 이 조치 역시 효과가 순연히 소토지소유자의 확보 및 확대에 바로 이어질 수 있는 것이 아니었다. 우선은 진황전을 경작지로 환원하고자 하는 데서 작정되는 시책 곧 農地開墾策의 하나였다.

당시 정부는 진전문제의 처리 하나만 놓고도 곤란을 겪고 있었다. 진전은 이 무렵에는 公私債, 徭役煩重, 軍役過重 등의 압박을 소유주가 견디지 못하고 逃亡·流散함에서 기인함이 두드러졌다.[40] 진전은 사회경제상의 문제로 발생하고 있었다. 정부로선 원칙대로 하면 진전이 발생할 경우 면세조치를 취해 주면 그만이었다.[41] 그러나 그만큼 수입이 감소되는 데다 田多者 가운데서 일부러 전지를 陳荒시키고 惰農하는 행위도 우려되었다.[42] 진전은 그대로 징세하고 있었고 정부는 惰農을 경계하고 荒田을 개간하도록 하기 위함이라고 하였다.[43] 그러나 진황전은 정부의 이러한 의사와는 반대로 갈수록 증가추세에 있었다. 더욱이 전

---

40. 『成宗實錄』 247, 成宗 21년 11월 庚子, 11冊, p.667.
『成宗實錄』 284, 成宗 24년 11월 丁酉, 12冊, p.434.
『中宗實錄』 3, 中宗 2년 7월 壬戌, 14冊, p.165.
『中宗實錄』 25, 中宗 11년 5월 壬辰, 15冊, p.169.

41. 『經國大典』 2, 戶典, 收稅.

42. 『中宗實錄』 7, 中宗 4년 정월 己亥, 14冊, p.301.
『中宗實錄』 7, 中宗 4년 정월 乙巳, 14冊, p.303.

43. 『中宗實錄』 29, 中宗 12년 8월 甲子, 15冊, p.320.
『中宗實錄』 29, 中宗 12년 8월 丙寅, 15冊, p.322.
金雙圭, 「朝鮮前期의 陳田收稅問題」, 『歷史教育』 66, 1998.

세 수납 때 진전세에 해당하는 몫만큼의 액수는 이웃 동리・친족에게서 分徵하였고,[44] 부역징발 때에도 사정은 마찬가지여서[45] 진전 발생을 더욱 재촉하였다. 그러므로 농촌의 피폐가 이와 같은 陳田의 만연과 陳田徵稅의 강행에서 연유한다는 지적도 나왔다.[46] 권농・농민안집의 방책을 거론하는 자리에선 으레 진전면세의 조치가 취해져야 한다는 여론이 비등하였다.[47] 그리하여 진전방침이 수립됨에 미쳐 비로소 이런 요구가 받아들여지고 상술한 바와 같은 내용이 立案되었다.

陳田開墾策은 전적으로 무전농・빈농층의 토지소유를 보장하는 정책이 아니었다. 진전개간자의 자격에 제한을 두지 않았으므로 왕실, 세가, 양반관료나 품관・토호 등 物力과 財力, 그리고 權力이 우세한 지주층의 참여기회도 열려 있어 陳田免稅의 실제 혜택은 이들에게 집중되어 향유될 수밖에 없었다. 영세농 무전농은 이들과 경쟁관계 속에서 토지를 개간하고 소유하여 나가야 하는 처지였다.

중종조의 한전방안 곧 50결 定限策 및 陳田開墾策은 모두 지주층의 균형 있는 성장과 안정을 추구하고 있었고 이 속에서 농촌안정을 목표로 하고 있었다. 두 정책은 실체가 이러하였으므로 본 방침이 세워진 이듬 해 限田制의 수립을 다시 강조하면서 10결 소유자도 적은 터에 50결 定限은 불균의 폐해를 더 심하게 할 뿐이라는 지적이나, 근자의 50결 限定은 이미 행할 수 없게 되었다고 밝힘과 함께 백성들로서 50결을 소유한 이가 어찌 있겠느냐는 반문이 나왔다.[48] 농촌실정에서 50결 상한의 한전책은 출발부터 의의가 적었다. 陳田免稅의 조치도 無爲로 돌아갔다. 호조에서 재정수입의 부족을 들어 陳田은 그대로 징세하였다.

---

44. 『中宗實錄』 18, 中宗 8년 9월 癸未, 14冊, p.675.
45. 『中宗實錄』 25, 中宗 11년 5월 壬辰, 15冊, p.169.
46. 『中宗實錄』 25, 中宗 11년 6월 辛亥, 15冊, p.185.
47. 주 43~46과 同.
48. 『中宗實錄』 36, 中宗 14년 7월 癸巳, 15冊, pp.550~551.

추징이나 족징·인징도 여전하였다.[49] 그리고 진전개간에 참여하는 층은 대개가 豪富하고 勢强한 이들이었다.

이런 가운데서나마 정부는 진전의 元소유주의 소유권을 보장하는 조치를 강구하였다. 본래 有主의 진전은 3년이 지나면 타인이 관에 신고하여 경작할 수 있는 것이 조선의 법제였는데,[50] 호강자·세강자가 이를 빌미로 후에 本主가 돌아와도 반환하지 않고 그대로 차지하는 사례가 많은 등 토지집적의 방편으로 이용되고 있었고 이 때문에 물의가 컸다.[51] 이에 明宗 11년(1556) 6월, 3년이 지난 진전의 耕食은 본주가 도루 찾을 동안만 잠시 허용한다는 내용으로 분명한 규정을 세웠다.[52] 진전 문제는 토지겸병의 억제책과 관련해서 免稅 차원이 아닌 소유권 차원에서 처리되는 것이었다.

토지개혁 논의는 묻혀 버렸다. 이후 조정에서는 양반 관료층의 이해가 얽힌 또 다른 토지문제 곧 왕년의 功臣田減縮件이 다시 제의되어 이를 둘러싸고 讚反이 분분하였고,[53] 이듬해(1519) 11월 己卯士禍를 겪고 난 후 이전과 같은 대논의는 전개되지 않았다. 다만 틈틈이 경연자리에서 국왕에게 개인 소견으로서 民産을 제한하는 법이 없어진 지 오래되어 겸병이 심하다거나 井田制는 지금 시행하기 어렵다 하더라도 限田이라도 해서 濫占을 막아 겸병의 폐를 없애야 한다고 표명하는 정도였다.[54] 토지겸병의 형세는 중종 말에 이르면 토지를 가진 자는 士族뿐이고 웅기웅기 사는 백성은 尺寸의 땅도 없다고 하고 이제 못된 병통을

---

49. 『中宗實錄』 40, 中宗 15년 10월 己酉, 15冊, p.699.
50. 『經國大典』 2, 戶典, 田宅.
51. 『明宗實錄』 20, 明宗 11년 6월 丁未, 20冊, p.346.
52. 『受敎輯錄』 2, 戶典, 諸田.
53. 『中宗實錄』 35, 中宗 14년 3월 乙未, 15冊, p.513.
54. 『中宗實錄』 51, 中宗 19년 9월 壬申, 16冊, p.338.
『明宗實錄』 7, 明宗 3년 3월 癸卯, 19冊, p.579.

이루었다고 개탄할 지경이었다.[55]

그러나 이와 함께 이런 현실이 '大公'이 아니라는 현실인식 또한 팽배하여 갔다. 이런 인식은 儒者에게는 큰 이념이고 대원칙이기도 하였다.[56] 16세기 중엽에서 말엽으로 갈수록 토지겸병에 수반한 계층분화의 과중에 양반층도 휩쓸리고 있었고 이의 타개는 더욱 절박한 과제로 되고 있는 가운데, 儒者들은 학문상으로 깊이 검토하면서 해결방안을 모색하여 나갔다. 이 과정에서 새롭게 箕子 및 箕子井田에 주목하게 되고 그리하여 토지개혁에 난색을 표하던 朱子土地論에서도 점차 벗어나는 경향이 짙어갔다. 箕子東來라는 전설 속의 기자를 우리 역사 속에서 사실화함으로써 井田制의 타당성을 찾아가고 있었다. 선조조에 金誠一, 尹斗壽, 李珥 등의 기자연구, 韓百謙의 기자정전(殷代)說은 이러한 배경의 소산이었다.[57] 토지문제에 신념이 강고하고 연구가 정밀하여 가고, 아울러 토지겸병과 농촌피폐가 극심하여지면서 소토지소유 내지 자영소농층이 토지소유관계 및 농민 존재의 기축이 되어야 한다는 인식도 점차 깊어지고 현저하여 갔다.

2. 力農論과 農政理念

井田・均田・限田論 등 토지균분논의는 생산활동의 측면에선 생산기반의 재편, 생산력의 고양을 지향하는 것이었다. 국초부터 있어 온 토

---

55. 『中宗實錄』 64, 中宗 23년 11월 辛丑, 17冊, p.76.
    同上의 下段.

56. 주 54의 下段.
    盧愼, 『玉溪集』 5(奎 1405), 雜著, 均田議.

57. 朴時亨, 「箕田論始末」, 『李朝社會經濟史』, 螢農社, 1946.
    金容燮, 「朱子의 土地論과 朝鮮後期 儒者」, 『增補版 朝鮮後期農業史研究』[II], 一潮閣, 1990, pp.408~413.

지제도와 부세제도의 조정, 호적제도의 정비도 크게는 이 일환이었다. 생산기반의 조성과 생산의 증진은 일차 농업기술의 개량 및 농지개간 등을 통해 수행되지만, 단지 이러한 농업개발만으로 始終될 수 있는 것은 아니었다.

농업개발은 지주·대농, 자영소농, 전호농민, 빈농 등 농촌사회 여러 층의 존재를 전제로 하고 또 이들의 생산활동에 의거하여 진행되고 있어서 그 과정은 이를 각 계층 개개인의 상승과 몰락 곧 사회분화를 수반하였다. 이러한 사태 속에서 小農經營에 생산의 중심이 놓여 있는 사회에서는 그 정도가 심하면 생산을 위축시키고 사회갈등을 유발하고 부세수취를 곤란하게 하여 국가의 安危를 좌우하는 데로 이어졌다. 고려 말의 사태가 그러하였다.

조선왕조는 국초부터 이들의 안정을 생산기반의 조성과정에서 농업개발과 함께 항시 유의하였고 그 일환으로 力農을 강조하고 독려하였다. 이 역농의 권장에는 생산력 증대를 農民家族의 농업근로에서 도모하는 지표 즉 방향과 목표를 갖춘 力農觀 즉 農業論이 농정이념으로서 자리 잡고 있었다. 어느 시기에나 으레 있는 권농행위 정도가 아니었다. 요체는 精農이고 務本이었고, 구성은 농법 및 이의 지도·권장과 그 저해요인의 제거, 그 정치사회의 기능과 對民敎化가 중심이었다. 역농론은 토지를 농지로서 이용하고 농업 속에서 파악하는 토지론으로서 농업발전의 정도, 농민처지의 변화 등에 즉하여 변모하고 있었다.

1) 農耕盡力의 勸課와 精農論

건국 초 조선은 고려의 권농기구와 그 행정조직을 계승·정비하였다.[1] 권농의 重心으로서 각별히 독려하던 부문은 墾耕과 播種이었다.

1. 金容燮, 「朝鮮初期의 勸農政策」, 『韓國中世農業史硏究』, 知識産業社, 2000.

太祖 3년(1394) 4월 도평의사사는 당시 농업부진의 요인을 여러 측면에서 지적하면서 특히 핵심으로서 농지진황의 방지와 그 대책에 두어 각도 각 고을에 秋耕권장, 종자지원, 농지 多占者의 陳荒처벌, 이웃·친족의 농경상조, 무전자·田少者에 농지마련 등을 지침으로 시달하고 있다.[2]

이 모두를 농법상 집약하여 특히 강조하던 것은 多耕多耘이었다. 이 시기의 農書 『農事直說』에서 제시한 권농의 기준은 적어도 가을 혹은 봄에 땅을 갈고 파종 때 다시 갈며 김은 3~4차례 매는 것이었다.[3] 이 농서는 농사가 소활한 곳에 多耕多耘을 권장하고 집약농사를 하도록 함에 목표를 두어 발간한 것이었고,[4] 실제 정부에서도 이 횟수 이하의 耕耘은 惰農으로 간주하였다.[5] 다경과 다운 가운데서도 더 관심을 쏟은 쪽은 多耕이었다. 그러므로 秋耕을 누누이 강조하였다. 세종조에는 국왕이 각종 농서의 耕地法을 인용하여 가며 墾耕의 횟수가 많을수록 유익한 것임을 피력하고, 각 도 수령에게는 秋耕法을 左右에 써서 걸어 놓고 때맞춰 권장하도록 이르기도 하였다.[6] 당시 秋耕은 하삼도 일부 특히 경상도를 제외한 지역은 기후풍토상 그리고 농민이 여력이 없어 환영을 받지 못하고 있었다. 세종은 이 점을 배려하여, 억지로 강제하지는 않도록 주의를 주면서도, 장차 풍속이 되어야 할 것을 목표로 삼았다.[7]

---

2. 『太祖實錄』 5, 太祖 3년 4월 庚辰, 1冊, p.61.
3. 『農事直設』, 種稻.
4. 金容燮, 『신정 증보판 朝鮮後期農學史硏究』 I 장 2절, 지식산업사, 2009.
   拙稿, 「朝鮮初期의 北方開拓과 農業開發」, 『朝鮮前期土地制度硏究』[II], 지식산업사, 1998, pp.29~46.
5. 『世祖實錄』 14, 世祖 4년 10월 癸亥, 7冊, p.298.
6. 『世宗實錄』 77, 世宗 19년 6월 辛未, 4冊, p.81.
   『世宗實錄』 82, 世宗 20년 7월 丁亥, 4冊, p.152.
7. 同上.

多耕多耘은 인력이 많이 소요되는 작업이어서 조정에서는 이를 생산자 농민이 근로와 검약을 통해 달성하기를 기대하였다. 그리고 그 중요성과 당위성을 농토가 적고 척박한 우리나라의 풍토지리, 또는 우리 역사상 新羅 千年의 지속 및 경상도의 빼어난 節儉습속 혹은 중국·일본·여진 등 이웃나라의 儉約을 예로 거론하기도 하고, 또는 조세는 박하고 경비는 많고 國防의 우환이 큰 조선의 처지에서 설득하곤 하였다.[8] 어느 것이나 농민의 農耕盡力을 독려하는 것 요컨대 농지에서 精耕細作이 이루어지도록 역농을 강조하는 精農論이었다. 세종 18년(1436) 국왕은 경복궁 후원에 있는 연못을 메우고 首陽大君이 직접 쟁기를 잡아 田土를 만들어 갈고 파종하게 함으로써 精農의 실천을 권려할 상징물까지 조성하였다.[9] 그리고 스스로 耕耘작업을 살펴 그 人力을 다한 농사의 利點을 각 고을에 하달하고,[10] 후에 勸農敎에서도 力田의 한 실례로 이를 거론하면서[11] 勤儉을 통해 地力를 다하는 것이 역농의 본색임을 전달하였다.

인력과 지력을 다한 역농이 성과를 이루려면 농작업의 과정 하나하나가 제때에 수행되어야 했다. 나라에선 이를 '三級時' 즉 耕種·耘耔·收穫의 철에 인력이 잘 미치는지 여부에 따라 농사의 풍흉이 갈린다고 각별히 주의시키고 있었다.[12] 사실 이 시기 농작업의 제때 수행은 매우 중요하였다. 밭농사가 1년 1작을 넘어 1년 2작이나 2년 3작이 중심이 되고 있어 早穀과 晩穀이 제때에 차례로 경종되어야 했다. 그래야만 김매기에 순서가 있게 되어 인력의 배분과 집중이 고르게 됨으로써 농사

---

8. 拙稿, 「朝鮮前期의 力農論」, 주 4의 논저, pp.503~504.

9. 『世宗實錄』 85, 世宗 21년 6월 庚子, 4冊, p.220.

10. 『世宗實錄』 78, 世宗 19년 9월 乙未, 4冊, p.104.
『世宗實錄』 86, 世宗 21년 7월 甲戌, 4冊, p.229.

11. 『世宗實錄』 105, 世宗 26년 윤7월 壬寅, 4冊, p.579.

12. 『世宗實錄』 87, 世宗 22년 정월 丁巳, 4冊, p.262.

의 풍성을 기할 수 있었다.[13] 그러므로 특히 중시된 것은 耕種[갈고 씨뿌리기]과 耘耨[김매기]였다. 당시 농서에서는 경종을 제때에 하되 한결같이 早耕種을 上時로 밝히고 있었다.[14] 세종은 이에 미치지 못함은 '怠惰'라고 경계하였고 耘耔[김매고 북돋기] 역시 힘쓰지 않으면 제때에 파종하고도 旱荒의 재난을 맞아 농사가 부실하여진다 하여 適期 수행을 강조하였다.[15]

이 시기에 정농은 耕種 단계에서부터 耕耔와 收穫에 이르는 전 농경과정에 인력과 시간을 적절히 배분하여 집중 투입하여야 생산력 증대로 이어지는 농사단계를 전제로 한 역농이었다. 이는 小民의 소경영 농민으로서의 처지에는 한층 긴요한 것으로 간주되었다. 지주·대농으로서 自營地에 노동인력을 많이 구비하고 있는 이들은 크게 걱정할 바 아니었으나, 가족 노동력이 주축인 소농으로서는 사정이 달랐다. 근검하면서 때 맞춰 농사짓는 데에 애쓰지 않으면 아니 되었다. 나라에선 권농교문이나 각 도 관찰사·수령에 敎諭를 통해 농사의 得時를 항시 되풀이하고 있는 것이었다.

역농·정농에서 소농민 경영이 차지하는 위치가 이러하여 정부는 농민이 이를 수행할 수 있도록 그 저해요소가 되는 바를 제거하고 여건을 조성하는 시책을 동반하여야 했다. 그 대강은 農時·農力·農功 즉 농사철·농업노력·농산물을 奪傷시키지 않도록 배려하는 農政에 있었으며,[16] 이 일은 각 고을의 수령의 소임이었다.[17] 세종은 수시로 임지로 내려가는 수령을 면대하여 이 점을 당부하고 역농에 만전을 기하여 줄

---

13. 『世宗實錄』 88, 世宗 22년 3월 乙未, 4冊, p.275.
14. 주 6의 下段.
15. 『世宗實錄』 79, 世宗 19년 10월 丁丑, 4冊, p.112.
『世宗實錄』 85, 世宗 21년 6월 庚子, 4冊, p.220.
『文宗實錄』 86, 文宗 즉위년 6월 戊子, 6冊, p.245.
16. 『成宗實錄』 45, 成宗 5년 7월 丁丑, 9冊, p.132.
17. 『世宗實錄』 88, 世宗 22년 3월 乙未, 4冊, p.275.

것을 독려하였다.[18] 조선왕조에서 '及時播種'은 『經濟續六典』 戶典 勸農條에 수령의 책임을 묻는 내용과 함께 한 법규로 제정하여 놓을 만큼 중시하였다.[19] 그러므로 때때로 수령의 지나친 독려로 오히려 농사가 피폐하고 농민이 반발하는 일이 발생하여 이 문제가 勸農보다 더 큰 일로 지적되기도 하였다.[20]

농사에서 時·力·功이 제대로 준수되게 하려면, 그 저해요인을 제거하는 일과 함께, 이를 지원하는 시책 곧 民力의 보호, 賑濟 및 穀種의 지급 등이 따라야 했다. 조정에선 力役의 축소와 신중한 징발을 자주 시달하였다.[21] 이 시기에는 徭役·賦斂이 모두 전지에서 징수되고 있어 더욱 이해득실이 깊었다.[22] 그리고 種子와 農糧의 분급은 늘 빈약자를 우선하되 고르게 미치도록 하고 특히 절기에 맞추어 早·晩穀種을 분급하도록 지침을 내려 강조하였다.[23] 기근 혹은 부세독촉이나 채무재촉으로 인해 매해 농사철마다 종자와 양식이 부족한 가호가 끊이지 않아서 항상 지원책을 폈다.[24]

조선 초의 역농론은 이러한 精農論이 그 입각점에 변동이 일어나면 변화하고 동요하게 되어 있었다. 권농정책도 마찬가지였다. 정농론은 그 수행의 기반은 지주·대농 위주이면서 보급의 대상 및 목표는 소농·빈농에 두고 있고 실제 생산 활동 자체는 어느 층이든 소농경영에

---

18. 『世宗實錄』 86, 世宗 21년 7월 丁卯, 甲戌, 4冊, p.228, 229.
『世宗實錄』 88, 世宗 22년 3월 己未, 4冊, p.275.
19. 『世宗實錄』 90, 世宗 22년 8월 乙酉, 4冊, p.312.
20. 同上.
『世宗實錄』 77, 世宗 19년 5월 壬寅, 4冊, p.72.
『世宗實錄』 84, 世宗 21년 3월 丙辰, 4冊, p.195.
21. 주 2, 6의 下段 및 11.
22. 『文宗實錄』 7, 文宗 원년 5월 甲辰, 6冊, p.385.
23. 『世宗實錄』 86, 世宗 21년 7월 丁卯, 4冊, p.228.
24. 金勳植, 「朝鮮初期 義倉制度研究」, 서울大學校 博士學位論文, 1993.

의거하고 있어 토지겸병의 성행이나 지주제의 발달에 따라 이들의 분화 및 몰락이 심하여지고 따라서 동요도 또한 클 수밖에 없었다. 이러한 양상은 시대의 진전과 함께 그리고 역농이 진작하여 감에 따라 더욱 더 확대되어 갔다. 소농의 몰락과 빈농의 유리·도산을 방지할 방도는 갖고 있지 못한 까닭이었다. 成宗朝를 지나면서 나타나는 游食·末業 인구의 증가 추세, 농지진황의 확산, 본업으로서 農을 강조하는 務本論의 성행은 이런 사정을 반영하는 것이다.

2) 廢農問題와 務本論

성종 초 조정에서는 民田의 소유규모를 제한하고 私債의 한도를 정하여 농민의 安業과 부자의 豪橫금지를 도모함이 정치상의 과제였다.[25] 토지겸병·사채독촉·부역과중 등에 휩쓸리면 常産이 있는 이도 1~2년이 못 되어 실업 파산하는 것이 일반이었다. 비옥한 농토는 豪勢家로 넘어가고 척박한 땅만 겨우 남았는데 春耕 때에 종자와 양식이 곤핍하여 이마저 경작할 수 없는 열악한 처지로 전락하는 것이었다.[26] 여기에 인구는 증가하고 있어 사태를 더욱 증폭시켰다. 하삼도에서는 농지는 늘지 않고 인구는 점점 번성하여 山巓水涯 어느 곳이고 사람이 들어찼다. 數畝의 田土를 얻어 경작하는 이도 드물며 이로 인해 失業流産하는 자들이 나오고, 경상도에서는 통상 민인이 소유하고 있는 水田은 많아야 1石落只를 넘지 않았고 적은 것은 10斗落에도 미치지 못하였다.[27] 寸尺의 田地라도 서로 다투어 빼앗고 사람이 상하는 일도 종종 일어나 사태가 심상치 않았다.[28]

---

25. 『成宗實錄』 22, 成宗 3년 9월 壬寅, 8冊, p.685.
26. 『成宗實錄』 203, 成宗 18년 5월 己酉, 11冊, p.211.
27. 『成宗實錄』 161, 成宗 14년 12월 辛巳, 10冊, p.554.
『成宗實錄』 212, 成宗 19년 윤정월 丙子, 11冊, p.296.

농촌분화는 점증하고 농업문제는 가중하는 속에서 力農은 더욱 독려되고 강조되었다.[29] 이 역농독려는 이 무렵 농촌분화가 逐末의 漸盛과 농지의 抛荒을 동반하면서 촉진되고 이는 농업부진을 초래하고 있는 데서 취해지는 것이었다. 이 단계의 역농은, 精農인 점에서는 종전과 같았으나, 당면 현실에 차이가 있고 그 사태가 갈수록 심하여져 그만큼 농사 자체의 강조가 부각되었다.

逐末은 국초에도 있었지만 성종조부터 본격 심해지는 추세였다. 場市의 성립과 발달은 이 징표였다.[30] 末業의 성행 곧 교환경제의 성장은 몰락농민 소농민을 농업 이외로 흡수하는 場이었으나 농업으로서는 점차 위기현상이 되지 않을 수 없었다. 반면에 상업이윤은 상대적으로 높았다. 농지의 陳廢와 그 확산은 이 위기를 더 깊게 하는 사태였다. 더욱이 토지부족이 운위되고 토지개혁까지 논란되고 있는 현실에서 陳田이 확산되고 있어 농업문제·토지문제로서 갖는 심각성은 더하였다.[31] 진황농지의 발생은 원인이 여러 가지지만 당시는 특히 力不足 즉 부역과중, 이로 인한 농민의 도망·유산,[32] 종자·농사철 양식이 없는 빈궁민의 증가,[33] 그리고 계속 앙등하는 곡가[34] 등으로 力農이 부진하게 된 데서

28. 同上.

29. 『成宗實錄』 15, 成宗 3년 2월 戊辰, 8冊, p.629.

30. 拙稿, 「朝鮮前期 場市의 成立과 그 基盤」, 주 4의 논저.
朴平植, 「行商의 成長과 地方商業」, 『朝鮮前期商業史研究』, 지식산업사, 1999.
본서 VI편 3장 참조.

31. 拙稿, 「朝鮮前期의 土地改革論議」, 주 4의 논저.
李載龒, 「16世紀의 量田과 陳田收稅」, 『孫寶基博士停年紀念韓國史學論叢』, 1988.
본서 본편 1장 2절.

32. 『世祖實錄』 46, 世祖 14년 6월 壬寅, 8冊, p.191.
『中宗實錄』 3, 中宗 2년 7월 壬戌, 14冊, p.165.
『中宗實錄』 6, 中宗 3년 9월 辛丑, 14冊, p.275.
『中宗實錄』 25, 中宗 11년 5월 壬辰, 15冊, p.169.
『中宗實錄』 25, 中宗 11년 6월 辛亥, 15冊, p.185.

33. 『中宗實錄』 52, 中宗 19년 10월 辛丑, 16冊, p.346.

비롯되었다.

逐末趨勢와 陳田擴散은 서로 연관을 갖고 야기되는 측면이 있었다. 그러므로 상업추세와 농지진황의 확대 원인을 놓고는 농민의 力不足에서 파악하는가 하면, 游食·逐末하여 농지경작을 소홀히 하고 나아가 포기함에 있다고도 하였다. 전자는 소농·빈농의 열악한 처지를 우선 배려하고 있는 자세였고, 반면에 후자는 농민의 怠惰·不勤을 탓하고 농사부실을 초래하는 人災로까지 간주하는 태도였다. 그러면서도 모두 타개책으로 강조하는 것은 力農이었다.[35]

성종조 이후 역농론은 末業·惰農에서 벗어나 本業으로서 농사에 힘써야 한다는 務本論으로서 현저히 부각되고 있었다.[36] 정부는 피폐한 民力을 회복시켜 역농이 이루어질 수 있는 조치로서 장시 금지의 조처를 취하고, 국초부터 計丁·計田여부로 논란이 분분하던 徭役賦課의 방식을 확정하여 收稅田을 기준으로 '每八結 出一夫'하도록 하는 役民法을 제정하였다.[37] 무본론은 逐末行爲와 그 성행에 대해 抑末로써 임하였다.[38] 무본론의 기본사상은 重農抑末이었다. 그러나 商販은 성하고 場市

『中宗實錄』 74, 中宗 28년 4월 辛卯, 17冊, p.411.
『中宗實錄』 103, 中宗 39년 4월 丁未, 19冊, p.85.
『明宗實錄』 12, 明宗 6년 12월 癸未, 20冊, p.67.

34. 李正守, 「朝鮮前期의 米價變動」, 『釜大史學』 17, 1993.

35. 『中宗實錄』 52, 中宗 19년 10월 癸巳, 16冊, p.343.
『中宗實錄』 52, 中宗 19년 10월 辛丑, 16冊, p.346.
주 42와 同.
본서 Ⅵ편 3장 2절.

36. 『成宗實錄』 21, 成宗 3년 8월 丁亥, 8冊, p.682.

37. 同上.
『成宗實錄』 20, 成宗 3년 7월 壬戌, 8冊, p.676.
『成宗實錄』 27, 成宗 4년 2월 壬申, 9冊, p.8.
金鍾哲, 「朝鮮初期 徭役賦課方式의 推移와 役民式의 確立」, 『歷史教育』 51, 1992.

38. 『世祖實錄』 6, 世祖 3년 정월 甲戌, 7冊, p.165.
『四時纂要抄』, 정월, 種楡·種白楊林法.

는 증가하여 갔다. 농민과 末業의 관계는 더욱 긴밀하여 가고 범위도 확대되었다. 농가의 衣類作物[木棉, 麻, 枲]의 재배도 교환경제와 연관해서 진전하고 있었다. 逐末은 中宗朝 연간에 와서는 사회문제·정치문제로서 간주될 만큼 성하였다. 말업의 성행이나 장시의 성장은 교환경제가 차츰 사회분업의 하나로 자리 잡아 가고 있는 조짐이었다. 이 기초에는 민인의 소상품 생산과 교역 및 사회분화가 있는 것이어서 行政力으로 금지하거나 조정하는 데는 큰 한계가 있었다.

정부의 抑末策은 점차 쇠퇴하였다. 중종조 중반 朝野에는 농사의 부진이 力農不足과 勸農怠慢으로 말업이 증대하고 본업이 퇴쇠하면서 일어나는 것이라는 여론이 팽배하였다. 이런 가운데 한편에선 務本함에서 말업이 문제이고 따라서 이를 금지하긴 해야 하나 그보다는 力農을 할 수 있는 여건의 조성 곧 부세제도의 개선 등 농업진흥책이 다시 수립되고 시행되어야 성과를 얻을 수 있다는 견해와, 다른 한편에선 역농이 근본 해결책이긴 하나 그러기 위해서라도 우선 말업은 금지하고 장시는 폐지하여야 한다고 함으로써 종전 장시 엄금의 방침과 같은 선상에선 주장이 대립하기도 하였다. 얼마 후 후자의 주장은 末業者가 무전자면 어쩔 수 없으나 惰農이라면 수령이 검거해서 역농해야 할 것이라고 한 걸음 후퇴하였다.[39] 정부도 逐末 자체를 금지하려고 애쓰느니 農政을 충실히 하고 力農이 이루어지도록 하면 자연스럽게 소멸되리라고 생각하는 쪽으로 기울어 갔다.[40] 이 무렵 조정에서는 限田論을 위시하여 정전론 균전론 등 토지개혁을 통한 사태수습이 진지하게 토론되고 논의되던 때였다.[41] 억말책의 쇠퇴는 억말론의 약화를 수반하고 이는 務

---

39. 拙稿, 주 30의 논고.

40. 『中宗實錄』 27, 中宗 12년 2월 壬申, 15冊, p.260.
『中宗實錄』 32, 中宗 13년 3월 戊寅, 15冊, p.405.

41. 拙稿, 주 31의 논고.
본서 본편 1장 2, 3절.

本論의 입지와 역농기반을 동요시키는 데로 이어지고 다시 진황전지의 확산과 결부되어 더욱 확대되었다.

陳田의 확대는 이것만으로도 역농에 큰 차질을 초래하는 것이지만 逐末趨勢마저 동반하고 있어서 더욱 문제였다. 明宗初 홍문관 부제학 周世鵬은 이를 人災로 파악하였다.[42] 진황전은 그대로 방치하기에는 농업진흥상 너무 많고 병폐가 컸다.[43] 務本과 力農의 초점은 진황전을 개간하고 또 이런 농지가 발생하지 않게 하는 데 집중되었다.[44] 진전이 소농의 안전과 결부해서 개간되기 위해서는 농민이 歸農하여야 하고 그러자면 그럴 유인요소를 마련하여야 했다. 역농진작의 여부도 이의 유무에 달린 것이었다. 그러나 여기에 이르러서는 의견은 많았고 논란도 거셌으나 실제 아무 방책도 강구되지 못했다. 가령 개간장려책과 가장 직결된 문제로서 진전에서 徵稅하는 법규와 이로 인해 收稅弊端이 만연하고 있는 사태에서 진전면세안과 진전징세안이 충돌하고 있었다. 진전면세안은 務本論과 연관해서 연산조 때부터 중종·명종조에 걸쳐 끊임없이 제기되었고, 그때마다 국왕이 이를 직접 거론하고 지시할 만큼 여론도 컸다. 그러나 반대론도 거세어 논란에 그쳤다.[45] 단지 국왕의 명으로 이따금 지역에 따라 1년간 특별히 면제 혹은 감면하는 조처가 취해지는 경우가 있었다.[46]

---

42. 『明宗實錄』 5, 明宗 2년 2월 己巳, 19冊, p.482.

43. 『中宗實錄』 27, 中宗 12년 정월 丁亥, 15冊, p.251.

44. 주 43과 同.
『中宗實錄』 12, 中宗 5년 9월 庚辰, 14冊, p.465.
『中宗實錄』 27, 中宗 12년 2월 壬申, 15冊, p.260.

45. 金雙圭, 「朝鮮前期의 陳田收稅問題」, 『歷史教育』 66, 1998.

46. 『中宗實錄』 3, 中宗 2년 7월 壬戌, 14冊, p.165.
『中宗實錄』 6, 中宗 3년 9월 辛丑, 14冊, p.275.
『中宗實錄』 10, 中宗 4년 10월 己酉, 14冊, p.399.
『中宗實錄』 22, 中宗 10년 8월 庚午, 15冊, p.102.
『中宗實錄』 42, 中宗 16년 9월 乙亥, 16冊, p.63.

務本・力農은 군현 등 각 고을 향촌의 사정에 따라 수행될 수밖에 없었고 朝庭은 추진력을 잃어 갔다. 더욱이 재정상태는 갈수록 악화되었다. 明宗 즉위년(1545)에 1년 支用은 米 12만 6, 208석 太 18만 3,660석인데, 이 해 所出은 米 10만 8,594석 太 15만 1,464석으로서 부족분이 米 1만 7,254석 太 3만 1,996석이었다.[47] 明宗初에 이르면 力農振作에 불가결한 種子支給에 賑恤米・還上米가 부족하여 큰 차질이 빚어졌고 대책으로는 納粟償職의 방안이 진지하게 검토되었다. 국가의 救恤도 이제는 양반 사대부와 토호 등 지주층의 협조와 그 미곡에 의존하여야 해결할 수 있는 단계로 접어들고 있는 것이었다.[48] 陳田과 그 개간에 따른 문제가 이러하여 농민이나 빈농이 이에 직접 참여하고 활동하기를 기대하기는 어려웠다. 力農・務本과 결부하여 진전개간에 참여하고 있는 이들은 물자와 인력이 넉넉하고 세력이 있는 왕실・양반・토호 등이었다. 陳田은 한편에서는 발생하고 한편에서는 개간되면서 전체 형세는 이와 같이 되는 것이었다.[49] 반면에 소농이나 빈농은 이러한 陳田의 발생 및 개간사정 속에서 아예 소유지의 소유권마저 상실하는 경우가 많았고 늘 그럴 위험을 안고 있었다. 有主의 진전은 3년이 지나면 다른 사람이 관청에 신고하면 경작할 수 있었는데 豪富하고 勢強한 이들이

『明宗實錄』 12, 明宗 6년 12월 甲戌, 20冊, p.66.

47. 『明宗實錄』 2, 明宗 즉위년 11월 己未, 19冊, p.361.
이후 상태는 더욱 나빠졌다. 宣祖 2년(1569) 나라의 비축상태에 대해 '聞 國儲 曾以國綱解弛 權姦受賂之故庫子鼠竊無數 又因自壬戌(明宗 17년)以後 連年國恤 一歲所用米 至十四五萬石 所儲之米 今不滿十滿石 至爲寒心云'(『眉巖日記草』 3, 己巳, 윤6월 8일, 2冊, 國學資料院, 1982, p.45)하다는 기록은 그 예겠다.

48. 拙稿, 「朝鮮前期 地主層의 動向」, 주 4의 논저.

49. 『中宗實錄』 52, 中宗 20년 정월 己巳, 16冊, p.376.
『中宗實錄』 55, 中宗 20년 10월 戊申, 16冊, p.462.
『中宗實錄』 75, 中宗 28년 7월 己卯, 17冊, p.447.
『明宗實錄』 12, 明宗 3년 3월 癸卯, 19冊, p.579.
『宣祖實錄』 12, 宣祖 즉위년 12월 己丑, 21冊, p.184.

이를 빌미로 원소유주가 돌아와도 그대로 차지하는 예가 적지 않았다.[50] 명종 11년(1556)에 이와 같은 진전에 대해 그것은 永給이 아니며 本主가 돌아올 때까지만 '姑許耕食'하는 것으로 확정하였으나,[51] 토지겸병을 방지하기는 미약하였다.

농지는 개간되고 있었지만 곧바로 자영소농의 안정이나 歸農으로만 이어지진 않았다. 務本論에서 力農論의 실질은 소실되어 가는 것이었다. 중종·명종조에 務農은 空論으로 겉돌았다.[52] 이런 가운데 과거 세종 때에는 민인들이 농사에 진력하여 所收가 많았고, 高麗는 兵革이 빈번히 일어나 농민은 농사에 틈이 없었음에도 力農으로 足食했고, 文宗朝에는 1결에 收稅가 30斗에 이르렀다는 의논이 나오고, 이어 한결같이 그런데 지금은 逐末과 田野陳荒으로 전혀 이에 미치지 못하고 있다는 점이 지목되었다.[53] 자영소농의 농업 생산력 곧 소경영을 바탕으로 한 精農 및 務農으로서의 力農은 이제 부세제도 토지제도의 압박, 교환경제의 진전 등으로 그 생산력을 발달시키지 못하고 오히려 위축당하고 있었다.[54]

국왕이나 조정에서는 진전의 발생이 농민의 惰農에만 있는 것이 아니고 수령의 무능과 무성의에도 있다고 힐책하였다.[55] 유민의 귀농은 수령의 恤民·勸農에 달렸다고 함으로써 태만을 탓하고 실행을 독책하는 것이었다. 그리고 때때로 특별히 御使를 파견하여 이행여부를 감찰

---

50. 『經國大典』 20, 戶典, 田宅.
『明宗實錄』 20, 明宗 11년 6월 丁未, 20册, p.346.

51. 『受敎輯錄』 2, 戶典, 諸田.

52. 주 43과 同.
『中宗實錄』 30, 中宗 12년 11월 戊戌, 15册, p.363.

53. 『中宗實錄』 52, 中宗 19년 10월 癸巳, 16册, pp.342~343.

54. 『明宗實錄』 13, 明宗 7년 3월 庚子, 20册, p.78.
『明宗實錄』 29, 明宗 18년 2월 壬戌, 20册, p.636.

55. 『明宗實錄』 12, 明宗 6년 12월 壬戌, 20册, p.64.

하기도 하였다.[56] 務本의 증진책은 책임소재를 지목하는 데 맴돌았다.[57] 16세기 중반 이후 지주·대농의 경영을 주축으로 전제한 가운데 소경영에 입각한 精農·無本의 力農論은 그것이 근거하고 있는 理念·社會關係가 농촌현실과 적절히 대응되던 단계를 지나 점차 괴리되고 상충되는 데로 진전하면서 힘을 잃어 갔다.

3) 力農論의 構造와 理念

조선 전기, 역농론의 핵심은 人力을 다하여 地力을 충분히 이용하여 생산을 증대시킨다는 데 있었다. 이는 농업생산이, 토지의 사적 소유과 경영을 전제로 수행되고 있는 현실과 연계해서는, 민인이 각기 자신의 힘으로 농사에 종사하여 생활을 영위하도록 한다는 점을 전제로 삼고 있는 것이다. 力農을 일러 농사에 부지런히 몸을 움직여 각기 그 노력을 먹는 것[各食其力]이라고 표현하였다.[58] 역농이 精農이고 務農인 까닭도 이것이었다. 이런 점에서 농업의 주인은 농민으로서의 민인이었다. 그러므로 정치는 바로, 농사가 1년 내내 근로하고 농민은 四民 가운데 가장 고달파서, 농민이 그 困苦스러운 속에서도 樂生하는 마음으로 이를 수행하도록 하는 데 핵심이 있다고 보았다.[59] 이를 '生生'의 樂 곧 만물이 계속 생산하고 번식하여 퍼져 나가는 자연의 증식을 즐거워함으로 이해하였다.[60] 이러한 관념에서 농업생산과 그 활동은 자연의 증식과 그 이치 속에서 수행하는 작업이고 또 그것을 달성하는 과정이었다.

---

56. 『中宗實錄』 27, 中宗 12년 정월 丁亥, 15冊, p.251.
『中宗實錄』 52, 中宗 20년 정월 乙亥, 乙卯, 16冊, pp.370~371.
『中宗實錄』 77, 中宗 29년 5월 丁卯, 17冊, p.515.

57. 주 53과 同.

58. 『世宗實錄』 87, 世宗 21년 11월 庚戌, 4冊, p.250.

59. 『世宗實錄』 77, 世宗 19년 5월 庚寅, 4冊, p.70.

60. 주 11과 同.

사회적 생산방식은 자연현상과 병존하고 그 순리를 쫓아 일치하며 전개해 가는 것으로서 가치가 있는 것이었다.

역농론은 사회현상과 생산활동을 자연현상에 포괄하고 그 이치로서 인식하고 이 범위 안에서 농민의 인격성과 독자성을 전제로 하여 수립하고 있는 이념이었다. 王政觀·治道觀도 여기에 연계되어 있었다. 生産觀 역시 그러하였다. 역농론의 生財觀이 그것으로서 天地가 재화를 생산함이 官에 있지 않고 民에 있음은 理勢의 必然이어서 재화는 천지에서 나오지만 그 所在는 민이라는 것이었다.[61] 조정에선 항상 각 고을의 수령은 역농을 권할 때 농민의 의사에 따라 행하고 독책을 삼가라고 경계하였고,[62] 天地의 生財가 민인에게 있으므로 王者의 富 역시 民에 간직되어 있어 人君은 사사로이 재물을 축적해서는 아니 되는 것[63]이라는 논지도 있는 것이었다.

농업생산은 자연의 증식에 따라 민인이 이룬다고 보는 까닭에 生財의 큰 법칙도 생산자 民이 많아야 한다고 여겼다.[64] 생재관에선 생재는 務農에 있고 裕財는 節用에 있다는 사고를 바탕으로 하고 있는 것으로, 따라서 민인은 농사에 진력하고 태만하지 말며 검약을 숭상하고 사치하지 않도록 스스로를 꾀하여야 했다. 惰農과 侈奢는 역농론에서는 극력 배격되었다. 人力·財力의 낭비라는 점을 떠나 좀 더 깊은 사유가 있었다. 애초 生民에는 窮民이 없었는데 민인의 욕심은 무궁하고 재화의 생산은 有窮한 것으로 무궁한 것을 받드는 데서 백성의 곤궁이 생겼다는 사고였다.[65] 즉 빈부의 차이를 발생·촉진하고 그리하여 '各食其力'

---

61. 『世宗實錄』 87, 世宗 21년 11월 乙卯, 4冊, p.251.
62. 『世宗實錄』 84, 世宗 21년 3월 丙辰, 4冊, p.195.
『世宗實錄』 90, 世宗 22년 8월 乙酉, 4冊, p.312.
63. 鄭道傳, 『三峰集』 7, 朝鮮徑國典 上, 賦典, 上供.
『成宗實錄』 91, 成宗 8년 4월 乙巳, 9冊, p.579.
64. 『世宗實錄』 87, 世宗 21년 11월 庚戌, 4冊, p.250.
65. 同上.

하는 自然理法의 균형을 깨뜨리는 까닭이었다.

역농론에서 근검과 절용은 인생의 가치이고 사회의 지표이고 덕목의 절대였다. 한 집안이나 나라나 大體는 마찬가지였다. 游手者 逐末者의 근절이 되풀이되고 歸農이 역설되었다.[66] 민인의 생산의욕을 꺾고 빈부의 차를 심화시키는 폐단은 王政의 이념상 그대로 묵과할 수 없었다. 세종조의 勸農敎書에선 차라리 근로에 지나칠지언정 나태한 데 빠져서는 안 된다고 천명하였다.[67]

力農은 정치상으로는 王政을 실현하는 기초였고 사회상으로는 지주전호제와 자영소농제의 안정을 통해 농촌의 안녕을 기하는 근본이었고 경제상으로는 생산의 원천이었다. 이러한 역농이 이루어지는 곧 王政이 발현되는 세상, 그것은 '家給人足'하고 '豊財足食'하여 仰事俯育함으로써 예의와 겸양의 기풍이 울연히 흥하고 孝弟를 일으켜 백성이 화락하게 잘 사는 즐거움을 함께 누리는 사회였다. 治國의 요긴한 방도도 이보다 앞서는 것은 없었다.[68] 실제 역농은 孝弟의 큰 행위였다. 이를 통해 祖業이 유지되고 증식되는 까닭이었다. 자기 田宅은 단지 자신만의 사사물건이 아니고 祖宗의 相傳物이었다.[69] 효제와 겸양이 성하게 일어나는 사회 그것은 敎化된 세상 곧 조선의 문화가 理致에 달하는 세계였다. 즉 親族·姻戚 간에 공손하고 화목하며, 鄕黨에 협력하고 화합하며, 爭訟이 일어나지 않고 邪僞함이 없는 사회였다. 중종조에 와서는 이에 대한 희구가 어느 때보다도 매우 절절하였다.[70] 농민의 유이·도산 그리고 逐末·游惰가 심해지고 이로 인해 친족제도가 피폐하고 향촌질서가 동요하여 사회안정이 큰 과제로 부상되고 있는 이 무렵 정부는 이 방도

66. 同上.

67. 주 11과 同.

68. 同上.

69. 『太宗實錄』 13, 太宗 7년 5월 乙亥, 1冊, p.394.

70. 『中宗實錄』 27, 中宗 12년 2월 壬申, 15冊, p.260.

의 하나를 力農增進에서 찾고 있는 것이었다.

조선국가가 정립하고 있는 역농론의 골격과 그 사회관계의 이상 곧 農政理念은 역농의 실현체인 농민의 소경영이 그 생산특질로서의 개별성 독립성이 향촌 공동체의 전체성 상호성과 매개되어 달성되는 데서 완수되는 사정이 上下의 사회관계 신분관계로서 파악되고 있는 현실을 반영하는 의논이었다. 이러한 생산활동이 제대로 성취되고 이러한 사회관계가 적절히 유지되는 것이 王政이고 敎化였다. 효제와 겸양이 自然理致로서 최고의 덕목으로서 자리 잡음은 당연한 바였다. 그러나 역농론은 토지의 소유・경영규모의 차이나 분화 그리고 이와 상관된 신분계급의 상하관계 등에서 일어나는 역농부진과 농업피폐에 대한 대책으로선 아직 미약하였다. 따라서 조선 전기의 말엽으로 갈수록 實像에서 멀어지고 이 속에서 역농과 토지의 소유・경영규모의 조정을 하나로 묶는 새로운 농업론이 배태하고 있었다.

조선전기의 역농론은 하나의 政治經濟論이었다. 이는 이념상으로는 신분계급의 상하질서와 지주와 전호, 대농과 소농의 상하관계 및 그 토지의 소유・경영규모의 대소관계가 일치하는 현실을 전제로 하고 동시에 이를 바탕으로 한 사회안정을 도모하고 있었던 것, 이 범위 내에서 소경영 농민의 생산 주체성에 입각하여 多耕多耘과 衣類作物 재배의 병행 등 농업근로를 최대한 강조하는 精農을 내용으로 하고 있었던 것, 그리고 이 모두는 사회적 생산활동을 자연의 增殖에 일치시켜 그 실현의 길로 파악함으로써 자연인식과 사회인식이 동일시되는 사유체계로 支持되고 있었다는 것 등에 특징과 본질이 있었다. 이런 점에서 역농론은 우리나라 봉건 사회관계 및 그 경제제도 그리고 그 정치이념과 사유방식의 원리와 추이를 함유하고 표현하는 生産論이자 農業論이며 土地論이었다.

Ⅸ. 朝鮮王朝와 封建土地所有

우리나라 조선전기의 토지제도 역시, 국사상의 다른 시기와 마찬가지로 그리고 역사가 오래되고 문화가 유구한 세계 각국의 중근세 토지제도와 마찬가지로, 소유관계, 부세제도, 신분계급, 국가권력과 긴밀히 연관하여 역사형태로서 수립하고 진전하여 왔다. 이 속에는 커다란 원칙과 체계가 갖추어져 있다. 농지는 수취·지배의 측면에선 所受田, 收租地로, 소유·경작의 측면에선 所耕田, 所有地로 파악되었는데, 이 양자가 서로 조화하며 대립하는 가운데, 전자는 점차 양과 질에서 축소·쇠퇴하여 가는 반면 후자는 그만큼 성장하고 이것 하나만이 남아갔다. 토지의 소유형식은 전자를 통한 수조지의 占有와 후자에 입각한 소유지의 私有가 있었고, 그 소유관계는 신분관계와 밀착하여 구성되었다. 전자는 양반을 위시한 통치층에게 그 신분·관직과 직결하여 배분됨으로써 이루어졌고, 후자 역시 양반에 집중되어 대소유자·거대소유자는 대부분 이들이었다. 토지는 어느 경우나 정치권력적 신분계급적으로 점유되고 소유되고 있었다. 이 시기 양반의 이러한 토지소유는 단지 전주로서의 대토지 점유 내지 지주로서 대토지 소유에 머무는 것이 아니었다. 이는, 농민의 존재와 연계하여서, 체제적으로 양반 사대부의 사회적 존재 및 이들이 국왕세력과 연대하여 구축한 조선왕조의

本體를 구현하여 준다.

1. 朝鮮王朝와 兩班=封建

국가형태가 집권왕조이고 토지의 사적소유 및 직역에 입각한 신분제 사회의 체제에서 양반의 토지소유는 그 門戶가 하나의 人格으로 성립하고 유지되는 특권을 실현시켰다. 그 획득·소유의 과정도 사적 소유의 원칙에 입각하되 배후에선 권세의 위력이 작용하는 특권형식으로 수행되었다. 토지의 경영은 사대부로서 추구하고 大經理를 지향하였으며 노비 혹은 차경인을 지배함으로써 달성하였다. 조선왕조는 이러한 양반의 처지, 따라서 그 토지겸병과 농민지배를 긍정하고 토지제도에서는 물론이고 부세운영, 권농시책 등 여러 측면에서 보호하고 지원하였다. 그만큼 양반 사대부의 정치 사회적 공헌이 깊었다.

이러한 여러 점은 구조적 사실로서 근본적으로 양반 사대부가 나라로부터 隔遠하고 자유스러울 수 있는 지위와 처지 곧 自得할 수 있는 힘을 지닌 세력임에서 기인하고 또 그런 세력임을 발현하는 것이었다. 그 근거가 되고 있던 것은 여러 가지였지만 이 가운데 기축은 토지소유와 농민지배가 관철되는 農莊이었다. 양반의 토지소유는 본질상 신분계급적 그리고 왕조국가식 토지소유였고, 아울러 그러한 토지소유론에서 그 명분과 실질을 수립하고 있었다. 조선은 科田制度를 통해 上古 이래 고려 말까지 지속되어 오는 전통을 이어 이를 국가제도로서 여전히 보장하였다.

양반은 토지를 겸병하고 농장으로 경영하면서 門戶를 유지하고 사대부로 처신하는 한편, 노비를 농노로 전호를 예속농민으로 통제하면서 地主로서 군림하는 지배신분층이었다.[1] 이들은 이런 처지에서 조정으로부터 격리되고 자유스러울 수 있는 지위를 유지할 수 있었다. 이는 본질상 양반사대부의 대토지경영과 민인지배가 토지와 노비의 사적 소유라는 원칙에 입각하여 수행되고 있음에서 가능하였다. 徐居正은 田園이 넉넉하고 使令이 풍족하여 문호의 살림을 자급자족하여 가는 규모의 別墅를 소유한 양반의 거취를 일러 '歸來自得'이라 표현하였다.[2] 정치권력 및 국가와 상관없이 스스로 自尊自立하는 자세, 이것이 양반의 사대부다운 체신이고 풍모였다. 양반은 농장을 확대하여 威勢와 身分으로 自得하였다. 양반의 존재를 표현할 때 으레 田園·官力·儒籍이 거론되는데[3] 이 자체는 양반의 본체가 地主·治者·士族의 一體임을 전한다.

양반 사대부가 이럴 수 있는 기반이 別業 즉 농장의 소유였음은 태종 14년(1414) 臣僚들이 자신의 諫言이 왕에게 不聽되면 去官하는 행위에 관해 오고간 태종과 승정원 사이의 대화에 명료하다. 여기에는 양반 사대부가 국가 그리고 농장과 연관해서 갖고 있는 처지의 실체를 전하는 몇 가지 사항이 있다. 첫째, 大事를 놓고 신료가 국왕과 뜻이 맞지 않으면 떠난다는 것, 둘째, 옛날 중국에서는 列國이 連境하고 있어 그 나라를 떠나 다른 나라로 갔지만 우리는 달리 갈 곳이 없어 其官을 떠나니 양자는 같다는 것, 셋째, 우리 신료가 벼슬에 미련 없이 떠날 수 있는 것은 田舍가 있기 때문이고 따라서 田舍는 其國에 비견된다는 것, 넷째, 신료의 去官은 君臣의 義理가 끊어지는 것도 동반할 수 있다는 점 등이다.[4] 양반 사대부의 去官은 그의 自得에서 택하는 바였다. 이 행위는 국왕으로서는 臣僚가 義를 저버리는 것이지만 臣僚

---

1. 拙稿, 「朝鮮前期 兩班의 土地所有와 農莊」, 『朝鮮前期土地制度研究』(II), 지식산업사, 1998.
   본서 VI편 2장 참조.
2. 『新增東國輿地勝覽』 39, 全羅道 淳昌郡, 樓亭, 歸來亭.
3. 『中宗實錄』 39, 中宗 34년 6월 乙亥, 18册, p.292.
4. 『太宗實錄』 28, 太宗 14년 7월 甲申, 2册, p.27.

로서는 국왕이 그렇게 하게끔 하는 사정도 얼마든지 있었다. 신료는 국왕·국가에 충성하지만 그 전제는 君臣間에 義가 있는 한에서였고 그렇지 않으면 去官할 수 있다는 명분이 정립되어 있는 것이었다. 去는 退去로서 사대부가 進仕하지 않고 귀가함이며 이는 歸農 즉 田野로 가는 것이었다.[5]

농장은 양반에게 別業이었다. 仕業에 대해 별업인 것이었다. 양반과 농장의 관계가 이러하여 나라에서는 대개 功臣이나 高官의 범죄 가운데 그것이 중대한 범법행위가 아닌 경우 그들의 농장이나 그 소재 고을에 付處하고 安置하는 방법에서 처리하였다.[6] 이는 법제 운영상의 정례였다.[7] 이러한 처리는 이들을 仕宦에서는 격리하되 士大夫의 체신은 보호한다는 정신으로서 평소와 다름없이 생활하게 한다는 예우에서 오는 조처였다.[8] 한 예로 양반 사대부가 犯法하여 畿內를 벗어나 下三道로 移置되어도 이 지방은 토지가 비옥하고 물산이 풍부하여 조정 사대부의 농장·노비가 過半이어서 이름이 付處이지 실제는 居京과 같다고 보았다.[9]

양반 사대부는 국왕·조정과 벼슬에서 결별하고서도 농장을 근거로 당당히 지체를 지키며 自得할 수 있었다. 농장의 소유 여부는 常業의 有無로서 양반의 進退에 상관됨이 지대하였다. 농장이 없는 양반의 처

---

5. 『太宗實錄』 19, 太宗 10년 정월 乙未, 1冊, p.526.
『太宗實錄』 25, 太宗 10년 정월 丁未, 1冊, p.661.
『太宗實錄』 26, 太宗 13년 9월 丁丑, 1冊, p.686.
『世宗實錄』 51, 世宗 13년 정월 辛巳, 3冊, p.289.
『海東雜錄』 2, 金安國(『大東野乘』 20).
6. 『太宗實錄』 5, 太宗 3년 5월 丁酉, 1冊, p.205.
『太宗實錄』 9, 太宗 5년 3월 壬寅, 1冊, p.321.
『太宗實錄』 30, 太宗 15년 7월 丁未, 2冊, p.75.
7. 『世宗實錄』 124, 世宗 31년 4월 壬子, 5冊, p.125.
8. 주 6의 하단.
9. 『世宗實錄』 124, 世宗 31년 4월 癸丑, 5冊, p.125.

지는 옛날의 君子와 지금의 仕者를 비교하면 전자는 벼슬하여서는 常祿이 있고 居家하여서는 常業이 있어 진퇴에 여유가 넉넉했으나, 후자는 대저 벼슬로 집을 삼고 거처에는 常業이 없어 한번 봉록을 잃으면 돌아갈 곳이 없어 사방을 배회하며 둘러보니 관직을 탐하고 國祿을 훔친다는 비방을 듣는다고 애석해하는 데[10]에서 환히 드러난다.

양반 사대부 自得의 명분은 道와 義였다. 선조조에 근자에 사대부가 田土經營을 능사로 한다는 비평이 성하자, 李珥가 이에 대해 변호하면서 선비는 나아가서는 王庭에 올라 녹을 먹으며 도를 행하고 물러서서는 전야에서 糊口하며 의를 지키는 것이 본분이라고 하였다.[11] 도를 행할 수 없으면 물러나 의를 지키는 것이 선비의 기조였다. 농장에 퇴거하여 願堂을 두고 학교도 열고 때로는 義倉도 설치하면서 風敎를 유지함도[12] 이 일환이었다. 양반 사대부 사이에서 退去는 自得의 소산이며 이는 義理에 합당하면 무방하다고 생각하는 사고의 바탕에는 스스로를 그럴 만한 처지로 인식하는 自尊의 의식이 있었다. 다름 아니라 封建의 의식이었다.

선조 11년(1578) 僞勳削除件을 놓고 국왕과 뜻이 맞지 않아 大司諫을 사직하고 향리로 퇴거하려는 李珥와 이를 만류하는 金千鎰·李芝菡 사이에 있은 說往說來는 이런 의식이 표면화한 예의 하나이다.[13] 김천일의 설득 요지는 무릇 우리나라 사대부는 나라의 두터운 은혜를 받음이 다른 나라와 다르며, 무릇 士族은 家業을 대대로 전함이 '封建'의 義가 있다는 것, 그러므로 지금 時勢가 위급함에 당면하여 나라와 休戚을 같이해야 하고 퇴거할 때가 아니라는 것이었다. 사대부의 進退는 자신의 의사에 달려 있고 그 근거는 그의 가업 곧 사대부가로서의 業을 대대

---

10. 주 2와 同.
11. 『要谷全書』 30, 經筵日記 3, 宣祖 13년 庚寅 6월.
12. 周藤吉之, 「麗末鮮初의 農莊에 대하여」, 『青丘學叢』 17, 1934.
13. 『要谷全書』 30, 經筵日記 3, 宣祖 11년 戊寅 4월.

로 전해 감에 있었으며 이를 봉건과 같은 것으로 간주하고 있었다. 君臣의 의리도 이 점을 훼손·굴절시킬 수는 없었다. 봉건의 義를 전제로 하고 사대부와 국왕의 名義가 성립하는 까닭이었다. 군신 사이의 의리는 무조건 절대의 臣屬에서 성립하고 유래하는 것이 아니었다. 李珥는 군신의 관계는 父子간에 비유될 만큼 간절하지만 진퇴할 의리는 전자에는 있고 후자에는 없다고 하였다.[14] 태종과 승정원 사이에 논의가 오고간 臣僚의 去國·去官은 바로 이 봉건의 처지, 군신의 義에서 이루어지는 행위였다.

封建은 양반 사대부의 自尊意識의 표상이고 그 존재의 大名分이었다. 이들은 자신들이 나라를 유지하는 데 참여하고 협조하는 근거도 여기에 두었다.[15] 원래 봉건은 封國建侯·封侯建國의 뜻으로서 上古에 발생하였다. 이미 古朝鮮에서 있었던 것으로 추정된다. 중국에서는 周代에 성립하였다. 이는 天子가 천하에 列國을 세우고 諸侯를 봉하고 그 국내에서 絕對權과 세습지위를 부여하여 천하를 分治하며 왕실의 藩屛으로 하는 제도였다. 봉건의 영역이 넓으면 제후는 그의 子弟나 功臣에게 卿大夫의 작위와 采地를 수여하여 家를 세울 수 있었다. 이른바 諸侯立家이다. 周王室에서 제후를 봉건함에는 封土의 수여와 함께 授爵·授祀·授氏·授職·授物 등이 동반되며 이로써 왕실의 輔翼과 職貢의 의무를 부과하였다.[16] 조선의 양반 사대부가 봉건에 비견되고 그런 처지로 처신한 것은 고래의 봉건이 가진 기능과 정신 곧 王室藩屛에서 같았다는

---

14. 同上.

15. 『英祖實錄』 71, 英祖 26년 6월 癸巳, 43冊, p.372.

16. 拙稿, 『韓國 古代·中世初期 土地制度史－古朝鮮~新羅·渤海』, 서울대학교출판부, 2005, pp.38~50.
李春植, 『中國古代史의 展開』, 新書苑, 1986.
李成珪, 『中國古代帝國成立史硏究』, 一潮閣, 1984.
陶希聖, 『中國政治制度史』 第一冊, 先秦, 啓業書局, 1973.
西嶋定生, 『中國古代의 社會와 經濟』, 東京大學出版會, 1981.
仁井田 陞, 『中國法制史』, 岩波書店, 1968, pp.135~159.

데서였다. 儒者 양반들은 이 점은 이미 新羅에 있은 전통이며 중국과 다른 풍습이라고 信念하고 있었다.[17]

조선의 양반 사대부는 나라에서 두터운 은혜를 받아 온 것, 家業을 世傳하는 것, 그리고 名分을 가장 중시해 온 것에서 중국이나 다른 나라와 대비되었다. 실제 양반 사대부는 이럴 만한 여건과 능력의 소유자였다. 이들은 본시 在地勢力으로서, 농장을 근거로 治者身分으로서, 지주층으로서, 향촌의 인민을 통치하고 지배하는 실력과 조직을 겸비해 오고 있었다.[18] 조선왕조에서 양반의 이런 지위와 역할은 국가권력으로 보장하고 통례로서 용인하는 것이 관습이었다. 이는 양반 사대부가 민인을 신분·인신에서 지배하고 수취하기 위해서는 토지를 多占하고 민인을 聚集하고서도 국왕으로 상징되는 최고권위를 설립하여 그 집권력을 통해야 하는 사정에서 말미암는 것이었다. 농민이나 노비조차도 사적 소유 앞에서는 법제상 형식상 양반·토호와 대등하고 평등하였던 까닭이다. 양반 사대부가 朝臣·守令·鄕任·士族의 처지에서 국왕·왕실과 연대하여 통치력을 구사하고 있음은 그런 행위였다. 양반 사대부가 王朝政治를 구성하고 이에 참여하며 왕권에 협조하는 근본이유는 이것이었고 이러한 처지에서 王室藩屛으로서 자기 존재를 정립하고 있었다.

양반 사대부와 국왕·국가의 관계는 양반의 주체가 전제되고 그 절대성이 관철되어야 설정·유지될 수 있었다. 그러므로 집권관료제의 왕조국가체제는 이들 사이의 단순히 私私의 契約이나 有爲로써 수립될 것이 아니었고 그 정도로 지지될 것도 아니었다. 그것은 始終 의리의 絕對名分이 公的 秩序化 하지 않으면 불가능한 그러한 관계였다. 양반 사대부 존재의 우위성 특권성 지배성도 여기에 입각해서만 영속되고 世

---

17. 주 15와 同.

18. 『太宗實錄』 11, 太宗 6년 6월 丁卯, 1冊, p.360.

傳될 수 있었다. 임금과 신하 사이의 의리의 유무가 사대부의 進退를 가름하는 지표가 되고 있는 근거는 여기에 있었다.

양반이 사대부・지주・관료로서 封建의 義理에 있었으므로 국가의 통치형태도 그러하였다. 국가통치의 편제는 군현제였으나 이는 봉건의 정신이 관통되며 운영되었다. 군현제는 封國建侯가 없어지고 왕권 곧 통일권력의 강화 및 획일을 지향하는 것이었으나 그 내부에서는 봉건제의 성질이 작용하고 있는 것이었다. 군현제는 전국을 京畿와 畿外로 大分한 가운데, 경기는 사방의 근본으로 京邑과 畿甸으로 나누어 기전은 왕실인 京邑의 輔로서 賦役을 貢納하고 왕실을 보위하는 股肱으로, 畿外의 주・군은 노력을 내어 公役을 제공하고 부세를 내어 公用에 이바지함으로써 모두가 왕실의 藩屛이 되도록 편제한 행정체계였다.[19] 이러한 질서는 위와 같은 君臣關係를 바탕으로 편성하고 上下의 신분계급제에 입각하여 운영되었다. 양반 사대부가 봉건임에서 주・군・현은 列國이고 수령은 諸侯였다. 守令은 군현의 民人에 대해서는 父母의 도리를, 그리고 吏胥에 대해서는 군신의 分別을 가졌다는 인식은 이런 점에서 당연한 바였다.[20] 따라서 수령은 '土主' 혹은 '地主'라고 불렀다. 제후가 會合하는 땅의 領主라는 의미였다.[21] 양반가에서는 수령에 대해 是非를 말하지 않도록 항상 경계하였다. 수령은 地主・土主 곧 諸侯의 명예로 대우하고 또 받아야 한다고 생각하였다.[22]

군현제에서 양반 사대부나 봉건제에서 제후나, 이들이 王室・王朝와 맺고 있는 인적 관계의 본질이 '君臣之義'에 있음은 동일하였다. 君臣의 의리는 天理이고 道理였다. 이런 가운데 군주와 신료의 분별은 天地가

---

19. 『三峰集』 7, 朝鮮經國典 上, 正寶位 및 賦典, 州郡.
20. 『海東雜錄』 4, 徐居正(『大東野乘』 22).
21. 『中文大辭典』 2, 土部, 地, 中國文化大學, p.1130.
22. 『海東雜錄』 1, 尹欽(『大東野乘』 19).
『海東雜錄』 2, 金叔滋(『大東野乘』 20).

隔絕한 것과 같으나 交際親厚하면 천지가 서로 감응해서 만물이 亨遂하는 것과 같다는 관념이 형성되고, 그리하여 임금 대하기를 부모처럼 하고 士類 아끼기를 자제처럼 하고 백성 보기를 노복처럼 하는 마음을 항상 지니고 있으면 治效가 있다는 정치론도 수립되는 것이었다.[23] 양반=봉건은 곧 天理였고 그 봉건론은 의리론의 핵심이었다.

2. 封建의 土地所有

양반은 封建士大夫였다. 이들은 국왕·국가에 대해 자신들이 협조하고 참여하는 대가로 요구하는 바가 컸다. 충성이 신하의 의리로서 덕목이며 의무이듯이 이에 대한 국왕·국가의 보상이나 혜택은 예의상 은택으로 표현되었다. 양반 사대부에 대한 조선왕조의 대우와 배려는 신분·과거·관직·군역·부세 등등 여러 부면에 걸쳤으며,[1] 그 가운데서 가장 전형적인 것은 토지분급제였다.

토지분급제는 양반과 국왕·국가 사이의 군신관계를 매개하는 물적 요소로서 田制 곧 조선의 토지·조세제도 자체가 이의 운영을 주축으로 하여 수립되고 있는 정도였다. 이를 통해 士와 農은 治者와 被治者의 관계를 넘어서 收組者와 納租者로서 전주전객제로 묶였다. 사가 농과 다른 바는 '食祿食租'하는 지배층인 점인데[2] 토지분급제는 이를 보장하는 제도였다. 이 제도는 신라·고려 시기의 祿邑·田柴科·祿科田 등을 거

---

23. 『海東雜錄』 4, 柳希春(『大東野乘』 22).

1. 李成茂, 『朝鮮初期 兩班研究』, 一潮閣, 1980.
   李樹健, 『嶺南 士林派의 形成』, 嶺南大 民族文化研究所, 1980.
   李泰鎭, 『韓國社會史研究』, 知識産業社, 1986.
   李範稷, 『韓國中世禮思想研究』, 一潮閣, 1991.

2. 『世祖實錄』 40, 世祖 12년 11월 庚午, 8冊, p.46.

쳐 조선전기 이 시기에는 科田·職田의 형태로 운영되고 있었으며, 어느 시기의 어느 것이든 기능과 성질은 같았다. 모두 理念上 圭田과 采田의 정신을 이어받아 世祿과 封邑의 실현으로 봉건을 보장하여 사대부를 世臣으로 우대하고 그 염치를 기르고자 함이었다.[3] 조선은 양반 사대부가 科田을 점유한다는 점에서도 隋·唐 이래 중국과 달랐다. 과전제도의 忠信·重祿하는 의리는 중국 隋·唐의 職田에 견줄 것이 아니고 바로 周 文王의 遺意에 견주었다.[4] 세록은 사대부에 대한 우대에서 마련한 것이었다. 祿俸 역시 마찬가지로서 士에게 그가 행할 農耕에 대신할 대우로 제공하는 것이었다.[5]

조선의 양반 사대부는 가업을 세전함에서, 명분을 가장 중시함에서, 그리고 충신의 의리를 세록으로 보상받음에서 중국과는 달리 봉건으로 비견되고 우대받고 있었다. 그러나 과전이나 녹봉은 양반이 벼슬자리[官職]와 연관하여 수득할 수 있는 것이었다. 양반층 전체가 이 혜택을 누릴 수는 없었다. 모든 양반 사대부가 관료는 아니었고, 설사 관료라 하더라도 어느 때나 이의 수득이 보장되지 못하였고, 더욱이 조선전기 이 시기에는 한층 그 형편이 좋지 않았다. 양반 사대부는 원초적으로 이의 有無를 떠나서 항상 양반으로 처신하자면 食祿食租의 방도를 사적 소유에 입각하여 구축할 필요가 절실하였다.

양반 사대부는 土地兼倂과 民人多占 등 농장경영의 當爲를 여기에 두었다. 성종조에 세조 말년에 폐지된 科田의 復行을 요청하는 상소에서는 이런 사정이 절절하다. 직전으로 대치된 과전을 다시 복설하여 사대

---

3. 拙稿, 「科田의 占有와 그 原則」, 『朝鮮前期土地制度硏究』, 一潮閣, 1986, pp.97~109.
   ______, 「古代·中世의 祿邑制의 構造와 展開」, 『孫寶基博士停年紀念韓國史學論叢』, 지식산업사, 1988, pp.152~161.
   ______, 『韓國 古代·中世初期 土地制度史－古朝鮮~新羅·渤海』, 서울대학교출판부, 2005, pp.94~105.
4. 朴崇古, 『六先生遺稿』 3(奎 4058), 河先生遺稿, 第六.
5. 『成宗實錄』 262, 成宗 23년 2월 丁巳, 12冊, p.148.

부의 節義를 돈후히 하고 그 의지할 데가 없는 이를 양육하자는 주장을 하면서, 지금 長利가 성행하는데 이는 옛날의 大臣과 달리 지금 양반 사대부는 采邑이 없기 때문이라고 하였다.[6] 長利가 성행함은 科田 곧 封建의 대우가 없기 때문이라고 항변하는 것이었다. 양반 사대부에게 수조지 분급의 폐기와 이를 통한 농민지배의 단절은 국가에 의한 封建으로서의 공식대우는 폐지됨을 뜻하였다. 이런 형편에서 양반 사대부 사이에서는 장리 운영은 殖貨行爲가 아닌 것으로 간주되기도 하였다.[7] 농장 또한 농경으로써 代祿하는 곳, 즉 스스로 食祿하는 곳이었다.[8] 양반의 토지소유와 농장경영, 그 일환으로서 장리행위 등 治産은 祿·租를 스스로 取食할 기반을 조성하여 봉건의 世業을 유지·전수하는 행위의 중심이었다. 양반의 토지소유 및 농장경영은 농민지배, 免役의 관례, 향촌지배의 근거임에서 이들 봉건의 기반이고 그 실현이었다. 율곡이 말하는 '耕田守義'의 실체도 이것이었다. 이러한 농장은 국가에서 양반 사대부에게 분급하는 科田·功臣田 등 國田 즉 수조지가 아님에서 '私庄'[9]이었다.

조선전기에 양반 사대부는 分給田地와 私有田土 어느 쪽에 근거해서도 食祿食租할 수 있었다. 士와 農의 차별론과 일치론도 각각 이에 관한 논거로 작용하였다. 사와 농을 食祿食租 및 治民에서 구별함은 양자를 정치상 직분상 신분상에서 분별하여 상하관계로서 정립하는 것이고, 士의 去官歸農 및 耕田에서 農과 일치시킴은 양반의 농업경영을 인정함으로써 양자를 경제상 사회상에서 지주와 전호, 농장주와 경작농민 등 상

---

6. 본서 Ⅶ편 1장 1절.
『成宗實錄』 75, 成宗 8년 정월 壬子, 9冊, p.410.

7. 『成宗實錄』 89, 成宗 9년 2월 戊戌, 9冊, p.559.

8. 『鶴峰集續集』 1, 謹次伯氏藥峰韻條.

9. 『太宗實錄』 1, 太宗 원년 2월 丙申, 1冊, p.196.
『太宗實錄』 9, 太宗 5년 3월 壬寅, p.321.
『太宗實錄』 10, 太宗 5년 9월 戊戌, p.335.

하의 복속관계로서 설정하는 것이었다. 양반의 封建은 어느 편에서도 보장되고 있었다. 수조지의 점유 여부와 상관없이 양반 사대부는 封建地主일 수 있었다. 그러므로 양반 사대부는 형편이 公·侯와 비견된다 하고 이것은 모두 奴婢의 役使와 土田의 取食에 근거한다고 하였다.[10] 양반의 토지소유는 역사형태로서도 본질상 封建土地所有였다.

과전·직전의 폐지에 수반해서 전주전객제가 해체되면서 토지겸병이 한층 더 극성하고 지주전호제가 만연하는 것은 이러한 封建農莊의 확대로 인한 것이었다. 그리하여 宣祖 초 士類 사이에 營田 곧 治產은 能事로 자리 잡았고 이 행위는 爲善의 條件이라는 명의 아래 혹은 '有恒產者有恒心'의 名句로 변호되었다.[11] 특히 陳荒地의 개간이나 海澤의 신전개발은 민인과 利를 다투는 것이 아니어서 당당하다는 인식[12]이 널리 펴져 있었다.

조선전기에 양반의 封建은 양반이 治者身分으로서 수조지의 점유와는 별개로서도 토지의 사적 소유와 노비제 전호제에 입각하여 스스로 祿·租를 취식하고 농민을 지배하며, 이를 기반으로 왕조·국왕에 대해 갖는 처신의 독자성 곧 進退의 자유를 保持한 채 연대하여 민인을 통치하고 국가와 향촌을 보위하는 그러한 봉건이었다. 물론 양반 하나하나가 모두 그리고 언제까지나 한결같이 농장의 소유주는 아니었고 또 규모에서도 대소가 있어 봉건으로 처신하고 활동하는 역할과 범위에서는 여러 차이가 있었다. 왕실이나 세가 등 門閥士族의 大農莊主로부터 寒士·貧士 등 小農·貧農에 이르기까지 그 층이 다양하였던 만큼이나 다기하였다. 조선전기의 사회는 이러한 봉건 사대부의 다양한 처지를 주축으로 이루어지고 있음에서 체제상 中世封建의 계속 그것이었다.

---

10. 『太宗實錄』 22, 太宗 11년 7월 辛酉, 1冊, p.592.
11. 『要谷全書』 30, 經筵日記 3, 宣祖 13년 6월.
『宣祖實錄』 14, 宣祖 13년 5월 甲午, 21冊, p.362.
12. 曺伸, 『謏聞瑣錄』 1(『稗林』 5, 探究堂).

본시 우리나라에서 수조권에 입각한 토지분급제는 三國期 귀족 관료층이 舊來 고조선・열국기에 諸加層이 읍락을 통주하던 역사전통과 내력을 관료제와 군현제, 신분제와 연계하여 관철시켜 국왕과 연대하고 국가통치에 참여하며 협조하는 처지에서, 자신들의 위치를 상고기 封國・封地의 원리와 정신으로서 명분을 세우고 구현한 제도였다.[13] 그리하여 봉건토지소유는 고려시기나 그 이전 시기가 토지 분급제가 개선되고 제정되는 등 발달하는 때이고 그만큼 수조권은 강하고 소유권은 제약이 커서, 그것이 해체되고 있던 조선전기에 비하여, 한층 典刑으로 자리 잡고 있었다. 그리고 조선후기를 거치고 근대 개혁기로 들어오면서는 소유권에 입각한 봉건이 변혁의 대상이 되면서 다른 한편으로는 새로운 시대의 새로운 지배이념으로 전화하고 있었다. 우리 역사에서 봉건은 古朝鮮 이래 고대, 중세, 근대 등 시대의 진전에 따라 구체 형식과 내용은 변모하면서도 그 원리는 기능상 장구한 세월 작용하는 것이었다. 조선전기의 封建土地所有는 세계사적으로는 물론, 이런 점에서도 보편성과 개별성을 갖는다.

13. 拙稿, 주 3의 논저, pp.94~102.

X. 餘言

조선전기 우리나라 토지제도의 추이를 보면, 수조권에 입각한 土地占有와 田主佃客制, 그리고 소유권에 의한 土地所有와 地主佃戶制, 이 양자가 병존하고 조화되는 위에서 수립되고 있었던 중세의 경제제도가 이 시기에 전자가 소멸되면서 후자가 浮上되는 발전 방향을 분명히 하고 있었다. 제2의 私田改革이라 할 職田制의 시행 및 폐기는 이러한 계기적인 면에서 그 사회경제상의 지표적 위치였다.

대체로 국초부터 직전제의 置廢 사이에 착수·추진된 토지·조세제도의 수정과 변경 그리고 이와 서로 因果되어 일어나는 토지소유의 안정 및 농업경영의 변동은, 이후 그만큼 새로운 토지조세제도의 면모와 경제국면으로 이어지고 점차 두드러진 사회형세로 부상한다. 이 중심에는 지주제의 현저한 보급, 소농경영의 심한 분화가 자리하고 있었다. 地主制의 확대·발전은 자영농민층의 몰락은 물론이고, 양반층의 토지에서 탈락을 수반하였다. 이러한 경제변화 속에서 농민층은 단위면적당 소출을 증대시키는 방안을 강구함으로써 생계의 압박에서 헤어날 길을 마련하여 나갔고, 빈곤하거나 토지를 갖지 못한 양반층의 경우에는 관직을 획득하여 관권으로써 토지를 확보하여 상급신분층으로서의 지위를 고수하거나, 아니면 일반 농민처럼 소토지 소유자나 타인의 토지를 차경하는 佃戶로서 살아가는 길밖에 없었다. 양반층의 농업경영에 대한 관심도 수조권 제도가 존재하고 있던 시기와 달리 깊어져 갔다. 이리하여 16세기 말엽으로 갈수록 농민층의 생산 활동에는 목면재배의 성황, 농법 개량 등에 대한 관심이 각별히 나타나고, 양반층에서는 토지매득, 간척사업 등을 통한 토지집적행위가 성행하고 高利貸나 정부의 재정체계에 편승한 防納·使行貿易 등을 통하여 富를 재생산시키는 蓄財行爲가 극성하였으며, 나아가서는 관직취득을 목표로 한 항쟁이 士禍나 黨爭에서 보듯이 격심하게 진행되어 갔다. 사화와 당쟁은 이러한 경제적 쟁투의 정치적 표현이기도 하였다. 壬辰·丙子의 大戰亂을 치루고 있게 되는 國家再造의 궤도를 걸으면서 토지조세제도의 골격을 구성하고 특징짓는 몇 가지 기본요소와 그 작동원리가 여기에서 제시된다. 이 점과 관련하여 우리는 조선후기 우리나라 토지제도사의 발달과정과 그 양상을 조망할 수 있다.

첫째, 토지제도의 소유형식상 所有權만이 존속하고 그에 입각한 소유·경영관계가 발달하는 사정이다. 우리나라에서 토지의 소유권은 아주 먼 옛부터 신분, 직역, 長幼, 男女에 상관없이 그리고 大小 규모에 제한 없이 누구나 얼마든지 소유할 수 있었다. 소유권은 私的 所有로서 水平的 橫的 原則이 본체였다. 이는 토지분급제가 운영되어 收租權의 제약·통제를 받던 시기에도 富力이 있거나 自耕하는 平民·賤人이 있고, 반면에 無田 혹은 借耕하는 양반이 존재하는 조건으로 작용하고 있었는데, 토지분급제가 폐기되고 수조권이 소멸하면서 소유권은 안정되고 이 원칙은 한층 강력하게 관철된다. 토지분급제 아래서 소유권은 수조권과의 관계에서 하위개념이어서 그 소유주는 田主이면서도 佃客의 처지로서 불완전하고 불안정하였다. 이제 소유권자는 명실공히 田主였다. 아울러 소유권의 이 원리는, 農工商 生產性의 高揚, 生產 經營化의 확대와 함께, 경제변동이 심화하여 가는 가운데 평민·천민의 토지소유 및 그 확장, 양반의 토지상실과 그 몰락의 계기를 넓힘으로써 조선후기 말엽으로 갈수록 종래 양반사대부를 위시한 身分地主와 대비되는 庶民地主 내지 經營地主가 대두하고 經營富農이 自作兼佃作農 혹은 純佃作農에서 출현하고 증가한다.

조선왕조의 토지정책도 이 궤도 위에서 다시 정비되어 나간다. 折受制는 그 대표되는 시책이다. 절수는 內需司·宮房 등 국왕·왕실, 營·衙門 등 각급 군사기구 및 중앙관청, 驛站 등 교통 수송 기구에 田土를 위시하여 山林·海澤·柴地·魚鹽場 등을 떼어주고 그 수익을 사용하게 하는 것으로, 이를 통하여 국왕·왕실 및 군사·행정기관은 대토지 소유주·대지주로 자리 잡는다. 그리고 토지겸병이 성행하면서 수다한 所有紛爭, 句管紛爭, 經營紛爭이 끊임없이 수반된다. 아울러 借耕地의 佃作權이 성장·강화하고 地主의 貸與地 경영이 치밀하여지고 이와 병행하여 並作·賭租 등을 필두로 각종 類型의 賭地가 발달한다.

둘째, 부세제도가 토지제도와 더불어 소유권을 바탕으로 조정·변경되고 사회의 모든 신분층·구성원은 이런 부세제도와 상관한다. 이른바 田政·軍政·還穀의 三政이다. 본래 조선의 부세는 田租, 役, 貢納이 기본이고 이는 토지와 신분에 부과하는 것이었으나, 소유권에 근거한 토지소유관계가 토지제도 전면으로 자리하면서 田租는 定額制로 변모하고 貢納은 大同法을 거치면서 토지에 부과되고 役은 均役法을 통해 그 半이 토지로 옮겨져 부세전반이 토지로 集中化하고 아울러 상품화폐경제의 보급에 짝하여 現物納과 함께 金納이 진전하여 징세대상이 고정되고 분명하여진다. 부세제도 속의 신분기준은 쇠퇴하는 것이다. 그러면서도 부세제도는 집행과정에서 身分地主에게 유리하게 적용되고 半 남은 軍布에서 양반은 여전히 면제되었다. 부세운영은 아직 신분에 따라 차이가 있는 것이다.

부세의 納付·徵收도 二重構造로 짜여진다. 국가는 민인에 대한 통제가 힘들어져 가는 가운데, 京主人·營主人·面主人과 말단에 있는 戶首制를 연계시켜, 부세의 배정·수취에 부세청부업을 정착시켜 갔다. 토지소유·부세납부의 법적 당위적 위치에선 平民·奴婢 등 하위 신분도 수평의 평등원리 속에 있으면서도 신분은 국가권력과 어우러져 三政 전반에 작용하는 것이다.

셋째, 이와 같은 토지·부세의 경제제도와 아울러 農業生産의 발전, 農村社會의 分解가 점차 진행되고 아울러 여러 사회문제 정치문제가 대두하고 만연한다. 농업생산은 農法變動과 이로 인한 經營擴大를 동반하며 발달하고, 經營擴大는 廣作·大農·廣農 등으로 표현되었으며, 토지소유의 확대보다 수월하여 한층 활발하였다. 농법변동과 경영확대 이 두 가지는 농촌사회를 再編하는 경제근거로 작용한다. 이러한 농업발달은 농업의 商業化를 동반한다. 상업적 농업이 점진적으로 보급되고 市場과 연결되는 富民이 등장하고 증가한다.

한편, 농업발달의 이 두 사항은 농민층의 분해라는 새로운 문제를 야기하고 대동한다. 신분변동이 富力과 상관하여 일어나고 이 富力은 다시 地主化 및 經營擴大로 나타난다. 농촌사회는 地主層(身分地主와 庶民地主), 富農層(經營地主 및 經營富農), 小農層 및 零細農, 賃勞動層으로 편재되어 가면서 재편성의 길을 걷는다. 이러는 속에서 民亂 등 사회 갈등이 점차 비등한다. 地主와 佃戶 사이에는 賭租를 통해서, 富農과 貧農 사이는 借耕規模를 놓고서, 雇主와 雇工은 賃金에서 각기 대립하고 겹쳐서 신양반과 구양반, 신흥양반과 나머지 신분 등 지배층과 피지배층은 三政運營과 관련해서 갈등과 반목이 깊어 간다. 이른바 三政紊亂이다. 여기서 均賦均役이 촉구되고 부세제도의 균등화가 추구된다.

넷째, 이러한 토지·부세제도와 농업·농촌의 문제가 서로 얽혀 경제문제 사회문제를 타개·개혁하려는 각종 구폐방략이 제기되고 여론으로 고조된다. 三政釐整論, 土地改革論, 借耕均作論, 農業協同論 등 여러 논의가 朝野에서 대두하고 갈수록 절박성이 극심하여 가는 것이다. 이러한 각종 구폐방략은 조선전기 후반 토지의 사적소유 및 그 관계에 입각하여 토지·농업·농민문제를 토지균분, 부세조정, 역농 등의 차원에서 다루어 오던 토지・농업론의 전통과 그 변모・발전 속에서 모색되고 입론된 것이다. 사회문제 정치문제가 확산되고 이의 수습을 위한 개선안 개혁책이 정책적 학문적으로 체계화되어 감과 병행해서, 지주・부농・소농층은 경제변동 사회변화 속에서 토지집중・부세압박에서 벗어나고자 일찍부터 分戶別産의 길을 택하여 간다. 그리하여 종전보다 한층 더 夫婦子息 개별 小家戶가 農民家族經濟 곧 家計經濟 단위로 부상하여 독립성을 갖춘 家戶의 成長이 두드러지고, 門閥・家門의 범주도 父祖家로 집중하여 일원화하고 축소되면서 이 선상에서 家産을 분여・증여・상속하는 형세가 일반이 된다. 一家親族制의 기준변화가 동반되는 것이다. 신분제의 동요・해체는, 경제변동과 함께, 이런 夫婦戶口의 개별 성장과 상관하여 진전한다.

이상의 요소를 통해서 조선후기 사회는 우리나라 토지제도사에서 새로운 토지제도 이를테면 중세식 토지제도의 해체와 근대식 토지제도로 轉化를 겪어 간다.

Abstract

AGRARIAN RELATIONSHIPS IN THE MEDIEVAL KOREA

- The Early Chosŏn Period -

(Revised and Enlarged, 2012)

Lee, Kyŏng-Sik

This book aims to show the agrarian relationships developed newly in early Chosŏn Dynasty. It covers aspects of the social relations, agricultural production, its distribution and government's control of land and population. The axis of these complex developments and transformations was situated between the countervailing principles, which were the right to collect taxes granted to the bureaucrats on one hand and the ownership of land on the other hand.

1) A land system contains in itself the ownership and management of arable fields, its census and taxes on them, and their allotment. The system is supported by the agricultural production and its related activities. At the end of the Koryeo dynasty the land system became so rigid that it resulted in the crisis of the governmental system. The bureaucrats disputed over the agrarian problems and newly arising politicians completed the examination system that was based on the re-allotment of privately possessed land in the province of *Gyeongki*. The Chosŏn dynasty arose after a military revolution. The land-grant system of the new dynasty was the same as the previous one in nature. The *gwajeon*, land for the capital-residing bureaucrats was allotted in the province of

Gyeongki and the military fields for the bailiffs without positions were located in the outer provinces. For the support of public offices, various fields were allotted, such as the *gonghaejeon* and *gongsujeon*. Different from the *jeonshigwa* (granted field and forest), forest for firewood was distributed. The temple fields were not included in the amendment and the honorarium fields for the royal vassals were continued. The legal status of the granted land and the right of tax gathering continued to be the same as that of the previous dynasty. Furthermore, granted private lands were inherited by the following generations through the registry, by which the functions and the possessors were identified. The government maintained the tax rate of one tenth, the *iugatio* of 30 corn-units for every *gyeol* and the rule of direct estimation and gathering of taxes by the possessors, but tax estimation was restricted to the fields' taxability. This differed from the previous *jeonshigwa*, which allowed tax estimation on fields, clothes, and labor. The government eliminated the *iugatio-capitatio* or *caput* system and adopted the *jajeong*, classification of land on acreage and its output enacted in order to certify and enlarge resources of public land and the number of free commoners.

2) The Chosŏn government was established on the basis of the *gwajeon* system, which was not fully implemented as an economic system of the new dynasty, but which was to secure private ownership outside of the public areas and to enact the details of the granted land. The Chosŏn government tried to consolidate the status of the small peasants and to improve the condition of the poor and landless farmers equal to the former times by preparing public land to be taxable. Such fields included fields of public offices named *gukdunjeon* or *gwandunjeon*, the fields of station named *yeokjeon* and model fields, *jeokjeon*. In parallel, the government enlarged salary fields named *nokbongjeon* and the military fields called *gunjajeon*.

Land attributed to the temples was reduced and taxed by the government. In addition, the various titles of possessed land in central and provincial offices were unified into a public title. Moreover land granted by the royal court and bureaucrat's granted land had the same legal privileges. On the contrary, new titles of privileged land called *gongshinjeon* or *byeolsajeon* were allotted to the contributors in the establishment of the new dynasty and the direct vassals of the king. The government tried to reduce the scale of the allotted land for the bureaucrats and to weaken the rights of possession or tax gathering which was done by negating the possessor's rights of estimation. A grand scale land survey was performed even in the two northern frontiers. After that, the true taxability of every agrarian property was fixed on the principles of *sudeungicheog* and *dong-gwasujo*, which mean respectively, 'different quality different scale' and 'equal tax on the same unit' which took into account weather and soil as a variant. Finally, the government restored desolations and raised agricultural production by reclamation of seaside areas and projects in the frontier territories.

These projects needed prolonged and organic policies to be a paragon for the future. This was all part of the effort which finally brought to the distinct civilization of the Chosŏn Dynasty the development of the arts and disciplines that were comparable to the other countries at that time. This blossoming of the Chosŏn civilization was due to the situation where economic, military, political, scientific, and cultural approaches were applied to the agrarian problem.

3) The right to gather taxes was reduced slowly but widely on the one hand and the rights of property grew to be a great potential on the other hand. The latter was to set free the rights to ownership without limit. This caused the problem of concentration of ownership and increasing landless population and the reversion of the social relationships. For example, landless people with high social titles were maltreated by the commoners owning or possessing land. The government had to pay attention to keep the gentry and the peasant class safe in the condition of economical differentiation. By the 16th century, this problem was

addressed and regulations were introduced to define 50 *gyeol* per household as the maximum property and to exempt the re-cultivated fields from land taxes. These policies were aimed to protect poor peasants from falling into a state of landlessness and also to mitigate the burden on the gentry.

By the 17th century the agrarian debate was deepened through the addition of innovative theories for agricultural development and shifted the focus to the previous debates on agrarian limitations and the protection of the poor. In these progressive policies the government recommended farm management by individual households. The *Yeognongron*, a theory of agricultural promotion, was motivated by the idea of naturalism which equated nature and society as the same phenomena and considered productive activities as part of natural growth. The aim of the theory was to enhance agricultural productivity and the value of labor.

4) Meanwhile, the land owner and tenant relationship called *jijujeonhoje* developed significantly as the rights of property were strengthened and owner and tiller relationship, called *jeonjujeongaekje*, declined. Moreover, the right to collect taxes became restricted. From the later 15th century, the cultivator-owner of the field was not treated as a tiller but became recognized as a real owner of land. From the time of King Seongjong, the market grew so that the stratification of the farmers became apparent. The noble class and the government discarded the idea of suppressing or monopolizing commerce and handicraft. *Jikjeon*, the direct granting of land, was introduced only for the bureaucrats on duty but soon became abolished. After that, the various land granted for public or private purposes were receded and shifted in the legal titles of holding. The royal family enlarged its agrarian property and even included the properties of mountains, forests, fords and wetlands. Moreover, public estates tilled by enforced laborers changed to the system of management of share-cropping as in some cases of military fields, model fields, and horse feeding fields. In the case of station land, fields for the officials changed to a lease system. This trend accelerated the poverty of the small peasants. Even

some from the noble class lost their own fields. Farmers had to produce more crops to avoid the dangers of declining social status. On the other hand, the noble class of *yangban* tried to advance to a higher status by means of state examination and to attain the highest social class whose tenure of land was unaltered. Some nobles became *déclassé* to be small peasants or tenants.

The nobles also became deeply interested in agricultural management as the rights of tax gathering declined. By the end of the 16th century, peasants turned their attention to the cultivation of cotton and new agricultural techniques. The nobles acquired other fields and even reclaimed beaches in order to enlarge their estates. In addition, they tried to accumulate wealth by usury, monopoly, tributary trade and so on. These situations made government examinations more intense and competitive. In the end, the concentration of land in the hands of the royal family, the nobles and the local magnates caused the outbreak of the factional struggles and literati's victimization. The second half of the Chosŏn period came to a situation of contradiction among the land owners themselves and led to the struggles between owners and tenants that needed to be resolved in order to evade the crisis of the dynasty.

5) Large estates were established base by which nobles and bureaucrats could exert their influence on the peasants and on the state of Chosŏn. The nobles recognized their land as their feudal privilege. Of course the government had the character of centralization instead of localization and its members were not militant vassals but literati bureaucrats. But the nobles considered themselves different from the ruling class of other states. First, they had their own power base and organization, which was transferable to the next generation as heritage. Second, they maintained a pride about their contribution which supported the power of the royal court and kept social order unaltered. Hence, they had a consciousness of feudality that related to their earned merits. The king in turn supported their noble status by granting the right of possession over new land and

their previously owned land. Chosŏn was a centralized feudal state which stood on the two pillars, peasant economy in line with the owner-tenant relationship and the bureaucracy, composed of the nobles.

These facts explain the peculiar aspects of the Chosŏn period in comparison to and different from the Chinese economic system which was based on the agrarian property and the Japanese manorial system. Rather, Korean medieval society resembles the western model not in the independent characteristics of the nobles but in the greater degree of political centralization of the state.

찾아보기

[ㄱ]

[ㄴ]

[ㄷ]

[ㅁ]

[ㅂ]

[ㅇ]

[ㅈ]

[ㅊ]

[ㅌ]

저자약력

이경식 李景植

서울대학교 사범대학 역사과 학사
서울대학교 대학원 사학과(국사전공) 석사
연세대학교 대학원 사학과(국사전공) 박사
현재 서울대학교 사범대학 역사교육과 교수

저서: 『朝鮮前期 土地制度研究 — 土地分給制와 農民支配』
『朝鮮前期 土地制度研究 — 農業經營과 地主制』
『韓國 古代·中世初期 土地制度史 — 古朝鮮~新羅·渤海』
『韓國 中世 土地制度史 — 朝鮮前期』
『高麗前期의 田柴科』
『韓國 中世 土地制度史 — 高麗』